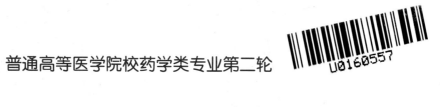

普通高等医学院校药学类专业第二轮

河南省"十四五"普通高等教育规划教材

药用植物学

（第 2 版）

（供药学类专业用）

主 编 董诚明 王丽红

副主编 杜 勤 赵春颖 李 明 许 亮

编 者（以姓氏笔画为序）

马保连（长治医学院）　　　　　王丽红（佳木斯大学）

乔 璐（河南中医药大学）　　　刘阿萍（陕西中医药大学）

许 亮（辽宁中医药大学）　　　杜 勤（广州中医药大学）

李 明（广东药科大学）　　　　张 瑜（南京中医药大学）

林贵兵（江西中医药大学）　　　欧丽兰（西南医科大学）

周 彤（佳木斯大学）　　　　　周暄宣（中国人民解放军空军军医大学）

赵春颖（承德医学院）　　　　　董诚明（河南中医药大学）

中国健康传媒集团

中国医药科技出版社

内容提要

本教材是"普通高等医学院校药学类专业第二轮教材"之一，分为上、下两篇，共9章。上篇为药用植物显微构造和形态特征，重点介绍药用植物细胞、组织和器官的形态构造特点，为后续内容的学习奠定基础；下篇为药用植物分类，重点介绍常见科的主要特征和代表药用植物，详细地描述了药用植物形态特征、分布、入药部位及功效等。本教材为书网融合教材，即纸质教材有机融合电子教材、教学配套资源（PPT、微课、视频等）、题库系统、数字化教学服务（在线教学、在线作业、在线考试）。

本教材主要供普通高等医学院校药学类专业教学使用，也可作为同等学力人员和相关行业人员的参考用书。

图书在版编目（CIP）数据

药用植物学/董诚明，王丽红主编 . —2 版 . —北京：中国医药科技出版社，2021.7
普通高等医学院校药学类专业第二轮教材
ISBN 978 - 7 - 5214 - 2449 - 2

Ⅰ.①药… Ⅱ.①董… ②王… Ⅲ.①药用植物学 - 医学院校 - 教材 Ⅳ.①Q949.95

中国版本图书馆 CIP 数据核字（2021）第 138020 号

美术编辑 陈君杞
版式设计 易维新

出版 **中国健康传媒集团** | 中国医药科技出版社
地址 北京市海淀区文慧园北路甲 22 号
邮编 100082
电话 发行：010 - 62227427 邮购：010 - 62236938
网址 www.cmstp.com
规格 889×1194mm $^1/_{16}$
印张 20 $^3/_4$
字数 679 千字
初版 2016 年 1 月第 1 版
版次 2021 年 7 月第 2 版
印次 2024 年 6 月第 2 次印刷
印刷 北京侨友印刷有限公司
经销 全国各地新华书店
书号 ISBN 978 - 7 - 5214 - 2449 - 2
定价 59.00 元

获取新书信息、投稿、为图书纠错，请扫码联系我们。

出版说明

全国普通高等医学院校药学类专业"十三五"规划教材，由中国医药科技出版社于2016年初出版，自出版以来受到各院校师生的欢迎和好评。为适应学科发展和药品监管等新要求，进一步提升教材质量，更好地满足教学需求，同时为了落实中共中央、国务院《"健康中国2030"规划纲要》《中国教育现代化2035》等文件精神，在充分的院校调研的基础上，针对全国医学院校药学类专业教育教学需求和应用型药学人才培养目标要求，在教育部、国家药品监督管理局的领导下，中国医药科技出版社于2020年对该套教材启动修订工作，编写出版"普通高等医学院校药学类专业第二轮教材"。

本套理论教材35种，实验指导9种，教材定位清晰、特色鲜明，主要体现在以下方面。

一、培养高素质应用型人才，引领教材建设

本套教材建设坚持体现《中国教育现代化2035》"加强创新型、应用型、技能型人才培养规模"的高等教育教学改革精神，切实满足"药品生产、检验、经营与管理和药学服务等应用型人才"的培养需求，按照《"健康中国2030"规划纲要》要求培养满足健康中国战略的药学人才，坚持理论与实践、药学与医学相结合，强化培养具有创新能力、实践能力的应用型人才。

二、体现立德树人，融入课程思政

教材编写将价值塑造、知识传授和能力培养三者融为一体，实现"润物无声"的目的。公共基础课程注重体现提高大学生思想道德修养、人文素质、科学精神、法治意识和认知能力，提升学生综合素质；专业基础课程根据药学专业的特色和优势，深度挖掘提炼专业知识体系中所蕴含的思想价值和精神内涵，科学合理拓展专业课程的广度、深度和温度，增加课程的知识性、人文性，提升引领性、时代性和开放性；专业核心课程注重学思结合、知行统一，增强学生勇于探索的创新精神、善于解决问题的实践能力。

三、适应行业发展，构建教材内容

教材建设根据行业发展要求调整结构、更新内容。构建教材内容紧密结合当前国家药品监督管理法规标准、法规要求、现行版《中华人民共和国药典》内容，体现全国卫生类（药学）专业技术资格考试、国家执业药师职业资格考试的有关新精神、新动向和新要求，保证药学教育教学适应医药卫生事业发展要求。

四、创新编写模式，提升学生能力

在不影响教材主体内容基础上注重优化"案例解析"内容，同时保持"学习导引""知识链接""知识拓展""练习题"或"思考题"模块的先进性。注重培养学生理论联系实际，以及分析问题和解决问题的能力，包括药品生产、检验、经营与管理、药学服务等的实际操作能力、创新思维能力和综合分析能力；其他编写模块注重增强教材的可读性和趣味性，培养学生学习的自觉性和主动性。

五、建设书网融合教材，丰富教学资源

搭建与教材配套的"医药大学堂"在线学习平台（包括数字教材、教学课件、图片、视频、动画及练习题等），丰富多样化、立体化教学资源，并提升教学手段，促进师生互动，满足教学管理需要，为提高教育教学水平和质量提供支撑。

数字化教材编委会

主　编　董诚明　王丽红

副主编　杜　勤　赵春颖　李　明　许　亮

编　者（以姓氏笔画为序）

　　　　马保连（长治医学院）　　　　　王丽红（佳木斯大学）

　　　　乔　璐（河南中医药大学）　　　刘阿萍（陕西中医药大学）

　　　　许　亮（辽宁中医药大学）　　　杜　勤（广州中医药大学）

　　　　李　明（广东药科大学）　　　　张　瑜（南京中医药大学）

　　　　林贵兵（江西中医药大学）　　　欧丽兰（西南医科大学）

　　　　周　彤（佳木斯大学）　　　　　周暄宣（中国人民解放军空军军医大学）

　　　　赵春颖（承德医学院）　　　　　董诚明（河南中医药大学）

前言

　　药用植物学是药学类及相关专业一门重要的专业基础课，与生药学、天然药物化学等相关课程的关系十分密切，起着承前启后的作用。

　　本教材在上一版的基础上，由12所医学院校具有相应知识背景和较为丰富经验的一线教师编写而成。在内容上，本教材突出药学类专业知识和技能特色，紧扣专业人才培养目标和本学科教学特点，以传统教学体系为框架，以学科基本教学内容为依据，汇集一线教师的教学和科研经验，融合各相关学科的新思路、新理念、新方法和新成果。

　　本教材的编写充分体现以学生为中心的思想理念，吸收上一版及相关教材的优点，突出药用植物学的学科内涵和课程特点。药用植物学内容丰富，外延知识的辐射性显著，需要熟记的基本概念较多，编者在编写过程中，通过高度概括和合理凝练，避免了过多烦琐的文字解释，给教师授课留出更多发挥空间，为学生理解和复习提供更大的方便。本教材是学科知识与教师经验融合凝练的成果，集科学性、系统性、先进性和实用性于一体，内容精简、概念精准、文字精练、附图精美，力求成为一本教师爱用、学生爱读的范本教材，为新时代药学教育的发展贡献力量。

　　本教材由董诚明、王丽红主编，采取主编负责、副主编初审并修改的编写制度。绪论由董诚明编写。上篇中，第一章和第二章由许亮编写；第三章由李明、周彤编写；第四章第一节由赵春颖编写，第二节和第三节由张瑜编写。下篇中，第五章由刘阿萍编写；第六章和第七章由杜勤编写；第八章由林贵兵编写；第九章第一节至第三节由王丽红编写，第九章第四节由周暄宣、刘阿萍、张瑜、乔璐、林贵兵、欧丽兰、马保连编写。附录部分由王丽红编写。赵春颖、许亮负责初稿上篇的审稿和修改，李明、杜勤负责初稿下篇的审稿和修改。董诚明、王丽红负责全书统稿。

　　本教材的编写得益于各编写院校相关领导和教师的鼎力支持，特表示诚挚的谢意。由于编者水平所限，内容疏漏和不足之处在所难免，敬请广大读者在使用过程中提出宝贵意见，以利今后修改完善。

编　者
2021年3月

上篇　药用植物显微构造和形态特征

下篇 药用植物的分类

第八章　裸子植物门 Gymnospermae ……………………………………………………… 136

第九章　被子植物门 Angiospermae ……………………………………………………… 149

绪　论

植物是人类生存发展必不可少的物质基础，人们的衣食住行及医疗保健等各个方面都离不开植物。凡是具有治疗、预防疾病和对人体有保健功能的植物统称为药用植物。我国是世界上药用植物种类最多、应用历史最久的国家。我国古代的药物学称"本草学"，因"诸药以草为本"，这说明自古以来，药用植物一直是中药的主体。药用植物也是许多重要西药的原料药。目前就世界范围而言，植物来源（包括细菌和真菌）的药物已占人类全部使用药物的50%以上。因此，药用植物在现代药物中亦占有十分重要的地位。

我国地大物博，自然环境复杂，中药资源极其丰富。全国中药资源普查结果表明，我国现有中药资源多达12807种，其中，植物药11146种（约占87%），动物药1581种（约占12%），药用矿物80种（占不足1%）。我国也是药用植物资源生物多样性最丰富的国家，仅种子植物就有24500种，分属253科、3184属，植物种类仅次于马来西亚和巴西，居世界第三位。我国的药用植物进出口量居世界之冠，在药用植物贸易中扮演着生产者、消费者、进口地、出口地和转口地等多重角色。药用植物植株的全部或一部分供药用或作为制药工业的原料。广义而言，药用植物可包括用作营养剂、调味品、色素添加剂、农药和兽医用药的植物资源。因此，深刻理解和学习药用植物学对于系统开展药学研究是非常必要的。

一、药用植物学的性质、地位和任务

药用植物学（pharmaceutical botany）是药学类专业的专业基础课，是研究具有医疗保健作用的植物的形态、组织、生理功能、分类鉴定、细胞组织培养、资源开发和合理利用的一门科学。中药种类众多，其中绝大多数来自植物，因此，药用植物学与中药的品种、药材的品质评价、临床效用以及中药资源开发研究密切相关，在药学类专业的课程中有着承前启后的重要地位。**药用植物是青山绿水的重要组成部分，也是中医药的基础。只有认识到基础知识的重要性，苦练基本功，始终秉持实事求是的科研态度，才能保护好药用植物这一资源。**

药用植物学分为植物器官形态和药用植物分类两部分内容，主要讲述有关植物学的形态学、解剖学、分类学、植物化学成分的种类及其与植物亲缘关系的相关性，药用植物与自然环境的关系，以及有关中药资源学的基本理论知识和技能。其主要任如下。

（1）研究鉴定中药的原植物种类，确保药材来源的准确。

在常用的中药中，多品种、多来源、同名异物、同物异名的现象比较普遍。整理中药复杂品种，应逐步做到一药一名，保证来源真实。种类或品种不明确将直接影响中药的质量和疗效，如大黄属中，掌叶组的掌叶大黄 *Rheum palmatum* L.、唐古特大黄 *R. tanguticum* Maxim. et Balf. 和药用大黄 *R. officinale* Baill. 均具有良好的泻热通便作用，但波叶组的河套大黄 *R. hotaoense* C. Y. Cheng et C. T. Kao 则泻热作用极差。运用植物分类学的知识确定物种，研究药用植物的外部形态和内部构造以及地理分布，方能解决植物类中药长期存在的名实混淆问题，这对于中药材生产、科研和临床用药的安全、有效以及资源开发都具有重要意义。

（2）利用学科规律，不断寻找和开发新的药用资源。

应以植物亲缘关系相近、往往含有相似的活性成分这一规律为线索，寻找新的药物资源。成功的案例不胜列举：从本草记载的治疗疟疾的青蒿（黄花蒿 *Artemisia annua* L.）中分离得到高效抗疟成分青蒿素（arteannuin）；从民族药中发掘出治疗中风瘫痪有良效的灯盏细辛 *Erigerum breviscapus* （Vant.） Hand. – Mazz. 以及有麻醉、止痛、止血功能并可用作肌松剂的亚乎奴［锡生藤 *Cissampeplos parerira* L. var. hirsuta （Buch. ex DC.） Forman］等。此外，通过资源普查，研究人员于 20 世纪 50 年代找到了降压药萝芙木 *Rauvolfia verticillata* （Lour.） Baill.，用其取代进口的蛇根木，生产降压灵。近年来，研究人员在广西、云南找到了可供生产血竭的剑叶龙血树 *Dracaena cochinchinensis* （Lour.） S. C. Chen，填补了国内生产血竭的空白。由此可见，研究如何开发利用与保护我国丰富的植物资源，对于我国经济建设具有重要意义。

（3）调查研究药用植物资源，为合理扩大利用和保护资源奠定基础。

在开发利用的同时，一定要注意保持自然界的生态平衡，避免和消除环境污染。药学工作者必须具有此方面的观念和知识。

（4）利用植物生物技术，扩大繁殖濒危物种、活性成分含量高的物种以及转基因新物种。

二、药用植物学的发展简史

我国药用植物学的发展具有悠久的历史，早在三千年前，《诗经》和《尔雅》就分别记载有 200 和 300 多种植物，其中有不少是药用植物。药用植物学是在我国劳动人民和疾病做斗争的过程中逐渐发展的。"神农尝百草，一日遇七十毒"的传说生动地表明，两千多年前，我国劳动人民就已积累了丰富的利用药物防治疾病的经验。"本草"是我国历代记载药物知识的著作。药物包括植物、动物和矿物，所以，药用植物学的发展和本草的发展是分不开的。公元 1 ~ 2 世纪的《神农本草经》是我国现存第一部记载药物的专著，收载药物 365 种，其中就有植物药 237 种。梁代（公元 500 年前后）陶弘景以《神农本草经》为基础，补入《名医别录》，编著《本草经集注》，收载药物 730 种。唐代（公元 659 年）苏敬等编著的《新修本草》增药 114 种，其中有不少是外来药，如郁金、胡椒、诃子至今仍为常用中药。《新修本草》是以政府名义编修、颁布的，被认为是我国第一部国家药典。宋代（公元 1082 年）唐慎微编《经史证类备急本草》收载的药物已超过 1558 种。明代李时珍经 30 多年的努力，于 1578 年完成了《本草纲目》的编纂，全书共 52 卷，200 余万字，载药 1892 种，其中包括藻、菌、地衣、苔藓、蕨类和种子植物共 1100 多种，是本草史上的一部巨著。清代（公元 1765 年）赵学敏编著的《本草纲目拾遗》大量记载了浙江一带的药用植物，共收载药物 921 种，是《本草纲目》的补充和续编。吴其濬编写的《植物名实图考》及《植物名实图考长编》（公元 1848 年）共记载植物 2552 种，而且附有精确的绘图，其中，江西植物约 400 种，湖南植物约 280 种，云南植物约 370 种；书中对植物的根、茎、叶、花、果实、种子的形态和产地、生长环境以及一些植物的土名和用途均做了比前人更加细致、准确的描述，对于植物分类、品种考证和开发利用都有较重要的参考价值。

我国对中医药的发展非常重视，新中国成立以来完成了三次对中药资源的大规模普查，目前第四次全国中药资源普查还在进行中。我国不断加强对中药的调查研究，并将成果进行总结，出版了《中国中药资源》《中国中药资源志要》《中国中药区划》《中国药材资源地图集》等一大批高质量的有关药用植物、药材鉴定及应用的著作，且《中华人民共和国药典》每五年再版。这些专著资料可靠、记述正确，代表了我国中药研究的科学总结。

药用植物学是植物学科和医药学科互相渗透而产生的一门植物学的应用分支学科，其发展与植物学的发展密切相关，且医药学已为植物学家所重视。植物学家和医药学家携手合作，对我国医药事业的发展做出了重大贡献。如《中国高等植物图鉴》五册，另有补编二册，收载有经济价值和常见的苔藓植物、蕨类植物、裸子植物、被子植物共 8000 余种，药用植物是其重要组成部分。《中国植物志》是我国对植物种类研究的系统总结，是我国植物学发展史上第一部巨著，也是世界植物分类学巨著。它涵盖我国全部蕨类植物和种子植物，全书 125 卷册，自 1959 年开始陆续出版，书中对有关植物的名称、形态、分布、生境以及药用植物的药用部分和效用多有较为详细的描述，它和一些专志，如《中国真菌志》《中国地衣植物图鉴》《中国药用地衣》《中国药用孢子植物》等，共同作为研究中药的植物基源和开发新药源必不可少的重要参考文献。

此外，各地还出版了一批地方性的中药志、中草药志、药用植物志、植物志以及记载我国少数民族用药的民族药志等，这些专著对研究地方和民族药用植物都有重要参考价值。

科学的发展使各门学科之间相互渗透，是现代科学发展特点之一。药用植物学也不例外，随着植物学各分支学科以及医药学、化学等学科的不断发展，药用植物学与其他学科如植物分类学、植物细胞分类学、植物化学分类学、植物解剖学、孢粉学、植物生态学、植物地理学、中药鉴定学、中药化学等建立了更加密切的联系。药用植物学与这些学科相互渗透，又分化出药用植物化学分类学、中药资源学等，给药用植物学增加了新的内容，不仅在学科上，且在与医药实际结合方面，都促进了药用植物学的发展。

三、药用植物学和相关学科的关系

药用植物学是在植物学、植物分类学、生态学、地理学、生物化学、天然药物化学和中药学等学科的基础上发展起来的。药用植物学和涉及植物种类、药材特征等内容的专业学科均有关系，其中，关系最为密切的如下。

生药学 是鉴定生药的真、伪、优、劣，整理品种确保中药质量，研究新药源的应用学科。一般从四个方面对药材进行鉴定，即原植物鉴定、性状鉴定、显微鉴定和理化鉴定。从内容来看，前三项要求鉴定人员必须具有植物形态、分类以及植物解剖学等方面的理论知识和基础技能。因此，药用植物学是学习生药学的一门重要的专业基础课。

天然药物化学 是研究植物药所含化学成分的提取、分离和结构测定的学科。药用植物具有一定疗效，就是因为其含有能防治疾病的有效化学成分。中药品种复杂，植物种类不同，其所含化学成分常不一样。如中药材防己，有来源于马兜铃科的广防己 *Aristolochia fangchi* Y. C. Wu ex L. D. Chou et S. M. Huang，也有来源于防己科的粉防己 *Stephania tetrandra* S. Moore. 。前者含马兜铃酸，后者不含有马兜铃酸而含有汉防己碱等多种生物碱。另外，植物的化学成分与植物的亲缘关系之间有着一定的联系，亲缘关系相近的种类往往含有相同的化学成分，因此，可以利用某些化学成分分布在某些科属植物中这一规律来研究药用植物，并寻找新的药用植物。例如治菌痢的小檗碱（黄连素），除黄连、黄柏外，还普遍存在于小檗科的小檗属（*Berberis*）、十大功劳属（*Mahonia*）、南天竹属（*Nandina*）和毛茛科唐松草属（*Thalictrum*）以及防己科天仙藤属（*Fibraurea*）。探索各植物类群所含化学成分，探索化学成分在植物分类系统中的分布规律及生物合成途径，配合经典分类学及其他相关学科，从植物化学角度进一步阐述植物分类和系统发育，已成为一项新的科研课题。可见，药用植物学和天然药物化学的关系十分密切。

中药学 是研究中药的功能、配伍应用的学科。用药要取得良好疗效，首先要求所用药物是正品或主流品种。例如，白附子有两个类型，"禹白附"为天南星科独角莲 *Typhonium giganteum* Engl. 的块茎，功效以治风痰为主；"关白附"为毛茛科黄花乌头 *Aconitum coreanum*（Levl.）Rapaics 的块根，功效以逐寒湿及镇静为主。又如，土贝母的正品应为葫芦科土贝母 *Bolbostemma paniculatum*（Maxim.）Franquet 的块茎；但有的地方将百合科丽江山慈菇 *Iphigenia indica* Kunth 的球茎亦称为土贝母，该植物含有秋水仙碱，服用如超过常用量（0.58～1g）就可引起中毒。因此，药用植物学与中药学有密切联系。

此外，药用植物学与中药资源学和药用植物栽培学也有较密切的联系。

四、学习药用植物学的方法

药用植物学是一门实践性很强的学科，因此，学习时必须密切联系实际，丰富感性认识，多到大自然中观察各种植物。植物随处可见，花草树木、蔬菜瓜果中就有不少药用植物，这为我们观察、比较创造了极好的条件。同时，需要注意用理论指导实践，通过细致的观察，增强对药用植物的形态结构和生活习性的全面认识，然后再结合理论知识以加深理解。药用植物学的专业术语较多，正确理解并熟练运用这些专业术语有助于正确掌握药用植物的特征，切勿死记硬背。学习过程中，要抓住重点和难点、带动"一般"，如学习科的特征时，应以科的主要特征为重点，通过代表植物来掌握。无论是宏观观察还是微观观察，都要掌握一些设备的使用和实验技能，如熟练使用解剖镜、显微镜以及掌握腊叶标本制作技术、石蜡切片技术、显微技术等。

系统比较、纵横联系是学习药用植物行之有效的方法。"有比较才有鉴别"，对于相似植物、植物类群或器官形态、组织构造，既要比较其相同点，也要比较其不同点。要把植物的外部形态和内部构造、特征性化学成分等纵向联系起来学习，也要注意某些内容的横向联系，如叶序、花的构造、果实类型、器官内部构造等。通过各种不同角度的联系和比较，就能理解得更深刻，记得更牢靠。最后，还要运用所学知识进行综合分析，注重联系实际，训练解决实际问题的能力，这样才能为有关专业课的学习和今后的工作奠定坚实基础。

上篇
药用植物显微构造和形态特征

第一章

植物的细胞

第一节　植物细胞的形状和大小

课堂互动

我们平时看到的五颜六色的植物是宏观上的植物个体。那么，微观上构成植物体的基本单位是什么？该基本单位的形态和构造如何？植物体的基本单位与动物体的基本单位相比有哪些特有结构？

植物细胞（cell）是构成植物体的基本单位，也是其生命活动的基本单位。1902 年，德国植物学家 Haberlandt 提出植物细胞具有全能性，任何一个已分化的细胞都有可能形成一个完整的植株。1958 年，Steward 从胡萝卜根韧皮细胞培养出能开花结实的植株，首次证实了植物细胞的全能性。

无论是低等植物还是高等植物均由细胞构成。单细胞植物（如小球藻）只由一个细胞组成，直径大约几微米，其一切生命活动都在这一细胞内完成；多细胞植物（如高等植物）由许多形态和功能不同的细胞构成，各细胞相互依存、彼此协作，共同完成复杂的生命活动。

植物细胞的形状多种多样，并随植物种类、存在部位和功能不同而异。有球形、近球形、椭圆形、多面体形、纺锤形、圆柱形等。单细胞植物（如小球藻）的细胞处于游离状态，常呈球形或近球形。多细胞植物的细胞形态较复杂，特别是高等植物体的细胞呈现出与其功能相适应的各种形态变化。如根尖分生区细胞小，壁薄，排列紧密，具有很强的分生能力；位于体表起保护作用的细胞扁平，表面观形状不规则，细胞彼此嵌合，接合紧密，不易被拉破；起支持作用的纤维细胞多呈长梭形，并聚集成束，以加强支持作用；输送水分和养料的导管分子细胞和筛管分子细胞呈长管状，并连通成管状，以利于物质输送。

植物细胞的大小差异很大，一般细胞直径在 10~100μm 之间，必须借助显微镜才能看到。细胞体积小，比表面积就大，有利于细胞之间及其内部的物质、信息和能量的交换。有的植物细胞较小，如根尖、茎尖顶端分生组织的细胞；有的植物细胞较大，如成熟西瓜中具有贮藏功能的果肉细胞，直径可达 1mm，苎麻茎中的纤维细胞长可达 55cm。

细胞是构成药用植物体的基本单位，细胞内各器官相互作用，相互协调，才能更好地促进植物的生活力。在学习工作中，团队精神相互配合与协作才能让工作学习顺利开展。热爱自己的岗位和专业才是积极向上的学习态度。

第二节　植物细胞的基本结构

典型的植物细胞为真核细胞，由细胞壁（cell wall）、原生质体（protoplast）和后含物（ergastic substance）组成。细胞壁是包被在原生质体外的一层结实的壁层，原生质体由细胞质、细胞核和细胞器组成，后含物是细胞内的一些贮藏物质和代谢产物。

各种植物细胞的形状和构造不同，同一细胞在不同的发育阶段其构造也有变化，所以不可能在一个细胞里看到细胞的全部结构。为了便于学习和掌握细胞的构造，将各种植物细胞的主要构造集中在一个细胞里加以说明，该细胞称为典型的植物细胞或模式植物细胞（图1-1，图1-2）。

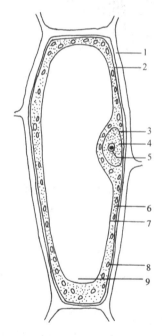

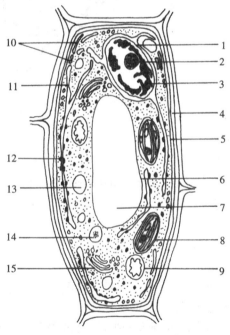

图 1 - 1　植物细胞的显微构造（模式图）

1. 细胞壁　2. 细胞质膜　3. 核膜　4. 核基质
5. 核仁　6. 细胞质　7. 液泡膜　8. 叶绿体　9. 液泡

图 1 - 2　植物细胞的超微构造（模式图）

1. 核膜　2. 核仁　3. 染色质　4. 细胞壁　5. 细胞质膜
6. 液泡膜　7. 液泡　8. 叶绿体　9. 线粒体　10. 微管
11. 内质网　12. 核糖体　13. 圆球体　14. 微球体　15. 高尔基体

用光学显微镜可以观察到植物细胞的细胞壁、细胞质、细胞核、质体和液泡等结构。通过光学显微镜观察到的细胞构造称显微结构（microscopic structure）。光学显微镜的分辨极限不小于 0.2μm，有效放大倍数一般不超过 1600 倍。电子显微镜的放大倍数超过 100 万倍，使得细胞的一些微细结构能够被观察到，这些在电子显微镜下观察到的细胞精细结构称为亚显微结构（submicroscopic structure）或超微结构（ultramicroscopic structure）。

一、细胞壁

细胞壁（cell wall）是植物细胞最外一层，是具有一定硬度和弹性的结构。通常认为，细胞壁是由原生质体分泌的非生命物质（纤维素、半纤维素和果胶质）形成的。但现已证明，在细胞壁尤其是初生壁中亦含有少量具有生理活性的蛋白质，它们可能参与细胞壁的生长以及细胞分化时细胞壁的分解过程。细胞壁对原生质体起保护作用，能使细胞保持一定的形状和大小，与植物组织的吸收、蒸腾、物质的运输和分泌有关。细胞壁是植物细胞特有的结构，与质体、液泡一起构成了植物细胞与动物细胞不同的三大结构特征。

（一）细胞壁的分层

根据细胞壁形成的先后、化学成分和结构的不同，细胞壁可分为胞间层、初生壁和次生壁三层（图1-3）。

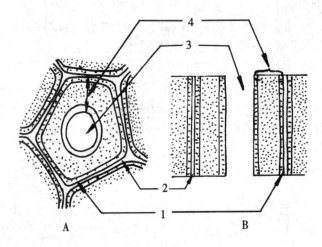

图1-3　细胞壁的结构
A. 横切面　B. 纵切面
1. 初生壁　2. 胞间层　3. 细胞腔　4. 三层的次生壁

1. 胞间层（intercellular layer）　又称中层（middle lamella），存在于细胞壁的最外面，是细胞分裂时最早形成的分隔层，是相邻的两个细胞共有的一薄层。它主要由果胶（pectin）类物质组成，果胶具有很强的亲水性与可塑性，将相邻细胞彼此粘连在一起。果胶很容易被酸、碱或酶等溶解，导致细胞彼此分离。在药材鉴定上，常用硝酸和氯酸钾的混合液、氢氧化钾或碳酸钠等解离剂把药用植物组织制成解离组织，进行显微观察鉴定。苹果、桃、梨、西红柿等果实在成熟时产生果胶酶，将果肉细胞的胞间层溶解，细胞彼此分离，使果实变软。

2. 初生壁（primary wall）　在植物细胞停止生长前，由原生质体分泌的纤维素（cellulose）、半纤维素（hemicellulose）和少量果胶类物质沉积在胞间层的内侧，形成了初生壁。它一般较薄（1~3μm）而有弹性，能随细胞的生长而扩大。许多细胞在停止生长后，细胞壁不再加厚，初生壁便成为它们永久的细胞壁。在电子显微镜下可看到初生壁的物质排列成纤维状，纤维素分子呈平行、长链状排列，纤维素是构成初生壁的框架，而果胶类物质和半纤维素等填充于框架之中。在植物体细胞杂交研究中，常利用纤维素酶和果胶酶进行细胞壁的脱除，从而获得具有生活力的原生质体。

3. 次生壁（secondary wall）　有些植物在细胞停止生长后，原生质体的分泌物在初生壁内侧继续沉积，使细胞壁加厚，形成了次生壁。它的主要成分是纤维素和少量的半纤维素，另外常含有木质素（lignin），木质素具有较大的硬度，增加了细胞壁的硬度。因此，植物体内起支持作用的细胞（如纤维细胞）和起输导作用的细胞（如导管细胞）往往形成次生壁，以增加其机械强度。次生壁一般较厚（5~10μm）而坚硬，较厚的次生壁还可分为内、中、外三层，并以中间的次生壁层较厚。大部分具有次生壁的细胞在成熟时，原生质体死亡，残留的细胞壁起支持和保护植物体的功能。

（二）纹孔和胞间连丝

1. 纹孔（pit）　细胞壁形成时，次生壁在初生壁上并非均匀增厚，很多地方留有未增厚的呈凹陷孔状的结构，称为纹孔。纹孔的形成有利于细胞间物质的交流。纹孔处只有胞间层和初生壁，没有次生壁。相邻细胞的纹孔常在相同部位成对存在，称为纹孔对（pit pair）。纹孔对之间的薄膜称为纹孔膜（pit membrane）；纹孔膜两侧没有次生壁的腔穴常呈圆筒形或半球形，称为纹孔腔（pit cavity）；由纹孔腔通往细胞腔的开口称为纹孔口（pit aperture）。根据次生壁增厚情况不同，纹孔对常见有三种类型，即单纹孔、具缘纹孔和半缘纹孔（图1-4）。

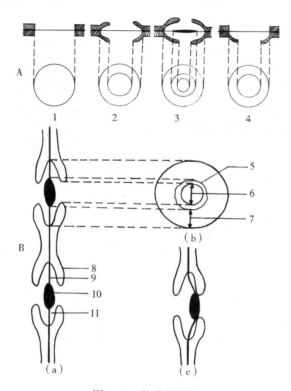

图1-4　纹孔的图解
A. 纹孔的类型　B. 具缘纹孔的详图
1. 单纹孔　2. 半缘纹孔　3. 具缘纹孔　4. 无纹孔塞的具缘纹孔
5. 纹孔塞　6. 纹孔口 7. 塞缘　8. 纹孔缘　9. 纹孔膜　10. 纹孔塞　11. 纹孔腔
（a）两个具缘纹孔的侧面观　（b）具缘纹孔对的表面观　（c）闭塞的具缘纹孔

（1）单纹孔（simple pit）　是次生壁上未加厚的部分，呈圆筒形，即纹孔腔呈圆筒形、纹孔口和纹孔膜等大的纹孔式样。单纹孔常见于韧皮纤维和石细胞中。当次生壁很厚时，单纹孔的纹孔腔就很深，状如一条长而狭窄的孔道或沟，称为纹孔道或纹孔沟。

（2）具缘纹孔（bordered pit）　是纹孔周围的次生壁向细胞腔内呈拱状突起，中央具一小开口，即纹孔口比纹孔膜小的纹孔式样。拱状突起的次生壁称纹孔缘，纹孔缘包围着纹孔腔。纹孔口式样各异，常呈圆形或狭缝状。表面观（正面观），具缘纹孔呈现2个同心圆，外圈即纹孔膜的边缘，内圈即纹孔口的边缘。松科和柏科裸子植物的管胞上的具缘纹孔，其纹孔膜中央呈圆盘状增厚（初生壁性质），形成纹孔塞，其直径大于纹孔口。在显微镜下，其正面观为3个同心圆，由外到内分别是纹孔腔→纹孔塞→纹孔口的边缘。纹孔塞具活塞样作用，能调节胞间液流。具缘纹孔常存在于管胞和孔纹导管中。

（3）半缘纹孔（half bordered pit）　是由单纹孔和具缘纹孔分别排列在纹孔膜两侧构成的纹孔式样。管胞或导管与其相邻接的薄壁细胞壁上的纹孔对常为该类型。正面观具2个同心圆。

2. 胞间连丝（plasmodesmata） 胞间连丝是穿过胞间层和初生壁沟通相邻细胞的原生质丝，它使植物体各个细胞彼此连接成一个整体，有利于细胞间物质运输和信息传递。电子显微镜下可观察到，相邻细胞的内质网也通过胞间连丝相连。胞间连丝一般不明显，但柿、马钱子、黑枣等种子内的胚乳细胞壁较厚，胞间连丝较为显著，但也需经过染色处理才能在显微镜下观察到（图1-5）。

（三）细胞壁的特化

通常，细胞壁主要由纤维素构成，具有一定的韧性和弹性。纤维素遇氧化铜氨试液能溶解，加氯化锌碘试液显蓝色或紫色。由于环境的影响和生理功能的不同，细胞在生长分化过

图1-5 胞间连丝（柿核）

程中，原生质体分泌的一些物质填充到细胞壁的纤维素骨架中，改变了细胞壁的性质，使细胞壁执行特定的生理功能，称细胞壁的特化。常见有木质化、木栓化、角质化、黏液质化和矿质化等。

1. 木质化（lignification） 是细胞壁内填充了木质素的结果。木质素是芳香族化合物，可使细胞壁的硬度增加，提高了植物细胞群的支撑能力。导管、管胞、木纤维、石细胞等的细胞壁即是木质化的细胞壁。木质化的细胞壁加间苯三酚试液和浓盐酸后，因木质化程度不同显红色或紫红色。

2. 木栓化（suberization） 是细胞壁内填充了脂肪性的木栓质的结果。木栓化的细胞壁常呈黄褐色，不易透水，也不易透气，使细胞内原生质体与周围环境隔绝而坏死，成为死细胞。但木栓化的细胞对植物内部组织具有保护作用，如树干外面的褐色外层树皮就是由木栓化细胞组成的木栓组织和其他死细胞的混合体。栓皮栎的木栓组织特别发达，可用作瓶塞。木栓化细胞壁遇苏丹Ⅲ试液显红色；遇苛性钾加热，则木栓质溶解成黄色油滴状。

3. 角质化（cutinization） 某些植物细胞的原生质体产生无色透明的脂肪性角质，除填充在细胞壁内使细胞壁角质化，还常在茎、叶或果实的表皮细胞壁的表面形成一层角质层。角质化细胞壁或角质层可防止水分过度蒸发以及某些虫类和微生物的侵害。角质化细胞壁或角质层遇苏丹Ⅲ试液亦显红色或橘红色。

4. 黏液质化（mucilagization） 细胞壁中的纤维素和果胶质等成分发生变化而成为黏液。黏液在

细胞的表面常呈固体状态，吸水膨胀后则呈黏稠状态。如车前、亚麻、芥菜等种子的表皮细胞中都有黏液化细胞。黏液质化的细胞壁遇玫红酸钠乙醇溶液可染成玫瑰红色，遇钌红试剂可染成红色。

5. 矿质化（mineralization） 有些植物的细胞壁中填充了硅质（如二氧化硅或硅酸盐）或钙质等，增强了细胞壁的坚固性，使茎、叶的表面变硬变粗，增强了植物的机械支持能力，其中以含硅质的最常见。如禾本科植物的茎、叶，木贼茎和硅藻的细胞壁内含有大量的硅质。硅质能溶于氟化氢，但不溶于醋酸或浓硫酸（区别于碳酸钙和草酸钙）。

二、原生质体

原生质体（protoplast）是细胞内有生命的物质的总称，包括细胞质、细胞核、质体、线粒体、高尔基体、核糖体、溶酶体等，是细胞的主要成分，细胞的一切代谢活动都在这里进行。构成原生质体的物质基础是原生质（protoplasm），原生质是细胞结构和生命物质的基础，其化学成分复杂，并随代谢活动而变化，最主要的成分是以蛋白质与核酸（nucleic acid）为主的复合物，还有水、类脂和糖等。核酸有两类，一类是脱氧核糖核酸（deoxyribonucleic acid，DNA），另一类是核糖核酸（ribonucleic acid，RNA）。DNA 是遗传物质，决定生物的遗传和变异；RNA 则是把遗传信息传送到细胞质的中间体，在细胞质中直接影响蛋白质的产生。

按照原生质体内物质在形态、作用及组分上的差异，分为细胞质、细胞核和细胞器三部分。

（一）细胞质

细胞质（cytoplasm）是指充满细胞壁和细胞核之间的半透明、半流动的基质，是原生质体的基本组成成分。它外面包被着一层薄膜，称细胞质膜（plasmic membrane），通常紧贴细胞壁。细胞质膜对各种物质的通过具有选择性，既能阻止细胞内许多有机物（如：糖和可溶性蛋白）由细胞内渗出，又可调节水、无机盐和其他营养物质进入细胞。细胞质膜还具有半渗透现象，如在栽培药用植物时，土壤中若施肥过多，植物根毛细胞不但吸不到水分，细胞中的水分反而向外扩散，从而造成质壁分离，使植物产生生理干旱现象，严重时植物便会枯萎死亡。此外，细胞质膜还能通过调节细胞膜上的蛋白质构象等多种途径调节细胞代谢，接受和传递外界信号，抵御病菌的侵害。

（二）细胞核

细胞核（cell nucleus）是细胞生命活动的控制中心。遗传信息的载体 DNA 在核中贮藏、复制和转录，从而控制细胞以及植物体的生长、发育和繁殖。除细菌和蓝藻外，所有的植物细胞都含有细胞核，高等植物的细胞通常只有一个细胞核，但一些低等植物如藻菌类以及被子植物的乳汁管细胞、花粉囊成熟期绒毡层细胞具有双核或多核，而成熟筛管无细胞核。细胞核一般呈圆球形、椭圆形、卵圆形，或稍伸长；细胞核大小相差很大，直径一般在 $10 \sim 20 \mu m$ 之间。细胞核的形状和位置随细胞生长发育而变化，在幼小细胞中，细胞核位于细胞中央；随着细胞的长大和中央液泡的形成，细胞核也随之被挤压到细胞的一侧。但在有的成熟细胞中，细胞核也可借助于几条线状细胞质的四面牵引而保持在细胞的中央。

根据细胞的进化地位、结构和遗传方式的不同，主要是细胞核结构的不同，细胞可以分为原核细胞（prokaryotic cell）与真核细胞（eukaryotic cell）。原核细胞没有定型的细胞核。由原核细胞构成的生物称原核生物（prokaryote）。真核细胞有定型的细胞核，核外有核膜包被。由真核细胞构成的生物称为真核生物（eukaryote）。

在光学显微镜下观察活细胞，细胞核因具有较高的折光率而易看到，其内部似呈无色透明、均匀黏滞状态。但经过固定和染色后，可以看到其复杂的内部构造，主要由核膜、核仁、核基质和染色质等组成。

1. 核膜（nuclear membrane） 是分隔细胞质与细胞核的界膜，又称核被膜，包括双层核膜、核孔复合体和核纤层等。在电子显微镜下，核膜是双层膜，外膜与内质网相连，其外面附有核糖体，内膜与染色质紧密接触，两层膜之间为膜间腔。核膜内面有核纤层，呈纤维网络状，与有丝分裂中的核膜崩解和重组有关。核膜上还有许多均匀或不均匀分布的小孔，称为核孔（nuclear pore），不同植物细胞的核孔具有相同结构，并以核孔复合体（nuclear pore complex）的形式存在。核内产生 mRNA 前体，只有加工成熟的 mRNA 才能通过核孔进入细胞质，而糖类、盐类和蛋白质能通过核膜出入细胞核。核孔的开启或关闭，对于控制细胞核和细胞质之间的物质交换以及调节细胞代谢具有十分重要的作用。另外，核孔的数目、分布和密度与细胞代谢活性有关，在细胞核与细胞质之间物质交换旺盛的部位，核孔数目多。

2. 核基质（nuclear matrix） 又称核骨架，旧称核液（nuclear sap），是细胞核中由纤维蛋白构成的网架体系，网孔中充满液体。其主要成分是蛋白质、RNA 和多种酶，这些物质保证了 DNA 的复制和 RNA 的转录。其中分散着核仁和染色质。

3. 核仁（nucleolus） 是细胞核中折光率更强的小球体，没有膜包被，数量为一个或几个。核仁主要由蛋白质和 RNA 组成，还可能有少量的类脂和 DNA。核仁是核内 RNA 和蛋白质合成的主要场所，与核糖体的形成密切相关。

4. 染色质（chromatin） 是分散在核基质中极易被碱性染料（如龙胆紫、醋酸洋红、甲基绿）着色的物质。在细胞分裂间期，染色质不明显，电子显微镜下显示成一些交织成网的细丝，又称染色质网。细胞分裂期，染色质聚集成一些螺旋状扭曲的染色质丝，进而聚缩成短粗、棒状的染色体（chromosome）。染色体数目、形状和大小因植物种类不同而异，但对同一物种是相对稳定的，染色体形态结构分析（染色体核型分析）可作为植物分类和研究植物进化的重要依据。二倍体植物具有两套染色体组，染色体组上的所有基因称为基因组（genome）。真核细胞的染色质主要由 DNA 和蛋白质组成，还含有少量的 RNA，和植物的遗传有着重要的关系。

细胞核中 DNA 的遗传信息转录到 mRNA，成熟的 mRNA 通过核孔进入细胞质，控制着蛋白质的合成和细胞生命活动。在生理上，细胞核与细胞质有着相互依存的关系。

（三）细胞器

细胞器（organelle）是细胞中具有一定形态结构和特定功能、常具膜包被的微小"器官"，也称拟器官。目前认为，细胞器包括质体、液泡、线粒体、内质网、核糖体、微管、高尔基体、圆球体、溶酶体、微体等。前三者可以在光学显微镜下观察到，其余则只能在电子显微镜下才能看到。

1. 质体（plastid） 质体是植物细胞所特有的、具双层膜包被的细胞器，其主要成分为蛋白质和类脂，含有色素。质体内所含色素不同，其生理功能也不同。据此，可将质体分为白色体、叶绿体和有色体 3 种。它们与碳水化合物合成和贮藏密切相关，在一定条件下，它们之间可相互转化（图 1-6）。

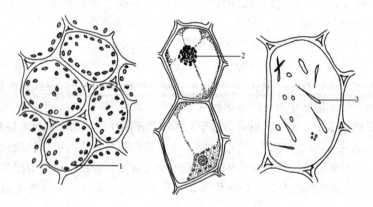

图 1-6 质体的种类
1. 叶绿体 2. 白色体 3. 有色体

（1）叶绿体（chloroplast） 是进行光合作用的细胞器。高等植物的叶绿体多为球形、卵形或透镜形的绿色颗粒状，直径 4~10μm，厚度 1~2μm，在一个细胞中可以有十多个至数十个不等。据统计，蓖麻的叶肉细胞每平方毫米大约有 403000 个叶绿体。叶绿体广泛存在于绿色植物的叶、茎、花萼和果实的绿色部分，根一般不含叶绿体。

在电子显微镜下，叶绿体呈现一种复杂的超微结构，外面被双层膜包被，包被里面为无色的基质

（matrix），其中常有同化淀粉。基质中有若干基粒（grana），基粒是由一列双层膜片状的类囊体（thylakoid）重叠而成。叶绿素分子及许多与光合作用有关的酶分布在膜上。基粒之间有基粒间膜（frets）相联系（图1-7）。

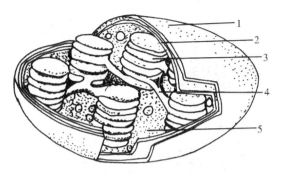

图1-7 叶绿体的立体结构图解
1. 外膜 2. 内膜 3. 基粒 4. 基粒间膜 5. 基质

叶绿体主要由蛋白质、类脂、核酸和色素组成，此外还含有与光合作用有关的酶和多种维生素等。同时，叶绿体基质中有环状双链DNA，称叶绿体基因组，它相对独立于核基因组，编码叶绿体自身的部分蛋白质，并利用其具有的核糖体合成自身的蛋白质。高等植物的叶绿体含有的色素主要有4种，即叶绿素a、叶绿素b、胡萝卜素和叶黄素。其中，叶绿素是主要的光合色素，直接参与光合作用；胡萝卜素和叶黄素只能把吸收的光能传递给叶绿素，起辅助光合作用。叶片的颜色与叶绿体中各种色素的比例有关，叶绿素占绝对优势时，叶片常呈绿色。

（2）有色体（chromoplast） 是仅含胡萝卜素和叶黄素的质体，因其二者比例不同，分别呈黄色、橙色或橘红色。有色体所含色素，尤其是胡萝卜素易结晶，使有色体常呈杆状、针状、圆形、多角形或不规则形。有色体常存在于花、果实和根等器官的有色部位，花、果实等因含有色体而呈现各种鲜艳的颜色，具有吸引昆虫和其他动物传粉及传播种子的作用。如在蒲公英的花瓣、胡萝卜的根、番茄和红辣椒的果肉细胞中均可观察到有色体。

（3）白色体（leucoplast） 是不含色素的微小质体，多呈球形，在植物个体发育中形成最早。在植物的分生组织、种子的幼胚以及所有器官的无色部分都可发现，尤其贮藏细胞中较多，常聚集在细胞核附近。白色体与物质的积累和贮藏有关，根据白色体贮藏物质的不同，可分为3类：贮藏淀粉的称为造粉体或淀粉体，贮藏蛋白质的称为蛋白质体，贮藏脂类的称为造油体。

在电子显微镜下，有色体和白色体表面也有双层膜包被，但内部没有发达的膜结构，不形成基粒。

以上三种质体在起源上均由前质体（proplastid）衍生而来，而且它们之间在一定的条件下可以转化。例如，发育中的番茄最初含有白色体，后来白色体转化为叶绿体，使幼果呈绿色，最后在果实成熟时，叶绿体失去叶绿素逐渐转变成有色体，番茄由绿而变红。相反，有色体也能转化成其他质体，例如胡萝卜根暴露于日光下而变成绿色，这是有色体转化为叶绿体的缘故。

2. 液泡（vacuole） 液泡亦是植物细胞特有的细胞器，由单层膜及其内包被的细胞液构成。在幼小细胞中，液泡小、数量多或不明显，随着细胞长大成熟，液泡体积逐渐增大，并彼此合并成几个大液泡或一个中央大液泡。成熟细胞中，液泡占细胞体积的90%以上，将细胞质、细胞核等挤向细胞的周边（图1-8）。

液泡外被的单层膜称液泡膜（tonoplast），它把膜内的细胞液与细胞质隔开。液泡膜是有生命的，是原生质体的一个组成部分，有选择透性，与细胞质膜相通，共同控制着细胞内外水分和物质的交换。液泡膜内充满细胞液，是细胞新陈代谢过程产生的混合液，是无生命的。细胞液的主要成分除水分外，还有糖类（saccharides）、盐类（salts）、生物碱类（alkaloids）、苷类（glycosides）、鞣质（tannins）、有机酸（organic acids）、挥发油（volatile oil）、色素（pigments）、树脂（resin）等，其中不少化学成分具有很强的生理活性，往往是植物药的有效成分。细胞液成分复杂，随植物种类、组织器官和发育时期不同而异，如长春花的液泡中含有长春花碱。同时，有些细胞的液泡中还含有多种水溶性色素，特别是花青素，使植物的花、果实等器官呈现紫色、蓝色等各种颜色。

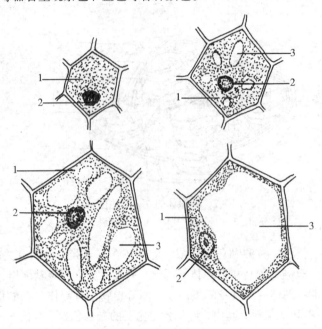

图 1-8 液泡的形成
1. 细胞质 2. 细胞核 3. 液泡

液泡在植物细胞生理活动中有重要作用，主要功能是调节细胞的渗透压，维持细胞内环境的稳定。近年来研究发现，液泡中还含有一些水解酶及一些质体、线粒体和内质网等细胞器的碎片，说明液泡参与了细胞器的更新以及细胞的分化、成熟和衰老等生命活动。高浓度的细胞液还能提高植物抗寒、抗旱、抗盐碱和抗重金属等能力。

案例解析

【案例】薄荷 *Mentha haplocalyx* Briq.　地上部分药用，能疏散风热、清利头目、利咽、透疹、疏肝行气；主含挥发油，鲜叶含油 1% ~ 1.46%。

【问题】挥发油在细胞中的分布如何？

【解析】薄荷中的挥发油分布在细胞的液泡中。

除质体和液泡外，植物的细胞器还包括：①线粒体（mitochondrion），主要与细胞内的能量转换有关；②核糖体（ribosome），被认为是蛋白质合成的场所；③内质网（endoplasmic reticulum），与细胞内蛋白质、类脂和多糖的合成、运输和贮藏有关；④高尔基体（golgi body），主要与合成多糖和运输多糖有关；⑤溶酶体（lysosome）和微体（microbody），含有各种不同的酶，能分解生物大分子，对细胞内贮藏物质的利用起重要作用；⑥圆球体（spherosome），是脂肪积累和分解的场所。这些细胞器都有一定的形态和功能，是细胞生长和代谢不可缺少的。

三、植物细胞的后含物

植物细胞在生活过程中由于新陈代谢的活动而产生的各种非生命的物质统称为后含物（ergastic substance）。后含物的种类很多，它包括糖类、蛋白质、脂类（脂肪、油、角质、木栓质和蜡质等）、晶体和次生代谢产物等，多以液态、晶体状和非结晶固体形状存在于细胞质或液泡中。它们的形态和性质往往随植物种类的不同而异，因而细胞的后含物是生药显微鉴定和理化鉴定的重要依据之一。有些后含物在医疗上具有重要价值，是植物可供药用的主要物质；有些是具有营养价值的贮藏物，是人类食物的主要来源；还有些是细胞代谢过程的废物。重要的后含物包括以下几类。

（一）贮藏的营养物质

1. 淀粉（starch）　细胞中碳水化合物最普遍的一种贮藏形式，由多分子葡萄糖脱水缩合而成，其分子式为 $(C_6H_{12}O_5)_n$，在细胞中常以颗粒状态存在，称淀粉粒。一般绿色植物经光合作用产生的葡萄糖暂时在叶绿体内转变成的淀粉为同化淀粉（assimilation starch）。同化淀粉再度水解为葡萄糖，转运到贮藏器官中，在造粉体（白色体之一）内重新形成的淀粉称为贮藏淀粉（reserve starch）。贮藏淀粉是以淀粉粒的形式贮藏在植物块根、块茎、根状茎和种子子叶、胚乳等的薄壁细胞中。淀粉在造粉体中积累时，先形成淀粉粒的核心即脐点（hilum），然后环绕核心由内向外层层沉积。许多植物的淀粉粒可以在显微镜下观察到围绕脐点有许多明暗相间的环状纹理，即层纹（annular striation），这是由于淀粉沉积时，直链淀粉（葡萄糖分子成直线排列）和支链淀粉（葡萄糖分子成分支排列）相互交替分层沉积，直链淀粉较支链淀粉对水有更强的亲和性，两者遇水膨胀不一，从而显出了折光上的差异。如果用乙醇处理，这时淀粉脱水，层纹随之消失。淀粉粒多呈圆球形、卵圆形、长圆球形或多面体形等；脐点的形状有点状、线状、颗粒状、裂隙状、分叉状、星状等，有的在中心，有的偏于一端。

淀粉粒常按脐点和层纹的关系，分为 3 种类型。①单粒淀粉（simple starch grain）：只有一个脐点。②复粒淀粉（compound starch grain）：有 2 个或 2 个以上脐点，且各脐点分别有各自的层纹。③半复粒淀粉（half compound starch grain）：有 2 个或 2 个以上脐点，各脐点除有各自的层纹外，外面还有共同的层纹。淀粉粒的形状、大小、层纹和脐点常随植物种类的不同而异，因此，常用于鉴定含淀粉较多的药材（图 1-9）。

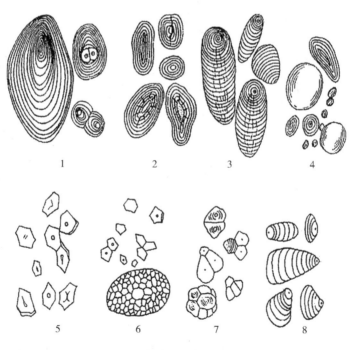

图 1-9　各种淀粉粒
1. 马铃薯（左为单粒，右上为半复粒，右下为复粒）　2. 豌豆
3. 藕　4. 小麦　5. 玉米　6. 大米　7. 半夏　8. 姜

淀粉粒不溶于水，在热水中膨胀而糊化，可经酸或酶分解为葡萄糖。直链淀粉遇稀碘液显蓝色，支链淀粉遇稀碘液则显紫红色。植物常同时含有两种淀粉，加入碘液显蓝色、紫色或蓝紫色。用甘油醋酸试液装片，置偏光显微镜下观察，淀粉粒常显偏光现象，已糊化的淀粉粒则无偏光现象。

2. 菊糖（inulin） 由果糖分子聚合而成，常见于菊科、桔梗科和龙胆科部分植物根的薄壁细胞中。由于它能溶于水，不溶于乙醇，新鲜的植物体细胞不能直接观察到菊糖，可将含有菊糖的材料（如蒲公英、大丽菊或桔梗的根）浸于乙醇中，一星期后制成切片，在显微镜下可观察到细胞内有呈类圆形或扇形的菊糖结晶（图1-10）。菊糖遇25% α-萘酚溶液，再加浓硫酸溶液，显紫红色，并很快溶解。

3. 蛋白质（protein） 细胞内的一种贮藏营养物质。贮藏的蛋白质是化学性质稳定的无生命物质，它与构成原生质体的活性蛋白质完全不同，不可混淆。存在于细胞质、液泡、细胞核和质体中，呈结晶或无定形的固体，结晶蛋白质具晶体和胶体二重性，称拟晶体。在种子的胚乳和子叶细胞里多贮藏有丰富的蛋白质，有的是以无定形的状态分布在细胞中，但通常无定形蛋白质常被一层膜包裹成圆球形的颗粒，称糊粉粒（aleurone grain）。如禾本科植物小麦的胚乳最外一层或几层细胞中含较多糊粉粒，特称糊粉层。部分糊粉粒内既有无定形蛋白质，又包含有拟晶体。糊粉粒体积很小，但有些植物如蓖麻种子中的糊粉粒比较大，并有一定的结构，它的外面是一层蛋白质膜，里面无定形的蛋白质基质中分布有蛋白质拟晶体和环己六醇磷酯的钙或镁盐的球晶体（图1-11）。小茴香胚乳细胞的糊粉粒还包含有细小草酸钙簇晶。贮藏蛋白质遇碘显棕色或黄棕色；遇硫酸铜加苛性碱的水溶液显紫红色。

4. 脂肪（fat）和脂肪油（fixed oil） 由脂肪酸和甘油结合而成的酯，也是植物贮藏的一种营养物质，是植物细胞中含能最高而体积最小的物质；在植物各器官均有分布，种子中尤为常见。一般在常温下呈固态或半固态的称脂肪，如可可豆脂、乌桕脂；呈液态的称脂肪油，通常呈小油滴状态分布在细胞质中（图1-12）。有些植物种子含脂肪油特别丰富，如蓖麻子、芝麻、油菜子等。

脂肪和脂肪油均不溶于水，易溶于有机溶剂，遇碱则皂化；遇苏丹Ⅲ试液显橘红色、红色或紫红色，遇锇酸显黑色。脂肪油具有多种用途，可作食用、药用或工业用，如蓖麻油常用作泻下剂，月见草油用于治疗高血脂病，大风子油用于治疗麻风病，茶油可作为注射剂原料或软膏基质。

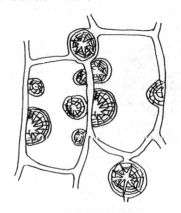

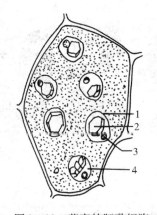

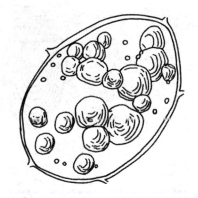

图1-10 菊糖结晶（桔梗根）　　图1-11 蓖麻的胚乳细胞　　图1-12 脂肪油（椰子胚乳细胞）

1. 糊粉粒　2. 蛋白质拟晶体　3. 球晶体　4. 基质

（二）晶体

晶体（crystal）存在于液泡中，一般认为，晶体是植物细胞的代谢废物，有不同的形态和成分，以草酸钙和碳酸钙结晶最常见。

1. 草酸钙结晶（calcium oxalate crystal） 植物细胞代谢中产生的草酸与钙结合形成的晶体。植物体内草酸钙结晶的形成被认为是起解毒作用，即对植物有毒害的大量草酸被钙中和。有些植物的器官中，随着组织衰老，部分细胞内的草酸钙结晶也逐渐增多。草酸钙常为无色透明的结晶，并以不同的形态分布于液泡的细胞液中，一般一种植物只能观察到一种形态，但少数植物也有两种或多种形态，如臭椿根皮除含簇晶外尚有方晶，曼陀罗叶含有簇晶、方晶和砂晶。常见有以下形状。

（1）单晶（solitary crystal） 又称方晶或块晶，通常单独存在于细胞内，呈正方形、长方形、斜方形、菱形等形状，如在甘草根、黄柏树皮等显微构造中所观察到的。有时，单晶交叉而形成双晶，如在莨菪叶等显微构造中所观察到的。

（2）针晶（acicular crystal）　为两端尖锐的针状晶体，在细胞中常成束存在，称为针晶束（raphides），常存在于黏液细胞中，如在半夏块茎、黄精和玉竹的根状茎等显微构造中所观察到的。也有的针晶不规则地分散在细胞中，如在苍术根状茎等显微构造中所观察到的。

（3）簇晶（cluster crystal 或 rosette aggregate）　由许多菱状晶聚集而成，一般呈多角形星状，如在大黄根状茎、人参根等显微构造中所观察到的。

（4）砂晶（micro crystal 或 crystal sand）　呈细小的三角形、箭头状或不规则形，常密集于细胞中，如在颠茄、牛膝、地骨皮等显微构造中所观察到的。

（5）柱晶（columnar crystal 或 styloid）　为长柱形，长度为直径的 4 倍以上，如在射干、淫羊藿等显微构造中所观察到的（图 1 - 13）。

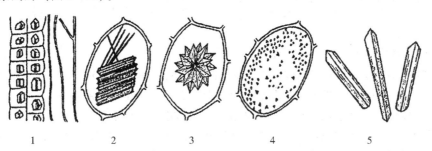

图 1 - 13　各种草酸钙结晶

1. 单晶（甘草根）　2. 针晶（半夏块茎）　3. 簇晶（大黄根状茎）
4. 砂晶（牛膝根）　5. 柱晶（射干根状茎）

不是所有植物都含有草酸钙结晶，所含的草酸钙结晶又因植物种类不同而具有不同的形状和大小，是植物药材鉴定的特征之一。草酸钙结晶不溶于醋酸，加稀盐酸溶解而无气泡产生，但遇 20% 硫酸便溶解并形成硫酸钙针状结晶析出。

2. 碳酸钙结晶（calcium carbonate crystal）　多存在于植物叶的表层细胞中，其一端与细胞壁连接，形状如一串悬垂的葡萄，形成钟乳体。钟乳体多存在于爵床科、桑科、荨麻科等植物体中，如穿心莲叶、无花果叶、大麻叶等的表层细胞中（图 1 - 14）。碳酸钙结晶加醋酸则溶解并放出 CO_2 气泡，区别于草酸钙结晶。

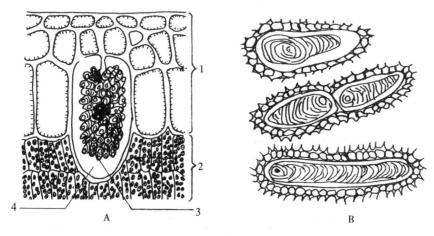

图 1 - 14　碳酸钙结晶

A. 无花果叶内的钟乳体　B. 穿心莲细胞中的螺状钟乳体

1. 表皮和皮下层　2. 栅栏组织　3. 钟乳体　4. 细胞腔

除草酸钙结晶和碳酸钙结晶外，某些植物体内还存在其他类型的结晶，如柽柳叶中含硫酸钙结晶、菘蓝叶中含靛蓝结晶、槐花中含芸香苷结晶等。

> ### 案例解析
>
> 【案例】人参 *Panax ginseng* C. A. Mey. 干燥根及根状茎药用，能大补元气、复脉固脱、补脾益肺、生津养血、安神益智。
>
> 【问题】人参的药材粉末有哪些主要显微鉴别特征？
>
> 【解析】草酸钙簇晶和极多的单粒、复粒淀粉粒是人参粉末的主要鉴别特征，此外，还有树脂道、木栓细胞、网纹导管及梯纹导管。

（三）次生代谢产物

次生代谢产物（secondary metabolites）是由植物次生代谢（secondary metablism）产生的一类细胞生命活动或植物生长发育正常运行非必需的小分子有机化合物，其产生和分布通常有种属、器官、组织以及生长发育时期的特异性。植物次生代谢产物是植物长期演化中对环境的一种适应，是长期进化过程中植物与生物和非生物因素相互作用的结果，在对环境胁迫的适应、植物与植物之间的相互竞争和协同进化、植物对昆虫的危害、草食性动物的采食及病原微生物的侵袭等过程的防御中起着重要作用，在处理植物与生态环境的关系中充当着重要的角色。许多植物在受到病原微生物的侵染后，产生并大量积累次生代谢产物，以增强自身的免疫力和抵抗力。

次生代谢产物贮存在液泡或细胞壁中，可分为苯丙素类、醌类、黄酮类、鞣质、萜类、甾体及其苷、生物碱七大类。还有人根据次生产物的生源途径，将其分为酚类化合物、类萜类化合物、含氮化合物（如生物碱）三大类。据报道，每一大类的已知化合物都有数千种甚至数万种以上。

在植物的某个发育时期或某个器官中，次生代谢产物可能成为植物代谢的主要成分，比如橡胶树产生大量橡胶和甜菊叶、甜菊苷的含量可达干重的 10% 以上。中草药和香料的有效成分中，绝大多数为植物次生代谢产物。

植物次生代谢物是人类生产生活中不可缺少的重要物质，为医药、食品、农药及化工等行业提供了宝贵的原料。尤其是医药生产领域，有些植物的次生代谢产物是具独特功能和生物活性的化合物，是疾病防治、强身健体的物质基础，作为天然活性物质，植物次生代谢物是解决目前世界面临的医药毒副作用大、一些疑难疾病（如癌症、艾滋病等）无法医治等难题的一条重要途径。许多植物次生代谢产物具有一定的生理活性及药理作用，如生物碱具有抗炎、抗菌、扩张血管、强心、平喘、抗癌等作用；黄酮类化合物具有抗氧化、抗癌、抗艾滋病、抗菌、抗过敏、抗炎等多种生理活性及药理作用，且无毒副作用，对人类的肿瘤、衰老及心血管疾病的防治具有重要意义。几个世纪以来，人类一直从植物中获得大量的次生代谢产物用于医药卫生领域。

此外，细胞质中还有酶（enzyme）、维生素（vitamin）、生长素（auxin）和抗生素（antibiotics）等物质，这些物质与植物的生长发育有着密切的关系，统称为生理活性物质。

第三节 植物细胞的分裂、生长、分化和死亡

一、植物细胞的分裂

细胞分裂是植物个体生长、发育和繁殖的基础，是细胞生命活动的重要特征之一。细胞分裂的主要

作用如下：一是增加细胞数量，使植物生长苗壮；二是形成生殖细胞，用以繁衍后代。植物细胞的分裂有3种方式：无丝分裂、有丝分裂和减数分裂。

1. 无丝分裂（amitosis）　　无丝分裂又称直接分裂，分裂时，细胞核中不出现染色体和纺锤体等一系列复杂的形态变化，有横缢、芽生、碎裂等多种形式，其中以横溢式最常见。横缢式分裂时，细胞核先发生延长，然后在中间缢缩、断裂为两个子核，子核间形成新的细胞壁。无丝分裂速度快，消耗能量小，但不能保证母细胞的遗传物质平均分配到两个子细胞中，从而影响遗传的稳定性。无丝分裂多见于低等原核生物，高等植物在愈伤组织、胚乳、虫瘿、不定芽和不定根形成时也常见无丝分裂。

2. 有丝分裂（mitosis）　　有丝分裂又称间接分裂，是高等植物和多数低等植物营养细胞最普遍的细胞分裂方式。分裂导致植物生长，通常有三种方式：横分裂、切向分裂和径向分裂（图1-15）。有丝分裂是一个连续而复杂的过程，首先是细胞核分裂为两个，随之是细胞质分裂，在细胞核之间形成新的细胞壁而成为两个子细胞。有丝分裂过程常被人为地分为分裂间期、前期、中期、后期和末期5个时期。连续分裂的细胞从一次有丝分裂结束到下一次有丝分裂结束所经历的整个过程（即分裂间期和分裂期全过程）叫作细胞周期（cell cycle）。有丝分裂由于染色体复制和之后染色单体的分离，使每一个子细胞具有与母细胞相同数量和类型的染色体，保证了子细胞具有与母细胞相同的遗传因子，从而保持了细胞遗传的稳定性。

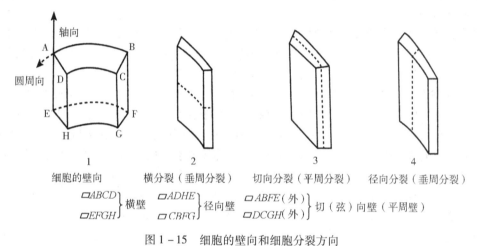

图1-15　细胞的壁向和细胞分裂方向

3. 减数分裂（meiosis）　　减数分裂仅发生在生殖细胞中，与植物的有性生殖密切相关。分裂的结果为每个子细胞的染色体数只有母细胞的一半，成为单倍体（n），因此称其为减数分裂。在分裂的过程中，细胞核也要经历染色体的复制、运动和分裂等复杂的变化。

种子植物的精子和卵细胞经过减数分裂后只含有一组染色体（n），为单倍体（haploid）；通过受精，精子和卵细胞结合又恢复成为二倍体（diploid，2n），子代的染色体仍然保持与亲代同数，并且子代的体细胞中包括了双亲的遗传物质。在通常情况下，植物体细胞为二倍体。农业上常利用减数分裂的特性进行农作物品种间的杂交，从而培育新品种。此外，通过给予自然或人工条件，如紫外线照射、创伤、高温、低温或化学药物（如秋水仙碱、生长剂、三氯甲烷等）处理等，可以产生多倍体（polyploid），如三倍体的香蕉、三倍体毛曼陀罗、四倍体菘蓝等。多倍体单株产量常较高，且品质较好。

二、植物细胞的生长

细胞生长是指细胞分裂产生的子细胞的体积和质量增加而数量不增加的过程，包括原生质体和细胞壁的生长。原生质体生长过程中最明显的变化是形成中央大液泡，细胞核移至侧面；细胞壁生长包括表面积增加和厚度增加，壁的化学组成也发生相应变化。细胞生长是植物个体生长发育的基础。

刚分裂后，子细胞的体积只有母细胞的一半大，当新细胞长到和母细胞一样大时，有的继续分裂，有的不再分裂，体积进一步增加。但植物细胞的生长是有一定限度的，当体积达到一定大小后，便会停止生长。细胞最终的体积随植物种类和植物细胞的类型而异，并受光照、水分和无机盐等环境因子的影响。

三、细胞分化

植物个体发育过程就是细胞分裂、分化的过程。多细胞植物体内，不同细胞执行不同功能，与之相应地在形态或结构上表现出各种适应变化。例如，输导功能的细胞发育成中空、长管状，以利于运输水分或养分；茎、叶表皮细胞在细胞壁的表面形成明显的角质层，以执行保护功能；叶肉细胞中发育形成了大量的叶绿体，以满足光合作用的需要。这些细胞最初都来自受精卵，具有相同的遗传组成。这种在植物个体发育成熟过程中，细胞在形态、结构和功能上的特化过程，称为细胞分化（cell differentiation）。植物的进化程度越高，细胞的分化程度也越高。有关植物细胞分化的机制和调控十分复杂，细胞分裂素和生长素是启动细胞分化的关键激素。

四、细胞死亡

植物体中细胞的一切活动受到整体的调节和控制，细胞在不断地分裂、生长和分化的同时，也不断地发生着细胞死亡。一般来讲，细胞死亡分为两种类型：细胞坏死性死亡（necrosis）和细胞程序性死亡（programmed cell death，PCD）。

1. 细胞坏死性死亡 是指细胞遭受某些外界因素的剧烈刺激，如物理、化学损伤或生物侵袭引起细胞的死亡，以原生质膜的破裂为特征，造成细胞内容物的炎性泄漏，是一种被动的、无选择的非正常死亡。

2. 细胞程序性死亡 是一种受基因控制的、生理性的、主动的、有选择的细胞死亡过程。它是在胁迫条件下的一种植物防御反应，不释放细胞内容物。其从细胞形态变化的角度称为凋亡（apoptosis），而从基因表达的角度称为细胞程序性死亡（PCD）。PCD伴随着明显的形态学变化和生物化学方面的变化。形态学的变化主要有细胞浓缩、染色质浓缩边缘化、液泡膜破裂、核浓缩、DNA片段化等。生物化学方面的变化包括半胱氨酰天冬氨酸特异蛋白酶（caspase）活性的激活，该酶是PCD关键酶之一，激活后能选择性降解蛋白质。植物生长发育的各个阶段普遍存在PCD现象。如维管植物运输水分和无机盐的管状分子（包括导管分子和管胞），二者为纵向延长、次生壁木质化加厚的管状的没有原生质体的死细胞，其分化过程就是高等植物一个典型的PCD过程。PCD是植物长期演化的产物，是植物在长期的进化过程中形成的用于清除生物体"多余"细胞和适应外界环境变化的机制之一。

植物细胞死亡是植物体的一种常见现象。细胞死亡在植物发育中具有以下重要作用：衰老使营养物质得以再次循环；在形态建成中发挥作用，如通气组织和木质部的形成；抵抗病原物的入侵等。

本章主要包括植物细胞的形状和大小、植物细胞的基本结构和植物细胞的分裂、生长、分化和死亡等内容。

重点

1. 细胞壁组成及其特化 细胞壁分为胞间层、初生壁和次生壁三层，主要由纤维素、半纤维素、果胶质和蛋白质组成，主要成分是纤维素；有时加入木质素、脂类和矿物质，引起细胞壁木质化、木栓化、角质化、矿质化等特化。

2. 原生质体概念及其组成 原生质体是生活细胞内有生命物质的总称，包括细胞质、细胞核和细胞器。其中，细胞核是遗传和代谢的控制中心；叶绿体、有色体和白色体之间可相互转化；液泡内充满细胞液，植物药的有效成分往往位于细胞液中。

3. 后含物概念及其种类 后含物是植物细胞由于新陈代谢活动而产生的各种非生命物质，可分为贮藏物质（淀粉粒、菊糖、糊粉粒、脂肪和脂肪油等）、代谢废物（草酸钙晶体和碳酸钙晶体等）和次生代谢产物。后含物的种类、形态和性质是中药鉴定的重要依据之一。

难点

1. 纹孔的概念　纹孔是指细胞壁形成时，次生壁在初生壁上并非均匀增厚，很多地方存在的未增厚的呈凹陷孔状的结构。

2. 纹孔对的主要类型　常见有单纹孔、具缘纹孔和半具缘纹孔三种类型。

题库

思 考 题

1. 植物细胞的基本结构有哪些？植物细胞与动物细胞相比有哪些特有结构？

2. 植物细胞壁有哪些特化形式？如何检识？

3. 什么是纹孔和纹孔对？纹孔对的主要类型有哪些？

4. 什么是原生质体？

5. 什么是后含物？后含物的种类有哪些？

6. 淀粉粒有哪些类型？

7. 草酸钙晶体常见有哪些形状？

PPT

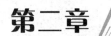
第二章

植物的组织

学习导引

知识要求

1. **掌握** 植物组织的概念和种类；保护组织、机械组织、输导组织、分泌组织的形态、类型和存在部位；气孔的组成，气孔、毛茸、导管的类型；维管束的概念及类型。

2. **熟悉** 分生组织、薄壁组织的形态、类型和存在部位；周皮的形成和概念。

3. **了解** 各种组织的生理功能。

能力要求

1. 掌握观察植物组织的方法。

2. 理解植物组织的形成与环境相统一的辩证观点。

课堂互动

组织是怎样形成的？

植物个体发育过程中，细胞分化导致植物体中形成多种类型的细胞，即细胞分化导致了组织的形成。人们一般把个体发育中具有相同来源（即由同一个或同一群分生细胞生长、分化而来的）的同一类型，或不同类型的细胞群组成的结构和功能单位，称为组织（tissue）。各种组织有机结合、相互协同、紧密联系，形成不同的器官（根、茎、叶、花、果实和种子等）。

第一节　植物的组织及其类型

从概念上说，组织是指彼此紧密联系的多细胞群体，这些细胞共同组成了形态上较为一致的结构与功能单位。组织是介于微观（细胞）与宏观（器官）之间的概念，事实上，我们肉眼可见的生物体（无论动物还是植物）均是由组织构成的。

组织可能由单一类型的细胞组成（简单组织 simple tissuc），也可能是多种细胞类型的复合体（复合组织 compound tissue）。从高等植物开始出现组织分化，植物进化程度越高，组织分化越明显，形态结构也越复杂。同一类型组织在不同植物中常具不同的构造特征，因此可作为药材、饮片和某些中成药的显微鉴定依据。

根据细胞发育状态和功能的不同，植物的组织可分为分生组织（meristem）、薄壁组织、保护组织、机械组织、输导组织和分泌组织六类，后五类都是由分生组织分化而来的，又统称为成熟组织（mature tissue）。

一、分生组织

植物体中未分化的、具有持续分裂能力的细胞群称分生组织。分生组织存在于植物的活跃生长部位，通常能持续进行分裂。每次分裂产生两个子细胞，其中之一仍保持分生组织状态，通过这种方式维持自身的数量与更新；另一个子细胞会发生分化，逐渐成为其他成熟组织，参与植物体的生长。如根、茎的顶端生长和侧生生长。

分生组织细胞一般体积较小，排列紧密，无细胞间隙，细胞壁薄，细胞核大，细胞质浓，无明显的液泡。可分别按来源、功能的不同以及所处位置的不同对分生组织进行分类。

（一）按其来源和功能的不同

分生组织按其来源和功能的不同，可分为原分生组织、初生分生组织和次生分生组织三种。

1. 原分生组织　原分生组织（promeristem）来源于植物种子的胚，由胚遗留下的终身保持分裂能力的胚性细胞组成。细胞小，近等径，细胞质浓，细胞核大，无明显液泡，具持续的分裂能力；位于植物根尖和茎尖的先端，使根、茎、枝伸长和长高。原分生组织是形成其他组织的最初来源。

2. 初生分生组织　初生分生组织（primary meristem）由原分生组织分化出来而保持分生能力的细胞群。细胞一方面保持强的分裂能力，一方面开始分化，产生根和茎的初生构造。如根尖的原表皮层、基本分生组织和原形成层。初生分生组织活动的结果是形成植物根和茎的初生构造。

3. 次生分生组织　次生分生组织（secondary meristem）由某些成熟组织的细胞（如皮层、中柱鞘、髓射线）重新恢复分生能力而形成。常与轴向平行排列成环状，与裸子植物和双子叶植物根、茎的增粗以及次生保护组织的形成有关。次生分生组织活动的结果是产生根和茎的次生构造，使其不断加粗。

（二）按分生组织所处的位置

分生组织按其来源和功能的不同，可分为顶端分生组织、侧生分生组织和居间分生组织。

1. 顶端分生组织　顶端分生组织（apical meristem）位于根与茎的顶端（图2-1）。它们的分裂活动可以使根和茎不断伸长并产生分枝与新的结构（叶与花）。细胞经分化形成三个主要的细胞群，即原表皮层、基本分生组织与原形成层，三者合称为初生分生组织，是原分生组织与成熟组织的过渡类型，将分别产生植物体的初生构造：其中，原表皮层将分化发育为植物的表皮（epidermis），基本分生组织发育为植物的皮层（cortex）与髓（pith），原形成层发育为初生维管组织（primary vascular tissue）。这种包括植物体的伸长与初生组织形成的生长方式称为初生生长（primary growth），初生生长过程中产生的各种组织称初生组织；由初生组织所形成的表皮、皮层和维管柱构成根的初生构造，由之产生的植物体称之为初生植物体（primary plant body）。

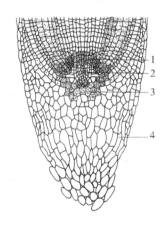

图2-1　根尖顶端分生组织

1. 根尖生长点　2. 静止中心
3. 根冠分生组织　4. 根冠

2. 侧生分生组织　侧生分生组织（lateral meristem）位于裸子植物、双子叶植物的根和茎周侧，与所在器官的长轴成平行排列，主要与根、茎的次生加粗生长有关。

侧生分生组织是一类由成熟细胞脱分化而形成的分生组织，因此又称为次生分生组织。在大多数单子叶植物与某些草本双子叶植物（如毛茛）中，植物体某一部分的加粗生长随着初生组织的成熟而终止；而在其他的类群，特别是裸子植物与木本双子叶植物中，根与茎的停止伸长的区域仍持续不断地进行着加粗生长，这种生长方式称为次生生长，与之相关的侧生分生组织分为两类，即木栓形成层（cork cambium）与维管形成层（vascular cambium）。在木本植物的茎中，木栓形成层位于树皮内，它的活动产生了次生保护组织——周皮（主要由位于外侧的多层木栓化细胞构成），与次生韧皮部共同成为树皮的主要组成部分，从而加强了保护作用；维管形成层位于树皮与木材的交界处，又简称为形成层，它的活动产生了次生维管组织（向内产生次生木质部，向外产生次生韧皮部）。

3. 居间分生组织 居间分生组织（intercalary meristem）是指由顶端分生组织衍生而遗留在某些器官的局部区域中的初生分生组织，仅保持一定时间的分生能力，以后则完全转化为成熟组织。位于茎的节间基部或叶基部，典型的居间分生组织存在于水稻、玉米和小麦等单子叶植物节间下方，所以当顶端分化成幼穗后，仍能借助于居间分生的活动进行拔节和抽穗，使茎急剧长高。葱、蒜和韭菜的叶子割去上部后还能继续生长，也是叶基部的居间分生组织活动的结果。

如果把两种分类方法对应起来看，则广义的顶端分生组织包括原分生组织和初生分生组织；而侧生分生组织通常属于次生分生组织类型，其中，木栓形成层是典型的次生分生组织。

二、薄壁组织

薄壁组织（parenchyma）又称基本组织（ground tissue），分布于植物体的各个器官，是组成植物体的基础，与植物营养有关。其主要特征是细胞壁薄，由纤维素和果胶构成。通常是具有原生质体的生活细胞，细胞呈圆球形、圆柱形、多面体形等多种形态，细胞之间有间隙。一般具有潜在的分生能力。按其生理功能和细胞结构的不同，可分为基本薄壁组织、吸收薄壁组织、同化薄壁组织、储藏薄壁组织、通气薄壁组织和输导薄壁组织等（图2-2，表2-1）。

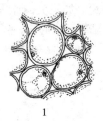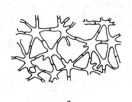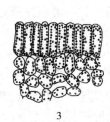

1　2　3　4

图2-2　薄壁组织的类型
1. 基本薄壁组织　2. 通气薄壁组织　3. 同化薄壁组织　4. 贮藏薄壁组织

表2-1　常见的薄壁组织类型

类型	部位	功能
基本薄壁组织	根、茎的皮层和髓部	填充和联系其他组织，可转化为次生分生组织
吸收薄壁组织	根尖的根毛区，包括根毛、皮层	从土壤中吸收水分和矿物质并运输到输导组织
同化薄壁组织	叶内细胞，幼茎、幼果的皮层	通过光合作用制造营养物质
储藏薄壁组织	地下器官以及果实和种子	储藏营养物质
通气薄壁组织	水生和沼生植物的根、茎、叶	储藏气体
输导薄壁组织	木质部和髓部	输导水分和养料

三、保护组织

保护组织（protective tissue）是指位于植物体的表面，由一层或数层细胞组成，对植物体起着不同程度的保护作用的组织。能防止水分的过度散失，控制气体的交换，防止植物遭受病虫害的侵袭和机械损伤等外部环境因素带来的损伤。依其来源和结构不同，可分为初生保护组织——表皮和次生保护组织——周皮。

（一）表皮

表皮（epidermis）分布于幼嫩器官的表面。由初生分生组织的原表皮层分化而来，有一层或多层细胞，通常由多种具不同特征和功能的细胞组成，如表皮细胞、气孔的保卫细胞和表皮毛等。其中，表皮细胞是最基本的成分，其他细胞分散于表皮细胞之间。

　　表皮细胞形态各异，一般呈扁平的长方形、多边形或波状不规则形，彼此嵌合，排列紧密，无细胞间隙，无叶绿体，外壁常角质化，有效地减少了水分的散失。有些植物在角质层上还有蜡被，如甘蔗茎、葡萄、冬瓜的果实等有白粉状蜡被（图2-3）。也有少数植物某些器官的表皮由数层细胞组成，称复表皮，如夹竹桃、印度橡胶树的叶。有些表皮细胞壁矿质化，增强了机械支持作用，如木贼茎和禾本科植物的叶。而根的表皮是一种吸收组织，根的表皮细胞外壁向外延伸形成根毛（root hair），有利于水分和无机盐的吸收。有的表皮细胞分化形成气孔或向外突出形成毛茸等附属结构。

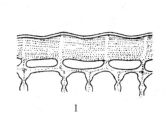

图2-3　角质层与蜡被

1. 表皮及角质层　2. 表皮上的杆状蜡被

　　1. 气孔（stoma）　　是表皮上一些呈星散或成行分布的小孔，它们是气体出入植物体的门户。气孔由表皮中一对特化的保卫细胞（guard cell）以及它们之间的空隙、孔下室与副卫细胞（subsidiary cell）共同组成（图2-4）。保卫细胞为两个半月形、肾形或哑铃形的细胞，含有丰富的细胞质和较多的叶绿体，细胞核比较明显。其细胞壁在靠近气孔的部分比较厚，而与表皮细胞或副卫细胞毗连的部分比较薄。副卫细胞是与保卫细胞邻接的表皮细胞，与普通的表皮细胞在形态上有所不同。因此，当保卫细胞充水膨胀时，气孔就张开；当保卫细胞失水萎缩时，气孔就闭合。气孔的张开和关闭受外界环境条件，如光照、温度和湿度等的影响。气孔主要分布在叶片和幼嫩茎表面，它有控制气体交换和调节水分蒸发的作用。

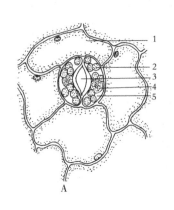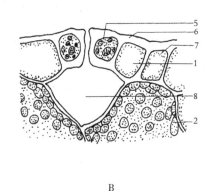

图2-4　叶的表皮与气孔器

A. 表面观　B. 切面观

1. 副卫细胞　2. 叶绿体　3. 气孔室　4. 细胞核　5. 保卫细胞　6. 角质层　7. 表皮细胞　8. 孔下室

　　保卫细胞与其周围的表皮细胞——副卫细胞（subsidiary cell）排列的方式称为气孔的轴式类型。其类型随植物种类的不同而异。因此，这些类型可用于叶类、全草类生药的鉴定。

　　（1）双子叶植物叶的气孔轴式　常见的类型有平轴式、直轴式、不定式、不等式、环式等多种。

　　①平轴式（paracytic type）：副卫细胞2个，其长轴与保卫细胞长轴平行。常见于茜草、番茄、常山等植物的叶。

　　②直轴式（diacytic type）：副卫细胞2个，其长轴与保卫细胞长轴垂直。常见于石竹科、爵床科和唇形科等植物的叶。

③不等式（anisocytic type）：副卫细胞3～4个，大小不等，其中一个明显地小。常见于十字花科、茄科、紫花地丁等植物的叶。

④不定式（anomocytic type）：副卫细胞数目不定，其大小基本相同，形状与其他表皮细胞相似。常见于毛茛科、洋地黄、桑、枇杷等植物的叶。

⑤环式（actinocytic type）：副卫细胞数目不定，而其形态大小比较一致，围绕保卫细胞排列成环状。常见于茶、桉树等植物的叶（图2-5）。

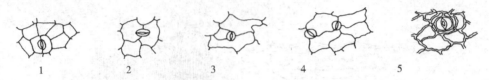

图2-5　气孔的类型
1. 平轴式气孔　2. 直轴式气孔　3. 不等式气孔　4. 不定式气孔　5. 环式气孔

（2）单子叶植物的气孔轴式　类型也很多，如禾本科和莎草科植物的保卫细胞呈哑铃形，两端球形部分的细胞壁较薄，中间狭窄部分的细胞壁较厚，当保卫细胞充水两端膨胀时，气孔缝隙就张开。保卫细胞的两侧还有两个平行排列而略作三角形的副卫细胞，对气孔的开闭有辅助作用，因此，有的称为辅助细胞，如淡竹叶、玉米叶等（图2-6）。

2. 毛状体（trichome）　由表皮细胞特化而成的突起物，具有分泌物质、保护、减少水分蒸发等作用，是植物抗旱的形态结构。毛状体是表皮上普遍存在的表皮毛（epidermal hair）、腺毛（glandular hair）或非腺毛（non-glandular hair）等附属物。毛状体的形态和结构各不相同，同一植物甚至同一器官上也常存在不同类型。如根的表皮细胞壁向外延伸形成细管状的表皮毛——根毛，大大提高了根与土壤的接触面积，以利于水分与矿物质的吸收。毛状体结构有时十分一致，因此可作为植物分类和药材鉴定的特征。常分为腺毛和非腺毛两种类型。

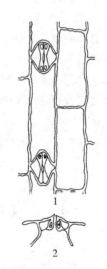

图2-6　玉米叶的表皮和气孔器
1. 表面观　2. 切面观

（1）腺毛（glandular hair）　是一类具有分泌作用的表皮毛，常分泌挥发油、黏液、树脂等物质，一般由腺头与腺柄两部分组成。腺头常呈圆形，由1至多个细胞组成，具有分泌功能，对植物具有保护作用。腺柄也常由1至多个细胞组成，如薄荷、车前、洋地黄、曼陀罗等叶上的腺毛。另外，在薄荷等唇形科植物的叶上，还有一种短柄或无柄的腺毛，腺头由8个或4～6个分泌细胞组成，略呈扁球形分布于表皮上，特称为腺鳞（glandular scale）。少数植物薄壁组织内部的细胞间隙存在腺毛，称间隙腺毛，如广藿香的茎、叶和绵马贯众的叶柄及根茎中（图2-7）。

（2）非腺毛（non-glandular hair）　不具有分泌作用，也无头柄之分，其顶端通常狭尖，提供了机械的保护作用，可以增加阳光的反射、降低叶表温度、减少水分的散失以及抵御昆虫的侵袭等。非腺毛形态多样，药材鉴定中常见的8种类型如下。

①分枝毛：毛茸呈分枝状。如毛蕊花、裸花紫珠叶的毛。

②星状毛：毛茸具分枝，呈放射状。如芙蓉叶、蜀葵叶、石韦叶和密蒙花的毛茸。

③丁字形毛：毛茸呈丁字形。如艾叶和除虫菊叶的毛。

④鳞毛：毛茸的突出部分呈鳞片状或圆形平顶状。如胡颓子叶的毛茸。

④乳突状毛：表皮细胞外壁突起呈乳突状。如菊花、金银花花冠顶端的毛。

⑤线状毛：呈线状，由1至多个细胞构成。如忍冬、番泻的叶具单细胞毛，洋地黄叶具多细胞组成的单列毛，旋覆花具有多细胞组成的多列毛。有些表皮毛表面角质层具不同的纹饰，如金银花的纹饰为螺纹，白曼陀罗花呈疣状突起。

⑥刺毛：细胞壁厚而坚硬，木质化，细胞内有结晶体沉积。如大麻叶的刺毛。

⑦螫毛：毛茸较脆，液泡中含有蚁酸，能刺激皮肤引起剧痛。如荨麻的毛茸。

各种非腺毛见图2－8。

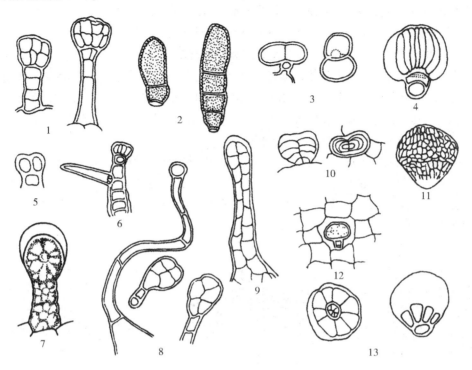

图2－7 腺毛和腺鳞

1. 金银花 2. 谷精草 3. 密蒙花 4. 凌霄花 5. 洋地黄叶 6. 白泡桐花 7. 天竺葵生活状态的腺毛
8. 洋金花 9. 款冬花 10. 石胡荽叶 11. 啤酒花 12. 广藿香茎间隙腺毛 13. 薄荷叶腺鳞

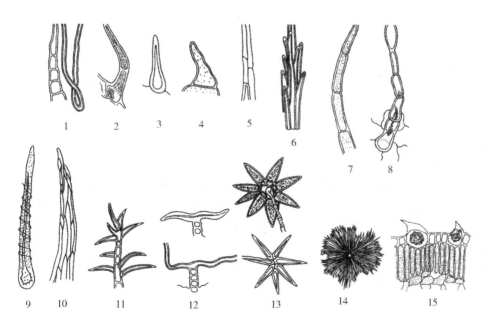

图2－8 各种非腺毛

1~10为线状毛 1. 刺儿菜 2. 薄荷 3. 益母草 4. 白曼陀罗花 5. 旋覆花 6. 款冬花冠毛
7. 洋地黄叶 8. 蒲公英 9. 金银花 10. 蓼蓝叶 11. 分枝毛（裸花紫珠叶） 12. 丁字毛（艾叶）
13. 星状毛（石韦叶、芙蓉叶） 14. 鳞毛（胡颓子叶） 15. 刺毛（大麻叶）

3. 周皮（periderm） 多数草本植物缺少或仅有有限的次生生长，因此，表皮常为终生唯一的皮组织。周皮是取代表皮的次生保护组织，存在于加粗生长的根与茎的表面。它由侧生分生组织木栓形成层形成。木栓形成层进行平周分裂，形成径向成行的细胞行列，这些细胞向外分化形成木栓层（phellem 或 cork），向内分化称栓内层（phelloderm）。木栓层、木栓形成层和栓内层合称周皮。

木栓层具有多层细胞，在横切面上，细胞呈长方形，紧密排列成整齐的径向行列，细胞壁较厚，并且木栓化，细胞成熟时原生质体死亡解体，细胞腔内充满空气。因此，木栓层具有高度不透水性，并有抗压、隔热、绝缘、质地轻、具弹性、抗多种化学药品的特性，对植物体起到有效的保护作用。茎的栓内层常含有叶绿体，也称为绿皮层。栓内层是薄壁的生活细胞，一般只能根据它们与外面的木栓层细胞排列成同一整齐的径向行列，而与皮层薄壁细胞相区别。

皮孔（lenticel）是周皮上的通气结构，位于周皮内的生活细胞能通过它们与外界进行气体交换。皮孔位于周皮的某些特定部位，其木栓形成层比其他部分更为活跃，向外衍生出一种与木栓层不同且有发达细胞间隙的组织（补充组织）。皮孔在树皮表面形成各种的小突起。皮孔的形状、颜色与密度可作为皮类药材的鉴别特征（图 2 -9）。

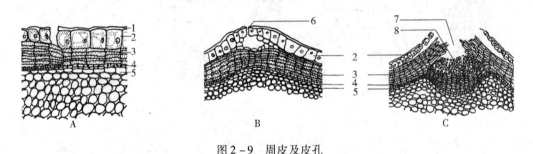

图 2 -9　周皮及皮孔

1. 角质层　2. 残留表皮　3. 木栓层　4. 木栓形成层　5. 栓内层　6. 气孔　7. 皮孔　8. 补充组织

四、机械组织

机械组织（mechanical tissue）是植物体内起巩固和支持作用，以承受外界机械压力的一类成熟组织。其主要特征是细胞壁发生不同程度的加厚。根据细胞形态以及壁增厚的程度和方式，机械组织分为厚角组织和厚壁组织两类。

（一）厚角组织

厚角组织（collenchyma）细胞在成熟时亦是生活细胞，一般分布于茎与叶的表皮下和双子叶植物叶脉周围，呈不连续的束或连续的柱状分布，常含有叶绿体，能进行光合作用，最明显的特征是具有不均匀加厚的初生壁，不含木质素，非木质化，一般在角隅处增厚，也有在切向壁或细胞间隙处加厚的。厚角组织常集中分布于棱角处，如益母草、薄荷的茎。与薄壁组织相似，厚角组织也保存着潜在的分生能力，在特定的条件下能够恢复分裂，例如在周皮发生或创伤愈合的时候。

根据厚角组织细胞壁加厚方式的不同，常可分为三种类型。①角隅厚角组织：是最常见的类型；横切面观，壁的增厚部分在几个相邻细胞的角隅处，如薄荷、桑属和蓼属植物等。②板状厚角组织：又称片状厚角组织，细胞壁增厚部分主要在内、外切向壁上，如细辛属、大黄属和接骨木属植物等。③腔隙厚角组织：壁的增厚发生在发达的细胞间隙处，面对胞间隙部分细胞壁增厚，如锦葵属、鼠尾草属等（图 2 -10）。

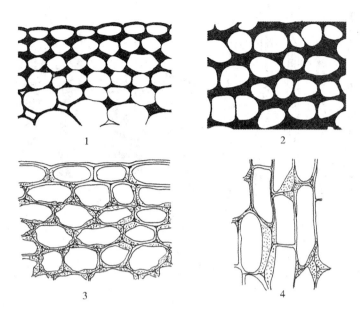

图 2 - 10　厚角组织的类型

1. 真厚角组织（大丽花茎）　2. 板状厚角组织（接骨木茎）
3. 腔隙厚角组织（横切面）　4. 腔隙厚角组织（纵切面）

（二）厚壁组织

厚壁组织（sclerenchyma）是植物主要的支持组织。其特征是细胞壁全面次生增厚，壁上具层纹和纹孔，常木质化，胞腔小，成熟后成为死细胞。按其细胞形态不同，可分为纤维与石细胞。

1. 纤维（fiber）　多为两端略尖的细长细胞，具有纤维素或木质素增厚的次生壁，纹孔稀少，细胞腔小，一般为死细胞。通常，纤维单个或彼此嵌插成束分布于植物体中。按其在植物体中存在部位的不同，纤维可分为韧皮纤维和木纤维。

（1）韧皮纤维（phloem fiber）　分布在韧皮部的纤维称韧皮纤维，一般较长而柔软。次生壁的主要成分为纤维素，木质化程度相对较低，具有单纹孔。在许多双子叶植物初生韧皮部的外侧常有半月形分布的初生韧皮纤维束存在，有时也称为中柱鞘纤维。亦有一些藤本双子叶植物茎的皮层、髓部，常具环状排列的皮层纤维、环髓纤维等。

（2）木纤维（xylem fiber）　分布在木质部的纤维称木纤维，一般较短而硬，次生壁木质化程度较高，细胞腔小，壁上具各式具缘纹孔或单纹孔。一些植物的次生木质部具有一种称为韧型纤维的纤维，细胞细长，像韧皮纤维，壁厚并具裂隙状单纹孔，纹孔较少，如沉香等的木纤维。在药材鉴定中，常见以下几种特殊类型纤维。

①晶鞘纤维（crystal fiber）：又称晶纤维，是纤维束及其周围含有草酸钙晶体的薄壁细胞所组成的复合体，如甘草、黄柏。

②嵌晶纤维（intercalary crystal fiber）：是指有的纤维次生壁外层密嵌细小的草酸钙晶体，如麻黄。

③分隔纤维（septate fiber）：是指有的纤维的细胞腔中有菲薄的横隔膜，可长期保留原生质体，并贮藏有淀粉、油类和树脂等，如姜（图 2 - 11）。

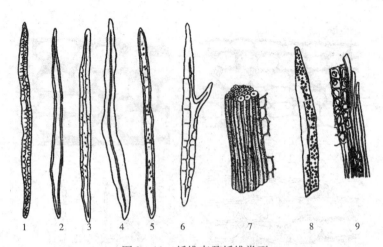

图 2 - 11　纤维束及纤维类型

1~6 为纤维　1. 五加皮　2. 苦木　3. 关木通　4. 肉桂　5. 分隔纤维（姜）　6. 分枝纤维（东北铁线莲）

7. 纤维素（上：侧面；下：横切面）　8. 嵌晶纤维（南五味子根）　9. 晶纤维（甘草）

2. 石细胞（sclereid 或 stone cell）　是细胞壁明显增厚且木质化并渐次死亡的细胞。石细胞多为等径或略为伸长的细胞，常形成多种形状，大小也不一致。细胞壁上未增厚的部分呈多细管状，有时分枝，向四周射出。因此，细胞壁上可见细小的壁孔，称为纹孔或孔道；而细胞壁渐次增厚所形成的纹理，则称为层纹。石细胞广泛分布于植物体内，常单个或成群地分布在根、茎、叶、果皮、果核及种皮内。石细胞的存在部位和形状是药材鉴定的依据之一。如三角叶黄连、白薇等的髓部具石细胞，黄柏、肉桂树皮具石细胞；黄芩、川乌根中的石细胞呈长方形、多角形，厚朴、黄柏中的石细胞为不规则状。梨果肉中坚硬的颗粒便是成簇的石细胞。茶、桂花的叶片中具有单个分枝状石细胞，散布于叶肉细胞间。一些植物的果皮和种皮中，石细胞常构成坚硬的保护组织，如椰子、核桃、杏等坚硬的内果皮以及菜豆、栀子的种皮（图 2 - 12）。

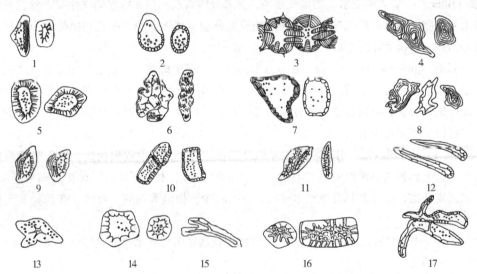

图 2 - 12　石细胞的类型

1. 土茯苓　2. 苦杏仁　3. 梨（果肉）　4. 黄柏　5. 五味子　6. 川楝　7. 川乌　8. 厚朴　9. 梅（果实）

10. 麦冬　11. 泰国大风子　12. 山桃（种子）　13. 嵌晶石细胞（南五味子）　14. 含晶石细胞（侧柏种子）

15. 分枝石细胞（茶）　16. 栀子（种皮）　17. 分隔石细胞（虎杖）

五、输导组织

输导组织（conducting tissue）是植物体内长距离运输水分、无机盐和营养物质的组织。其特征是细胞呈长管状、上下连接，在各器官间形成连续的输导系统。根据输导组织的结构和所运输的物质不同，可分为运输水分和无机盐类的导管与管胞以及运输营养物质的筛胞、筛管和伴胞两大类。

（一）管胞和导管

1. 管胞（tracheid） 是蕨类植物和绝大多数裸子植物主要的输水组织，同时也兼有支持作用。有些被子植物的某些器官也有管胞，但不是主要的输导组织。管胞和导管同时存在于大多数被子植物的木质部，自下而上运输水分和溶于水的无机盐。

管胞呈狭长冠状，两端尖斜，末端不穿孔，细胞无生命，细胞壁木质化加厚形成纹孔，以梯纹或具缘纹孔较多见。管胞互相连接并集合成群，管径较小，依靠侧壁上的纹孔（未增厚部分）运输水分，所以，其输导能力较导管低，是一类较原始的输导组织（图2-13）。

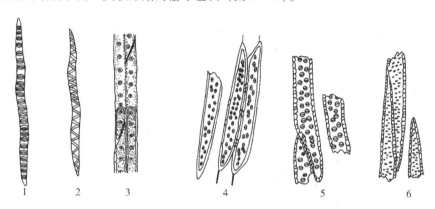

图2-13 管胞类型和药材粉末中的管胞

1. 环纹管胞 2. 螺纹管胞 3. 孔纹管胞 4. 关木通 5. 白芍 6. 麦冬

2. 导管（vessel） 是被子植物最主要的输导组织之一，少数裸子植物（如麻黄）也有导管。导管是由一系列纵长管状的死细胞以末端的穿孔相连接而成，每个管状细胞称为导管分子（vessel element）。导管分子的侧面观与管胞极为相似，但其上下两端往往不如管胞尖细倾斜，而且相连处的横壁常贯通成大的穿孔，因而输导水分的作用远比管胞快。导管分子之间的横壁在有的植物中不完全消失，具穿孔的端壁特称为穿孔板。因形态和数目不同，穿孔板可分为不同类型。

导管分子具厚的次生壁伸长细胞，成熟时失去原生质体，次生壁留下许多不同类型的纹孔，相邻的导管又可经侧壁上的纹孔输导物质。根据导管发育先后及其侧壁次生壁增厚和木化方式不同，可将导管分为5种类型（图2-14，表2-2）。

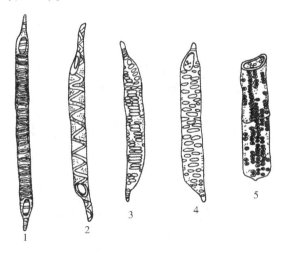

图2-14 导管分子的类型

1. 环纹导管 2. 螺纹导管 3. 梯纹导管 4. 网纹导管 5. 孔纹导管

表2-2 导管的类型

类型	环纹导管	螺纹导管	梯纹导管	网纹导管	孔纹导管
形态特点	增厚部分呈环状，管径较小	增厚部分呈带状，螺旋环绕在管腔的内壁上，管径较小	增厚部分与未增厚部分相间排列成梯形，管径较大	增厚部分呈网状，网孔是未增厚的初生壁，管径较梯纹的大	大部分已增厚，未增厚处为纹孔，多为具缘纹孔，管径大
分布	幼嫩器官	幼嫩器官	成长器官	成熟器官	成熟器官
实例	凤仙花、玉米幼茎	藕、半夏	葡萄茎	大黄根及根茎、南瓜茎	甘草、向日葵

侵填体（tylosis）是邻接导管的薄壁细胞通过导管壁上未增厚的部分（纹孔），连同其内含物如鞣质、树脂等物质侵入到导管腔内而形成的。侵填体的产生使导管液流的透性降低，但对病菌侵害起一定的防护作用。具有侵填体的木材是较耐水湿的。

（二）筛管、伴胞和筛胞

1. 筛管（sieve tube） 筛管是由一系列纵向的长管状活细胞构成的运输有机物的结构。主要存在于被子植物的韧皮部，自上而下运输营养物质。其组成的每一个细胞称为筛管分子（sieve tube element），如烟草韧皮部分子（图2-15）。筛管分子上下两端横壁由于不均匀的纤维素增厚而形成筛板（sieve plate），筛板上有许多小孔，称为筛孔（sieve pore），具有筛孔的区域称筛域（sieve area）。上下相邻两筛管分子的细胞质通过筛孔而彼此相连，这些与胞间连丝相似而较粗的丝状原生质称为联络索（connecting strand），形成同化产物输送的通道。

筛管分子发育过程中，早期有细胞核，细胞质浓厚，随后细胞核逐渐溶解而消失，细胞质减少，发育成熟后为无核的生活细胞，如南瓜属植物的筛管分子。筛孔的四周围绕联络索，可逐渐积累一些特殊的碳水化合物，称胼胝质（callose）；随着筛管的老化，胼胝质不断增多，最后在整个筛板上形成垫状物，称胼胝体（callosity）。胼胝体一旦形成，筛孔被堵塞，联络索中断，筛管也就失去运输功能。直到来年春，这种胼胝体被酶溶解而使筛管恢复其运输功能。

筛管分子一般只能生活一两年，所以，树木在增粗过程中，老的筛管会不断被新的筛管取代，老的筛管被挤压成为颓废组织。但在多年生单子叶植物中，筛管可长期行使其功能。

2. 伴胞（companion cell） 是位于筛管分子旁侧的一种小型、狭长的活细胞，细胞薄壁，细胞质浓，细胞核人，液泡小（图2-15）。它和筛管细胞是由同一母细胞分裂而成的，在筛管形成时，母细胞纵裂产生的一个较大的细胞发育成为筛管细胞，另一个较小的细胞发育成为伴胞。伴胞含有多种酶，生理活动旺盛，筛管的输导功能与伴胞有密切关系。伴胞会随着筛管的死亡而失去生理活性。伴胞为被子植物所特有，蕨类及裸子植物不存在细胞。

3. 筛胞（sieve cell） 筛胞是狭长的生活细胞，直径较小，端壁倾斜，没有特化成筛板，只是在侧壁或有时在端壁上具不明显的筛域。筛胞靠侧壁上筛域的筛孔运输，因而输导能力没有筛管强，属较原始的输导组织。筛胞在蕨类植物和裸子植物中负责运输有机养料。

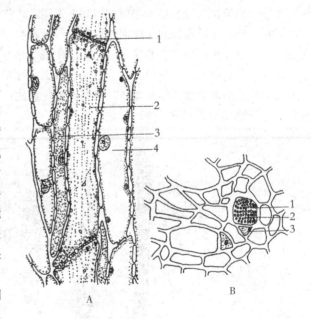

图2-15 烟草韧皮部（示筛管及伴胞）

A. 纵切面 B. 横切面

1. 筛板 2. 筛管 3. 伴胞 4. 韧皮薄壁细胞

六、分泌组织

分泌组织（secretory tissue）由植物体中具有分泌功能的细胞组成。植物分泌物十分复杂，常见的有蜜汁、黏液、糖类、乳汁、鞣质、盐类、树脂和挥发油等，这些分泌物集中在细胞内、胞腔间隙或腔道中，或由特化细胞的组合结构排出体外。如蜜汁、芳香油等分泌物能引诱昆虫，以利于传粉和果实、种子的传播，而许多分泌物是重要的药材（如薄荷油、樟脑、乳香等）。根据分布的位置和分泌物排溢的情况，分泌组织可分为外部分泌组织和内部分泌组织两大类。分泌组织的类型在鉴别上有一定的价值。

（一）外部分泌组织

位于植物的体表，其分泌物直接排出体外，如腺毛、腺鳞、蜜腺、盐腺、腺表皮和排水器等。

腺表皮、盐腺、排水器

1. 腺毛 具有分泌功能的表皮毛，有腺头和腺柄之分。头部分泌的物质最初聚集在细胞壁与角质层之间，之后角质层破裂，释放出分泌物。

2. 蜜腺（nectary） 由一层表皮细胞或其下面数层细胞分化而来。蜜腺的细胞壁较薄，具浓厚的细胞质。细胞质产生蜜汁，蜜汁可通过细胞壁，由角质层的破裂处扩散或经上表皮的气孔排出体外。蜜腺包括虫媒植物花上的花蜜腺和位于营养器官的花外蜜腺，如油菜、槐等的花蜜腺以及桃、樱桃叶片基部的花外蜜腺。

（二）内部分泌组织

内部分泌组织存在于植物体内，其分泌物储藏在细胞内或细胞间隙或腔道。按其组成、形状和分泌物的不同，可分为分泌细胞、分泌腔、分泌道和乳汁管。

1. 分泌细胞（secretory cell） 是植物体内单个散在的具有分泌能力的细胞，常比周围细胞大，多呈圆球形、椭圆形或分枝状，其分泌物储存在细胞内。分泌细胞在充满分泌物后，细胞壁常木栓化，即成为死亡的贮藏细胞。按贮藏的分泌物不同，可分为油细胞（姜科、樟科、木兰科）、含晶细胞（桑科、石蒜科）、鞣质细胞（葡萄科、豆科、蔷薇科）以及黏液细胞（半夏、山药、白及）等。

2. 分泌腔（secretory cavity） 是由多数分泌细胞发育形成，发育过程中部分细胞溶解后形成的囊状腔隙或细胞分离形成的间隙，其分泌物大多是挥发油，储存在腔室内，故又称油室。腔室的形成，一种是由于分泌细胞中层裂开，细胞间隙扩大形成腔隙，分泌物充满于腔隙中，而四周的分泌细胞较完整，称为裂生式（schizogenous）分泌腔，如当归；另一种是由许多聚集的分泌细胞本身破裂溶解而形成的腔室，腔室周围的细胞常破碎不完整，称为溶生式（lysigenous）分泌腔，如柑橘叶和果皮中常看到的黄色透明小点便是以溶生方式形成的分泌腔。

3. 分泌道（secretory canal） 在裸子植物松柏类和部分被子植物中，可见顺轴分布的裂生分泌道。由一群分泌细胞彼此分离形成的一个长管状胞间隙腔道，腔道周围的分泌细胞称为上皮细胞（epithelial cell），分泌物贮存在腔道中。如松树茎中的分泌道贮存油树脂，称为树脂道（resin canal）；小茴香果实的分泌道贮存挥发油，称为油管（vitta）；美人蕉和椴树的分泌道贮存黏液，称为黏液道（slime canal）或黏液管（slime duct）。

4. 乳汁管（laticifer） 是分泌乳汁状物质的管状结构，由一个或多个长管状分枝的乳细胞组成。乳细胞是具细胞质、细胞核的生活细胞，原生质体紧贴在细胞壁上，具有分泌功能，其分泌物乳汁的成分很复杂，有橡胶、糖类、蛋白质、生物碱、苷类、鞣质等。乳汁常呈乳白色或白色，少数为褐色或橙色甚而透明无色的，常贮存在细胞中。乳汁管分布在皮层、髓部或子房壁内。按乳汁管的发育和结构，可分为两种。①有节乳汁管（articulate laticifer）：是由一系列管状乳细胞错综连接而成的网状系统，连接处细胞壁溶化贯通，乳汁可以互相流动，见于菊科、罂粟科、番木瓜科和旋花科等植物中。②无节乳汁管（nonarticulate laticifer）：由单个乳细胞构成，随着器官长大而伸长，管壁上无节，有的在发育过程中，其细胞核进行分裂但细胞质不分裂而形成多核细胞，因而常有分枝，贯穿整个植物。若有多个乳细胞（如夹竹桃科、桑科和大戟科），它们彼此各成独立单位而永不相连（图2－16）。

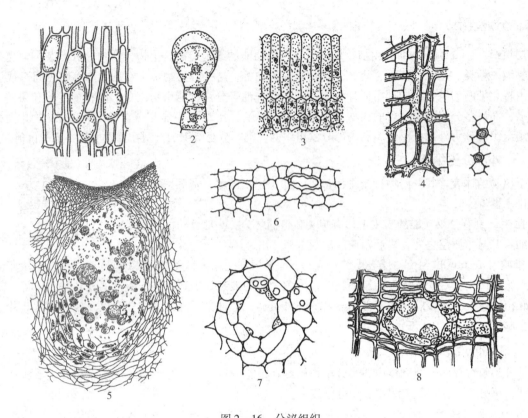

图 2 – 16　分泌组织

1. 油细胞　2. 腺毛（天竺葵）　3. 蜜腺（大戟属）　4. 有节乳汁管（蒲公英）　5. 溶生式分泌腔（橘果皮）
6. 间隙腺毛（广藿香茎）　7. 油室（当归）　8. 树脂道（松树木材横切面）

　　组织是构成植物的基础，各类组织相互作用，使植物体得以生存发展。在学习工作中，只有坚守自己的岗位、履行各自职责、发挥自己的功能、勇于创新，才能不断进步。

第二节　维管束及其类型

一、维管束的组成

　　维管束（vascular bundle）是维管植物（包括蕨类植物、裸子植物和被子植物）的输导系统，在植物体内常呈束状结构，贯穿植物体的各种器官，除了具有输导功能外，同时对植物器官起支持作用。

　　维管束主要由韧皮部（phloem）和木质部（xylem）构成。在被子植物中，韧皮部是主要由筛管、伴胞、筛胞、韧皮薄壁细胞与韧皮纤维共同构成的复合组织，这部分质地较柔韧，自上而下地主要运输有机养料；木质部是主要由导管、管胞、木薄壁细胞与木纤维共同构成的复合组织，这部分质地坚硬，自下向上地主要输导水分，同时与矿物质的运输、养料的贮存有关。裸子植物与双子叶植物维管束的木质部与韧皮部间的原形成层仍会保持不分化状态，能持续进行分生生长，这种类型的维管束称开放性维管束或无限维管束（open bundle）；而多数单子叶植物和蕨类植物的维管束不存在形成层，不能持续不断地分生生长，这种类型的维管束称为闭锁性维管束或有限维管束（closed bundle）。

二、维管束的类型

　　根据木质部与韧皮部的排列方式和有无形成层，维管束可分为以下几种常见的类型（图2－17）。

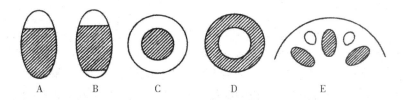

图 2 - 17　维管束类型图解

A. 外韧维管束　B. 双韧维管束　C. 周韧维管束　D. 周木维管束　E. 辐射维管束

1. 有限外韧维管束（closed collateral vascular bundle）　韧皮部在外侧、木质部在内侧、中间无形成层的维管束类型。常见于大多数单子叶植物和蕨类植物的茎。

2. 无限外韧维管束（open collateral bundle）　韧皮部在外侧、木质部在内侧、中间有形成层的维管束类型。如双子叶植物和裸子植物茎的维管束。

3. 双韧维管束（bicollateral vascular bundle）　韧皮部分布于木质部的内外两侧、无形成层的维管束类型。常见于葫芦科、茄科、夹竹桃科、旋花科、桃金娘科等植物的茎中。

4. 周韧维管束（amphicribral vascular bundle）　木质部位于中间、韧皮部围绕于木质部四周、无形成层。常见于某些蕨类植物与百合科、禾本科、蓼科的某些植物。

5. 周木维管束（amphivasal vascular bundle）　韧皮部位于中间、木质部围绕于韧皮部的四周、无形成层。常见于少数单子叶植物如菖蒲、石菖蒲、铃兰等植物的根状茎中。

6. 辐射维管束（radial vascular bundle）　木质部与韧皮部彼此间隔交互呈辐射状排列。常见于被子植物根的初生构造中（图 2 - 18）。

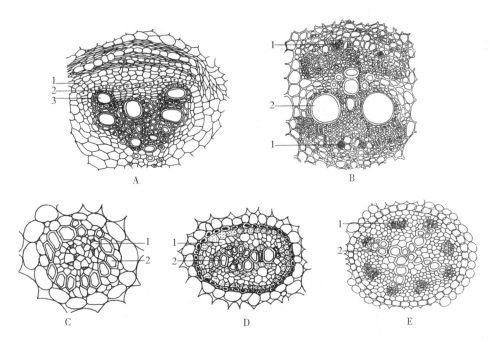

图 2 - 18　维管束的类型详图

A. 外韧维管束（马兜铃）　B. 双韧维管束（南瓜茎）　C. 周木维管束（菖蒲根状茎）

D. 周韧维管束（真蕨根状茎）　E. 辐射维管束（毛茛的根）

1. 韧皮部　2. 形成层　3. 木质部

维管束类型在不同植物体中存在差异，因此也是药材鉴别的依据之一。

三、复合组织与组织系统

1. 复合组织 植物个体发育中，凡由同类细胞构成的组织称简单组织，如分生组织、薄壁组织；而由多种类型细胞构成的组织称复合组织，如周皮、木质部、韧皮部、维管束。

2. 组织系统 植物的每个器官都是由一定种类的组织构造而成。具有不同功能的器官中，组织的类型不同，排列方式不同。植物体是一个有机的整体，各个器官除了具有功能上的相互联系外，在内部结构上也必然具有连续性和统一性。因此，把植物体或植物器官中的各类组织进一步在结构和功能上组成的复合单位称为组织系统（tissue system）。

通常将植物体中的各类组织归纳为3种组织系统，即皮组织系统（dermal tissue system）、基本组织系统（ground tissue system）和维管组织系统（vascula tissue system），分别简称为皮系统、基本系统和维管系统。皮系统覆盖于植物各器官的表面，形成一个包裹整个植物体的连续的保护层。基本系统主要包括各类薄壁组织、厚角组织和厚壁组织，它们分布于皮系统和维管系统之间，是植物体各部分的基本组成。维管系统包括输导有机养料的韧皮部和输导水分的木质部，它们贯穿整个植物体，把生长区、发育区与有机养料制造区、贮藏区连接起来。

在植物体中，各部分的组织分布模式在本质上是相似的，表现为维管系统贯穿基本系统而外面又覆盖着皮系统。组织系统将植物体的地上和地下部分、各种营养和繁殖器官相连，使其成为一有机整体。

知识拓展

植物体形态与结构的建成

植物体形态与结构的建成源于根端与茎端的顶端分生组织。顶端分生组织的分裂分化导致了根端与茎端的伸长生长；顶端分生组织的初级分化产生了由原表皮层、基本分生组织与原形成层组成的初生分生组织，初生分生组织的终末分化产生了由皮组织系统（表皮）、基本组织系统（薄壁组织、厚角组织和厚壁组织）与维管组织系统（木质部与韧皮部）组成的初生植物体的基本结构框架。

本章主要包括植物的六大组织和维管束的概念、类型及其结构特征。

重点

1. 植物组织的概念和种类 ①植物组织是来源和功能相同、形态构造相似且彼此密切联系的细胞群。②植物的组织分为分生组织、薄壁组织、保护组织、机械组织、输导组织、分泌组织，后五类组织又称为成熟组织。

2. 维管束 在植物体内常呈束状，主要由韧皮部和木质部构成，是具有输导和支持功能的复合组织。根据木质部和韧皮部相互间排列方式的不同以及形成层的有无，维管束可分为不同的类型。

难点 各类组织在完成特定生理功能的过程中的相互依赖与配合。

思 考 题

1. 什么是组织？植物有哪些主要的组织类型？

2. 植物的分生组织有哪几种类型？它们在植物体上的分布位置如何？

3. 从输导组织的结构和组成的角度分析，为什么说被子植物比裸子植物更高级？

4. 被子植物木质部与韧皮部的主要功能是什么？它们的基本组成有哪些异同点？

5. 如何区别表皮与周皮？

6. 植物有哪几类组织系统？它们在植物体中各起什么作用？

第三章

植物的营养器官

植物的器官是由多种组织构成的、具有一定的外部形态和内部构造、执行一定生理机能的部分。各器官在形态结构及生理机能上有明显差异，但彼此又密切联系、相互协调，构成一个完整的植物体。

被子植物的器官通常分为两大类。一类为营养器官（vegetative organ），包括根、茎和叶，担负着植物营养物质的吸收、合成、运输和贮藏等生理功能；另一类为繁殖器官（reproductive organ），包括花、果实和种子，主要起着繁衍后代、延续种族的作用。

植物各器官的形成遵循大自然的发展规律，每种器官都有着自己的作用，构成命运共同体，只有协同发展、发挥各自的特长、注重团队协作，才能和谐发展。

第一节 根

PPT

学习导引

知识要求

1. **掌握** 根的基本形态特征；变态根的类型及主要特征；根的次生构造。
2. **熟悉** 根的初生构造。
3. **了解** 根的异常构造。

能力要求

通过学习植物器官的形态特征、组织结构以及相关知识，为药用植物分类、药用植物资源调查和保护以及中药材鉴定奠定基础。

根（root）通常是植物体生长在土壤中的营养器官，具有向地性、向湿性和背光性。根主要有吸收、输导、固着、支持、贮藏和繁殖等功能。植物体所需要的水分和无机盐靠根从土壤中吸收，它的顶端能无限地向下生长，它的内部能生长出侧向的侧根，形成庞大的根系，有利于根的固着、吸收等作用，也使植物得以繁茂。有些植物的根还具有合成氨基酸、生物碱、生物激素及橡胶的能力，如烟草的根能合成烟碱、橡胶草的根能合成橡胶等。一些植物的根是重要的中药材，如人参、党参、三七、黄芪、百部等。

根系的分泌功能

一、根的形态

根通常呈圆柱形，生长在土壤中，向下生长，向四周分枝，形成复杂的根系。根无节和节间之分，一般不生芽、叶和花，细胞中不含叶绿体。

二、根的类型

（一）主根和侧根

植物最初生长出来的根，是由种子的胚根直接发育来的，它向下生长，这种根称主根（main root）。在主根一定部位的侧面生长出来的支根，称为侧根（lateral root）。在侧根上又能生长出新的侧根，可称为一级侧根、二级侧根，从侧根形成的细小支根称纤维根。

（二）定根和不定根

根就其发生起源可分为定根（normal root）和不定根（adventitious root）两类。主根、侧根和纤维根都是直接或间接由胚根发育而成的，有固定的生长部位，所以称定根，如桔梗、人参等的根。有些植物在主根和主根产生的侧根以外的部分，如茎、叶老茎等部位生出的根，统称不定根。如玉米、稻、薏苡的种子萌发后，由胚根发育成的主根不久就枯萎，而从茎的基部节上长出许多大小、长短相似的须根，这些根就是不定根，如人参根状茎（芦头）上的不定根，药材上称为"芐"。又如秋海棠、落地生根的叶以及菊、桑、木芙蓉的枝条插入土中所生出的根都是不定根。在栽培中，常利用此特性进行扦插繁殖。

（三）根系的类型

一株植物的地下部分所有根的总和称为根系。根系按其形态的不同可分为直根系（tap root system）和须根系（fibrous root system）两类。

1. 直根系　主根发达、主根和侧根界限明显的根系称直根系，如桔梗、沙参、人参和蒲公英的根系。

2. 须根系　主根不发达或早期死亡，而从茎的基部节上生长出许多大小、长短相仿的不定根，簇生呈胡须状，没有主次之分，如玉米、稻等单子叶植物和徐长卿、龙胆等双子叶植物的根系（图3-1）。

图3-1　直根系和须根系
A. 直根系　B. 须根系
1. 主根　2. 须根

三、根的变态

根和植物其他器官一样，在长期的历史发展过程中，由于适应环境的变化，形态构造产生了许多变态，常见的有下列几种。

1. 贮藏根（storage root）　根的一部分或全部形成肥大肉质，其内贮藏营养物质，这种根称贮藏根。贮藏根依形态不同又可分为以下两种。

（1）肉质直根（fleshy tap root）　主要由主根发育而成，一株植物上只有一个肉质直根，其上部具有胚轴和节间很短的茎，有的肉质直根肥大呈圆锥状，如白芷、桔梗；有的肥大呈圆柱形，如菘蓝、丹参；有的肥大呈圆球形，如芜菁根。

（2）块根（root tuber）　块根主要由不定根和侧根发育而成，一株植物可形成多个块根。它的组成没有胚轴和茎的部分。药用块根有天门冬、郁金、何首乌、百部等（图3-2）。

2. 支持根（prop root）　植物自茎上产生一些不定根深入土中，以增强支持茎杆的力量，这种根称支持根，如玉蜀黍、薏苡等。

3. 气生根（aerial root）　由茎上产生，不深入土中而暴露在空气中的不定根，称为气生根。它具有在潮湿空气中吸收和贮藏水分的能力，如石斛、吊兰、榕树等。

4. 攀援根（climbing root）　也称附着根。攀援植物在茎上生出不定根，能攀附石壁墙垣、树干或其他物体，这种根称为攀援根，如薜荔、络石、常春藤等。

5. 水生根（water root）　水生植物的根漂浮在水中，呈须状，称水生根，如浮萍等。

6. 寄生根（parasitic root）　寄生植物的根插入寄主茎的组织内，吸取寄主体内的水分和营养物质，以维持自身的生活，这种根称为寄生根。如菟丝子、列当、槲寄生、桑寄生等。全寄生植物如菟丝子、列当等体内不含叶绿素，完全依靠吸收寄主体内的养分维持生活；半寄生植物如槲寄生、桑寄生等，一方面由寄生根吸收寄主体内的养分，而同时自身含叶绿素，可以制造一部分养料（图3-3）。

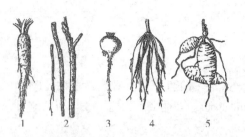

图 3-2 变态根的类型（地下部分）

1. 圆锥根　2. 圆柱根　3. 圆球根
4. 块根（纺锤根）　5. 块根（块状）

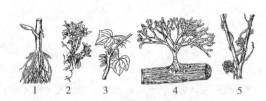

图 3-3 变态根的类型（地上部分）

1. 支持根（玉蜀黍）　2. 攀缘根（常春藤）　3. 气生根（石斛）
4. 寄生根（槲寄生）　5. 寄生根（菟丝子）

四、根的构造

（一）根尖的构造

根部的最先端到生有根毛的部分称根尖（root tip），长约 4～6mm，根的生长、水分和养料的吸收以及一切成熟组织的分化都在此进行。可将根尖分为根冠、分生区、伸长区和成熟区四个部分。

1. 根冠（root cap）　位于根的最顶端，呈帽状结构，由多层不规则排列的薄壁细胞组成，有保护作用。当根不断生长、向前延伸时，根冠外层细胞与土粒发生摩擦，常受到破坏，不断解体死亡和脱落。此时，靠生长锥附近的根冠细胞不断进行细胞分裂，产生新的根冠细胞，补充更替，使根冠始终保持一定的形态和厚度。同时，根冠外层细胞被损坏后形成黏液，有助于根向前延伸发展。绝大多数植物的根尖都有根冠，但寄生根和菌根无根冠。此外，根冠细胞内常含淀粉粒。

2. 分生区（meristematic zone）　也称生长锥，位于根冠的上方，长约 1mm，是细胞分裂最旺盛的部分。分生区最先端的一群细胞来源于种子的胚，属于原分生组织，细胞形状为多面体，排列紧密，细胞壁薄，细胞质浓，细胞核大。这些分生组织细胞可不断地进行细胞分裂而增加细胞数目，分裂产生的细胞经过生长和分化，逐步形成根的各种组织。

3. 伸长区（elongation zone）　位于分生区的上方到出现根毛的地方，一般长 2～5mm，多数细胞已逐渐停止分裂。从生长锥分裂出来的细胞在此沿根的长轴方向显著延伸，同时细胞开始分化，相继出现导管和筛管，故细胞的形状已有不同。

4. 成熟区（maturation zone）　位于伸长区的上方，根的各种细胞已停止伸长，且多分化成熟，并形成了各种初生组织。该区的最大特点是表皮的一部分细胞的外壁向外突出形成根毛（root hair），故也称根毛区（root-hair zone）。根毛的产生增加了根的吸收面积，水生植物一般无根毛。根毛的寿命较短，一般只有几天，多的约 10～20 天。随着分生区衍生细胞的不断增大和分化，以及伸长区细胞不断向后延伸，新的根毛连续地出现，使新的根毛区随着根的生长而向前推移，更有利于根的吸收（图 3-4）。

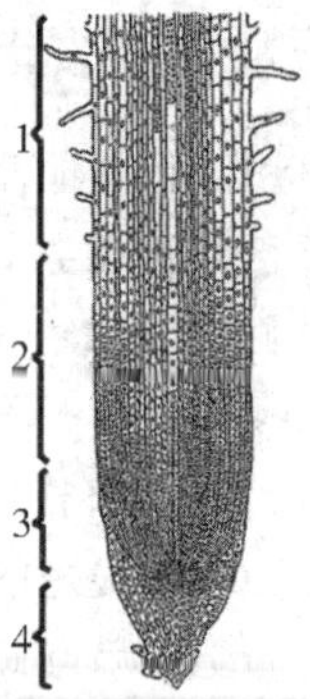

图 3-4　根尖的构造

1. 成熟区　2. 伸长区
3. 分生区　4. 根冠

（二）双子叶植物根的初生构造

由根尖的顶端分生组织经过分裂、生长、分化形成的根成熟区的生长过程，称为根的初生生长（primary growth）。初生生长过程中产生的各种成熟组织称为初生组织（primary tissue），由初生组织组成的结构称初生构造（primary structure）。通过根尖的成熟区做一横切面，根的初生构造从外到内可分为表皮、皮层和维管柱三部分（图 3-5）。

1. 表皮（epidermis）　位于根的最外围，由单层细胞组成，表皮细胞多为长方柱形，细胞排列整齐、紧密，无细胞间隙，细胞壁薄，角质层薄，没有气孔。一部分细胞外壁突出，形成根毛，这些特征与其他器官不同，而与根的吸收、固着等作用密切相关。根的表皮一般由一层活细胞组成，但也有多层的，如兰科等植物的表皮会形成根被。

2. 皮层（cortex）　由基本分生组织发育而成，位于表皮内方，由多层薄壁细胞组成，细胞排列疏松，有明显的细胞间隙，占据根相当大的部分，通常可分为外皮层、皮层薄壁组织和内皮层。

（1）外皮层（exodermis）　为皮层最外方紧接表皮的一层细胞，排列整齐紧密，没有细胞间隙。在根毛枯死、表皮被破坏后，外皮层细胞的细胞壁常增厚并栓质化，代替表皮行使保护作用。

（2）皮层薄壁组织（cortex parenchyma）　为外皮层内方的多层细胞，细胞壁薄，排列疏松，有细胞间隙，具有将根毛吸收的溶液转送到维管柱的作用，又可以将维管柱内的养料转送出来，有的还有贮藏作用。所以，皮层为兼有吸收、运输和贮藏作用的基本组织。

（3）内皮层（endodermis）　为皮层最内的一层细胞，排列紧密整齐，无胞间隙。内皮层细胞的部分次生壁增厚特殊，分为两种。一种是内皮层细胞的径向壁（侧壁）和上下壁（横壁）局部增厚（木质化和木栓化），增厚部分呈带状，环绕径向壁和上下壁而成一整圈，称凯氏带（Casparian strip），在根内是一个对水分和物质有阻碍或限制作用的结构；其宽度不一，但远比其所在的细胞壁狭窄，故从横切面观，径向壁增厚的部分呈点状，又称凯氏点（Casparian dots），见图3-6。另一种是内皮层细胞的径向壁、上下壁以及内切向壁（内壁）显著增厚，只有外切向壁（外壁）较薄，从横切面观，内皮层细胞壁增厚部分呈马蹄形。也有的内皮层细胞壁全部木栓化加厚。在内皮层细胞壁增厚的过程中，有少数位于木质部束处的细胞的胞壁不增厚，这些细胞称为通道细胞（passage cell），起着皮层与维管柱间物质交流的作用，有利于水分和养料的内外流通（图3-7）。

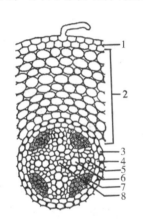

图3-5　双子叶植物幼根的初生构造
1. 表皮　2. 皮层　3. 内皮层　4. 中柱鞘
5. 原生木质部　6. 后生木质部
7. 初生韧皮部　8. 尚未成熟的后生木质部

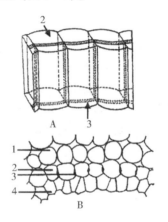

图3-6　内皮层及凯氏带
A. 皮层细胞立体观（示凯氏带）
B. 内皮层细胞横切面观（示凯氏点）
1. 皮层细胞　2. 内皮层
3. 凯氏带（点）　4. 中柱鞘

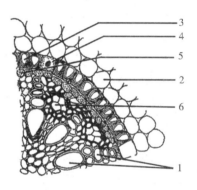

图3-7　鸢尾属植物幼根部分横切面结构
1. 木质部　2. 皮层薄壁组织　3. 内皮层
4. 通道细胞　5. 中柱鞘　6. 韧皮部

3. 维管柱（vascular cylinder）　根的内皮层内的所有组织构造统称为维管柱，在横切面上占较小的面积，包括中柱鞘、初生木质部和初生韧皮部三部分，有的植物还具有髓部（pith）。

（1）中柱鞘（pericycle）　也称维管鞘，在内皮层以内，为维管柱最外方的组织，通常由一层细胞构成，常为薄壁细胞，如多数双子叶植物；少数有两层至多层的，如桃、桑、柳以及裸子植物等；也有中柱鞘为厚壁组织的，如竹类、菝葜等。根的中柱鞘细胞体积较大，排列整齐，分化程度较低，具有潜在的分生能力，在一定时期可以产生侧根、不定根、不定芽、木栓形成层和一部分形成层等。

（2）初生木质部（primary xylem）和初生韧皮部（primary phloem）　是根的输导系统，在根的最内方，由原形成层直接分化形成。一般初生木质部分为几束，呈星角状和初生韧皮部相间排列成辐射维管束，是根初生构造的特点。初生木质部的分化成熟是自外向内的向心分化，称为外始式（exarch）。先分化的称原生木质部（protoxylem），其导管直径较小，多呈环纹或螺纹，位于木质部的角隅处；后分化的称后生木质部（metaxylem），其导管直径较大，多呈梯纹、网纹或孔纹。

根的初生木质部分为几束，束的数目随植物种类而异。如十字花科、伞形科的一些植物的根中只有两束，称二原型（diarch）；毛茛科的唐松草属有三束，称三原型（triarch）；葫芦科、杨柳科及毛茛科毛茛属的一些植物有四束，称四原型（tetrarch）；棉花和向日葵有四至五束；蚕豆有四至六束。一般双子叶植物束数少，为二至六原型；而单子叶植物常为多束，即多原型，有些单子叶植物可达数百束之多。对于某种植物，初生木质部束的数目有相对稳定性，但也常发生变化，同种植物的不同品种或同株植物的不同根也可能出现不同的情况。近年的试验指出，在离体培养根中，培养基中生长素吲哚乙酸的含量可以影响初生木质部束的数目。

初生木质部的组成简单，被子植物的初生木质部由导管和管胞、木薄壁细胞和木纤维组成；裸子植物的初生木质部只有管胞。初生韧皮部束的数目和初生木质部束的数目相同，它分化成熟的发育方向也是外始式，先分化成熟的称原生韧皮部（protophloem），后分化成熟的称后生韧皮部（metaphloem）。被子植物的初生韧皮部一般由筛管和伴胞、韧皮薄壁细胞组成，偶有韧皮纤维；裸子植物的初生韧皮部主要有筛胞。

初生木质部和初生韧皮部之间有一至多层薄壁细胞，在双子叶植物根中，这些细胞以后可以进一步转化为形成层的一部分，由此产生次生构造。

一般双子叶植物的根，其初生木质部往往一直分化到维管柱的中心，因此，一般根不具髓部。但也有些植物的初生木质部不分化到维管柱的中心，维管柱的中心仍保留有未经分化的薄壁细胞，因而有髓部，如乌头、龙胆、桑等。单子叶植物的根，其初生木质部一般不分化到中心，有发达的髓部，如百部块根；也有髓部细胞增厚木化而成厚壁组织的，如鸢尾。

（三）侧根的形成

根在初生生长过程中，不断地产生侧根，形成根系。侧根起源于中柱鞘，侧根形成时，中柱鞘相应部位的细胞发生变化，细胞质变浓，液泡变小，重新恢复分裂能力。首先进行平周分裂，细胞层数增加并向外突起；随后进行平周和垂周分裂，产生一团新细胞，形成侧根原基，其顶端分化为生长锥和根冠，生长锥细胞继续进行分裂、生长和分化，逐渐伸入皮层。根尖细胞分泌含酶物质，将皮层细胞和表皮细胞部分溶解，突破皮层和表皮形成侧根。侧根的木质部和韧皮部与其母根的木质部和韧皮部直接相连，形成一个连续的系统。

侧根常发生在母根根尖的成熟区，而且位置常有一定。一般情况下，在二原型的根中，侧根发生于原生木质部和原生韧皮部之间；在三原型和四原型的根中，在正对着原生木质部的位置形成侧根；在多原型的根中，在正对着原生韧皮部或原生木质部的位置形成侧根。因此，侧根一般是纵向排列成行（图3-8）。

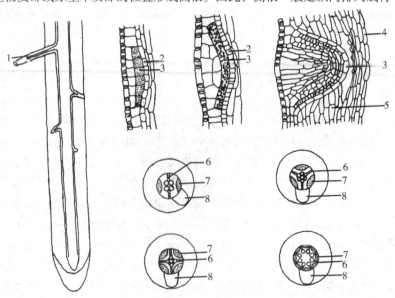

图3-8 侧根的发生和形成

1. 侧根 2. 内皮层 3. 中柱鞘 4. 表皮 5. 皮层 6. 初生木质部 7. 初生韧皮部 8. 侧根

（四）根的次生构造

初生生长进行到一定程度后，由于根中形成层细胞的分裂、分化，新的组织不断产生，使根逐渐加粗，这种使根增粗的生长称为次生生长（secondary growth），由次生生长产生的各种组织称为次生组织（secondary tissue），由这些组织形成的结构称为次生构造（secondary structure）。绝大多数蕨类植物和单子叶植物的根，在整个生活期中一直保存着初生构造；而一般双子叶植物和裸子植物的根可以次生增粗，形成次生构造。次生构造是由次生分生组织（维管形成层和木栓形成层）细胞的分裂、分化产生的。

1. 维管形成层的产生及其活动　根进行次生生长时，初生木质部和初生韧皮部之间的一些薄壁细胞恢复分裂的功能，转变最初的条状形成层带，并逐渐向初生木质部外方的中柱鞘部位发展，使相连接的中柱鞘细胞也开始分化成为形成层的一部分，这样，形成层就由片段连成一个凹凸相间的维管形成层环（图3-9）。

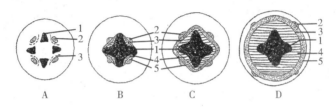

图3-9　根的次生生长图解（示形成层的产生与发展）

A. 幼根的情况，初生木质部在成熟中，虚线示形成层起始的地方

B. 形成层已成连续的组织，初生部分已产生次生结构，初生韧皮部已受挤压

C. 形成层全部产生次生结构，但仍为凹凸不平的形象，初生韧皮部挤压更甚

D. 形成层已成完整的圆环

1. 初生木质部　2. 初生韧皮部　3. 形成层　4. 次生木质部　5. 次生韧皮部

维管形成层的原始细胞只有一层，但在生长季节，由于刚分裂出来的尚未分化的衍生细胞与原始细胞相似，而成多层细胞，称为形成层区，通常讲的维管形成层就是指形成层区。横切面观，多为数层排列整齐的扁平细胞。

维管形成层细胞不断进行平周分裂，向内产生新的木质部，加于初生木质部的外方，称为次生木质部（secondary xylem），包括导管、管胞、木薄壁细胞和木纤维；向外产生新的韧皮部，加于初生韧皮部的内方，称为次生韧皮部（secondary phloem），包括筛管、伴胞、韧皮薄壁细胞和韧皮纤维。位于韧皮部内方的维管形成层分生的木质部细胞多，分裂的速度快，因而使凹凸相间的维管形成层环逐渐成为圆环状。此时，木质部和韧皮部已由初生构造的间隔排列转变为内外排列。次生木质部和次生韧皮部合称为次生维管组织，是次生构造的主要部分。

维管形成层细胞活动时，在一定部位也分生出一些薄壁细胞，这些薄壁细胞沿径向延长，呈辐射状排列，贯穿次生维管组织，称维管射线（vascular ray）或次生射线（secondary ray），位于木质部的称木射线（xylem ray），位于韧皮部的称韧皮射线（phloem ray）。在有些植物的根中，由中柱鞘部分细胞转化的形成层所产生的维管射线较宽，故在横切面上，可见数条较宽的维管射线，将次生维管组织分割成若干束。这些射线都具有横向运输水分和养料的机能。

在次生生长的同时，因新生的次生维管组织总是添加在初生韧皮部的内方，初生韧皮部受到挤压而被破坏，成为没有细胞形态的颓废组织。维管形成层产生的次生木质部较多，且添加在初生木质部外方，因此，粗大的树根主要是木质部，质地坚固。

根的次生韧皮部常有各种分泌组织分布，如马兜铃根（青木香）有油细胞，人参有树脂道，当归有油室，蒲公英有乳汁管。有的薄壁细胞（包括射线薄壁细胞）常含有结晶体及贮藏物质，如糖类、生物碱等，多为药用活性成分（图3-10）。

2. 木栓形成层的产生及其活动　维管形成层的活动使根不断加粗，外方的表皮及部分皮层不能相应加粗而被破坏。此时，根的中柱鞘细胞恢复分生能力，形成木栓形成层（phellogen），它向外分生木栓层（phellem），由数层木栓细胞组成，细胞排列整齐紧密，细胞壁木栓化，呈黄褐色；向内分生栓内层（phelloderm），为数层薄壁细胞，排列较疏松，有的栓内层较发达，有"次生皮层"之称。栓内层、木栓形成层和木栓层三者合称周皮（periderm）。周皮外方的各种组织（表皮和皮层）和内部失去水分和营养的联系而全部枯死，所以，一般根的次生构造中没有表皮和皮层，而为周皮所代替。

最初的木栓形成层可以由表皮分化而成，也可以由初生皮层中的一部分薄壁细胞分化而成，但通常是由中柱鞘分化而成。随着根增粗，到一定时候，木栓形成层便终止活动，在其内方的薄壁细胞（皮层和次生韧皮部内）又恢复分生能力，产生新的木栓形成层，而形成新的周皮。

植物学上的根皮是指周皮；而药材中的根皮类药材，如香加皮、地骨皮、牡丹皮等，却是指形成层以外的部分，主要包括韧皮部和周皮。

单子叶植物的根没有维管形成层，不能加粗生长；没有木栓形成层，故没有周皮。也有一些单子叶植物，如百部、麦冬等，其表皮分裂成多层细胞，细胞壁木栓化，形成一种称"根被"的保护组织。

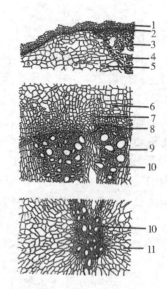

图3-10　马兜铃根的横切面
1. 木栓层　2. 木栓形成层　3. 皮层　4. 淀粉粒
5. 分泌细胞　6. 韧皮部　7. 筛管群　8. 形成层
9. 射线　10. 木质部　11. 射线

（五）根的异常构造

某些双子叶植物的根除了正常的次生构造外，还产生一些由额外形成层而形成的维管束，称异型维管束，形成了根的异常构造（anomalous structure），也称为三生构造（tertiary structure）。常见的有以下几种类型。

1. 同心环状排列的异常维管束　一些双子叶植物的根在正常的次生生长发育到一定阶段，形成层往往失去分生能力，而在相当于中柱鞘部位的薄壁细胞转化成新的形成层，向外分裂产生大量薄壁细胞和一圈异型的无限外韧维管束，如此反复多次，形成多圈异型维管束，并有薄壁细胞相间隔，呈同心环状排列。

此类异常维管束的轮数因植物种而异，牛膝根中的异常维管束排成2~4轮，川牛膝根的异常维管束排成3~8轮，美洲商陆根中可形成6轮。每轮异常维管束的数目与根的粗细、该轮异常维管束所在的位置有关，在同一种植物中，根的直径越大，每轮异常维管束的数目越多。

2. 附加维管柱（auxillary stele）　一些双子叶植物的根在维管柱外围的薄壁组织中能产生新的附加维管柱，形成异常构造。例如，何首乌块根在正常维管束形成后，其皮层部分薄壁细胞恢复分生能力，产生一些单独的和复合的异型维管束，故在何首乌块根的横切面上可看到一些大小不等的圆圈状花纹，称为"云锦花纹"。

3. 木间木栓（interxylary cork）　有些双子叶植物的根在次生木质部内也形成木栓带，称为木间木栓或内涵周皮（included periderm）。木间木栓通常由次生木质部薄壁组织细胞分化产生，如黄芩的老根中央可见木栓环，新疆紫草根中央也有木栓环带。甘松根中的木间木栓环包围一部分韧皮部和木质部，因而把维管柱分隔成2~5个束，在较老的根部，这些束常由于束间组织死亡裂开而互相脱离，成为单独的束，使根形成数个分支（图3-11）。

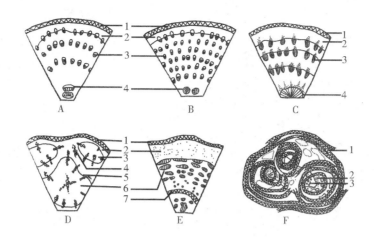

图 3-11 根的异常构造

A. 牛膝 B. 川牛膝 C. 商陆

1. 木栓层 2. 皮层 3. 异型维管束 4. 正常维管束

D. 何首乌 E. 黄芩

1. 木栓层 2. 皮层 3. 复合维管束 4. 单独维管束 5. 形成层 6. 木质部 7. 木栓细胞环

F. 新疆紫草

1. 木栓层 2. 韧皮部 3. 木质部

本节小结

1. 根的形态 通常呈圆柱形，生长在土壤中，主要有吸收、输导、固着、支持、贮藏和繁殖的功能。

2. 根的类型 分为主根和侧根或者定根和不定根，有直根系和须根系之分。

3. 根的变态 通常产生贮藏根、支持根、气生根、攀缘根、水生根和寄生根等变态，许多贮藏根作为根类药材入药。

4. 根的构造 根有初生构造和次生构造，有的还产生异常构造。根的次生构造与初生构造相比，最外层的周皮代替了表皮，皮层和中柱鞘一般已不存在，维管束为无限外韧型，次生维管组织中具有维管射线。根的异常构造主要有同心环状排列的异常维管束、附加维管柱和木间木栓等类型。

思考题

1. 什么是器官？种子植物的器官分为哪几类？

2. 根的变态类型及其主要特征是什么？

3. 比较双子叶植物根的初生构造与单子叶植物根的构造的主要异同。

4. 根的次生构造的主要特点有哪些？其与根的初生构造的主要区别是什么？

5. 什么是根的异常构造？有哪几种常见类型？各自的主要特点是什么？

PPT

第二节 茎

课堂互动

如何根据茎的形态特征、内部构造特征对不同茎进行区分、鉴别？

一、茎的形态和类型

（一）茎的形态特征

茎的横切面一般呈圆形，有些呈方形（如薄荷、紫苏）、三角形（如莎草）、扁平形（如仙人掌）。茎的中心常为实心，也有的为空心（如芹菜、南瓜）。禾本科植物的茎中空，且有明显的节，称为秆。

1. 节与节间 茎具有节（node），节与节之间称节间（internode）。叶着生在茎上，叶柄和茎之间的夹角处称叶腋，叶腋处生有腋芽，节就是指茎上着生叶和腋芽的部位。同时，茎枝的顶端还生有顶芽，而根无节、节间、顶芽、腋芽以及叶，这是根和茎在外形上的主要区别。

节一般稍膨大隆起，但有些植物的节特别明显膨大，例如禾本科植物；也有些植物的节特别明显收缩，如莲的根状茎、藕的节。

木本植物的叶脱落后茎节上留下的痕迹，称叶痕（leaf scar）。叶痕内的点线状突起，是叶柄和茎之间的维管束断离后留下的痕迹，称维管束痕（bundle scar）。托叶脱落后留下的痕迹，称托叶痕（stipule scar）。包被芽的鳞片脱落后留下的疤痕，称芽鳞痕（bud scale scar）。茎枝表面隆起呈裂隙状的小孔，称皮孔（lenticel），不同植物的皮孔的形状、颜色与密度各不相同。每种植物的这些痕迹均有一定的特征，可作为鉴别植物的依据（图3-12）。

2. 芽 芽（bud）是处于动态、尚未发育的枝、花或花序的原始体，包括茎尖的顶端分生组织及其衍生的细嫩结构。芽的类型主要如下。

（1）根据芽的生长位置分类 ①定芽（normal bud）：茎上有一定生长位置的芽。定芽包括生于茎枝顶端的顶芽（terminal bud）；生于叶腋的腋芽（axillary bud），腋芽因生在枝的侧面，亦称侧芽（lateral

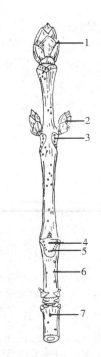

图3-12 茎的外形

1. 顶芽 2. 侧芽 3. 节 4. 叶痕
5. 维管束痕 6. 节间 7. 皮孔

bud）。某些植物顶芽或腋芽旁边又生出 1 或 2 个较小的副芽（accessory bud）。这些芽生于茎的顶端或节上，都直接或间接起源于茎的顶端分生组织。②不定芽（adventitious bud）：生长无一定位置的芽，即不是从茎的顶端或叶腋处发出，而是生长在茎的节间、根、叶或其他部位的芽，如甘薯根上的芽。

（2）根据芽的性质分类　①叶芽（leaf bud）：发育成枝与叶的芽，又称枝芽。②花芽（flower bud）：发育成花或花序的芽。③混合芽（mixed bud）：能同时发育成枝叶和花或花序的芽。

（3）根据芽鳞的有无分类　分为：①鳞芽（scaly bud）：芽的外面有鳞片包被，又称被芽（protected bud），如杨、桑、枇杷、玉兰等多数木本植物的越冬芽。②裸芽（naked bud）：芽的外面无鳞片包被，多见于草本植物和少数木本植物，如枫杨、吴茱萸等（图 3 – 13）。

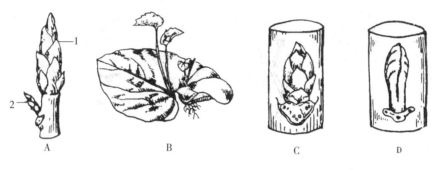

图 3 – 13　芽的类型
A. 定芽　B. 不定芽　C. 鳞芽　D. 裸芽
1. 顶芽　2. 腋芽

（4）根据芽的活动能力分类　①活动芽（active bud）：正常发育且在生长季节活动的芽，即能在当年萌发或第二年春天萌发的芽。②休眠芽（dormant bud）：又称潜伏芽（latent bud），长期保持休眠状态而不萌发的芽。休眠芽在一定条件下可以萌发，如树木被砍伐后，树桩上的休眠芽将萌发出新枝条。

（二）茎的类型

不同植物的茎在长期进化过程中，因适应不同生长环境，产生了多样化的生长习性，使叶能获得足够的光照、制造有机养料，并适应环境以求得生存和繁衍。

1. 按茎的质地分类

（1）木质茎（woody stem）　木质部发达、质地坚硬的茎称为木质茎。具有木质茎的植物称为木本植物，木本植物均为多年生。木本植物又可分为如下四种。①乔木（tree）：植株高大，主干明显，下部不分枝或少分枝，如杨树、厚朴、黄柏。②灌木（shrub）：植株矮小，主干不明显，下部多分枝，如夹竹桃、连翘。③亚灌木（subshrub）：也称为半灌木，介于木本与草本之间，仅在基部木质化，上部为草质，如牡丹、麻黄。④木质藤本（woody vine）：茎长而柔韧，常依附他物向上生长，如葡萄、五味子。

（2）草质茎（herbaceous stem）　木质部不发达、质地柔软的茎称为草质茎，一般适应较短的生活周期。具草质茎的植物称为草本植物。其中，在一年内完成生长发育过程，开花结果后枯死的称一年生草本（annual herb），如水稻、马齿苋；在第二年才能完成生活周期的称二年生草本（biennial herb），如萝卜、油菜等。生活周期在两年以上的称多年生草本（perennial herb），其中，整个植株保持若干年不凋的，称为常绿草本，如麦冬、黄连等；而每年地下部分存活，但地上部分枯死，下一年再生长出新的地上部分的，称为宿根植物，如人参、薄荷。茎细长柔软、需缠绕或攀附他物上升生长的，称为草质藤本（herbaceous vine），如扁豆、牵牛等。

（3）肉质茎（succulent stem）　肉质肥厚、质地柔软多汁的茎称肉质茎，如芦荟、仙人掌。

2. 按茎的生长习性分类

（1）直立茎（erect stem）　茎直立地面生长，无须依附他物，是最常见的类型，如紫苏、水杉。

（2）缠绕茎（twining stem）　茎细长，自身不能自立，依靠缠绕他物作螺旋状上升。其中，五味子、忍冬等由下向上呈顺时针方向缠绕；牵牛、马兜铃由下向上呈逆时针方向缠绕；而何首乌则无一定规律。

（3）攀援茎（climbing stem）　茎细长，借助卷须、吸盘、不定根等攀援结构依附他物上升，如葡萄、栝楼借助的攀援结构是茎变态成的卷须，豌豆借助的是小叶变态成的卷须，菝葜借助的是托叶变态成的卷须；爬山虎借助的是茎变态成的吸盘，常春藤借助的是不定根。

（4）匍匐茎（creeping stem）　茎一般细长而平卧地面，积雪草、甘薯等节上生有不定根，称匍匐茎；蒺藜、马齿苋等节上不生不定根，则称平卧茎（图3-14）。

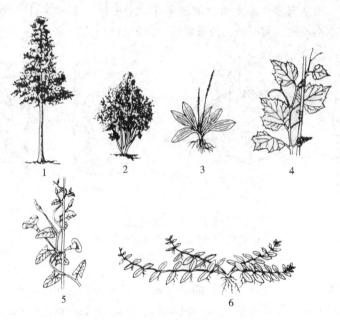

图3-14　茎的种类
1. 乔木　2. 灌木　3. 草本　4. 攀援藤本　5. 缠绕藤本　6. 匍匐茎

（三）茎的变态

有些植物由于长期适应不同的生活环境，茎产生了一些变态。茎的变态种类很多，可分为地上茎的变态和地下茎的变态两大类型。地下茎的变态一般起贮藏养料的作用。地下茎虽生于地下，但具有茎的一般特征，有节和节间，并具退化的鳞片及顶芽、侧芽等，可与根相区别。

1. 地下茎（subterraneous stem）的变态

（1）根茎（根状茎）（rhizome）　常横卧地下，呈根状，节和节间明显，节上有退化的鳞叶，具顶芽和腋芽，常生有不定根。根茎的形态与节间长短有很大差异，如白茅、芦苇的根茎细长，姜、玉竹的根茎肉质肥大，人参、三七的根茎短而直立，苍术、川芎的根茎呈不规则的团块等。

（2）块茎（tuber）　肉质肥大呈不规则块状，节向下凹陷，节上具芽，叶呈小鳞片状或早期枯萎脱落，如天麻、半夏、马铃薯等。

（3）球茎（corm）　肉质肥大呈球形或扁球形，节和节间明显，节上叶片常呈宽大鳞片状，基部具不定根，如慈姑、荸荠等。

（4）鳞茎（bulb）　茎极度短缩，称鳞茎盘，盘上生有许多肉质肥厚的鳞叶，鳞茎基部生不定根。中央有顶芽，叶腋有腋芽，均被鳞叶包裹。洋葱、大蒜等鳞叶宽阔，内层被外层完全覆盖，称有被鳞茎；百合、贝母等鳞叶狭窄，呈覆瓦状排列，外层不覆盖内层，称无被鳞茎（图3-15）。

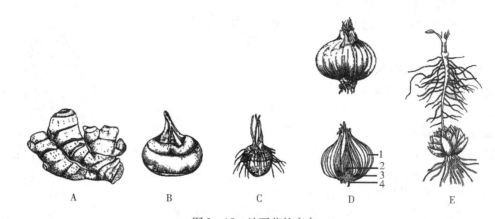

图 3 - 15　地下茎的变态

A. 根茎（姜）　B. 球茎（荸荠）　C. 块茎（半夏）　D. 鳞茎（洋葱）　E. 鳞茎（百合）

1. 鳞叶　2. 顶芽　3. 鳞茎盘　4. 不定根

2. 地上茎（aerial stem）的变态

（1）刺状茎　茎变态为刺状，又称枝刺、茎刺，生于叶腋，由腋芽发育而来，不易脱落，可与叶刺、皮刺相区别。而皮刺是由植物体的表皮或皮层形成的尖锐突起，着生没有一定的位置，很容易剥去，剥去后的断面也比较平坦，如月季。枝刺有的有分枝，如皂荚、枸橘；也有的不分枝，如山楂、贴梗海棠。

（2）钩状茎　茎变态呈钩状，位于叶腋，粗短坚硬，无分枝，如钩藤。

（3）卷须茎　茎变态为卷须状，柔软卷曲，常有分枝，用于攀援他物向上生长，如葡萄、栝楼。

（4）叶状茎　茎或枝的一部分变态成绿色扁平的叶状或针状，代替叶行使光合作用，而真正的叶完全退化或不发达，如天门冬、仙人掌。

（5）小块茎和小鳞茎　有些植物的腋芽形成不规则块状，称为小块茎，如山药的零余子；也有些植物由叶柄上的不定芽形成小块茎，如半夏。有些植物的腋芽形成小鳞茎，如卷丹；有些植物的花序中的部分花芽形成小鳞茎，如洋葱、薤。小块茎和小鳞茎均有繁殖作用。

（6）假鳞茎　有些植物茎基部肉质膨大，具贮存水分和养分的功能，常见于附生兰类，如石仙桃（图3 - 16）。

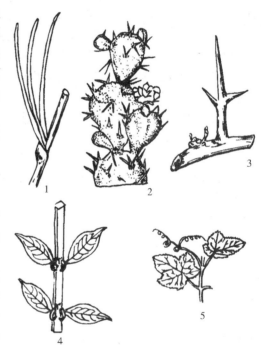

图 3 - 16　地上茎的变态

1. 叶状茎　2. 叶状茎　3. 刺状茎　4. 钩状茎　5. 卷须茎

二、茎的内部构造

（一）茎尖的构造

茎尖是指茎或枝的顶端，自上而下可分为分生区、伸长区和成熟区三部分。分生区在茎尖的先端，呈圆锥形，为顶端分生组织所在部位，具有较强的分生能力，故又称生长锥（growth cone）。茎尖的构造与根尖基本相似，不同点为：①茎尖顶端没有类似根冠的构造，而是由幼小的叶片包围着；②在生长锥四周形成的小突起，为叶原基或腋芽原基，可发育成叶或腋芽，腋芽再发育成枝；③成熟区的表皮不形成根毛，但常有气孔和毛茸（图3-17）。

成熟区细胞分裂与伸长均趋于停止，各种组织分化基本完成，形成了初生构造。

（二）双子叶植物茎的初生构造

通过双子叶植物茎尖的成熟区横切，可观察到茎的初生构造。从外到内分为表皮、皮层和维管柱三部分。

1. 表皮（epidermis） 通常为一层长方扁平、排列整齐、无细胞间隙的生活细胞。一般不具叶绿体，少数植物茎的表皮细胞含有花青素，如蓖麻的茎呈紫红色。表皮上常有气孔、毛茸。表皮细胞外壁较厚并角质化，表皮外侧一般有角质层，有的角质层外还有蜡被。

2. 皮层（cortex） 位于表皮内侧，是表皮和维管柱之间的部分，由多层生活细胞构成，一般不如根的皮层发达。皮层主要由薄壁组织构成，细胞大且壁薄，排列疏松，有细胞间隙。靠近表皮的细胞常含有叶绿体，故嫩茎呈绿色，可进行光合作用。

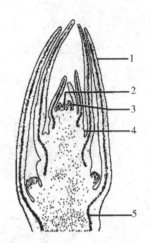

图3-17 忍冬芽的纵切面
1. 幼叶 2. 生长锥 3. 叶原基
4. 腋芽原基 5. 原形成层

部分植物近表皮的几层细胞常分化为厚角组织，以加强茎的韧性，有些排列成环状，如向日葵；有些仅分布在棱角处，如薄荷。有的皮层中还有纤维、石细胞或分泌组织。

茎的皮层与根不同，一般没有明显的内皮层，故皮层与维管区域之间无明显分界。少数植物茎皮层最内一层细胞含有大量淀粉粒，称淀粉鞘（starch sheath），如蓖麻。

3. 维管柱（vascular cylinder） 位于皮层以内的柱状结构，又称中柱（stele），包括呈环状排列的维管束以及髓部和髓射线等。

（1）初生维管束 双子叶植物的初生维管束包括初生韧皮部（primary phloem）和初生木质部（primary xylem）。外韧维管束最为普遍，初生韧皮部位于维管束外方，由筛管、伴胞、韧皮薄壁细胞和韧皮纤维组成，成熟方式是外始式；初生木质部位于维管束的内侧，由导管、管胞、木薄壁细胞和木纤维组成，成熟方式为内始式。除常见的外韧维管束之外，少数为双韧维管束，如南瓜、曼陀罗。初生韧皮部和初生木质部之间有1～2层具有潜在分生能力的原形成层细胞，次生生长时可转变为束中形成层。初生韧皮部外侧常分布有半月形的纤维束，称为初生韧皮纤维，可加强茎的韧性。

（2）髓（pith） 位于茎的中央部分，由薄壁细胞组成，双子叶草本植物茎的髓部较大，木本植物茎的髓部一般较小。有些植物茎的髓部主要为大型的薄壁细胞，被一层排列紧密、细胞壁较厚的小细胞围绕，这种周围区称环髓带（perimedullary region），如椴树。有些植物茎的髓部在发育过程中消失而中空，如连翘、芹菜、南瓜等。

（3）髓射线（medullary ray） 也称为初生射线（primary ray），位于初生维管束之间，由径向延长的薄壁组织组成，内通髓部，外达皮层，有贮藏和横向运输作用。一般草本植物髓射线较宽，木本植物的髓射线较窄。髓射线细胞具有潜在分生能力，次生生长时，与束中形成层相邻的髓射线细胞将恢复分生能力，称为束间形成层（图3-18）。

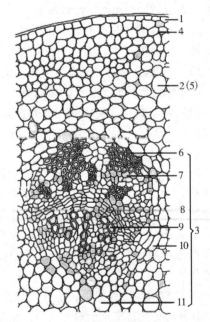

图3-18 双子叶植物茎的初生构造（横切面）
1. 表皮 2. 皮层 3. 维管束 4. 厚角组织
5. 薄壁组织 6. 初生韧皮纤维 7. 初生韧皮部
8. 原形成层 9. 初生木质部 10. 髓射线 11. 髓

（三）双子叶植物茎的次生构造

双子叶植物茎在初生构造形成后，随即进行次生生长，即产生次生分生组织，包括维管形成层和木栓形成层，并进行分裂活动，形成次生构造，使茎不断加粗。木本植物的次生生长可持续多年，故次生构造发达。

1. 双子叶植物木质茎的次生构造　见图3-19。

（1）维管形成层及其活动　当茎进行次生生长时，初生韧皮部和初生木质部之间具有潜在分生能力的原形成层细胞转变为束中形成层。同时，与束中形成层相连的髓射线细胞恢复分生能力，转变为束间形成层。束中形成层与束间形成层连接成环，即维管形成层。

维管形成层环由两类细胞组成，即纺锤状原始细胞和射线原始细胞，均具有较强的分生能力。①纺锤状原始细胞向内分裂产生次生木质部，增添于初生木质部外侧；向外分裂产生次生韧皮部，增添于初生韧皮部内侧，初生韧皮部受到茎加粗的挤压而成为颓废组织，并被推向外侧。②射线原始细胞不断分裂产生次生射线，贯穿次生韧皮部和次生木质部。位于次生韧皮部的称韧皮射线，位于次生木质部的称木射线。

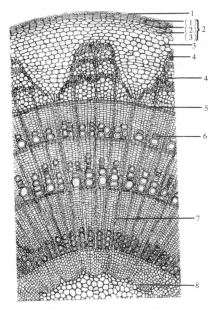

图3-19　双子叶植物茎的次生构造（横切面）
1. 表皮层　2. 周皮（1）木栓层（2）木栓形成层（3）栓内层
3. 皮层　4. 次生韧皮部　5. 维管形成层
6. 次生木质部　7. 髓射线　8. 髓

（2）次生木质部　是茎次生构造的主要部分，由导管、管胞、木薄壁细胞、木纤维组成。导管类型主要为梯纹导管、网纹导管和孔纹导管。

维管形成层在春天活动旺盛，所形成的细胞径大壁薄，质地较疏松，色泽较淡，称早材（early wood）或春材（spring wood）；夏末秋初，维管形成层活动逐渐减弱，所形成的细胞径小壁厚，质地紧密、色泽较深，称晚材（1ate wood）或秋材（autumn wood）。在一年中，由早材到晚材是逐渐转变的，没有明显的界限；但当年的秋材与第二年的春材界限分明，形成一同心环层，称年轮（annual ring）或生长轮（growth ring）。年轮通常一年一轮，但有的植物（如柑橘）一年可以形成3轮，这些年轮称假年轮。

在木质茎横切面上，靠近维管形成层的部分颜色较浅，质地较松软，称边材（sap wood）。边材具输导和贮存作用。而中心部分颜色较深，质地较坚固，称心材（heart wood），心材中的导管或周围的薄壁细胞通过纹孔侵入导管或管胞腔中，细胞积累的代谢产物，如挥发油、鞣质、树胶、色素等物质也沉积其中，堵塞导管或管胞，称为侵填体。因此，心材含有特殊的成分，且比较坚固，又不易腐烂，故茎木类药材如沉香、苏木、檀香、降香等均是取心材入药。

要充分地了解茎的次生结构及鉴定木类生药，需采用三种切面，即横切面、径向纵切面和切向纵切面。①横切面：与纵轴垂直所做的切面称横切面。从横切面所见的年轮为同心的环轮。射线呈辐射状分布，可见射线的长度和宽度以及两射线间的导管、管胞、木纤维和木薄壁细胞的形状、直径、胞壁厚薄、胞腔大小等。②径向纵切面：通过茎的直径所做的纵切面称径向切面。在径向切面上所表现的年轮呈垂直平行的带状。射线则横向分布，与年轮成直角，并可见到射线的高度和长度。纵向长细胞如导管、管胞、木纤维等呈长筒状或棱状，其次生壁的增厚纹理也很清楚。同时，可观察导管的类型，导管分子的长短、直径及有无侵填体，木纤维的类型及大小、壁厚度、纹孔等。③切向纵切面：不通过茎的中心而是沿着茎的圆弧切线所做的纵切面。在切向切面上可明显地看到，射线细胞略呈圆形或长方形，常聚集成梭形的细胞群，作不连续地纵行排列。由此，可分辨射线的宽度和高度。其他导管、管胞等所现出的形态则与径向切面相似。切向纵切面主要观察木射线的宽度、高度及类型，其宽度是指最宽处的细胞列数，高度是指从上至下的细胞层；同时观察导管、木纤维等（图3-20）。

（3）次生韧皮部　常由筛管、伴胞、韧皮纤维、韧皮薄壁细胞组成，另外，石细胞也较为常见，如厚朴、肉桂。次生韧皮部中筛分子的输导功能通常只有一年，到了秋天停止输导并死亡；但少数植物的筛分子的功能可持续一年以上，次年春天又恢复活动，如葡萄。

（4）维管射线　贯穿次生维管组织，也称次生射线。维管射线的数目不固定，随着茎的增粗，新维管束形成，数量不断增加。木射线细胞的细胞壁往往木质化，而韧皮射线细胞的细胞壁不木质化。在椴树等植物的次生韧皮部中，有些韧皮射线扩展为喇叭口形状。

（5）木栓形成层及其活动　维管形成层活动的结果使次生维管组织不断增加，表皮不能分裂以适应茎的增粗，从而失去保护作用。大多数植物表皮内侧皮层薄壁细胞脱分化，形成木栓形成层，进而产生周皮，代替表皮行使保护作用。也有些植物的木栓形成层来源于皮层的其他细胞，或者来源于表皮细胞，也有些直接来源于韧皮部的薄壁细胞。一般木栓形成层的活动只不过数月，多数树木又可在其内方产生新的木栓形成层，形成新的周皮。其外方的组织因常剥落，称落皮层（rhytidome），如白皮松、榆、悬铃木。但也有植物的周皮不脱落，如黄柏、杜仲。

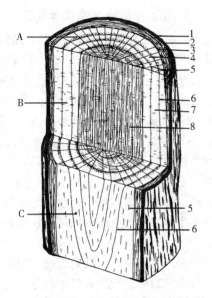

图 3-20　木材的三切面及显示的年轮

A. 横切面　B. 径向切面　C. 切向切面

1. 外树皮　2. 内树皮　3. 维管形成层　4. 次生木质部
5. 射线　6. 年轮　7. 边材　8. 心材

"树皮"有两种概念，狭义的树皮即落皮层，广义的树皮指维管形成层以外所有组织，包括韧皮部、皮层、周皮，如皮类药材厚朴、杜仲、肉桂、黄柏、秦皮、合欢皮的药用部分均指广义树皮。

案例解析

【案例】俗话说"人要脸树要皮""树不怕空心就怕剥皮"，这些俗语对应到植物学中，究竟是什么原理？皮类生药的采收要注意什么？

【解析】植物茎的内部构造中，导管自下而上运输水和无机盐，筛管自上而下运输有机物，导管和筛管分别位于木质部和韧皮部中。"空心"是树失去了髓和部分木质部，而剩余木质部中的导管仍然可以运输水和无机盐，树可以继续存活。"剥皮"使树没有韧皮部，也就割断了运输有机物的筛管，时间长了，树木的根系无法获取营养，导致树木死亡，所以说"树不怕空心就怕剥皮"。

2. 双子叶植物草质茎的次生构造　双子叶植物草质茎只有少量的次生构造，大部分为初生构造，特点是：生长期短，维管形成层活动较弱，只有少量次生组织，木质部的量较少，直径加粗有限，质地较柔软。通常不产生木栓形成层，故没有周皮。表皮行使保护作用，表皮上常有毛茸、气孔、角质层、蜡被等附属物。髓部发达，有时髓部中央破裂成空洞状，髓射线一般较宽，如薄荷（图 3-21）。

3. 双子叶植物根茎的构造　双子叶植物根状茎一般指草本双子叶植物的根状茎，构造与地上茎类似，其特点是：①根茎表面通常具木栓组织，少数具表皮。②皮层中常有根迹维管束和叶迹维管束。根迹维管束指的是茎中维管束与不定根中维管束相连的维管束，叶迹维管束指的是茎中维管束与叶柄维管束相连的维管束。③皮层内侧有时具纤维或石细胞。维管束为外韧型，成环状排列。④一般没有发达的厚角组织或厚壁组织，有发达的贮藏薄壁细胞，如黄连（图 3-22）。

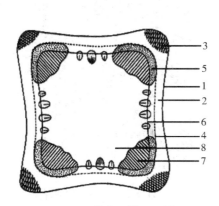

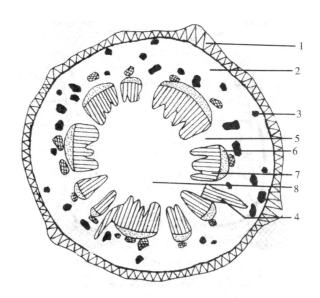

图 3 – 21　薄荷茎横切面简图

1. 表皮　2. 皮层　3. 厚角组织　4. 内皮层

5. 韧皮部　6. 形成层　7. 木质部　8. 髓

图 3 – 22　黄连根状茎横切面简图

1. 木栓层　2. 皮层　3. 石细胞群　4. 根迹维管束

5. 射线　6. 韧皮部　7. 木质部　8. 髓

（四）双子叶植物茎的异常构造

某些双子叶植物的茎在产生次生构造之后，有部分薄壁细胞恢复分生能力，转化成形成层，产生异型维管束，形成了异常构造。

1. 髓维管束　指双子叶植物茎的髓部产生的异型维管束。如大黄根茎的横切面上除正常构造外，髓部有多数星点状的异型维管束，它们是特殊的周木式维管束，形成层呈环状，射线深棕色，呈星状射出，习称锦纹。形成层外方为木质部，内方为韧皮部，其中常可见黏液腔（图 3 – 23）。

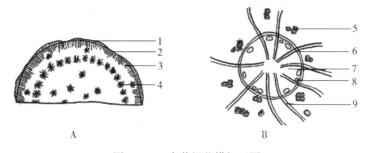

图 3 – 23　大黄根茎横切面图

A. 大黄药材横切面　1. 次生韧皮部　2. 维管形成层　3. 次生木质部射线　4. 星点

B. 星点放大图　5. 导管　6. 形成层　7. 韧皮部　8. 黏液腔　9. 射线

2. 同心环状排列的异型维管束　在正常次生生长发育至一定阶段后，一部分薄壁细胞恢复分生能力，在次生维管束的外围又形成多层环状排列的异型维管束，如密花豆的老茎（中药鸡血藤）。

3. 木间木栓　木栓形成层的位置异常，周皮形成在木质部内部，成为木间木栓。如甘松根状茎的木间木栓呈环状，包围了部分韧皮部和木质部，从而把次生维管柱分隔成数束。

（五）单子叶植物茎的构造

1. 单子叶植物地上茎的构造特征　单子叶植物茎一般无维管形成层和木栓形成层，不形成次生构造。茎的最外层为一列表皮细胞。禾本科植物茎秆的表皮下方，往往有数层厚壁细胞分布，以增强支持作用。表皮以内为基本薄壁组织和散布在其中的多数维管束，无皮层与髓、髓射线之分，维管束类型多为有限外韧维管束，如石斛（图 3 – 24，图 3 – 25）。

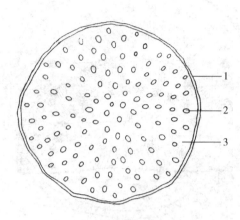

图 3 – 24　石斛茎的横切面简图
1. 表皮　2. 维管束　3. 基本组织（薄壁组织）

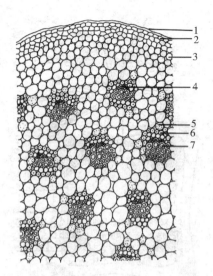

图 3 – 25　石斛茎的横切面详图
1. 角质层　2. 表皮　3. 基本组织（薄壁组织）
4. 韧皮部　5. 薄壁细胞　6. 纤维束　7. 木质部

2. 单子叶植物根状茎的构造特征　单子叶植物根状茎最外层多为表皮或木栓化的皮层细胞。皮层往往占较大体积，常分布有叶迹维管束。内皮层明显，因而皮层与维管柱之间有明显的分界。维管束数目众多，常分散存在，多为有限外韧型，少数为周木型，如香附。有的则两种兼有，如石菖蒲。

（六）裸子植物茎的构造特征

裸子植物茎均为木质，它的构造与木本双子叶植物茎相似，不同点为：①次生木质部主要由管胞、木薄壁细胞、木射线组成，无典型的木纤维，一般无导管（少数如麻黄属、买麻藤属植物的木质部具导管），管胞兼有输导和支持作用。②次生韧皮部是由筛胞、韧皮薄壁细胞和韧皮射线组成，无筛管、伴胞，也无韧皮纤维。③有些裸子植物（如松柏类植物）茎的皮层、维管束中有树脂道。

本节小结

本节介绍了茎的形态和类型、变态茎的类型和主要特征。单子叶植物、双子叶植物、裸子植物茎的内部构造各有不同。重点阐述了双子叶植物茎初生构造的特点、次生构造的形成过程以及次生构造的特点；而单子叶植物茎只有初生构造。另外，有些植物茎还会形成异常构造。各种茎的形态特征、内部构造特征可用于鉴别。

思考题

1. 常见的以植物茎入药的中药有哪些？分别是茎的哪一部分？
2. 单子叶植物根和茎的初生构造有什么不同？
3. 简述双子叶植物茎的初生构造及次生构造的特点。

第三节　叶

学习导引

知识要求

1. **掌握**　确定叶形的原则及常见叶形、叶序；单叶和复叶的区别。
2. **熟悉**　双子叶植物叶的构造；单子叶植物（禾本科）叶的构造特点。
3. **了解**　气孔指数、栅表比和脉岛数含义及其应用。

能力要求

1. 应用叶的形态特征、内部构造特征相关知识，对不同植物叶进行区分、鉴别。
2. 具备区分单叶和复叶以及描述常见叶形、叶序的能力。

叶是植物进行光合作用和蒸腾作用的主要器官，也是大家最熟悉的营养器官。植物在长期的进化过程中，叶形成了与其功能相适应的多样的形态和结构特征。

中药中，仅以叶作为药用部位的并不多，常见的如大青叶、桑叶、番泻叶等。很多中药是以草本植物的全草或地上部分入药，其中叶占据了主要的部分，常见的如薄荷、蒲公英、益母草、鱼腥草等。

一、叶的组成

同时具备叶片、叶柄和托叶三部分的叶，称完全叶，如桃、梨、月季等植物的叶。缺乏叶片、叶柄和托叶中任意一个或两个部分的叶，则称为不完全叶，如丁香、女贞等（图3－26）。

（一）叶柄

叶柄是叶片和茎枝相连接的部分，一般呈类圆柱形、半圆柱形或稍扁平，上面多有沟槽。有的植物叶柄基部有膨大的关节，称叶枕，如含羞草。有的植物叶片退化，而叶柄变态成叶片状以代替叶片的功能，如台湾相思树。有些植物的叶柄基部或叶柄全部扩大形成鞘状，称为叶鞘，如前胡、当归、淡竹叶等。

此外，有些无柄叶的叶片基部包围在茎上，称为抱茎叶，如苦荬菜；有的无柄叶的叶片基部愈合，并被茎所贯穿，称贯穿叶，如元宝草。

图3－26　叶的组成
1. 叶片　2. 叶柄　3. 托叶

（二）托叶

托叶是叶柄基部的附属物，常成对着生于叶柄基部两侧。托叶一般较细小，形状、大小因植物种类不同而差异甚大。有的小而呈线状，如梨、桑；有的与叶柄愈合成翅状，如月季、蔷薇、金樱子；有的变成卷须，如菝葜；有的两片托叶边缘愈合成鞘状，包围茎节的基部，称托叶鞘，如何首乌、虎杖等。

（三）叶片

叶片是叶的主要组成部分，通常为薄的绿色扁平体。

1. 叶片的全形　叶片的形状和大小变化很大，随植物种类而异，甚至在同一植株上有时也有差异。但一般同一种植物叶片的形状是比较稳定的，在分类学上常作为鉴别植物的依据。叶片的形状主要是根据叶片长度和宽度的比例以及最宽处的位置来确定（图3－27）。常见的叶片形状有针形、线形、披针形、椭圆形、卵形、心形、肾形、圆形、菱形、盾形等（图3－28）。

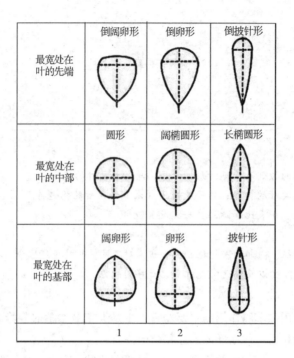

图 3 - 27　叶片的形态

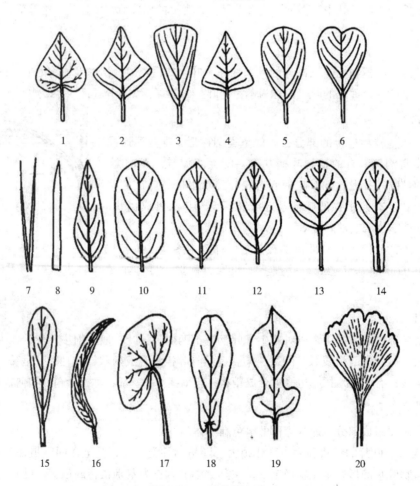

图 3 - 28　叶片的全形

1. 心形　2. 菱形　3. 楔形　4. 三角形　5. 倒卵形　6. 倒心形　7. 针形　8. 线形　9. 披针形　10. 矩圆形
11. 椭圆形　12. 卵形　13. 圆形　14. 匙形　15. 倒披针形　16. 镰形　17. 肾形　18、19. 提琴形　20. 扇形

2. 叶端　叶片的顶端称作叶端，常见的叶端的形状有渐尖、急尖、钝形、截形、短尖、骤尖、微缺、倒心形等（图 3 - 29）。

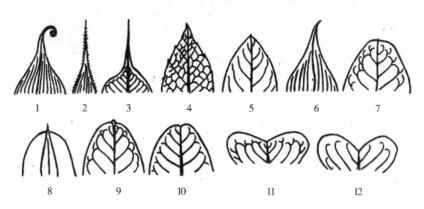

图 3 - 29　叶端的形态

1. 卷须状　2. 芒尖　3. 尾尖　4. 渐尖　5. 急尖　6. 聚尖　7. 钝形
8. 凸尖　9. 微凸　10. 微凹　11. 微缺　12. 倒心形

3. 叶基的形状　主要的形状有渐尖、急尖、钝形、心形、截形等，与叶端的形状相似，只是在叶基部分出现。此外，还有耳形、箭形、戟形、偏斜形等（图 3 - 30）。

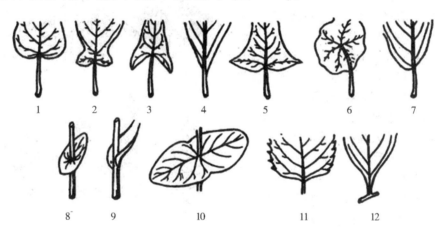

图 3 - 30　叶基的形状

1. 心形　2. 耳形　3. 箭形　4. 楔形　5. 戟形　6. 盾形
7. 歪形　8. 穿茎　9. 抱茎　10. 合生穿茎　11. 截形　12. 渐狭

4. 叶缘的形状　叶片的边缘称作叶缘，常见的叶缘形状有全缘、波状、牙齿状、锯齿状等（图 3 -31）。

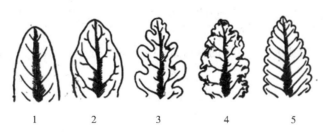

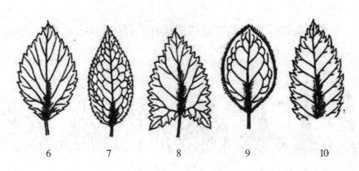

图 3 – 31　叶缘的形态

1. 全缘　2. 浅波状　3. 深波状　4. 皱波状　5. 圆齿状
6. 锯齿状　7. 细锯齿状　8. 牙齿状　9. 睫毛状　10. 重锯齿状

4. 叶脉　叶脉是贯穿叶肉的维管束，主要起支持和输导作用。叶脉在叶片中的分布形式称为脉序，脉序一般可分为以下三种类型。

（1）网状脉　具有明显的主脉，由主脉分出许多侧脉，侧脉再分出细脉，彼此连接成网状，是大多数双子叶植物的脉序。侧脉由中脉的两侧分出，呈羽状排列，细脉则仍呈网状，称为羽状网脉，如枇杷、桃、李等植物的叶。侧脉自中脉的基部分出，形如掌状，细脉仍连成网状，称为掌状网脉，如蓖麻、南瓜、向日葵等植物的叶。

（2）平行脉　多呈平行或近于平行分布，是大多数单子叶植物的脉序。中脉和侧脉自叶片基部发出，彼此平行，直达叶端，称为直出平行脉，如水稻、小麦、麦冬等植物的叶。中脉和侧脉自叶片基部发出，弧状纵行，直达叶端，称为弧状平行脉，如铃兰、玉竹、玉簪等植物的叶。侧脉自中脉两侧发出，彼此平行，直达叶缘，称为羽状平行脉，如芭蕉、美人蕉等植物的叶。各叶脉自叶片基部射出，呈扇形排列，称为射出平行脉，如棕榈、蒲葵等植物的叶。

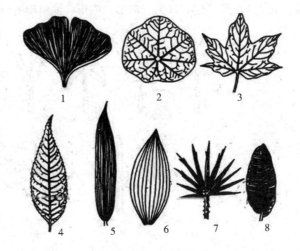

图 3 – 32　叶脉类型

1. 二叉分枝状脉　2、3. 掌状网脉　4. 羽状网脉
5. 直出平行脉　6. 弧形脉　7. 射出平行脉　8. 横出平行脉

（3）二叉分枝状脉　为二叉分枝状，即一条叶脉分出大小相近的两条分枝，常见于蕨类植物，裸子植物中的银杏亦具有这种脉序（图 3 – 32）。

6. 叶片的质地　常见的有以下几种。

（1）肉质　肥厚多汁，如芦荟、马齿苋、景天等的叶。

（2）革质　稍厚，比较坚韧，略似皮革，常有光泽，如枇杷、夹竹桃等的叶。

（3）草质　柔软，如薄荷、藿香、商陆等的叶。

（4）膜质　薄而半透明，如半夏的叶。

7. 叶片的分裂　叶片边缘裂开成较深的缺口，称为分裂。根据裂口的深度不同，可分为浅裂、深裂、全裂等（图 3 – 33）。

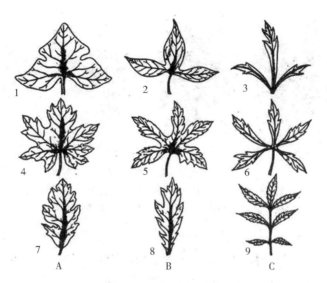

图 3 - 33　叶片的分裂

A. 浅裂　B. 深裂　C. 全裂

1. 三出浅裂　2. 三出深裂　3. 三出全裂

4. 掌状浅裂　5. 掌状深裂　6. 掌状全裂

7. 羽状浅裂　8. 羽状深裂　9. 羽状全裂

二、单叶与复叶

(一) 单叶

一个叶柄上只着生一个叶片的叶称单叶，如厚朴、女贞等。

(二) 复叶

一个叶柄上着生两个以上叶片的叶称复叶。复叶的叶柄称为总叶柄，其腋内有腋芽；总叶柄上着生叶片的轴状部分称叶轴，叶轴上着生的每个叶片称小叶；小叶有柄或无柄，其腋内无腋芽，小叶的柄称小叶柄。

从来源上看，复叶是由单叶的叶片分裂而成，即当叶片的裂片深达主脉或叶基并具小叶柄时，便形成了复叶。根据小叶的数目和在叶轴上排列的方式不同，可将复叶分为以下几种类型。

1. 羽状复叶　叶轴长，多数小叶在叶轴的两侧成羽状排列。若羽状复叶上小叶的数目为单数，则称奇（单）数羽状复叶，如槐、苦参、蔷薇等的叶；若羽状复叶上小叶的数目为双数，则称偶数羽状复叶，如决明、落花生、皂荚等的叶。若羽状复叶的叶轴作一次羽状分枝，形成许多侧生小叶轴，在每一小侧轴上又形成羽状复叶，则称为二回羽状复叶，如合欢、云实、含羞草的叶；若羽状复叶的叶轴作二次或多次分枝，在最后的分枝上又形成羽状复叶，则分别形成三回或多回羽状复叶，如南天竹、苦楝、茴香等的叶。

2. 掌状复叶　三个以上的小叶着生在极度缩短的叶轴上，呈掌状排列，如人参、五加、七叶树等的叶。

3. 三出复叶　叶轴上着生有三个小叶。如果三个小叶柄是等长的，则称为掌状三出复叶，如酢浆草、半夏等的叶；如果顶端小叶柄较长，则称为羽状三出复叶，如大豆、胡枝子的叶。

4. 单身复叶　总叶柄顶端只具一个叶片，总叶柄常作叶状或翼状，在柄端有关节与叶片相连，如酸橙、柑橘、柚等的叶（图 3 - 34）。

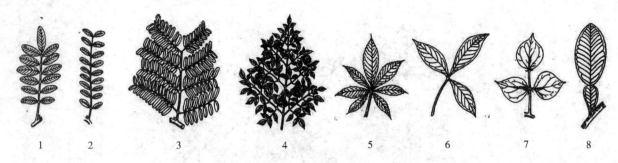

图 3 – 34　复叶的类型

1. 奇数羽状复叶　2. 偶数羽状复叶　3. 二回羽状复叶　4. 三回羽状复叶
5. 掌状复叶　6. 掌状三出复叶　7. 羽状三出复叶　8. 单身复叶

具单叶的小枝和羽状复叶之间有时易混淆，识别时，首先要弄清叶轴和小枝的区别：第一，叶轴的先端没有顶芽，而小枝的先端有顶芽；第二，小叶的腋内没有腋芽，仅在总叶柄的腋内有，而小枝上每一单叶的腋内均有腋芽；第三，复叶上的小叶与叶轴成一平面，而小枝上的单叶与小枝常成一定角度；第四，复叶脱落时，整个复叶由总叶柄处脱落，或小叶先脱落，然后叶轴连同总叶柄一起脱落，而小枝一般不脱落，只有叶脱落。

三、叶序

叶在茎枝上的排列方式，称为叶序。常见的叶序有下列四种。

1. 互生叶序　茎的每一节上只着生有一片叶子，各叶成螺旋状排列在茎上，如桃、桑、柳等。

2. 对生叶序　茎的每一节上有相对而生的两片叶子，如丁香、薄荷、石竹等。

3. 轮生叶序　茎的每一节上着生有三个或三个以上的叶子，排列成轮状，如夹竹桃、直立百部、轮叶沙参等。

4. 簇生叶序　两片以上的叶子着生在节间极度缩短的茎上，密集成簇状，如银杏、枸杞、落叶松等（图3 – 35）。

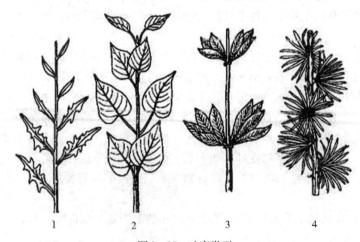

图 3 – 35　叶序类型

1. 互生叶序　2. 对生叶序　3. 轮生叶序　4. 簇生叶序

此外，有些植物的茎极为短缩，节间不明显，其叶如从根上生出而呈莲座状，称基生叶，如蒲公英、车前等。

四、叶的变态

叶也和根、茎一样，受环境条件的影响而有各种变态。常见的变态叶有下列几种。

1. 苞片　生于花或花序下面的变态叶，称苞片。生在花序外围或下面的苞片，称总苞片；生于花序中各花花柄上或花萼下的苞片，称小苞片。苞片的形状多与普通叶不同，常较小，绿色，但也有形大而呈各种颜色的，如鱼腥草花序下的总苞片呈白色花瓣状。

2. 鳞叶　叶特化或退化成鳞片状，称为鳞叶。有的鳞叶为肥厚肉质，能贮藏营养物质，如百合、贝母、洋葱等鳞茎上的肉质鳞叶；有的鳞叶成很薄的膜质，如麻黄。木本植物冬芽外面紧密重叠的鳞片，也是由叶变成的鳞叶。

3. 叶卷须　叶片或托叶变成卷须，借以攀援他物。如豌豆的卷须是由羽状复叶上部的小叶变态而成；菝葜的卷须是由托叶变态而成。

4. 刺状叶　叶的一部分或全部变为坚硬的刺状，起保护作用或适应干旱环境，如小檗、仙人掌等。

5. 捕虫叶　食虫植物的叶，叶片形成囊状、盘状或瓶状等捕虫结构，当昆虫触及时，能立即自动闭合，昆虫被捕获，被腺毛和腺体分泌的消化液所消化。如捕蝇草、茅膏菜、猪笼草。

五、叶的显微构造

（一）双子叶植物叶的构造

双子叶植物叶的构造参见图 3 – 36。

1. 叶柄的构造　一般叶柄的横切面常呈半月形、圆形、三角形等。

叶柄的最外层是表皮，表皮以内为皮层，皮层的外围部分有多层厚角组织，有时也有一些厚壁组织，这是叶柄的主要机械组织；其内方为薄壁组织。不定数目和不同大小的维管束常成弧形、环形、平列形排列在薄壁组织中。维管束的结构和幼茎中的维管束相似，但由于是从茎中向外方、侧向地进入叶柄，便形成了木质部位于上方（腹面）、韧皮部位于下方（背面）的排列方式，在每一维管束外，常有厚壁细胞包围。双子叶植物的叶柄中，木质部与韧皮部之间往往有一层形成层，但只有短时期的活动。

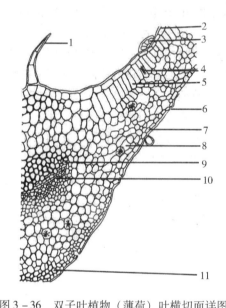

图 3 – 36　双子叶植物（薄荷）叶横切面详图
1. 非腺毛　2. 上表皮　3. 腺鳞　4. 橙皮苷结晶
5. 栅栏组织　6. 气孔　7. 下表皮　8. 海绵组织
9. 木质部　10. 韧皮部　11. 厚角组织

2. 叶片的构造　一般双子叶植物叶片的构造比较一致，是由表皮、叶肉和叶脉三部分组成。

（1）**表皮**　包被在整个叶片的表面，由于一般叶片是有背、腹之分的扁平体，表皮也分为位于腹面的上表皮和位于背面的下表皮。表皮通常是由一层形状不规则的、侧壁凸凹不齐的扁平生活细胞紧密嵌合在一起所组成；但也有由多层细胞组成的，称复表皮。表皮细胞的外壁较厚，角质化并具角质层，有的还具有蜡被、毛茸等附属物。表皮细胞中通常不含有叶绿体。叶的表皮具有较多的气孔。大多数植物叶的上下表皮都有气孔，而下表皮的气孔一般较上表皮多。

（2）**叶肉**　位于上、下表皮之间，由含有叶绿体的薄壁细胞组成，是绿色植物进行光合作用的主要场所。叶肉组织通常分为栅栏组织和海绵组织两部分。①栅栏组织：位于上表皮之下，细胞呈圆柱形，其长径与表皮成垂直方向排列，形似栅栏。栅栏组织细胞内含大量叶绿体，细胞排列整齐，细胞间隙比较小，在叶片内可以排列成一层、两层或三层以上。②海绵组织：位于栅栏组织和下表皮之间，细胞呈不规则形状，排列疏松，细胞间隙发达，呈海绵状。细胞内含叶绿体较少，所以叶片下面的颜色常较浅。

知识链接

秋天到了，树叶落地，为什么大部分的叶子背面朝上？

    植物叶片在生长过程中，正面和背面接收阳光的照射往往不同，导致了叶片构造的不同。叶片的结构中，栅栏组织的细胞呈长方形，排列规则、紧密，叶绿素较多，主要用于接收光能，利用空气中的二氧化碳制造大量的有机物，密度较大；海绵组织的细胞不规则，排列疏松，叶绿素较少，主要用于贮存植物内部产物和水，密度较小。在光照条件下，栅栏组织制造的有机物比海绵组织制造的有机物要多，因此，叶面的颜色通常较叶背鲜艳，且重量也比较大，当树叶落下的时候，比较重的那面就会朝下，这也就是大部分叶子背面朝上的原因。

    叶的上下两面在外部形态和内部结构上有明显区别的，称两面叶，如桑叶、薄荷叶、茶叶等。有些植物的叶由于上下两面受光的程度相差不大，在形态和结构上形成上下两面很相似的情况，这种叶称等面叶，如桉叶、番泻叶等（图3-37）。

    （3）**叶脉**　叶脉的内部结构因叶脉的大小而不同。中脉和大的侧脉是由维管束和机械组织组成的。维管束的木质部在上方，韧皮部在下方，二者之间常有活动期很短的形成层。在维管束的上、下方常有多层机械组织，尤其在下方更为发达，因此，大的叶脉在叶片的背面形成显著的突起。在叶中，叶脉越分越细，构造也愈来愈简单，一般首先是形成层消失，其次是机械组织渐次减少以至于完全没有，再次是木质部和韧皮部的结构逐渐简单，组成分子数目逐渐减少。到了叶脉的末梢，木质部只有一个螺纹管胞，韧皮部仅有短狭的筛管分子和增大的伴胞。

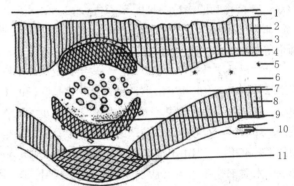

图3-37　番泻叶横切面简图（等面叶）

1. 表皮　2. 栅栏组织　3. 草酸钙方晶　4. 厚壁组织
5. 草酸钙簇晶　6. 海绵组织　7. 木质部　8. 栅栏组织
9. 韧皮部　10. 非腺毛　11. 厚角组织

（二）单子叶植物叶的构造

    单子叶植物叶的形态构造比较复杂，其叶片同样是由表皮、叶肉和叶脉三部分组成，但各部分都有不同的特征。

    1. 表皮　单子叶植物叶片表皮细胞的形状比较规则，排列成行，有长细胞和短细胞两种类型。长细胞为长方柱形，长径与叶的纵长轴平行，外壁角质化，并含有硅质。在上表皮两个叶脉之间还有一些特殊的大型含水细胞，其长径与叶脉平行，有较大的液泡，称为泡状细胞。泡状细胞在叶上排列成若干纵行。在横切面上，泡状细胞的排列略呈扇形。禾本科植物叶的上下表皮都有气孔，成纵行排列，而且气孔是由两个哑铃形的保卫细胞组成，每个保卫细胞外侧各有一个类似三角形的副卫细胞。

    2. 叶肉　单子叶植物的叶肉组织比较均一，一般没有明显的栅栏组织和海绵组织的区分。

    3. 叶脉　单子叶植物叶片中的维管束一般平行排列，为有限外韧维管束。维管束外具有由1~2层细胞组成的维管束鞘（图3-38）。

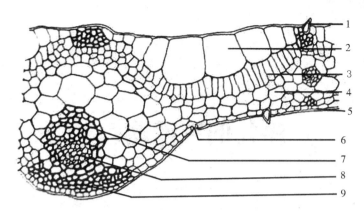

图 3 – 38　单子叶植物叶（淡竹叶）横切面详图

1. 非腺毛　2. 运动细胞　3. 栅栏组织　4. 海绵组织

5. 下表皮　6. 气孔　7. 木质部　8. 韧皮部　9. 厚角组织

（三）裸子植物叶的构造

裸子植物多为常绿植物，叶多为针叶。以裸子植物中松属植物马尾松的针叶为例，其叶小，横切面呈半圆形，表皮细胞壁较厚，角质层发达，表皮下有多层厚壁细胞，称为下皮，气孔内陷，呈旱生植物的特征。叶肉细胞的细胞壁向内凹陷，有无数的褶襞，叶绿体沿褶襞分布，从而扩大了光合作用的面积。叶肉细胞实际上就是绿色折叠的薄壁细胞。叶内具树脂道，叶肉上方具明显的内皮层，维管组织两束，居于叶的中央。

本节小结

1. **叶的主要生理功能**　进行光合作用和蒸腾作用。
2. **叶的组成**　完全叶由叶片、叶柄和托叶三部分组成。自然选择造成了叶形态结构的多种多样。
3. **叶的分类**　叶可分为单叶和复叶。
4. **叶序**　有互生叶序、对生叶序、轮生叶序和簇生叶序之分。
5. **叶的变态**　有苞片、鳞叶、叶卷须、刺状叶等。

双子叶植物和单子叶植物的叶片都是由表皮、叶肉和叶脉三部分组成，但各部分特征有所不同。

思 考 题

题库

1. 如何区分单叶和复叶？
2. 栅栏组织与海绵组织有何不同？
3. 如何根据脉序区分双子叶植物与单子叶植物？

第四章

植物的繁殖器官

第一节 花

PPT

学习导引

知识要求

1. **掌握** 典型花的组成和形态（花冠类型、花被卷迭式、雄蕊类型、雌蕊类型、子房位置、胎座类型、胚珠类型）；花程式；花序类型及各种类型花序的识别特征。

2. **熟悉** 花的类型。

3. **了解** 花图式；花的功能和结构发育。

能力要求

应用花的形态特征相关知识，对不同花进行区分、鉴别。

花是种子植物特有的繁殖器官，通过开花、传粉、受精作用，产生果实和种子，执行生殖功能，繁衍后代。种子植物又称显花植物，包括裸子植物和被子植物。种子植物的花特化程度不同。裸子植物的花比较简单、原始，花单性，无花被，形成雌球花和雄球花。而被子植物的花高度进化，结构较复杂，常有鲜艳的颜色或香气。通常所讲的花是指被子植物的花。

花由花芽发育而成，是一种适应繁殖、不分枝且节间极度缩短的变态短枝。花梗和花托是枝条的变态，花萼、花冠、雄蕊群和雌蕊群是叶的变态。花的形态和结构特征随植物种类而异，但具有相对保守性和稳定性，变异较小，是药用植物分类、植物药基源鉴定和花类药材鉴定的重要依据。许多药用植物的花和花序可供药用，如洋金花、红花、金银花、菊花、辛夷、丁香、款冬花等。

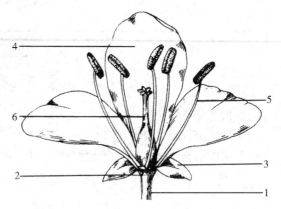

图4-1 花的组成

1. 花梗 2. 花托 3. 花萼 4. 花冠 5. 雄蕊 6. 雌蕊

一、花的组成和形态

微课

典型的被子植物花常由花梗、花托、花萼、花冠、雄蕊群和雌蕊群等部分组成（图4-1）。其中，雄蕊群和雌蕊群是花中最重要的能育部分，执行生殖功能。花梗和花托主要起支持作用。花萼和花冠合称为花被，具有保护和引诱昆虫传粉等作用。花梗、花托、花被是花中的不育部分。

（一）花梗

花梗（pedicel）又称花柄，通常为绿色、圆柱状，是花与茎枝或花轴相连接的部分，具有与茎大致相同的构造。花梗的粗细、长短、有无随植物种类而异。如莲的花梗较长，贴梗海棠的花梗较短；有的无花梗，如车前、地肤等。果实形成时，花梗形成果柄。

（二）花托

花托（receptacle）是花梗顶端略膨大的部分，花被、雄蕊群和雌蕊群均着生其上。花托的形状随植物种类而异，通常平坦或稍凸起，但有的凸起呈圆柱状，如玉兰、厚朴；有的呈圆锥状，如草莓；有的凹陷呈杯状，如桃；有的凹陷呈瓶状，如金樱子；有的呈倒圆锥状，如莲（莲蓬）。有的在雌蕊基部或在雄蕊和花冠之间，花托顶部形成肉质增厚部分，呈扁平垫状、杯状或裂瓣状的盘状物，常可分泌蜜汁，称花盘（disc），如卫矛、枣、柑橘等。

（三）花被

花被（perianth）是花萼和花冠的总称，有些植物的花萼和花冠形态相似而不易区分时统称为花被，如贝母、百合、辛夷、黄精等。

1. 花萼（calyx） 是一朵花中所有萼片（sepal）的总称，位于花的最外层，通常由绿色、叶片状的萼片组成。一朵花中萼片的数目随植物科属的不同而异，但以 3～5 片者多见。萼片彼此分离的称离生萼，如毛茛、菘蓝；萼片全部或部分合生的称合生萼，如地黄、牵牛、桔梗、曼陀罗，其中，下部连合部分称萼筒或萼管，上部分离部分称萼齿或萼裂片。有的萼筒一侧向外延长形成管状或囊状突起，称为距（spur），距内贮有蜜汁，有吸引昆虫传粉的作用，如旱金莲、凤仙花、翠雀等。花萼在花开放前就脱落的称早落萼，如白屈菜、虞美人等；花开放后花萼不脱落，在果期花萼仍存在，并随果实一起发育增大的称宿存萼，如柿、酸浆、茄、番茄等。有些植物在花萼外还有一轮萼片状的苞片，称为副萼，如棉花、锦葵、木槿等。花萼大而鲜艳，呈花冠状，称瓣状萼，如乌头、铁线莲、飞燕草等。有些菊科植物的花萼常变态呈毛状，称冠毛（pappus），如蒲公英等。苋科植物的花萼常变成干膜质、半透明，如牛膝、鸡冠花、青葙等。

2. 花冠（corolla） 是一朵花中所有花瓣（petal）的总称，位于花萼的内侧，通常具有各种鲜艳的颜色。花瓣常为一轮排列，其数目一般与同一花的萼片数相等，若花瓣为二至数轮排列，且数目不定，称重瓣花（double flower）。花瓣彼此分离的花冠，称离瓣花（choripetalous flower），如毛茛、桃等；花瓣彼此全部或部分连合的花冠，称合瓣花（synpetalous flower），如牵牛、桔梗、丹参等。合瓣花下部连合部分称花冠筒，上部分离部分称花冠裂片，花冠筒和宽展部分的交界处称喉，如长春花。有些植物的花瓣基部延长成管状或囊状，称为距，如延胡索、紫花地丁等。还有些植物在花冠上或花冠与雄蕊之间有瓣状附属物，称副花冠（corona），如水仙、徐长卿、萝藦等。

花冠常有各种形态，不同种类的植物在花瓣的形状、大小、数目、排列方式、分离或合生以及花冠筒长短上常具有差异，形成了不同种类的植物所特有的特征。常见的花冠有以下几种类型。

（1）十字形花冠（cruciferous corolla） 花瓣 4 片，相互分离，两两相对而上部外展呈十字形，如油菜、菘蓝、萝卜等十字花科植物。

（2）蝶形花冠（papilionaceous corolla） 花瓣 5 片，相互分离，上面一片最大，称旗瓣，侧面两片较小，称翼瓣，最下面两片最小且稍连合，并向上弯曲，称龙骨瓣，如甘草、槐、黄芪等豆科植物。

（3）唇形花冠（labiate corolla） 花冠合生呈二唇形，下部筒状，上唇常 2 裂，下唇常 3 裂，如益母草、丹参等唇形科植物。

（4）管状花冠（tubular corolla） 又称筒状花冠，花冠大部分合生呈细管状，其上部裂片不外展或微外展，如红花、苍术等菊科植物的管状花。

（5）舌状花冠（ligulate corolla） 花冠基部合生呈短筒状，上部向一侧延伸平展呈扁平舌状，如蒲公英、向日葵等菊科植物的舌状花。

（6）漏斗状花冠（funnel - shaped corolla） 花冠合生，花冠筒较长，自基部向上逐渐扩大呈漏斗状，如牵牛、曼陀罗等。

（7）高脚碟状花冠（salver - shaped corolla）　花冠合生，花冠筒呈细长管状，上部水平扩展呈碟状，如络石、长春花等。

（8）钟状花冠（campanulate corolla）　花冠合生，花冠筒较短而宽，上部扩大呈钟状，如沙参、桔梗、党参等桔梗科植物。

（9）辐状花冠（rotate corolla）　又称轮状花冠，花冠合生，花冠筒很短，裂片呈水平状展开，形如车轮，如枸杞、龙葵、辣椒等茄科植物。

（10）坛状花冠（urceolate corolla）　又称壶状花冠，花冠合生，靠下部膨大成圆形或椭圆形，上部收缩成一短颈，顶部裂片向外展，如柿、石楠等（图4-2）。

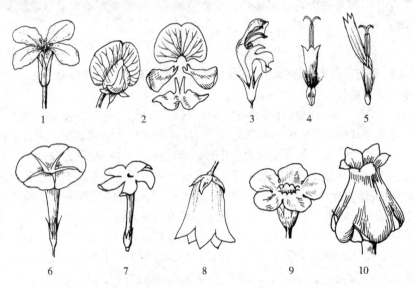

图4-2　花冠的类型

1. 十字形花冠　2. 蝶形花冠　3. 唇形花冠　4. 管状花冠　5. 舌状花冠
6. 漏斗状花冠　7. 高脚碟状花冠　8. 钟状花冠　9. 辐状花冠　10. 坛状花冠

3. 花被卷迭式（aestivation）　花被卷迭式是指花被各片之间的排列方式和相互关系，在花蕾即将绽开时比较明显。不同的植物种类具有不同的花被卷迭式，常见的有以下几种类型。

（1）镊合状（valvate）　花被各片边缘互相靠近而不覆盖排成一圈，如桔梗。若花被各片的边缘微向内弯，称内向镊合，如沙参；若花被各片边缘微向外弯，称外向镊合，如蜀葵。

（2）旋转状（contorted）　花被各片边缘依次以一边互相重叠成回旋状，如夹竹桃、龙胆、栀子。

（3）覆瓦状（imbricate）　花被各片边缘彼此覆盖，但其中有一片完全在外面，一片完全在内面，如三色堇、紫草。

（4）重覆瓦状（quincuncial）　在覆瓦状排列的花被中，有两片完全在外面，两片完全在内面，如桃、杏等（图4-3）。

图4-3　花被卷迭式

1. 镊合状　2. 旋转状　3. 覆瓦状　4. 重覆瓦状

（四）雄蕊群

雄蕊群（androecium）是一朵花中所有雄蕊（stamen）的总称。

1. 雄蕊的组成　典型的雄蕊由花丝（filament）和花药（anther）两部分组成。雄蕊位于花被内侧，常生于花托、花冠或花被上。植物种类不同，雄蕊的数目常不同，多数与花瓣同数或为其倍数，雄蕊数目在十枚以上，称雄蕊多数；也有一朵花中仅有一枚雄蕊，如白及、姜、京大戟等。

（1）花丝　通常细长，着生于花托或花被基部，起支持花药和运输作用。其长短、粗细随植物种类而异，如合欢的花丝较长，细辛的花丝较短。

（2）花药　为花丝顶端膨大的囊状物，为雄蕊的主要部分。花药常由 4 个或 2 个花粉囊（pollen sac）或药室（anther cell）组成，分成左右两半，中间为药隔（connective）。花粉囊中产生花粉（pollen），花粉粒成熟时，花粉囊开裂，散出花粉粒。花粉囊开裂的方式各不相同，常见的包括如下。①纵裂：花粉囊沿纵轴开裂，花粉粒由裂缝中散出，如水稻、百合、桃。②瓣裂：花粉囊侧壁上裂成几个瓣片，花粉粒由瓣片下的小孔散出，如樟、淫羊藿。③孔裂：花粉囊顶端开裂一小孔，花粉粒由孔中散出，如杜鹃、茄等。④横裂：花粉囊沿中部横向裂开，花粉粒由裂缝中散出，如木槿、蜀葵。

（3）花药在花丝上的着生方式　随植物种类而异，有以下几种情况。①基着药（basifixed anther）：花药基部着生于花丝顶端，如樟、茄。②背着药（dorsifixed anther）：花药背部着生于花丝上，如马鞭草、杜鹃。③全着药（adnate anther）：花药全部附着在花丝上，如紫玉兰、厚朴。④个字着药（divergent anther）：花药上部连合，着生在花丝上，下部分离，花药与花丝略呈个字状，如地黄、泡桐等。⑤丁字着药（versatile anther）：花药横向着生于花丝顶端，与花丝呈丁字状，如百合、卷丹、小麦等。⑥广歧着药（divaricate anther）：花药两侧的药室完全分离，平展呈近一直线，与花丝成垂直着生，如薄荷、益母草等（图 4 - 4）。

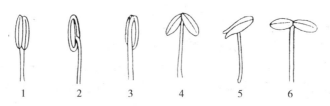

图 4 - 4　花药的着生方式

1. 基着药　2. 背着药　3. 全着药　4. 个字着药　5. 丁字着药　6. 广歧着药

2. 雄蕊的类型　一朵花中雄蕊的数目、长短、分离或连合以及排列情况，随植物种类不同而异，常见的有以下几种类型（图 4 - 5）。

（1）离生雄蕊（distinct stamen）　雄蕊彼此分离，长度相似，是大多数植物所具有的雄蕊类型，如桃、梨等。

（2）二强雄蕊（didynamous stamen）　雄蕊 4 枚，分离，其中，2 枚花丝较长，2 枚花丝较短，如益母草、薄荷、地黄、马鞭草等。

（3）四强雄蕊（tetradynamous stamen）　雄蕊 6 枚，分离，其中，4 枚花丝较长，2 枚花丝较短，是十字花科植物的特征，如菘蓝、萝卜等。

（4）单体雄蕊（monadelphous stamen）　雄蕊的花丝连合成一束，呈圆筒状，花药分离，如蜀葵、木槿、苦楝、远志等。

（5）二体雄蕊（diadelphous stamen）　雄蕊的花丝连合成两束，如延胡索、紫堇等植物有 6 枚雄蕊，每 3 枚联合，成为两束；而野葛、甘草等许多豆科植物有 10 枚雄蕊，其中，9 枚连合，1 枚分离。

（6）多体雄蕊（polyadelphous stamen）　雄蕊多数，花丝连合成数束，如金丝桃、元宝草、酸橙等。

特殊雄蕊类型?

（7）聚药雄蕊（syngenesious stamen）　雄蕊的花药连合呈筒状，而花丝彼此分离，如红花、蒲公英、向日葵等菊科植物（图 4 - 5）。

还有少数植物的花中，部分雄蕊不具花药，或仅留痕迹，称不育雄蕊或退化雄蕊，如鸭跖草；少数植物的雄蕊发生变态，成花瓣状，如姜、美人蕉等。

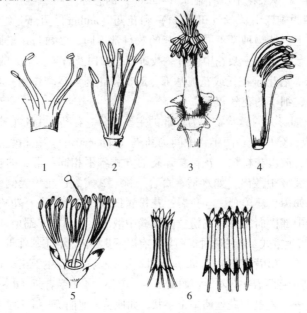

图4-5 雄蕊的类型
1. 二强雄蕊 2. 四强雄蕊 3. 单体雄蕊 4. 二体雄蕊 5. 多体雄蕊 6. 聚药雄蕊

（五）雌蕊群（gynoecium）

雌蕊群是一朵花中雌蕊（pistil）的总称，位于花的中央部位。

1. 雌蕊的组成 雌蕊一般由柱头（stigma）、花柱（style）和子房（ovary）三部分组成。

（1）柱头 位于雌蕊的顶端，是接受花粉的部位，常膨大或扩展成头状、圆盘状、羽毛状、星状等各种形状，其表面常不平滑，柱头表皮细胞呈毛状、乳突状等，常能分泌黏液，有利于花粉的固着、萌发。

（2）花柱 是子房和柱头之间的细长连接部分，是花粉管进入子房的通道。其粗细、长短、有无随植物种类不同而异，如莲的花柱粗短；玉米的花柱细长；而罂粟无花柱，柱头着生于子房顶端。

（3）子房 是雌蕊基部膨大成囊状的部分，着生在花托上。子房的外壁称为子房壁，子房壁内中空的腔室称为子房室，内含胚珠。

2. 雌蕊的类型 雌蕊由心皮（carpel）所构成，心皮是适应生殖功能的变态叶，雌蕊可由一至多枚心皮组成。当心皮卷合形成雌蕊时，其边缘愈合之处的合缝线称腹缝线（ventral suture）；心皮的背部相当于叶中脉处的合缝线称背缝线（dorsal suture）。一般胚珠着生在腹缝线上。根据构成雌蕊的心皮数目、连合情况不同，雌蕊可分为以下几种类型。

（1）单雌蕊（simple pistil） 一朵花中仅由一个心皮构成的雌蕊，如甘草、桃、野葛等。

（2）离生心皮雌蕊（apocarpous pistil） 一朵花中由多数心皮彼此分离的单雌蕊所构成的雌蕊，如八角茴香、毛茛、五味子、草莓等。

（3）复雌蕊（compound pistil） 又称合生心皮雌蕊，为一朵花中由两个或两个以上心皮彼此连合构成的雌蕊，如柑橘、百合、丹参、苹果、菘蓝等。

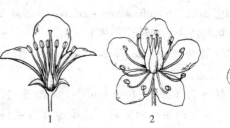

图4-6 雌蕊的类型
1. 单雌蕊 2. 离生心皮雌蕊 3. 复雌蕊

组成雌蕊的心皮数目可由花柱或柱头的分裂数目、子房上的背缝线数目和子房室数等来判断（图4-6）。

3. 子房的位置 子房着生在花托上的位置、子房与花托愈合的程度以及子房与花各部分的关系常随植物种类不同而异，常可分为以下几种类型。

（1）子房上位（superior ovary） 子房仅底部与花托相连。若花托平坦或隆起，花萼、花冠和雄蕊均着生于子房下方的花托上，这种花称为下位花（hypogynous flower），如毛茛、百合、金丝桃等。若花托凹陷，子房着生于凹陷花托中，子房仅底部与花托相连，花萼、花冠和雄蕊着生于花托边缘，这种花称周位花（perigynous flower），如桃、月季等。

（2）子房下位（inferior ovary） 子房全部埋藏在凹陷花托中，并与凹陷花托完全愈合，花萼、花冠和雄蕊着生于花托边缘，这种花称上位花（epigynous flower），如栀子、苹果、贴梗海棠、黄瓜等。

（3）子房半下位（half - inferior ovary） 子房仅下半部埋藏在凹陷花托中，并与凹陷的花托愈合，子房上半部外露，花萼、花冠和雄蕊着生于子房四周的花托边缘，这种花称周位花，如党参、桔梗、马齿苋等（图4 - 7）。

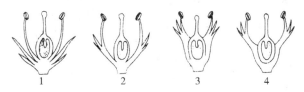

图4 - 7 子房的位置

1. 子房上位（下位花） 2. 子房上位（周位花） 3. 子房半下位（周位花） 4. 子房下位（上位花）

4. 胎座的类型 胚珠在子房内着生的部位称胎座（placenta）。常见的胎座类型有以下几种。

（1）边缘胎座（marginal placenta） 单心皮雌蕊，子房一室，胚珠沿腹缝线的边缘着生，纵行排列，如野葛、决明、甘草等。

（2）侧膜胎座（parietal placenta） 合生心皮雌蕊，子房一室，胚珠着生于相邻两心皮连合的腹缝线上，如栝楼、黄瓜、罂粟、紫花地丁等。

（3）中轴胎座（axile placenta） 合生心皮雌蕊，子房多室，胚珠着生于心皮边缘愈合而成的中轴上，如百合、玄参、贝母、桔梗等。

（4）特立中央胎座（free - central placenta） 合生心皮雌蕊，子房一室，胚珠着生于心皮边缘愈合而成的中轴上，但子房室隔膜和中轴上部均消失，如石竹、过路黄、报春花、马齿苋等。

（5）基生胎座（basal placenta） 单心皮或合生心皮雌蕊，心皮1~3枚，子房一室，胚珠一枚着生于子房室基部，如大黄、向日葵等。

（6）顶生胎座（apical placenta） 单心皮或合生心皮雌蕊，心皮1~3枚，子房一室，胚珠一枚着生于子房室顶部，如桑、草珊瑚、樟等（图4 - 8）。

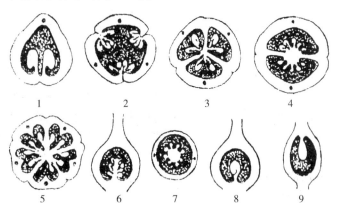

图4 - 8 胎座的类型

1. 边缘胎座（横切） 2. 侧膜胎座 3~5. 中轴胎座 6、7. 特立中央
胎座（纵切、横切） 8. 基生胎座 9. 顶生胎座

5. 胚珠的构造和类型 胚珠（ovule）着生于子房内胎座上，其受精后发育成种子，常呈椭圆形或近球状，其数目、类型随植物种类不同而异。胚珠由珠柄（funicle）、珠心（nucellus）、珠孔（micropyle）和珠被（integument）组成。珠柄是胚珠基部连接胚珠和胎座的短柄。大多数被子植物的胚珠具有2层珠被，外层称外珠被（outer integument），内层称内珠被（inner integument）。裸子植物仅有1层珠被，极少数植物种类不具珠被。珠被内为珠心，其中央发育形成胚囊（embryo sac），成熟胚囊常有8个细胞（靠近珠孔有3个，中间一个较大的为卵细胞，两侧为2个助细胞；与珠孔相反的一端有3个反足细胞，胚囊的中央有2个极核细胞）。珠孔是珠被在包围珠心时，顶端留下的一孔，是花粉管进入珠心的通道。珠被、珠心基部和珠柄汇合处称合点（chalaza），是维管束进入胚囊的通道。胚珠在生长过程中，由于各部分的生长速度不同，珠孔、合点与珠柄的位置变化而形成以下几种常见胚珠类型。

（1）直生胚珠（orthotropous ovule） 胚珠各部生长均匀，胚珠直立，珠柄在下，珠孔在上，珠孔、珠心、合点和珠柄在一条直线上，如大黄、胡椒、核桃等。

（2）横生胚珠（hemitropous ovule） 胚珠由于一侧生长快、另一侧生长慢，整个胚珠横列，珠孔、珠心、合点成一直线与珠柄垂直，如玄参、茄、锦葵。

（3）弯生胚珠（campylotropous ovule） 珠被、珠心生长不均匀，胚珠弯曲呈肾形，珠孔、珠心、合点与珠柄不在一条直线上，如大豆、石竹、曼陀罗等。

（4）倒生胚珠（anatropous ovule） 胚珠由于一侧生长迅速、另一侧生长缓慢，胚珠倒置，合点在上，珠孔靠近珠柄，形成长而明显的纵行隆起，称珠脊（raphe），珠孔、珠心、合点几乎在一条直线上，如落花生、蓖麻、百合等大多数被子植物（图4-9）。

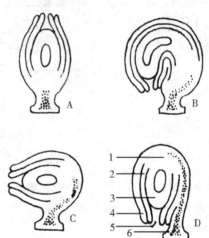

图4-9 胚珠的类型和构造
A. 直生胚珠 B. 弯生胚珠 C. 横生胚珠 D. 倒生胚珠
1. 合点 2. 内珠被 3. 珠心 4. 外珠被 5. 珠孔 6. 珠柄

二、花的类型

在长期的演化过程中，被子植物花的各部发生了不同程度的变化，形成了丰富多样的形态类型，常可分为以下几种主要类型。

（一）完全花和不完全花

花萼、花冠、雄蕊和雌蕊四部分俱全的花，称完全花（complete flower），如桃、桔梗等。缺少其中一部分或几部分的花，称不完全花（incomplete flower），如南瓜、桑等。

（二）重被花、单被花、无被花和重瓣花

具有花萼和花冠的花，称重被花（double perianth flower），如桃、党参、萝卜等。只具有花萼而无花冠，或花萼和花冠不分化的花，称单被花（simple perianth flower）。单被花的花被可为一轮或多轮，常具有各种鲜艳的颜色，呈花瓣状，如百合、玉兰、白头翁等。不具有花被的花，称无被花（achlamydeous flower）或裸花（naked flower），无被花常具有显著的苞片，如杨、柳、杜仲等。植物的花瓣一般排列成1轮且数目稳定；但有些栽培植物的花瓣数目比正常多，常排列成数轮，称重瓣花（double flower），如月季、樱花等栽培植物（图4-10）。

图4-10 花的类型
1、2. 无被花 3. 单被花 4. 重被花

（三）两性花、单性花和无性花

既有雄蕊又有雌蕊的花，称两性花（bisexual flower），如桃、桔梗、牡丹等；仅具有雄蕊或雌蕊的花，称单性花（unisexual flower），其中，仅有雄蕊的称雄花（staminate flower），仅有雌蕊的称雌花（pistillate flower）。同一株植物上既有雄花又有雌花的，称单性同株或雌雄同株（monoecism），如南瓜、蓖麻；雄花和雌花分别生于不同植株上，称单性异株或雌雄异株（dioecism），如桑、银杏、杜仲；同一株植物上既有单性花又有两性花，称杂性同株，如厚朴；单性花和两性花分别生于同种异株上，称杂性异株，如臭椿、葡萄；有些植物的花中，雄蕊和雌蕊均退化或发育不全，称无性花（asexual flower），如小麦小穗顶端的花、八仙花花序周围的花等。

（四）辐射对称花、两侧对称花和不对称花

通过花的中心可作两个以上对称面的花，称辐射对称花（actinomorphic flower）或整齐花（regular flower），如党参、桃、桔梗、牡丹等。通过花的中心仅能作一个对称面的花，称两侧对称花（zygomorphic flower）或不整齐花（irregular flower），如甘草、黄芩、益母草等。通过花的中心不能做出任何对称面的花，称不对称花（asymmetric flower），如缬草、败酱、美人蕉等。

三、花程式与花图式

为了方便说明花中各部分的数目、组成、排列方式和位置关系等，常用方程式或图解的形式来记载、描述花的构造和特征，分别称为花程式和花图式。

（一）花程式

花程式（flower formula）是用字母、数字和符号来表示花各部分的组成、排列、位置和彼此关系的公式。

1. 以字母代表花的各部分 一般用花各部分拉丁名（或德文）的首字母大写表示花的各组成部分，P表示花被（perianthium），K表示花萼（kelch，德文），C表示花冠（corolla），A表示雄蕊群（androecium），G表示雌蕊群（gynoecium）。

2. 以数字表示花各部分的数目 字母的右下角用数字表示花各部分的数目。若数目超过10个或数目不定，用"∞"表示；花某部分缺少或退化，用"0"表示。在雌蕊的右下角有三个数字，依次分别表示心皮数、子房室数、每室胚珠数，数字间用"："相连。

3. 以符号表示花的其他特征 "＊"表示辐射对称花，"↑"表示两侧对称花；"☿"表示两性花，"♂"表示雄花，"♀"表示雌花；"（）"表示互相连合；花各部分的数字间加"＋"表示排列的轮数或组数。在G的上方或下方加"—"表示子房的位置，如"$\underline{G}$"表示子房上位，"$\overline{G}$"表示子房下位，"$\overline{\underline{G}}$"表示子房半下位。

举例说明如下：

豌豆花☿↑$K_{(5)}C_5A_{(9)+1}\underline{G}_{1:1:\infty}$

表示豌豆为两性花；两侧对称花；萼片5枚，合生；花瓣5枚，分离；雄蕊10枚，9枚合生，1枚分离，成二体雄蕊；子房上位，单心皮雌蕊，子房1室，每室胚珠多数。

百合花 $\male\female * P_{3+3} A_{3+3} \underline{G}_{(3:3:\infty)}$

表示百合为两性花；辐射对称花；花被两轮，每轮有3枚花被片，分离；雄蕊两轮，每轮3枚，分离；子房上位，3心皮合生雌蕊，子房3室，每室胚珠多数。

桑花 $\male P_4 A_4$；$\female P_4 \underline{G}_{(2:1:1)}$

表示桑为单性花；雄花花被片4枚，分离；雄蕊4枚，分离；雌花花被片4枚，分离；子房上位，二心皮合生雌蕊，子房1室，每室有1个胚珠。

桔梗花 $\male\female * K_{(5)} C_{(5)} A_5 \overline{\underline{G}}_{(5:5:\infty)}$

表示桔梗为两性花；辐射对称花；萼片5枚，合生；花瓣5枚，合生；雄蕊5枚，分离；子房半下位，五心皮合生雌蕊，子房5室，每室胚珠多数。

（二）花图式

花图式（flower diagram）是以花的横切面投影为依据绘制的图解式，可以直观地表明花各部分的形状、数目、排列方式和相互位置等情况。花图式的上方用小圆圈表示花序轴的位置，若为单生花或顶生花，可以不绘出花序轴；在花序轴的下面自外向内依次按苞片、花萼、花冠、雄蕊、雌蕊的顺序绘出花各部分的图解，通常用部分涂黑、外侧带棱的新月形符号表示苞片，用由斜线组成或黑色的带棱的新月形符号表示花萼，用黑色或空白的新月形符号表示花瓣，雄蕊用花药的横切面形状表示，雌蕊用子房的横切面形状表示于中央（图4-11）。

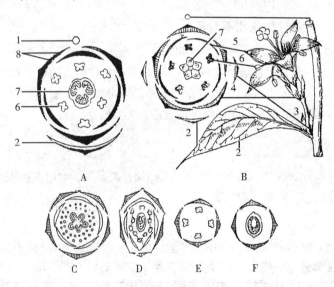

图4-11 花图式

A. 单子叶植物 B. 双子叶植物 C. 苹果 D. 豌豆 E. 桑的雄花 F. 桑的雌花

1. 花序轴 2. 苞片 3. 小苞片 4. 花萼 5. 花冠 6. 雄蕊 7. 雌蕊 8. 花被

花程式和花图式均能反映花的形态、结构等特征，但花程式和花图式各有优缺点，如花程式不能表明花部各轮的相互关系和花被卷迭式等特征；花图式不能表明子房与花其他部分的相关位置等特征，两者经常结合应用，以较全面地反映花的结构特征。

四、花序

花序（inflorescence）是指花在花序轴上的排列方式和开放顺序。有些植物的化单生于茎枝的顶端或叶腋部位，称单生花，如玉兰、牡丹等。但大多数植物的花按一定顺序排列在总花梗（peduncle）上，花序的总花梗也称花序轴（rachis）或花轴，花序轴可以不分枝或分枝。花序上的花称小花，小花的梗称小花梗。小花梗和总花梗下面常有小型的变态叶，分别称小苞片和总苞片。无叶的总花梗，称花葶（scape）。

根据花在花序轴上的排列方式和开放顺序，花序通常分为无限花序和有限花序两大类。

（一）无限花序（总状花序类）

花序轴在开花期间可以继续生长，不断产生新的花蕾，开放顺序是由花序轴下部依次向上开放，或由边缘向中心开放，这种花序称无限花序（indefinite inflorescence）。根据花序轴有无分枝，无限花序可以分为两类：花序轴不分枝的称单花序；花序轴有分枝的称复花序。

1. 单花序（simple inflorescence）

（1）总状花序（raceme）　花序轴细长且不分枝，其上着生许多花柄近等长的小花，如油菜、菘蓝、荠菜、地黄等。

（2）穗状花序（spike）　花序轴细长且不分枝，其上着生许多花柄极短或无花柄的小花，如车前、马鞭草等。

（3）柔荑花序（catkin）　花序轴柔软、下垂，其上密集着生许多无柄的单性小花，花开放后整个花序一起脱落，如柳、胡桃、杨等。

（4）肉穗花序（spadix）　花序轴肉质肥大呈棒状，其上密集着生许多无柄的单性小花，花序外面常具有一个大型苞片称佛焰苞（spathe），因而又称佛焰花序，如天南星、半夏、马蹄莲等天南星科植物。

（5）伞房花序（corymb）　花序轴上着生许多花柄不等长的花，下部的花柄较长，向上花柄逐渐缩短，整个花序的花几乎排列在同一平面上，如山楂、绣线菊等。

（6）伞形花序（umbel）　花序轴缩短，在总花梗顶端着生许多花柄近等长的小花，放射状排列，形如张开的伞，如人参、葱、刺五加等。

（7）头状花序（capitulum）　花序轴极度缩短，呈头状或盘状的花序托，其上密集着生许多无柄的小花，花序下方的苞片密集成总苞，如向日葵、蒲公英、红花等。

（8）隐头花序（hypanthodium）　花序轴肉质肥厚膨大而下陷成中空的囊状体，其内壁上着生许多无柄单性小花，顶端仅有一小孔与外面相通，小孔是昆虫传播花粉的通道，如无花果、薜荔等。

2. 复花序（compound inflorescence）

（1）复总状花序（compound raceme）　又称圆锥花序（panicle），在长的花序轴上产生许多分枝，每一分枝各形成一总状花序，整个花序呈圆锥状，如槐、南天竹、女贞等。

（2）复穗状花序（compound spike）　花序轴具分枝，每一分枝各形成一穗状花序，如小麦、香附等。

（3）复伞形花序（compound umbel）　在总花梗的顶端有许多近等长的伞形分枝，每一分枝各形成一伞形花序，如小茴香、柴胡、白芷等伞形科植物。

（4）复伞房花序（compound corymb）　花序轴上的分枝呈伞房状排列，每一分枝又形成一伞房花序，如花楸。

（5）复头状花序（compound capitulum）　由许多小头状花序形成的头状花序，如蓝刺头。

（二）有限花序（聚伞花序类）

在开花期间，花序轴顶端或中心的花先开放，花序轴顶端不能继续产生新的花蕾，仅在顶花下方产生侧轴，开花的顺序是由花序轴上部向下开放，或由中心向边缘依次开放，这种花序称有限花序。根据花序轴上端的分枝情况，可分为以下几种类型。

1. 单歧聚伞花序（monochasium）　花序轴顶端生一朵花，而后在顶花下面产生一侧轴，侧轴在顶端同样生一朵花，如此连续分枝形成的花序，称为单歧聚伞花序。若花序轴的分枝均在同一侧产生而呈螺旋状卷曲，称螺旋状聚伞花序（bostrix），如附地菜、紫草等。若花序轴的分枝成左、右交替产生，称蝎尾状聚伞花序（scorpioid cyme），如唐菖蒲、射干等。

2. 二歧聚伞花序（dichasium）　花序轴顶端生一朵花，而后在顶花下面两侧同时产生两个等长的侧轴，每侧轴再以同样方式继续开花和分枝，如石竹、卫矛等。

3. 多歧聚伞花序（pleiochasium） 花序轴顶端生一朵花，在其下同时产生数个侧轴，侧轴常比主轴长，各侧轴又形成小的聚伞花序，称多歧聚伞花序。若花序轴下面生有杯状总苞，称杯状聚伞花序（大戟花序）（cyathium），如泽漆、甘遂等大戟科大戟属植物。

4. 轮伞花序（verticillaster） 聚伞花序着生于对生叶的叶腋，排列呈轮状，称轮伞花序，如薄荷、丹参、益母草等唇形科植物。

花序的类型常随植物种类不同而异，同科植物常具有相同类型的花序。但有些植物的花序既有无限花序又有有限花序，称混合花序（mixed inflorescence）。这种花序的主花序轴形成无限花序，生出的每一侧轴形成有限花序，称聚伞圆锥花序（thyrse），如紫丁香、葡萄、楤木等（图4-12）。

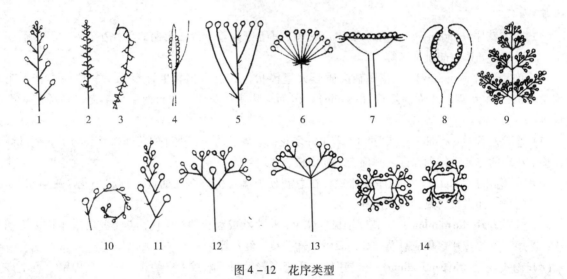

图4-12 花序类型

1. 总状花序 2. 穗状花序 3. 葇荑花序 4. 肉穗花序 5. 伞房花序 6. 伞形花序 7. 头状花序 8. 隐头花序 9. 圆锥花序
10. 螺旋状聚伞花序 11. 蝎尾状聚伞花序 12. 二歧聚伞花序 13. 多歧聚伞花序 14. 轮伞花序

五、花的功能和结构发育

花的主要功能是进行生殖，经过开花、传粉和受精等完成整个生殖过程。

（一）花药的发育与花粉粒的形成

1. 花药的发育 在花药发育初期，花托上产生雄蕊原基，雄蕊原基细胞经分裂、生长和分化，基部产生花丝，顶端部分发育形成四棱形的花药原始体，再膨大发育形成花药。四棱形花药原始体的四个角隅处的表皮内分化出纵列的、体积较大、细胞核大、细胞质浓、分裂能力强的孢原细胞（archesporial cell）。孢原细胞先进行一次平周分裂，形成内外两层细胞。外层为初生壁细胞（primary parietal cell）或初生周缘细胞（parietal cell）；内层是造孢细胞（sporogenous cell）；中间的细胞分裂、分化形成药隔细胞和维管束，形成药隔。初生壁细胞继续进行垂周和平周分裂，产生3~5层细胞，连同其外的表皮共同构成花粉囊壁。花粉囊壁自外向内依次为表皮、药室内壁（endothecium）、中间层（middle layer）和绒毡层（tapetum）。花药成熟时，药室内壁细胞垂周壁和内切向壁常产生多条斜纵向条纹状的纤维素次生不均匀加厚，故称纤维层（fibrous layer），纤维层有助于花粉囊的开裂。同侧两个花粉囊相接处的药室内壁细胞为不增厚的薄壁细胞，花药成熟时由此处裂开，散出花粉粒。中间层在花药发育成熟的过程中被挤压而破坏，并被吸收。绒毡层对花粉粒发育起着营养和调节作用，花粉粒成熟时绒毡层细胞常已解体消失（图4-13）。

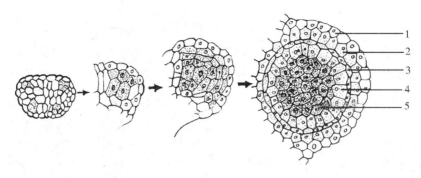

图 4 – 13　花药的发育
1. 表皮　2. 纤维层　3. 中间层　4. 绒毡层　5. 花粉母细胞

2. 花粉粒的发育和形态构造　花粉囊壁内的造孢细胞经过几次有丝分裂后，形成多个花粉母细胞（pollen mother cell），或称小孢子母细胞（microspore mother cell）。少数植物的造孢细胞不经分裂直接发育形成花粉母细胞。随后，花粉母细胞再进行减数分裂，每个母细胞形成 4 个单倍体的子细胞，子细胞再发育形成 4 个花粉粒，即小孢子（microspore），最初形成的 4 个花粉粒集合在一起，称四分体（tetrad）。绝大多数植物的四分体能进一步分离形成 4 个花粉粒。

花粉粒刚从四分体释放出时，细胞小、液泡小、细胞核位于中央，称单核花粉粒。经过从解体的绒毡层细胞吸收营养，发育长大并进行一次细胞质不均等的有丝分裂，产生两个大小不等的细胞，大的是营养细胞，小的是生殖细胞。大多数植物的花粉粒成熟散出时仅由营养细胞和生殖细胞两个细胞组成，称二细胞花粉粒或二核花粉粒。少数植物的花粉粒在成熟前，生殖细胞经减数分裂形成两个精子，精子即雄配子，花粉粒由营养细胞和两个精子组成，称三细胞花粉粒或三核花粉粒。

成熟的花粉粒有内、外两层壁。花粉粒内壁（intine）较薄，主要由纤维素和果胶质组成。外壁（exine）较厚而坚硬，含有脂类和色素，其化学性质极稳定，能耐酸碱、抗高温、抗高压、抗分解等。花粉粒的外壁表面光滑或具有各种式样的雕纹，如颗粒状、瘤状、刺状、凹穴、条纹状、网状等。花粉粒外壁上保留一些没有增厚的部分，形成萌发孔（germinal aperture）或萌发沟（germinal furrow）。花粉萌发时，花粉管由萌发孔或萌发沟处向外突出生长。

花粉粒上萌发孔（沟）的分布位置有 3 种情况：极面分布，即萌发孔位于远极面或近极面上；赤道分布，即萌发孔位于赤道面上，若是萌发沟，其长轴与赤道面垂直；球面分布，即萌发孔散布整个花粉粒上。远极面分布的，称远极沟（anacolpus），如许多裸子植物和单子叶植物的具沟花粉；或称远极孔（anaporus），如禾本科植物的花粉。近极面分布的，称近极孔（cataporus），仅存在于蕨类植物孢子中。赤道面分布的，称（赤道）孔或沟，是双子叶植物花粉粒的主要类型。球面分布的，称散沟（pancolpi）或散孔（panpori），如马齿苋属植物的花粉为散沟，藜科植物的花粉为散孔。在花粉的极性不易判明时，可一律称为孔或沟。此外，在花粉粒的萌发沟内中央部位，具一圆形或椭圆形的内孔，称为具孔沟（colporate）花粉。

花粉粒常呈圆球形、椭圆形、三角形、四边形等，有黄色、红色、墨绿色、褐色等不同颜色。大多数植物花粉粒的直径为 15 ~ 50μm。花粉粒的形状、颜色、大小、表面纹饰、萌发孔等特征随植物种类不同而异，是植物花粉鉴别的重要特征（图 4 – 14）。

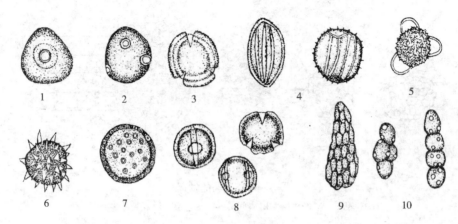

图 4 - 14 花粉粒的各种形态

1. 单孔（水烛） 2. 三孔（大麻） 3. 三沟（莲）
4. 螺旋孔（谷精草） 5. 三孔，齿状雕纹（红花）
6. 散孔，刺状雕纹（木槿） 7. 散孔（芫花） 8. 三孔沟（密蒙花）
9. 花粉块（绿花阔叶兰） 10. 四合花粉（杠柳）

（二）胚珠的发育和胚囊的形成

子房壁内表皮下的细胞分裂增生，形成胚珠原基。胚珠原基的基部发育形成珠柄，前端发育形成珠心，珠心基部的外围部分细胞分裂较快，产生环状的突起，逐渐向上扩展形成包围珠心的珠被，先形成内珠被，再形成外珠被，同时在珠心前端留下一个小孔，即珠孔。珠被以内是大小相似的珠心细胞，随后靠近珠孔处的表皮下，逐渐发育形成一个具有分生能力的孢原细胞（archesporial cell），孢原细胞进一步发育长大，形成大孢子母细胞（megaspore mother cell）或胚囊母细胞（embryosac mother cell）。有些植物的孢原细胞分裂成 2 个细胞，其中，靠近珠孔端的细胞，称珠心细胞；远离珠孔端的细胞，称造孢细胞，由造孢细胞直接发育形成大孢子母细胞，再经减数分裂产生 4 个单倍体的大孢子（megaspore），由大孢子发育形成胚囊（embryosac）。

大孢子母细胞经减数分裂产生 4 个单倍体的大孢子，按 4 个大孢子参与胚囊形成情况，可将胚囊的发育分为单孢子胚囊、双孢子胚囊和四孢子胚囊。大多数被子植物的胚囊发育属于单孢子胚囊类型，其发育过程如下：大孢子母细胞经减数分裂产生 4 个单倍体的大孢子，呈直线排列。近合点端的一个大孢子发育，体积增大，其余大孢子退化。大孢子的细胞核进行第一次有丝分裂，产生两个核，然后分别移至胚囊两端；再进行两次有丝分裂，胚囊两端分别产生 4 个核，以后胚囊两端各有一个核移向胚囊中央形成 2 个极核（polar nuclei），又称极核细胞（polar nuclei cell），有时 2 个极核融合后同周围的细胞质共同组成中央细胞（central cell）。近珠孔端的 3 个核分化形成 1 个较大的、位于中间的卵细胞（egg cell），两边各有 1 个助细胞（synergid）；近合点端的 3 个核分化形成 3 个反足细胞（antipodal cell）。因此，最终形成具有 8 个细胞的成熟胚囊，即雌配子体。胚囊发育过程中，珠心逐渐被溶解吸收，而胚囊逐渐扩大，占据胚珠中央大部分。

（三）开花、传粉与受精

（1）开花 当雄蕊的花粉和雌蕊的胚囊成熟时，或其中之一已达成熟程度，花被展开，露出雄蕊和雌蕊，完成传粉过程，这种现象称开花（anthesis）。有些植物不待花被展开就已完成传粉过程，甚至结束受精作用，称闭花受精（cleistogamy）。植物开花时，有如下现象：花丝直立，花药呈现特定颜色，柱头裂片张开，湿柱头分泌黏液，柱头上的毛茸突起等。

不同植物的开花年龄、开花季节和花期长短也不相同。一年生植物，当年开花结果后逐渐枯死；二年生植物，第一年常进行营养生长，第二年开花后完成生命周期；大多数多年生植物，达到开花年龄后，在开花季节能每年开花，延续多年；有少数多年生植物，一生只开花一次，开花后即死亡，如竹子。植物的花期也随植物种类不同而异，大多数植物在春季、夏季开花，有一些植物在冬季开花。植物花期的长短随植物种类不同常有较大差异，如有的开花仅几天，有的持续数月或更长，有些热带植物几乎终年开花等。

（2）传粉　成熟花粉自花粉囊散出，借助一定的媒介，传送到同一朵花或其他花雌蕊柱头上的过程，称传粉（pollination）。传粉的方式可分为自花传粉（self - pollination）和异花传粉（cross - pollination）两种。

①自花传粉：是花粉从花粉囊散出后，落在同一朵花的柱头上的传粉现象，如棉花、小麦、番茄等。有些植物属闭花传粉或闭花受精，如落花生、豌豆等。自花传粉植物花的特点是：两性花，雄蕊紧靠雌蕊且花药内向，雌蕊和雄蕊同时成熟、常等高排列。

②异花传粉：是一朵花的花粉借助风或昆虫等媒介，传送到另一朵花柱头上的传粉现象。借风传粉的花，称风媒花，其特点是：多为单性花，单被或无被花，花粉量多，柱头面大并有黏液质，雌蕊和雄蕊异长，自花不孕等，如稻、大麻等。借昆虫传粉的花，称虫媒花，其特点是：多为两性花，雌蕊和雄蕊不是同时成熟，花被颜色鲜艳，花有蜜腺、香气，花粉量较少，花粉粒表面常具突起，花的形态构造较适应昆虫传粉等，如桔梗、桃、益母草和兰科植物的花等。另外，还有鸟媒花和水媒花。异花传粉是植物界普遍存在的一种传粉方式，异花传粉较自花传粉更为进化。

（3）受精　植物的雌、雄配子，即精子和卵细胞相互融合的过程，称受精（fertilization）。被子植物的受精过程必须经过花粉在柱头上萌发，形成花粉管，并通过花粉管将精子送入胚囊，与雌蕊子房胚珠内产生的卵细胞相互融合，完成整个受精过程。

成熟花粉粒经传粉后，落在柱头上的花粉粒被柱头分泌的黏液粘住，花粉粒内壁在萌发孔处向外伸出，形成花粉管，花粉管形成后继续向下延伸，穿过柱头，经花柱伸入子房。二细胞花粉粒或二核花粉粒，其营养细胞和生殖细胞进入花粉管，生殖细胞在花粉管内再分裂形成 2 个精子；三细胞花粉粒或三核花粉粒，其营养细胞和两个精子均进入花粉管。花粉管进入子房后，大多数植物的花粉管经珠孔进入胚囊，称珠孔受精（porogamy）；也有少数植物的花粉管经合点进入胚囊，称合点受精（chalazogamy）。花粉管进入胚囊后，先端破裂，释放 2 个精子进入胚囊，营养细胞大多已解体消失，其中一个精子与卵细胞结合形成合子，以后发育形成种子的胚；另一个精子与 2 个极核结合，以后发育形成种子的胚乳。卵细胞和极核同时和 2 个精子分别完成相互融合的过程，称双受精（double fertilization），是被子植物有性生殖特有的现象，也是植物界有性生殖过程中最进化、最高级的形式。此外，在受精过程中，助细胞和反足细胞均破坏消失。

为什么大自然中黑色的花很少呢？

知识拓展

花色与授粉的关系？

　　自然界中的花卉有成千上万种，花色是五颜六色。科学家随机抽取了其中的 4197 种花卉，经统计发现：最多的是白色的花，它的数量是 1193 种，几乎占全部花卉的四分之一。其次是黄色的花，有 951 种，红色的有 923 种，蓝色 594 种，紫色 307 种，绿色 153 种，橙色 50 种，茶色 18 种，黑色 8 种。其原因在于，植物在开花过程中，花由叶子进化而来，而色素会在进化过程中逐渐出现，白色是没有色素限制的，所以它的数量是最多的。黄色的花仅次于白色，因为它能反射太阳光中热能最多的黄色光，让花朵不至于被灼伤，能够起到很好的自我保护作用。红色的花数量其实也不少，原因在于：植物也知道昆虫喜欢红色的花朵，它更能吸引昆虫来传播花粉，所以红色花不但招人喜欢，也招大自然的喜欢。

（四）花部各轮的进化关系及其演化趋势

被子植物的分类是以形态学特征作为主要依据，每一种植物花的形态、结构特征具有相对保守性和稳定性，花的形态特征是被子植物分类的重要依据。植物在生存竞争、自然选择的过程中，不断产生变异，其花部各轮的进化关系及其演化趋势主要表现为以下几个方面。

1. 花部数目的变化　被子植物花的各部分组成数目随植物种类不同而异，其形态构造在数目上的一般演化规律是：花各部多数而不固定为原始的性状特征，如毛茛、玉兰等；而花各部数目不多、有定数（如3、4、5）为进化的性状特征。花被的相对固定数目（如3、4、5），称为花基数。大多数被子植物的花，花各部数目一般减少至花基数，如3数、4数、5数，或为其倍数。

2. 子房位置的变化 原始类型的花托呈隆起的圆锥形、圆柱形。随着植物的进化与演变，花托逐渐缩短、变宽，形成扁平状或圆顶形；经进一步的演化，花托逐渐出现凹陷，形成凹顶形。随着花托形状的变化，子房着生在花托上的位置、子房与花托愈合的程度以及子房与花各部分的关系也产生了相应变化，演化产生不同的子房位置类型，如子房上位（下位花）、子房上位（周位花）、子房下位（上位花）、子房半下位（周位花）。被子植物花在子房位置上的一般演化规律是：子房上位为原始的性状特征；而子房下位为进化的性状特征。

3. 花部排列方式的变化 被子植物花的各部分在花托上的排列方式随植物种类不同而异，其形态构造在排列方式上的一般演化规律是：花各部呈螺旋排列为原始的性状特征，如毛茛科、木兰科的植物；而花各部呈轮状排列为进化的性状特征。花的各部分呈螺旋排列的花托常形成隆起的圆锥形或圆柱形；而呈轮状排列的花托常形成扁平状或凹顶形。

4. 花部对称性的变化 花各部分在花托上排列时，若通过花的中心可作两个以上对称面的花，称辐射对称花或整齐花。若通过花的中心仅能作一个对称面的花，称两侧对称花或不整齐花。若通过花的中心不能作出任何对称面的花，称不对称花。被子植物花各部分在对称性上的一般演化规律是辐射对称花为原始的性状特征；而两侧对称花或不对称花为进化的性状特征。

被子植物花的形态演化过程通常是由低级到高级、由简单到复杂，但在进化发展的同时，常伴随着简化或退化的现象，花各部分的演化趋势也不是同步、一致的。因此，被子植物花的形态结构趋向复杂和多样化。

本节小结

花是种子植物特有的繁殖器官，由花芽发育而成，是一种适应繁殖、不分枝、节间极度缩短的变态短枝。花梗和花托是枝条的变态。花萼、花冠、雄蕊群和雌蕊群是叶的变态。被子植物花常由花梗、花托、花萼、花冠、雄蕊群和雌蕊群等部分组成。

花被是花萼和花冠的总称。花萼位于花的最外层，分为离生萼、合生萼、早落萼、宿存萼、副萼、瓣状萼和冠毛等。花冠位于花萼的内侧，通常具有各种鲜艳的颜色，有重瓣花、离瓣花和合瓣花。花冠常有各种形态，如十字形花冠、蝶形花冠、唇形花冠、管状花冠、舌状花冠、漏斗状花冠、高脚碟状花冠、钟状花冠、辐状花冠、坛状花冠等。花被卷迭式有镊合状、旋转状、覆瓦状和重覆瓦状等类型。

雄蕊由花丝和花药两部分组成，其类型包括离生雄蕊、二强雄蕊、四强雄蕊、单体雄蕊、二体雄蕊、多体雄蕊和聚药雄蕊等。雌蕊由心皮构成，一般由柱头、花柱和子房三部分组成，可分为单雌蕊、离生心皮雌蕊和复雌蕊。子房着生在花托上的位置、子房与花托愈合的程度以及子房与花各部分的关系常随植物种类不同而异，可分为子房上位、子房下位和子房半下位。胚珠在子房内着生的部位称胎座，常见的胎座类型有边缘胎座、侧膜胎座、中轴胎座、特立中央胎座、基生胎座和顶生胎座。胚珠由珠柄、珠心、珠孔和珠被组成，常见胚珠类型有直生胚珠、横生胚珠、弯生胚珠和倒生胚珠。

花的类型常可分为：完全花和不完全花；重被花、单被花、无被花和重瓣花；两性花、单性花和无性花；辐射对称花、两侧对称花和不对称花。常用方程式或图解的形式来记载、描述花的构造和特征，分别称为花程式和花图式。花程式是用字母、数字和符号来表示花各部分的组成、排列、位置和彼此关系的公式。

花序是指花在花序轴上的排列方式和开放顺序，通常分为无限花序和有限花序两大类，其中无限花序包括总状花序、穗状花序、莱荑花序、肉穗花序、伞房花序、伞形花序、头状花序、隐头花序、复总状花序、复穗状花序、复伞形花序、复伞房花序和复头状花序；有限花序包括单歧聚伞花序、二歧聚伞花序、多歧聚伞花序和轮伞花序。

花的主要功能是进行生殖，经过开花、传粉和受精等完成整个生殖过程。花的形态和结构特征随植物种类而异，但具有相对保守性和稳定性，是药用植物分类、植物药基源鉴定和花类药材鉴定的重要依据。

思 考 题

1. 花被卷迭式有哪些常见类型？其特征分别是什么？
2. 如何区别子房上位、子房下位和子房半下位？
3. 胎座有哪些常见类型？其特征分别是什么？
4. 无限花序有何特征？常见的无限花序有哪些类型？
5. 如何用花程式记载、描述花的构造和特征？
6. 有限花序有何特征？常见的有限花序有哪些类型？
7. 总状花序、穗状花序、柔荑花序和肉穗花序有何不同？
8. 有限花序有何特点？常见的有哪几种类型？
9. 药用植物的雄蕊与雌蕊各有哪些常见类型？其特征分别是什么？
10. 药用植物的花冠有哪些常见类型？其特征分别是什么？
11. 辐射对称花、两侧对称花和不对称花有何不同？

PPT

第二节　果　实

学习导引

知识要求

1. **掌握**　果实的组成、形态特征和类型。
2. **熟悉**　常见的药用果实。
3. **了解**　果实的组织构造；果实的生理功能。

能力要求

能应用果实的形态特征、种类、内部构造特征的相关知识，对不同果实进行区分、鉴别。

课堂互动

　　"一骑红尘妃子笑，无人知是荔枝来"说明了荔枝难以保存的特性。荔枝、龙眼是食药植物，都是常见水果。但是，你知道荔枝和龙眼吃的是植物的哪个部分吗？龙眼、荔枝是核果还是浆果？

一、果实的发育与形成

　　被子植物的花经传粉、受精后，花的各个部分变化显著，除少数植物保留有宿存花萼外，花萼、花冠一般脱落，雄蕊及雌蕊的柱头、花柱先后枯萎，仅子房连同其中的胚珠逐渐生长膨大而发育成果实。这种单纯由子房发育而来的果实叫作真果（true fruit），如桃、李、杏、柑橘等。有些植物除子房外，尚有花的其他部分如花托、花萼以及花序轴等参与果实的形成，这种果实称为假果（false fruit），如苹果、梨、南瓜、无花果、凤梨等，凡是由下位子房发育形成的果实一般都是假果。

大多数植物未经受精作用，其雌蕊迟早枯萎脱落，不能形成果实。但有的植物只经过传粉而未经受精作用也能发育成果实，称单性结实，所形成的果实称无子果实。单性结实所形成的果实一般没有种子，或虽有种子但没有胚。单性结实有自发形成的，称自发单性结实，如香蕉、柑橘、柿、瓜类以及葡萄的某些品种等；还有的是通过某种诱导作用引起的，称诱导单性果实，例如用马铃薯的花粉刺激番茄的柱头而形成无子番茄，或用化学处理方法，如将某些生长素涂抹或喷洒在雌蕊柱头上也能得到无子果实。

果实在生长发育过程中，其体积和重量不断增加，最后停止生长，并通过一系列生理变化达到成熟。其中，果实的颜色由于表皮细胞中叶绿素分解而胡萝卜素或花青素等积累，由绿色变为黄、红或橙色等。果实内部因合成以醇类、酯类和羧基化合物为主的芳香性物质而散发出香气。同时，果实中原有的单宁、有机酸减少，糖分增多，故而涩、酸味减弱，甜味明显增加。此外，果实的另一明显变化则是通过水解酶的作用使胞间层水解，细胞间松散，组织软化。

二、果实的组成和构造

果实由果皮和种子构成。果实的构造常指果皮的构造，果皮通常可分为三层，由外向内分别为外果皮（exocarp）、中果皮（mesocarp）和内果皮（endocarp）。如桃、杏、李等植物的果实可明显观察到外、中、内三层结构。

1. 外果皮（exocarp）　位于果实的最外层，通常较薄而坚韧，一般由一层外表皮细胞构成。有时在外表皮细胞层里面还可有一层或几层厚角组织细胞，如桃、杏等；或有厚壁组织细胞，如菜豆、大豆等。表皮上偶有气孔，并常具角质层、毛茸、蜡被、刺、瘤突、翅等。有的表皮尚含有色物质或色素，如花椒；也有的在表皮细胞间嵌有油细胞，如北五味子。

2. 中果皮（mesocarp）　位于果皮中层，占果皮的很大部分，多由薄壁细胞组成，具多数细小的维管束，是果实主要的可食用部分。中果皮结构变化较大，肉质果多肥厚，里面还有大量薄壁组织细胞；干果成熟后，中果皮变干、收缩成膜质或革质，如荔枝、花生等。维管束一般分布在中果皮内。有的中果皮含有石细胞、纤维，如连翘、马兜铃等；有的含油细胞、油室及油管等，如胡椒、花椒、陈皮、小茴香等。

3. 内果皮（endocarp）　位于果皮的最内层，因果实类型的不同而区别很大。有的内果皮与中果皮合生不易分离，如枸杞、葡萄等；有的由多层石细胞组成而为木质化的坚硬核并加厚，如核果中的桃、李、杏等；有的多由1层薄壁细胞组成而呈膜质，如苹果、梨等；少数植物的内果皮能生出充满汁液的肉质囊状毛，如柑橘、柚子等。

以大豆为例来说明荚果的果皮结构。大豆果皮可以明显地分为三层：外果皮包括表皮和下表皮层，由厚壁的细胞组成；中果皮是薄壁组织；内果皮则包括几层厚壁细胞（图4－15）。

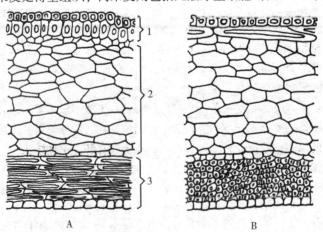

图4－15　大豆属荚果果皮的构造

A. 斜向横切　B. 斜向纵切

1. 外果皮　2. 中果皮　3. 内果皮

微课

三、果实的类型

果实的特征多种多样，不同的植物具有不同的果实类型。果实的类型一般根据果实的来源、结构和果皮性质的不同，分为单果（simple fruit）、聚合果（aggregate fruit）和聚花果（collective fruit）三大类。

（一）单果

一朵花中只有一个雌蕊（单雌蕊或复雌蕊）发育形成一个果实的称为单果（simple fruit）。根据果皮质地和结构的不同，单果又分为肉质果和干果两类。

1. 肉质果（fleshy fruit） 是指果实成熟时，果皮或其他组成部分肉质多汁，成熟时不开裂。常见的有以下五类。

（1）浆果（berry） 由单心皮或合生心皮雌蕊发育而成。外果皮薄，中果皮和内果皮不易区分，肉质多汁，内含有 1 至多粒种子。如葡萄、番茄、枸杞、茄等。

（2）核果（drupe） 多由单心皮雌蕊发育而成。外果皮薄，中果皮肉质肥厚，内果皮形成坚硬木质的果核，每核含 1 粒种子。如桃、李、梅、杏等。

（3）梨果（pome） 由下位子房的复雌蕊与花筒共同发育而成的假果。其肉质可食部分主要来自花托和萼筒。外果皮和中果皮肉质，界限不清；内果皮坚韧，革质或木质，常分隔成 5 室，每室含 2 粒种子，是蔷薇科梨亚科植物特有的果实。如苹果、梨、山楂等。

（4）柑果（hesperidium） 由多心皮合生雌蕊具中轴胎座的上位子房发育而成，外果皮较厚，革质，内含油室；中果皮疏松海绵状，具有多分支的维管束（橘络），与外果皮结合，界限不清；内果皮膜质，分隔成多室，内壁生有许多肉质多汁的囊状毛，为芸香科柑橘类植物所特有。如橙、柚、柑、橘等。

（5）瓠果（pepo） 由 3 心皮合生具侧膜胎座的下位子房连同花托发育而成的假果。外果皮坚韧，中果皮和内果皮及胎座肉质，为葫芦科植物所特有。如南瓜、冬瓜、西瓜、栝楼等（图 4-16）。

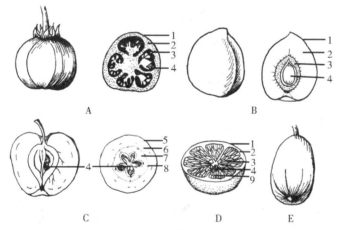

图 4-16 肉质果的类型

A. 浆果　B. 核果　C. 梨果　D. 柑果　E. 瓠果

1. 外果皮　2. 中果皮　3. 内果皮　4. 种子　5. 周皮　6. 花托的皮层

7. 花托的髓部　8. 花托的维管束　9. 毛囊

2. 干果（dry fruit） 果实成熟时，果皮干燥。根据果皮开裂与否又分为裂果和不裂果两类。

（1）裂果（dehiscent fruit） 果实成熟后自行分裂。根据心皮组成及开裂方式不同分为以下几种。

①蓇葖果（follicle）：由单心皮或离生心皮雌蕊发育而成的果实，成熟后沿腹缝线或背缝线一侧开裂，如厚朴、八角茴香、芍药、淫羊藿、杠柳等。

②荚果（legume）：由单心皮发育而成，成熟时沿腹缝线和背缝线同时开裂成两片，为豆科植物所特有，如扁豆、绿豆、豌豆等。但荚果也有成熟时不开裂的，如紫荆、落花生；槐的荚果肉质呈念珠状，

亦不裂；含羞草、山蚂蝗的荚果呈节节断裂，但每节不开裂，内含1粒种子。

③角果：分为长角果（silique）和短角果（silicle），是由2心皮合生具侧膜胎座的上位子房发育而成的果实，中间有由心皮边缘合生的地方生出的假隔膜将子房隔成两室，种子着生在假隔膜两边，成熟时沿两侧腹缝线自下而上开裂成两片，假隔膜仍留在果梗上。角果为十字花科的特征，长角果细长，如油菜、萝卜等；短角果宽短，如荠菜、菘蓝、独行菜等。

④蒴果（capsule）：由合生心皮的复雌蕊发育而成，子房1至多室，每室含多数种子，是裂果中最普遍的一类果实。蒴果成熟时开裂的方式较多，常见的有瓣裂（纵裂）、孔裂、盖裂和齿裂。a. 瓣裂（纵裂）：果实开裂时沿纵轴方向裂成数个果瓣。其中，沿腹缝线开裂的称室间开裂，如马兜铃、蓖麻；沿背缝线开裂的称室背开裂，如百合、射干；沿背、腹两缝线开裂，但子房间壁仍与中轴相连的称室轴开裂，如曼陀罗、牵牛。b. 孔裂：果实顶端呈小孔状开裂，如罂粟、桔梗等。c. 盖裂：果实中上部环状横裂成盖状脱落，如马齿苋、车前等。d. 齿裂：果实顶端呈齿状开裂，如石竹、王不留行等。

（2）不裂果（indehiscent fruit）　也称闭果，果实成熟后，果皮不开裂，可分为如下几种。

①瘦果（achene）：由单雌蕊或2~3心皮的复雌蕊而仅具1室的子房发育而成，内含1粒种子，成熟时果皮与种皮易分离，如向日葵、白头翁、荞麦等，为闭果中最普通的一种。

②颖果（caryopsis）：果实内含1粒种子，果皮薄与种皮愈合，不易分离，如稻、麦、玉米、薏苡等，为禾本科植物所特有的果实。农业生产上常把颖果称为种子。

③坚果（nut）：果皮坚硬，内含1粒种子，果皮与种皮分离，如板栗、榛子等壳斗科植物的果实，这类果实常有总苞（壳斗）包围。也有的坚果很小，无壳斗包围，称小坚果（nutlet），如益母草、紫草等。

④翅果（samara）：果实内含1粒种子，果皮一端或周边向外延伸成翅状，如杜仲、榆、槭、白蜡树等。

⑤胞果（utricle）：果皮薄而膨胀，疏松地包围种子，极易与种子分离，如青葙、藜、地肤子等。

⑥双悬果（cremocarp）：由2心皮合生的子房发育而成的果实，果实成熟时，子房室分离，按心皮数分离成若干各含1粒种子的分果瓣，伞形科植物的果实多属这一类型，如当归、白芷、小茴香等（图4-17）。

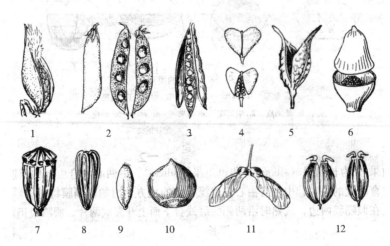

图4-17　干果的类型

1. 蓇葖果　2. 荚果　3. 长角果　4. 短角果　5. 蒴果（瓣裂）　6. 蒴果（盖裂）
7. 蒴果（孔裂）　8. 瘦果　9. 颖果　10. 坚果　11. 翅果　12. 双悬果

（二）聚合果

由一朵花中的许多离生单雌蕊聚集生长在花托上，并与花托共同发育成的果实称为聚合果（aggregate fruit）。每一离生雌蕊各为一个单果（小果），根据小果的种类不同，又可分为以下五类。

1. 聚合蓇葖果　多枚蓇葖果聚生在同一花托上，如八角茴香、芍药。

2. 聚合瘦果　多枚瘦果聚生在同一花托上，花托通常突起，如草莓、毛茛。

3. 聚合核果　多枚核果聚生于同一突起的花托上，如悬钩子。

4. 聚合浆果　多枚浆果聚生在延长或不延长的花托上，如五味子。

5. 聚合坚果　多枚坚果嵌生于膨大、海绵状的花托中，如莲（图4-18）。

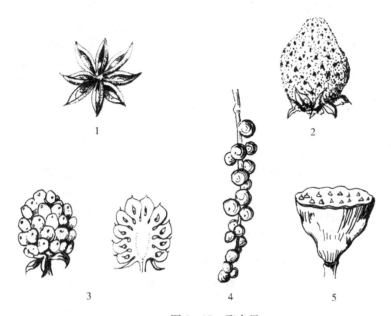

图4-18　聚合果

1. 聚合蓇葖果（八角茴香）　2. 聚合瘦果（草莓）　3. 聚合核果（悬钩子）

4. 聚合浆果（五味子）　5. 聚合坚果（莲）

（三）聚花果（复果）

聚花果（collective fruit）又称复果（multiple fruit），是由整个花序发育而成的果实，花序的每一朵花形成独立的小果，聚集在花序轴上，外形似一果实，如桑椹、凤梨、无花果等。桑椹由雌花序发育而成，每朵花的花被在开花后变得肥厚多汁，里面包藏1个瘦果；其可食部分是肥厚的花被。凤梨是由多数不孕的花着生在肥大肉质的花序轴上所形成的果实。无花果是由隐头花序形成的复果，其花序轴肉质化并内陷呈囊状，囊的内壁上着生许多小瘦果（图4-19）。

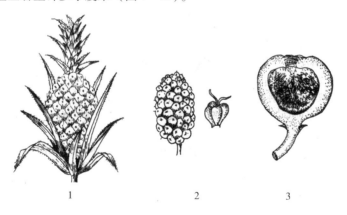

图4-19　聚花果（复果）

1. 凤梨　2. 桑椹　3. 无花果

果实进化的总趋势

上述的果实分类是形态学上的分类，对于识别不同的果实可能是方便的，但是与果实进化的自然分类系统相去甚远。根据现在的系统学研究，果实进化的总趋势是：真果向假果演化，聚合果向单果演化，多种子的裂果向单种子的闭果演化，干果向肉果演化。这种趋势是果实随着雌蕊群由离生心皮类型，通过胎座样式的变化，向各种合生心皮类型发展进化而演变的。较原始的果实类型是具有边缘胎座、离生心皮的蓇葖果；其他类型的果实，如蒴果、坚果、瘦果、颖果、浆果、核果等都是由原始类型的果实向各方面连续进化的结果。

四、果实的散布

果实有利于保护和传播种子。果实成熟后迟早要脱离母体，然后借助不同的散布方法传播到较远的地方。果实的散布方法对于植物的广泛分布、种族的繁殖和繁荣、植物的进化都具有重大的意义。

果实的散布方法是多种多样的，可借助于风力、水流、动物和人类的携带来散布，也可通过形成某种特殊的弹射机构来散布。适应于动物和人类传播种子的果实，有肉质可食的肉质果如桃、梨、柑橘等，这些果实被食后，种子由于有种皮或木质的内果皮保护，不能被消化而随粪便排出或被抛弃各地；有具特殊的钩刺突起或有黏液分泌的果实，能挂在或黏附于动物的毛、羽或人的衣服上而散布到各地，如苍耳、鬼针草、蒺藜、猪殃殃等。适应于风力传播种子的果实常具有不透水的构造，质地疏松而有一定浮力，可随水流到各处，如莲蓬、椰子等。还有一些植物的果实可靠自身的机械力量使种子散布，如大豆、油菜、凤仙花等，其果实成熟时多干燥开裂并能对种子产生一定的弹力。

本节小结

花经过传粉、受精后，雌蕊的子房或子房以外与其相连的某些部分生长发育形成果实，胚珠发育形成种子。被子植物的种子通常位于果实的内部，有果皮包被。

多种结构特征可用于果实的分类：依据果皮的质地不同，可分为肉果和干果；依据果皮的开裂与否，可分为裂果和闭果；依据形成果实的花的数目或一朵花中雌蕊的数目，可以分为单果、聚合果和聚花果。

思 考 题

1. 哪些常用中药以植物的果实入药？
2. 果实是由什么发育而来的？在形成果实的过程中，花的各部分有何变化？

第三节　种　子

PPT

知识要求

1. **掌握**　种子的组成和类型。
2. **熟悉**　常见的药用种子。
3. **了解**　种子的传播、休眠和萌发。

能力要求

能应用种子的形态特征相关知识，对不同药用植物种子进行区分、鉴别。

种子是所有种子植物特有的繁殖器官，是发育成熟的胚珠，具有繁殖作用。花经过传粉受精后，受精的极核发育成胚乳（限于被子植物），受精的卵细胞（合子）发育成胚，胚珠的珠被发育成种皮。种皮、胚、胚乳三者共同构成了种子。种子就是发育成熟的胚珠。

一、种子的形态和组成

微课　　　　农业上常说的种子与植物学上的种子是完全相同的概念吗？

种子的形状、大小、色泽、表面纹理等随植物种类不同而有所差异。种子的形态多样，有球形、类圆形、椭圆形、肾形、卵形、圆锥形、多角形等。种子的大小差异悬殊，大的有椰子、银杏、槟榔等，较小的有葶苈子、菟丝子等，极小的如天麻、白及等种子呈粉末状。种子的表面通常平滑，具光泽，颜色各样，如绿豆、红豆、白扁豆等；但也有的表面粗糙，具皱褶、刺突或毛茸（种缨）等，如天南星、车前、太子参、萝藦等。因不同植物种子的外部形态不同，可用种子外部形态特征鉴别植物种类。

种子的结构实质是一个处于幼态的植物体（胚），外面包裹着保护性的结构（种皮），同时携带有储藏了养料的组织（胚乳）。

（一）种皮

种皮（seed coat）由珠被发育而来，常分为外种皮和内种皮两层，外种皮较坚韧，内种皮一般较薄，种皮上常见有下列构造。

1. 种脐（hilum）　为种子成熟后从种柄或胎座上脱落后留下的疤痕，通常呈圆形或椭圆形。

2. 种孔（micropyle）　来源于珠孔，为种子萌发时吸收水分和胚根伸出的部位。

3. 合点（chalaza）　亦即原来胚珠的合点，为种皮上维管束的汇合点。

4. 种脊（raphe）　来源于珠脊，是种脐到合点之间的隆起线。倒生胚珠的种脊较长，横生胚珠和弯生胚珠的种脊较短，而直生胚珠无种脊。

5. 种阜（caruncle）　有些植物的种皮在珠孔处有一个由珠被扩展成的海绵状突起物，有吸水帮助种子萌发的作用，称种阜，如蓖麻、巴豆等。

此外，有些植物的种子在种皮外尚有假种皮（aril），是由珠柄或胎座处的组织延伸而形成的。假种皮有的为肉质，如荔枝、龙眼、苦瓜、卫矛等；也有的呈菲薄的膜质，如豆蔻、砂仁等。

种皮成熟时，其内部结构也发生相应改变。大多数植物的种皮的外层常分化为厚壁组织，内层为薄壁组织，中间各层往往分化为纤维、石细胞或厚壁组织。随着细胞逐渐缩水，整个种皮成为干燥的包被结构而起到保护作用。有些植物的种皮十分坚实，不易透水、透气，与种子的萌发和休眠有一定的关系。还有一些植物的种子，其种皮上出现毛、刺、腺体、翅等附属物，对于种子的传播具有适应意义（图4-20）。

有些植物或一些种子类药材的种皮常具有特殊的组织构造。如白芥子、牵牛子、菟丝子等在种皮表皮内侧具有栅栏细胞层；白豆蔻、红豆蔻、砂仁、益智等在种皮表皮层下有数列油细胞层，并常与色素细胞相间排列在一起；枳椇子、川楝子等在种皮表皮层下含色素细胞层；亚麻子、芥子、葶苈子等的种皮表皮细胞含有黏液质；大风子、北五味子的种皮表皮全由石细胞组成；马钱子的种子表皮全部分化为单细胞非腺毛，细胞壁木化；石榴的种子具有肉质种皮。

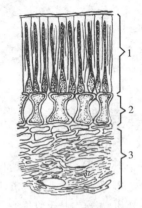

图4-20　蚕豆种皮的横切面
1. 长柱状厚壁细胞层　2. 骨形厚壁细胞　3. 薄壁细胞层

（二）胚

胚（embryo）由卵细胞和一个精子经受精作用后发育而成，是种子中尚未发育的幼小植物体。胚由胚根（radicle）、胚轴（plumular axis，又称胚茎）、胚芽（plumule）和子叶（cotyledon）四部分组成。胚根正对着种孔，将来发育成主根；胚轴向上伸长，成为根与茎的连接部分；子叶为胚吸收养料或贮藏养料的器官，占胚的较大部分，在种子萌发后可变绿进行光合作用，但通常在真叶长出后枯萎，单子叶植物具有1枚子叶，双子叶植物具有2枚子叶，裸子植物具有多枚子叶；胚芽为茎顶端未发育的地上枝，在种子萌发后发育成植物的主茎。

（三）胚乳

胚乳（endosperm）是极核细胞和一个精子经受精作用后发育而来的，位于胚的周围，呈白色。胚乳细胞一般是等径的大型薄壁细胞，含有淀粉、蛋白质或脂肪等营养物质，供胚发育时所需要的养料。

大多数植物的种子，当胚发育或胚乳形成时，胚囊外面的珠心细胞被胚乳吸收而消失；但也有少数植物种子的珠心在种子发育过程中未完全吸收，而形成营养组织包围在胚乳或胚的外部，称外胚乳（perisperm），如肉豆蔻、槟榔、姜、胡椒、石竹等。

二、种子的类型

根据种子中胚乳的有无，一般将种子分为两种类型。

（一）有胚乳种子

种子中胚乳的养料经贮存后到种子萌发时才为胚所利用的，称有胚乳种子（albuminous seed）。有胚乳种子具有发达的胚乳，胚相对较小，子叶很薄，如蓖麻、大黄、稻、麦等（图4-21）。

（二）无胚乳种子

种子中胚乳的养料在胚发育过程中被胚吸收并贮藏于子叶中的，称无胚乳种子（exalbuminous seed）。这种类型种子的子叶肥厚，不存在胚乳或仅残留一薄层，如菜豆、杏仁、南瓜子等（图4-22）。

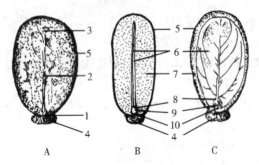

图4-21　有胚乳种子（蓖麻）

A. 外形　B. 与子叶垂直面纵切　C. 与子叶平行面纵切

1. 种脐　2. 种脊　3. 合点　4. 种阜　5. 种皮　6. 子叶
7. 胚乳　8. 胚芽　9. 胚轴　10. 胚根

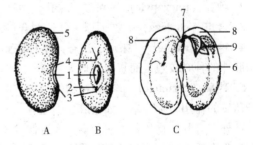

图4-22　无胚乳种子（菜豆）

A、B. 菜豆外形　C. 菜豆的构造剖面

1. 种脐　2. 种脊　3. 合点　4. 种孔　5. 种皮
6. 胚根　7. 胚轴　8. 子叶　9. 胚芽

三、种子的寿命、休眠与萌发

种子的主要功能是繁殖。种子成熟后，在适宜的外界条件下即可发芽（萌发）而形成幼苗，但大多数植物的种子在萌发前往往需要一定的休眠期才能萌发。此外，种子的萌发还与种子的寿命有关。

（一）种子的寿命

种子的寿命是指种子所能保持发芽能力的年限，通常以达到60%以上发芽率的贮藏时间为种子寿命的依据。种子寿命的长短主要与植物种类有关。如白芷、北沙参等在普通贮藏条件下，一年后就失去发芽能力，而青葙子、牛膝等在同样的贮藏条件下，可保持两年至三年以上。许多植物的种子埋藏在土壤中，经历多年仍能存活，如繁缕和车前的种子在土壤中能存活10年左右；马齿苋的种子寿命长达20~40年；莲的种子可生存150年以上甚至上千年。此外，种子寿命亦与贮藏条件有关，一般来说，低温、低湿、黑暗以及降低空气的含氧量是种子贮藏的理想条件。根据寿命不同，种子可分为以下三种。

1. 短命种子　寿命在3年以内。短命种子往往只有几天或几周的寿命，对这类种子，在采收后必须迅速播种。如可可属、咖啡属、金鸡纳树属、荔枝属等热带植物的种子，以及白头翁、辽细辛、芫花等春花夏熟的种子。

2. 中命种子　寿命在3~15年。如桃、杏、郁李等木本药用植物种子和黄芪、甘草、皂角等具有硬实特性的种子，其发芽年限达5~10年。

3. 长命种子　寿命在15~100年或更长。长命种子以豆科植物居多，其次是锦葵科植物。如豆科植物决明的种子寿命超过158年，莲的瘦果（莲子）寿命可达200~400年。

（二）种子的休眠

植物个体发育过程中，生长暂时停顿的现象称休眠。大多数植物种子成熟后，在适宜的外界条件下便可以很快萌发；但有些植物种子即使在适宜的条件下，也不进入萌发阶段，必须经过一段时间的休眠才能萌发，这种现象称种子的休眠。种子休眠的原因和破除休眠的方法主要有以下几种。

1. 种皮障碍　许多植物种子常因种皮的存在而休眠。如黄芪、甘草等部分豆科植物的种子具有坚硬的种皮，称硬实种子；而山茱萸、皂荚、盐肤木等植物的种皮具蜡质、革质，不易透水、透气，或存在机械约束作用，胚不能突破种皮，也难以萌发。目前常采用物理、化学方法破坏种皮，以增加种皮透水透气性的方法，从而解除种皮障碍，破除休眠，提高发芽率。

2. 种子具有后熟作用　有些植物种子脱离母体后，胚未发育完全或在生理上还未成熟，还需经过一定时间，胚才能发育完全而达到真正的成熟，称后熟作用或后成熟。后熟作用在高寒地区或阴生、短命速生的植物中较为常见，如人参、西洋参、刺五加、羌活、乌头、黄连、山茱萸、木瓜、麦冬、黄柏、玉竹、天门冬等的种子具有后熟作用。

具有后熟作用的种子必须经过低温处理，常用湿砂将种子分层堆积在低温（5℃左右）的环境中1~3个月，经过后熟才能萌发。通常认为，在后熟过程中，种子内的淀粉、蛋白质、脂类等有机物的合成作用加强，呼吸减弱，酸度降低；经过后熟作用后，种皮透性增加，呼吸增强，有机物开始水解。

3. 抑制物质的存在　有些种子不能萌发是由于果实或种子内有抑制种子萌发的物质，如挥发油、生物碱、有机酸、酚类、醛类等。这类物质存在于种子的子叶、胚、胚乳、种皮或果汁中，如山楂、女贞、川楝等种子都含有抑制物质，会阻碍种子萌发。该类种子可采用生长调节剂处理以破除休眠，常用的生长调节剂有吲哚乙酸、α-萘乙酸、赤霉素、ABT生根粉等。若使用浓度适当或使用时间合适，能显著提高种子的发芽势和发芽率，促进生长，提高产量。如用0.005%的赤霉素溶液浸泡党参种子6小时，发芽势和发芽率均提高1倍以上。

此外，胚未完全发育、次生休眠也会引起种子休眠。但许多植物种子休眠的原因不止一个，休眠是多因素综合作用的结果。

（三）种子的萌发

种子的胚从相对静止状态转入理想活跃状态，开始生长并形成营自养生活的幼苗，这一过程即为种子的萌发。种子萌发的前提是种子成熟、具有生活力。

种子萌发的主要外界条件是充足的水分、适宜的温度和足够的氧气，少数植物的种子萌发还受光照有无的调节。萌发过程从种子吸水膨胀开始，然后种皮变软，透气性增强，呼吸加快，这时如果温度适宜，种子内部各种酶开始活动，经过一系列生理生化变化，将种子本身贮藏的淀粉、蛋白质、脂肪等分解成可溶性的简单物质，供给胚的生长发育。种子萌发时吸收水分的多少和植物的种类有关，一般含蛋白质较多的种子吸水多，含淀粉或脂肪为主的种子吸水少。萌发的适宜温度多在 20~25℃，种子中各种酶的最适温度不等，亦随植物种属不同而异。通常，北方的种类的种子萌发所需温度相较于南方的种类低，而对高温的耐受性则较差。因此，掌握种子的休眠和萌发对药用植物的生产具有重要的指导意义。

本节小结

种子由种皮、胚和胚乳三部分组成。种皮是种子外部起保护作用的结构；胚是尚未发育的幼小植物体，由胚根、胚轴、胚芽和子叶四部分组成；胚乳提供胚的发育所需要的养分。根据胚乳的有无，种子可分为有胚乳种子和无胚乳种子。很多常用的中药来自植物的种子，如王不留行、苦杏仁、决明子、薏苡仁、柏子仁、菟丝子等。

种子的寿命是种子保持发芽能力的年限，据此，种子可分为短命种子、中命种子和长命种子三种类型。种子萌发的前提是种子成熟、具有生活力。有的植物种子具有休眠现象。

题库

思 考 题

1. 哪些常用中药以种子入药？
2. 对于中药材种植来说，种子繁殖和无性繁殖各有何利弊？

下篇
药用植物的分类

第五章

PPT

药用植物分类概述

学习导引

知识要求

1. **掌握** 植物的分类等级、分门别类和植物的命名方法。
2. **熟悉** 植物检索表的编制和检索方法。
3. **了解** 植物的分类方法；分类的目的和任务；植物个体发育和系统发育。

能力要求

掌握常见裸子药用植物鉴别的基本技能。

第一节　植物分类的目的和任务

我国是世界上生物多样性最丰富的国家之一，仅高等植物就有 3 万多种。面对自然界的多样性，人类自然要进行分类。植物分类学（plant taxonomy）是一门对植物进行鉴定、命名、分类并研究植物之间亲缘关系远近以及进化发展规律的一门基础学科。自然界不同的植物类群具有各自的不同特征，以各个类群的相似性所反映的它们之间在遗传关系上的亲缘关系为基础，将各个植物类群纳入某些等级系统，这就是分类工作。因此，植物分类学不仅是植物学的基础，更是生药学、天然药物化学、中药资源学、植物地理学和植物生态学的基础，与中医药、中药开发、农业和林业等也有密切的关系。

对于药学和中药学各专业，学习植物分类学的目的是应用植物分类学的知识和方法，正确识别药用植物，进而对药材原植物进行准确鉴定，分清真伪，解决同名异物或同物异名的混乱现象，以保证临床用药安全、有效；进行民间药和民族药的调查，以供研究和推广。同时，应依据植物类群间的亲缘关系，有目的地寻找和选择新的药用植物资源，从而满足人民防病治病的用药需求。

学习植物分类学的目的和意义如下。

（一）准确鉴定植物种类，确保安全用药和为药用植物开发利用提供保证

植物分类对植物物种的鉴定非常重要，有些植物种类在外表形态上非常相似，难以区分，但其所含的化学成分有较大的差别，为保证安全用药，绝对不能混淆。如我们使用的八角茴香（*Illicium verum* Hook. f.）属八角属（*Illicium*）植物，该属大约有 50 种植物。八角茴香的成熟果实是常见的调味香料，俗称大料，具有温阳散寒、理气止痛的作用。同属植物红毒茴（*Illicium lanceolatum* A. C. Smith）的果实似八角，但含有莽草毒素，有剧毒。八角茴香果实具有 8~9 个蓇葖果，每果端无钩；但后者果实具有 10~13 个蓇葖果，先端具有一个小钩，应准确鉴定二者，以免误用。

（二）熟悉植物之间的亲缘关系，为寻找新药源提供依据

根据植物亲缘关系，相同科属的植物往往含有相同或相似的化学成分。例如，1971 年美国 Wani 等从

短叶红豆杉中得到紫杉醇用于治疗癌症，引起世界学者的广泛关注。红豆杉为紫杉科紫杉属（*Taxus*）植物，全世界约8种，1变种，分布于北半球温带至亚热带地区。对我国紫杉属植物资源的调查发现，我国有4种，1变种。对其成分进行提取分离，得到了具有抗癌作用的紫杉醇及其他多种成分，现已用于临床。又如60年代我国从印度进口一种降压药物，其原植物为夹竹桃科萝芙木属蛇根木［又名印度萝芙木 *Rauvolfia serpentina*（L.）Benth. ex Kurzet Hook. f.］。该植物生于热带密林中，产于印度、缅甸等地，其根中含有利血平等多种生物碱。依据植物之间的亲缘关系及生长环境，科技工作者在我国热带地区进行资源调查，终于在云南森林里找到了云南萝芙木（*Rauvolfia yunnanensis* Tsiang），其根中也含有利血平等成分。临床证明，其降压效果好而平稳，且毒性较低，作用时间长于印度萝芙木制剂。上述例证充分说明，研究植物属种之间的亲缘关系，对于寻找类似化学成分从而解决药源问题具有实际的指导意义。

（三）重视药用植物产地及种内变异的研究，对于保证和提高药材质量具有重要意义

气候环境、栽培技术、采收加工、储藏运输等各生产环节都会影响药材质量。而药用植物的形态和质量受地理、土壤、季节、温度和光照等生态因素的影响。如提取青蒿素的原植物黄花蒿（*Artemisia annua* L.），分布于我国南北的植物的青蒿素含量存在很大差异，海南居群明显高于黑龙江的居群。又如，不同产地的红花（*Carthamus tinctorius* L.）中，黄色素和腺苷的含量差异也较大，黄色素含量在24.9% ~ 40.3%之间，其中，云南巍山红花的含量最高，四川简阳第二，新疆吉木萨尔和河南新乡第三；而其腺苷含量则为吉木萨尔红花的含量最高，简阳第二，新乡和巍山第三。红花的质量评价指标是腺苷和黄色素，只有两种成分含量均较高的品种才是优良品种。

（四）调查及开发利用药用植物资源，应具备植物分类学的知识

我国的天然药用植物种类繁多、分布广泛，但长期以来存在一些不可忽视的问题：一是许多天然的药用植物资源没有得到充分的开发利用；另一方面却出现了一些常用药材资源的急剧减少，严重影响了市场的供应。要正确评价我国药材资源现状，必须进行资源的调查，这就需要扎实的植物分类学知识。通过调查，搞清药用资源的种类和分布，对重点品种进行蕴藏量的调查，以便充分开发利用这些资源，并做到合理采收、永续利用。

第二节 植物的个体发育及系统发育

一、植物的个体发育

植物的个体发育（ontogeny）是指多细胞植物体从受精卵开始，经过细胞分裂、组织分化、器官形成，直到性成熟的过程。

对于进行有性生殖的生物来说，个体发育的起点是受精卵。从生长、发育、成熟到形成下代的卵细胞或精子，直至个体逐渐衰老死亡，构成个体发育史。被子植物的个体发育过程可以大致分为种子的形成和萌发、植株的生长和发育等阶段。被子植物的双受精完成以后，一般来说，花被和雄蕊首先凋谢，柱头和花柱也随着萎缩，只有子房继续生长发育。在子房的胚珠里面，受精卵逐渐发育成胚，受精的极核逐渐发育成胚乳。

多数双子叶植物在胚和胚乳发育的过程中，胚乳逐渐被胚吸收，营养物质储存在子叶里，这样就形成了无胚乳种子，如大豆、花生和黄瓜等。多数单子叶植物在胚和胚乳发育的过程中，胚乳不被胚吸收，这样就形成了有胚乳的种子，如小麦和玉米等。

在胚和胚乳发育的同时，珠被发育成种皮。这样，整个胚珠就发育成种子。与此同时，子房壁发育成果皮，整个子房就发育成果实。

果实和种子成熟以后，便从母体上脱落下来。如果遇到合适的环境条件，种子就会萌发并长成幼苗（有些植物的种子需要经过一段时间的休眠才能萌发）。

幼苗经过一段时间的生长，成为一株具有根、茎、叶三种营养器官的植株。植株生长发育到一定阶段，就开始形成花芽，接下来便是开花、结果。花芽的形成，标志着生殖生长的开始。对于一年生植物和二年生植物来说，在植株长出生殖器官以后，营养生长就逐渐减慢甚至停止。对于多年生植物来说，当它们达到开花年龄以后，每年营养器官和生殖器官仍然生长发育。其中，营养器官的生长发育包括：根和茎顶端分生组织的活动使茎不断长高、根不断伸长。与此同时，由于茎和根的形成层的活动，茎和根不断长粗。这样，多年生植物就逐年长大。

二、植物的系统发育

每一植物个体都有发生、生长、发育至成熟的过程。而某一个类群的形成和发展过程称为系统发育（phylogeny）。系统发育建立在个体发育的基础上，个体发育是系统发育的环节，在个体发育过程中，存在着遗传和变异的问题。

植物的系统发育和演化遵循以下规律。①植物营养体的演化：由简单到复杂、由低级到高级。②有性生殖方式的进化：由简单到复杂。③对陆地的适应：由配子体占优势向孢子体占优势进化。④生活史的类型：先出现核相交替再出现世代交替现象。⑤高等植物营养体：营养器官的分化。

地球上丰富多彩的植物世界是植物与其环境长期相适应的结果，是长期进化的结果。植物的进化历史可分为菌藻植物时代、蕨类植物时代、裸子植物时代和被子植物时代。人们推测，生命出现后首先演化为原核细胞，产生原核生物，认为最初的原始生物是进行厌氧、异养生活的，只能以环境中的营养物质如氨基酸、糖、脂肪等为食物，以后再演化出具有光合作用的自养性生物。自然界各类植物的进化情况见表6-1。

表5-1 植物系统发育进化情况表

代	纪	距今年数（百万年）	进化情况	优势植物
新生代	第四纪	现代 更新世2.5	被子植物占绝对优势，草本植物进一步发育	被子植物
	第三纪	晚25	经过几次冰期后，森林衰退，因气候变化，地方植物隔离，草本植物发生，植物界面貌与现代相似	
		早65	被子植物进一步发育，占优势，世界各地出现大范围的森林	
中生代	白垩纪	晚90	被子植物得到发展	裸子植物
		早136	裸子植物衰退，被子植物渐渐代替裸子植物	
	侏罗纪	190	裸子植物中的松柏类占优势，原始的裸子植物渐渐消失，被子植物出现	
	三叠纪	225	乔木状蕨类植物继续衰退，真蕨类繁茂	
古生代	二叠纪	晚260	裸子植物中的苏铁类、银杏类、针叶类繁茂	蕨类植物
		早280	木本乔木状蕨类植物开始衰退	
	石炭纪	345	气候温暖湿润，巨大的乔木状蕨类植物如鳞木类、芦木类、石松类等遍布各地，形成森林，造成了以后的大煤田，同时出现了许多矮小的真蕨类植物，种子蕨类植物进一步发展	
	泥盆纪	晚360	裸蕨类渐渐消逝	
		中370	裸蕨类植物繁茂，种子蕨出现，但数目小，苔藓植物出现	
		早390	为植物由水生向陆生演化的时期，陆地上已出现了裸蕨类植物，有可能在此时期出现原始的维管束植物，藻类植物仍占优势	
	志留纪	435		
	奥陶纪	500	海产藻类占优势，其他类型植物相继发展	
	寒武纪	570		
远古代		570~1500	初期出现真核细胞藻类植物，后期出现了与现代藻类相似的类群	藻类植物
太古代		1500~3500	生命开始出现，细菌和蓝藻出现	原核生物

第三节　植物的分类等级及其命名

一、植物的分类等级

为了建立分类系统，植物分类学上建立了各种分类等级，用以表示在这个系统中各植物类群间亲缘关系的远近，进而把各个分类等级按照其高低和从属亲缘关系，有顺序地排列起来。

分类时，先将整个植物界的各种类别按其大同之点归为若干门，各门中就其不同点分别设若干纲，在纲中分目，目中分科，科中再分属，属下分种，即界（Kingdom）、门（Division）、纲（Class）、目（Order）、科（Family）、属（Genus）、种（Species）。在各单位之间，有时因范围过大，不能完全包括其特征或亲缘关系，而有必要再增设一级时，在各级前加亚（Sub.）字，分类等级自上而下依次为：亚种（subspecies）、变种（varietas）、亚变种（subvarietas）、变型（forma）和亚变型（subforma）。缩写依次为 ssp.（subsp.）、var.、subvar.、f. 和 subf.。此外，还有栽培变种或品种（Cultivar，缩写 cv.）以及园艺家定名的种（Hortulanorum，缩写 hort.）。

1. 种　是生物分类的基本单位。种是具有一定的自然分布区和形态特征及生理特性的生物类群。在同一种中的各个个体具有相同的遗传性状，彼此交配（传粉受精）可以产生能育的后代。种是生物进化和自然选择的产物。

2. 亚种　一般认为是种内类群，在形态上多少有变异，并具有地理分布上、生态上或季节上的隔离，这样的类群即为亚种。属于同种内的不同亚种，不分布在同一地理分布区。

3. 变种　一个种内类群，形态上有变异且较稳定，它的分布范围比亚种小得多，并与种内其他变种有共同的分布区。

4. 变型　是一个种内有细小变异且较稳定，如花冠或果的颜色、被毛情况等，且无一定分布区的个体。

5. 品种　只用于栽培植物的分类，在野生植物中不使用这一名词，因为品种是人类在生产实践中定向培育出来的产物，具有区域性，并具有经济意义。如药用植物地黄的品种有北京一号、温县一号、金状元、小黑英等。药材中一般称的品种，实际上既指分类学上的"种"，有时又指栽培的药用植物品种。

现以黄花蒿为例示其分类等级如下。

界 ·· 植物界 Regnum vegetabile
门 ·· 被子植物门 Angiospermae
纲 ·· 双子叶植物纲 Dicotyledoneae
目 ·· 菊目 Asterales
科 ·· 菊科 Compositae
属 ·· 蒿属 Artemisia Linn.
种 ·· 黄花蒿 *Artemisia annua* L.

二、植物的命名

植物的种类繁多，名称亦十分繁杂，不仅因各国语言、文字不同而异，即使是一国之内的不同地区也往往不一致。因此，同物异名或同名异物的现象普遍存在，给植物分类和开发利用造成混乱，而且也不利于科学普及与学术交流。

为了使植物的名称得到统一，国际植物学会议规定了植物的统一科学名称（scientific name），简称"学名"。学名是用拉丁文来命名的，如采用其他文字语言时也必须用拉丁字母拼音，即所谓的拉丁化。

国际通用的学名基本采用了 1753 年瑞典植物学家林奈（Carolus Linnaeus）所倡用的"双名法"作为统一的植物命名法。

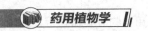

双名法规定，每种植物的名称由两个拉丁词组成。第一个词为该植物所隶属的属名，第二个词是种加词。最后还要附定名人。在不影响交流和科学性的情况下，命名人可省略不写，这样，一个双名法植物学名就省略成两部分了。举例如下。

国际植物命名法规

玫瑰　　*Rosa*　　　　*rugosa*　　　Thunb.
　　　　"属名"　　　　"种加词"　　　"定名人"

1. 属名　是学名的主体，必须是名词，用单数第一格，第一个字母大写。一般根据该属植物的某些特征、特性命名，或根据颜色、气味、用途、产地、生活习性、环境命名，有些还以希腊文名字或神话或为纪念某个人来命名，或以古老的拉丁文名字命名。

2. 种加词　大多为形容词，少数为名词的所有格或为同位名词。种加词的来源不拘，但不可重复属名。如用2个或多个词组成种加词时，则必须连写或用连字符号连接。用形容词作种加词时，在拉丁文语法上，要求其性、数、格均与属名一致。使用同位名词作种加词时，应与属名相同，采用单数、主格，但性可以不同，如人参 *Panax ginseng* C. A. Meyer，樟 *Cinnamomum camphora*（Linn.）Presl.，Panax 为阳性，ginseng 为中性；Cinnamomum 为中性，camphora 为阴性。

3. 命名人　通常以其姓氏的缩写来表示。命名人要拉丁化，第一个字母要大写。如 Linnaeus（林奈）缩写为 Linn. 或 L.（L. 采用首字母缩写，只限用于 Linnaeus 一人，因他为特别著名的分类学家，无人不晓；其他命名者的名字，均不作首字母的缩写），如 Maximowicz 缩写为 Maxim. 。

有时在植物学名的种名之后有一括号，括号内为人名或人名的缩写，表示这一学名经重新组合而成。植物命名法规定，需要重新组合（如改订属名、由变种升为种等）时，应保留原种名和原命名人，原命名人加括号。

另外，有些植物的学名。在定名人之后用 ex，再加上另外的定名人，如：甘遂 *Euphorbia kansui* T. N. Liou ex S. B. Ho。这是由于前者命名未正式发表，后者进行整理工作时，同意这个命名并正式发表。还有些植物的学名，定名人是两个人，在两个定名人之间加 et，如：山茱萸 *Cornus officinalis* Sieb. et Zucc.。这是表示两个人合作，共同命名。

对于亚种、变种或变型的植物学名，应当在正种名称的基础上加上亚种、变种或变型加词，即学名由属名＋种加词＋亚种（变种或变型）加词组成，称为三名法。亚种、变种或变型命名人位于亚种、变种或变型加词的后面。举例如下。

①糙叶败酱 *Patrinia rupestris*（Pall.）　Juss. subsp.　　*scabra*（Bunge）　　H. J. Wang
　　　　　　　　　　　　　　　　　　　亚种缩写　　　　亚种加词　　　　亚种命名人

②山里红 *Crataegus pinnatifida* Bge. var.　　　*major*　　　N. H. Br.
　　　　　　　　　　　　变种缩写　　　　变种加词　　　变种命名人

第四节　植物分类方法介绍

目前公认，自然界有约40万种植物，它们形态各异，结构差别大，生活方式也各种各样，这些植物是在长期的地质历史过程中不断进化而形成的。为了认识并更好地利用植物，必须对植物进行分类。

一、分类方法的发展

对植物进行分类与人类认识、利用植物的历史一样悠久。在不同历史时期，由于认识水平的不同，对植物分类的出发点和方法也不同，出现了不同的分类系统。英国植物分类学家 C. Jeffery（1982）在《植物分类学入门》一书中，将植物分类的历史划分为三个时期。

（一）人为分类法阶段

自远古时期至1830年左右，人们对植物的认识主要是从用、食、药开始，给植物以俗名，这一阶段称为民间分类学或本草学阶段。

在我国，公元 200 年左右的药书《神农本草经》已记载植物药 365 种，分为上、中、下三品。上品大多属于滋补强壮之品，无毒，可以久服，共 120 种；中品能补虚扶弱或祛邪抗病，无毒或有毒，共 120 种；下品能祛邪破积，有毒者多，不可久服，共 125 种。这是我国最早的本草书。此后各个朝代都有本草书出版，但以明朝李时珍的《本草纲目》最为著名。该书共收集药物 1892 种，将 1195 种植物药分成草部、谷部、菜部、果部和木部，每部又分成若干类，如草部分成山草、芳草、湿草、毒草、蔓草、水草、石草、苔草和杂草。清代吴其浚的著作《植物名实图考》一书记载了我国 1714 种植物，分为谷、蔬、山草、湿草、水草、蔓草、芳草、毒草、果、木等 12 类。这种分类方法主要是从应用角度和植物的生长环境出发，没有考虑根据植物自然形态特征的异同来划分种类，更看不到植物之间的亲缘关系。

在这一阶段，西方人同样采用适用的、本草学的思路对植物进行分门别类。如亚里士多德的学生 Theophrastus 在公元前 370 年至公元前 285 年著有《植物的历史》（*Historia Plantarum*）等书，记载了 480 种植物，并根据形状特征将其分为乔、灌、半灌、草本四类；知道了有限花序和无限花序、离瓣花和合瓣花之分，并注意到了子房的位置，这在当时是很了不起的认识，后人称他为"植物学之父"。希腊军医 Dioscorides 在公元 1 世纪写成了《药物学》（*De Materia Medica*），描述了近 600 种植物，被认为是最早的本草学书。13 世纪，日耳曼人 A. Magnus 注意到了子叶的数目，创造了单子叶和双子叶两大类的分类法。15 ~ 16 世纪，人为分类法取得快速发展，本草学者 O. Brunfels 第一个以花之有无将植物分为有花植物和无花植物两大类。

上述分类方法称为人为分类法，用人为分类法编制的系统称为人为分类系统。其特点是从人类需要和实用角度出发，通俗易懂，简单实用，便于指导生产。但这种系统不能反映植物间的亲缘关系，现已不采用。有时亦有特殊情况，如为了某种应用上的需要，各种人为分类系统仍然在使用，如经济植物学中往往以油料、纤维、香料、药用植物进行分类。

（二）自然分类法阶段

1. 机械分类阶段　自 17 世纪以来，植物的形态解剖特征逐渐被认识，并被作为分类的依据。在《物种起源》发表以前，人们认为物种是不变的，物种间不存在亲缘关系，当时的分类标准只考虑某种表面现象。

英国植物学家 J. Ray（1703）在《植物的历史》一书中，首先提及胚有一片子叶和两片子叶之分，但没有认识到其分类意义，只将其放到次要的地位。他在著作《植物的分类方法》中认为，所有的形状对植物分类都是有用的，以一复杂的系统处理了 18000 种植物。

瑞典著名植物分类学家林奈基于对大量植物的研究，于 1735 年写成《自然系统》一书，根据雄蕊的数目和离合情况将植物分为 24 纲，分别称为一雄蕊类、二雄蕊类等，结果将水稻和白菜定为同一纲（六雄蕊类）植物，而实际上水稻和白菜的亲缘关系相差甚远。此后，他又写成了《植物种志》和《植物属志》，将约 7700 种植物归入 1105 个属，并首次使用了双名法。由于林奈对植物分类学的卓越贡献，后人称他为"分类学之父"。

这一时期的特点是从本草学向分类学过渡，但停留在植物的 1 ~ 2 个先定的形状，使用机械的思维方法。

2. 自然分类阶段　从 18 世纪末至达尔文的《物种起源》发表，为自然分类阶段。由于资本主义生产力的上升和科学技术的快速发展，人们对植物的认识越来越广泛和深入。许多学者在指出 18 世纪前植物分类系统和分类方法的漏洞的基础上，开始努力依据植物进化趋向和彼此间的亲缘关系来分类，根据多方面的特征进行比较分析，在这种思想指导下建立的分类系统称为自然分类系统。法国植物学家 A. L. Jussien 于 1789 年在《植物属志》中发表了一个比较自然的系统，成为现代系统的奠基人，他将植物分成无子叶、单子叶、双子叶三大类，并认为单子叶植物是现代被子植物的原始类群。比较有名的还有瑞士植物学家 A. P. de Candolle（1813）的系统以及英国的 Bentham 和 Hooker（1862 ~ 1863）的系统。后者虽然在达尔文的《物种起源》发表之后，且支持达尔文的学说，但该系统和前两个系统具有继承性，总体上没有大的改变，仍归入自然系统。

（三）系统发育分类阶段

达尔文（1859）的进化论在《物种起源》上发表之后，植物学家提出，植物分类要考虑植物之间的亲缘关系。系统发育分类基于这样一种思想：现代的植物都是从共同的祖先演化而来的，彼此间都有或近或远的亲缘关系，关系越近，则相似性越多。它能够较彻底地说明植物界发生发展的本质和进化上的顺序性。但是，由于古代植物早已灭绝、化石资料残缺不全、新的物种不断被发现等，自然分类法中也被带进了不少人为因素。

从具体操作来说，目前采用的通常是比较形态分类，即通过比较组成植物的各器官的特征进行区分。花的特征是最主要的区分标志。由于认识上的差异，学界出现了数十个植物分类系统，比较著名的有恩格勒（Engler）系统和哈钦松（Hutsinson）系统，分别代表假花学派和真花学派。

这两个系统的提出分别在19世纪末和20世纪早期。20世纪50年代以来，植物学各分支学科的发展，给植物分类学提供了更多证实亲缘关系的证据，因而出现了很多更符合自然的系统，主要有苏联植物分类学家塔赫他间（A. Takhtajan）系统和美国纽约植物园前主任柯朗奎斯特（A. Cronquist）系统。Cronquist系统在各级分类系统的安排上，较前几个分类系统更为合理，科的范围较适中，有利于教学，在20世纪后期的教材中较多使用。此部分知识将在被子植物的分类系统中进行讲解。

二、分类方法介绍

经典分类学所用的形态学方法取得了巨大成果，为植物分类打下了坚实的基础。随着科学的不断发展，植物分类学广泛吸收了现代科学技术和方法，出现了许多新的研究方向和新的边缘学科，如实验分类学、细胞分类学、化学分类学、数量分类学等，特别是生物化学、分子生物学的发展以及对核酸、蛋白质的深入研究，这些研究成果推动了经典分类学的进一步发展。

（一）形态及结构方面的研究

植物的形态结构是传统的研究内容，由于新技术的引入，形态分类学又有了新的发展。各分类群的性状是非常重要的，特别是原始与进化的性状。由于植物各部器官的演化不是同步的，植物生殖器官的特征较营养器官更稳定，是植物分类的主要依据，如豆科植物的雄蕊和心皮，十字花科、蔷薇科和伞形科的果实，菊科和禾本科的苞片、花和花序等。花各方面特征的演化趋势见表5-2。

表5-2　演化过程中被子植物花结构的变化

花的结构发展方向	
花萼	1. 数目减少到3、4或5个，且单轮排列
	2. 在某些科中，大小、形态向有利于种子传播的方向简化
	3. 在某些科中，相邻的萼片合生为管状，甚至变为二唇形
	4. 花萼弯曲贴附于发育中的果实，提供更进一步的保护
花冠	1. 简化为一轮，具3、4或5个
	2. 相邻花瓣合并成管状，在高度进化的昆虫传粉植物中变为二唇形或其他两侧对称的类型。这不仅为昆虫提供了"登陆台"，而且对花药和柱头来说有防御气候变化的作用
	3. 与蜜腺和距有关的发育
雄蕊	1. 数目减少
	2. 从螺旋排列到轮生
	3. 两个花粉囊合并为一个
	4. 花药从基着发展为背着或丁字着生
	5. 由花药纵裂发展为适于传粉的孔裂或横裂
	6. 药隔发育成花瓣状的附属物，如美人蕉科和杜鹃花科等
	7. 花丝合生（如锦葵科、豆科）或花药合生（如菊科、兰科、苦苣苔科）
雌蕊	1. 由离生多心皮发展为心皮合生
	2. 中轴胎座和侧膜胎座，而特立中央胎座则源于中轴胎座，基生和顶生胎座起源于前三种胎座
	3. 由多胚珠演化为少或单胚珠
	4. 倒生胚珠发展为直立胚珠或弯生胚珠
	5. 两层珠被经合并或一层消失而发展为一层
	6. 厚珠心类型发展为薄珠心类型

植物分类不仅研究植物特征，同时也对解剖学和发育生物学等特征进行研究。随着电子显微镜技术用于植物分类学研究，超微结构分类学产生，即用扫描电镜（SEM）对孢粉、叶、种子和果实表面进行研究。

例如紫苏与白苏的学名长期分合不定。近代分类学者 E. D. Merrill 认为，紫苏与白苏为同种植物，其变异是栽培引起的。《中国植物志》中采用了 Merrill 的意见，将紫苏和白苏合为一种，均用白苏的学名 *Perilla frutescens*（L.）Britt.。然而，这两种植物自古即是分开的，古书上称叶全绿的为白苏，叶两面紫色或面青背紫的为紫苏。为弄清这个问题，有学者采用多学科进行综合比较的研究，通过其花粉的扫描电镜观察发现：紫苏花粉球形、长球形，稍小，萌发沟明显，且较宽；白苏花粉球形或近球形，稍大，萌发沟不明显。再结合花、果实的特征以及种子的凝胶电泳蛋白谱带均具明显差异，将两者分开是合适的，白苏学名应为 *Perilla frutescens*（L.）Britt.，紫苏学名应为 *Perilla frutescens*（L.）Britt. var. *frutescens*（*Labiatae*）。又如花椒属（*Zanthoxylum*）植物，我国有约 50 种，除 2 种为正品花椒果实入药外，全国各地有约 20 种花椒属植物的果实与正品花椒混用或代用，通过扫描电镜对各种花椒果实的表皮、气孔、角质层纹理及果柄的毛茸、纹理特征进行观察，对于鉴别花椒果实具有显著意义。

（二）细胞分类学

细胞分类学（cytotaxonomy）是利用细胞染色体数目来探讨分类学的问题。20 世纪 30 年代初开始，学界开展了细胞有丝分裂时染色体数目、大小和形态的比较研究。染色体的数目在各类植物中是不同的，约 47% 的有花植物已有染色体数目的统计。一般，种子植物染色体数为 n = 7 ~ 12；蕨类植物染色体数为 n = 25 ~ 42；被子植物最原始科的染色体基数是 7 或稍多于 7，个别低于 7，一般较为原始种类的染色体数目在 2n = 28 和 2n = 86 之间，细胞学资料结合其他特征对科、属、种的分类具有参考意义。例如，牡丹属（*Paeonia*）以前放在毛茛科中，但该属的染色体基数为 X = 5，个体较大，与毛茛科其他各属的基数不同，结合其他特征，将该属从毛茛科中分出，并独立成为芍药科，被广大分类学者接受，最近的一些系统还设立芍药目（Paeoniales）。染色体形态和核型分析及染色体的配对行为，对于种群之间关系及其演化也是很有价值的证据。

（三）化学分类学

植物化学分类学（chemotaxonomy）是以植物的化学成分为依据，研究各类群间的亲缘关系，探讨植物界演化规律，也可以说是在分子水平研究植物分类及其系统演化。植物化学分类学的主要任务是研究植物各类群所含化学成分和生化合成途径；研究化学成分在植物系统中的分布规律；在经典分类学的基础上，根据植物化学组成所反映的特征，并结合其他有关学科，进一步研究植物分类与系统发育。近 40 多年的研究证明，化学证据有助于解决从种以下的分类单位一直到目一级的分类单位系统发生的问题。该方法用植物化学方法来研究分类，主要是植物的次生代谢产物，如生物碱、苷类、黄酮类、香豆素类、萜与挥发油等。这些成分在植物体中有规律地分布，成为有价值的分类性状。最著名的例子是关于甜菜拉因（betalain）色素的研究，甜菜拉因只分布在中央种子目中，该目包括商陆科、紫茉莉科、粟米草科、马齿苋科、苋科、番杏科、落葵科、仙人掌科、石竹科、藜科，而该目中的石竹科和粟米草科不含甜菜拉因而含有花色苷，因此很多学者认为应将石竹科和粟米草科分出，另立石竹目，这一观点得到大家的认同。又如百合科铃兰属（*Convallaria*）植物分布于欧亚大陆，共有 2 种，即铃兰（*C. keiskei*）和欧洲铃兰（*C. majalis*）。针对两者是合并还是保持两种一直存在争论，通过对其所含黄酮类成分的研究，发现亚洲所产铃兰含有金丝桃苷（hyperin）和铃兰黄酮苷（keioside），而欧铃兰不含有，结合特征和地理分布，两者可明显区分。这样，我国所产铃兰学名应为 *Convallaria keiskei*，与欧洲铃兰是不同的种。青冈属（*Cyclobalanpsis*）与栎属（*Quercus*）的分合是栎属系统演化中长期争论的问题。经过化学成分研究，栎属所含有的化学成分，如粘霉醇、广寄生苷、山奈酚 - 3 - O - β - D - 半乳吡喃糖苷、槲皮素 - 3 - O - β - D - 木糖吡喃苷等成分与青冈属基本相同，薄层分析表明两者关系十分密切。再结合花粉、叶片、总苞等特征，各证据表明青冈属与栎属是一个自然类群，支持将青冈属归入栎属中而作为属下等级青冈亚属的处理。

（四）数量分类学

数量分类学（numericaltaxonomy）是将数学、统计学原理和电子计算机技术应用于生物学的一门边缘学科，亦称数值分类学。该法是用数量方法评价有机体类群之间的相似性，并根据这些相似值把类群归为更高阶层的分类群。数量分类学以表型特征为基础，利用有机体大量的性状和数据，包括形态学、细胞学、生物化学等各种性状，按照一定的数学程序，用电子计算机进行定量比较，客观反映各类群的相似关系和进化规律。例如，选取人参属（*Panax*）的 52 个形态性状、细胞学性状和化学性状，对中国人参属的 10 个种和变种进行数量分类学研究，研究表明：①达玛烷型皂苷的含量与根、种子和叶片的锯齿性状有密切关系，种子大、根肉质肥壮、叶片锯齿较稀疏的，达玛烷四环三萜含量就高。②齐墩果酸型皂苷的含量与果实、根茎节间宽窄等有关，熟果具黑斑点、节间宽、花序梗远较叶柄长的，含量高。该研究进一步证明，化学分类研究把人参属分为两个类群基本上是合理的。

（五）实验分类学

实验分类学（experimental taxonomy）是用实验的方法研究物种起源、形成和演化的学科。种是真实存在的，经典分类对种的划分常常不能准确反映客观实际，其忽视了生态条件对一个物种形态习性的影响；而有时，将生态类型所产生的形态变化作为分类依据会难以划分。这些问题有待通过实验分类学的研究来解决。例如：瑞典植物学家杜尔松（Turesson）注意到一些，海岸植物的植物体为匍匐生长，而同一种植物生在平原地区则是直立的。他把这两种类型的植物种植于平原的实验地内，在同样的生长环境和同样长的时间内，海岸来的植株仍匍匐生长，平原来的植株仍直立生长，均保持各自固有形态。经过改变生态条件进行移栽实验，他认为同一种的不同种群（居群）在适应性上有差别，而且比较稳定，可以称为不同的"生态型"。后来，较多学者证实并丰富了杜尔松的观点，因此，实验分类学与生态学、遗传学是密切相关的。实验分类学还进行物种的动态研究，探索一个种在其分布区内，气候及土壤等条件的差异所引起的种群变化，用实验分类学来验证划分种的客观性。另外，实验分类学用种内杂交及种间杂交，验证了自然界种群发展的真实性。这些研究促进了物种生物学和居群生物学的产生和发展。

以上这些新兴分类学的形成和发展，被越来越多的植物分类学家所重视和应用，对植物分类工作和药用植物的开发利用将到着重要作用。

明代李时珍的《本草纲目》详细描述了 1892 种药物，其中植物有 1195 种。药用植物分类学习，为认识植物、保护植物的多样性奠定了基础。只有珍惜药用植物资源、爱护环境，才能践行"绿水青山就是金山银山"的理念。

知识拓展

你了解"秦仁昌系统"吗？

1940 年，秦仁昌先生发表了《水龙骨科的自然分类系统》一文。他从蕨类植物的演变规律出发，根据系统发育理论，清晰地阐述了蕨类植物的演化关系，将水龙骨划分为 30 多科、200 多属。这在当时引起了广泛的兴趣和争论，震动了国际蕨类学界并产生极其深远的影响，解决了当时世界上蕨类植物系统分类中最大的难题。这是世界蕨类植物系统分类发展史上的一个重大突破，从此，一个崭新的、经典的自然分类系统诞生了。这一系统后来在国际上被统称为"秦仁昌系统"，填补了中国在蕨类植物系统分类方面的空白。

第五节　植物分类检索表的编制和应用

植物分类检索表是鉴别植物种类的一种工具，通常植物志、植物分类手册都有检索表，以便校对和鉴别原植物的科、属、种时应用。

检索表是根据法国植物学家拉马克（Lamarck）的二歧分类原则编制而成。首先，必须对所采到的地区植物标本进行有关习性、形态的记载，将根、茎、叶、花、果实和种子的各种特征的异同进行汇同辨异，找出互相矛盾和互相显著对立的主要特征，依主、次特征进行排列，将全部植物分成不同的门、纲、目、科、属、种等分类单位的检索表。其中最主要的，是分科、分属、分种三种检索表。

检索表的式样一般有三种，现以植物界分门的分类为例，列检索表如下。

1. 定距检索表　将每一对互相矛盾的特征分开间隔在一定的距离处，而注明同样号码如 1 - 1，2 - 2，3 - 3等，依次检索到所要鉴定的对象（科、属、种），每下一项用后缩一格来排列，是最常用的检索表。

1. 植物体无根、茎、叶的分化，无胚胎 ……………………………………………………………… 低等植物
　2. 植物体不为藻类和菌类所组成的共生复合体。
　　3. 植物体内有叶绿素或其他光合色素，为自养生活方式 ……………………………… 藻类植物
　　3. 植物体内无叶绿素或其他光合色素，为异养生活方式 ……………………………… 菌类植物
　2. 植物体为藻类和菌类所组成的共生复合体 ………………………………………………… 地衣植物
1. 植物体有根、茎、叶的分化，有胚胎 ……………………………………………………………… 高等植物
　4. 植物体有茎、叶，无真根 ……………………………………………………………………… 苔藓植物
　4. 植物体有茎、叶，有真根。
　　5. 不产生种子，孢子繁殖 ……………………………………………………………………… 蕨类植物
　　5. 产生种子，种子繁殖 ………………………………………………………………………… 种子植物

2. 平行检索表　将每一对互相矛盾的特征紧紧并列，在相邻的两行中也给予一个号码，而每一项条文之后还注明下一步依次查阅的号码或所需要查到的对象。

1. 植物体无根、茎、叶的分化，无胚胎（低等植物） ………………………………………………… 2
1. 植物体有根、茎、叶的分化，有胚胎（高等植物） ………………………………………………… 4
2. 植物体为菌类和藻类所组成的共生复合体 …………………………………………………… 地衣植物
2. 植物体不为菌类和藻类所组成的共生复合体 ………………………………………………………… 3
3. 植物体内含有叶绿素或其他光合色素，为自养生活方式 …………………………………… 藻类植物
3. 植物体内不含有叶绿素或其他光合色素，为异养生活方式 ………………………………… 菌类植物
4. 植物体有茎、叶，无真根 ………………………………………………………………………… 苔藓植物
4. 植物体有茎、叶，有真根 ………………………………………………………………………………… 5
5. 不产生种子，孢子繁殖 …………………………………………………………………………… 蕨类植物
5. 产生种子，种子繁殖 ……………………………………………………………………………… 种子植物

3. 连续平行检索表　从头到尾，每项特征连续编号。将每一对互相矛盾的特征用两个号码表示，如 1（6）和 6（1），当查对时，若所要查对的植物性状符合 1 时，就向下查 2，若不符合时，就查 6，如此类推向下查对一直查到所需要的对象。

1.（6）植物体无根、茎、叶的分化，无胚胎 ……………………………………………………… 低等植物
2.（5）植物体不为藻类和菌类所组成的共生复合体。
3.（4）植物体内有叶绿素或其他光合色素，为自养生活方式 ……………………………… 藻类植物
4.（3）植物体内无叶绿素或其他光合色素，为异养生活方式 ……………………………… 菌类植物
5.（2）植物体为藻类和菌类所组成的共生复合体 …………………………………………… 地衣植物
6.（1）植物体有根、茎、叶的分化，有胚胎 ……………………………………………………… 高等植物
7.（8）植物体有茎、叶，无真根 …………………………………………………………………… 苔藓植物
8.（7）植物体有茎、叶，有真根。
9.（10）不产生种子，孢子繁殖 …………………………………………………………………… 蕨类植物
10.（9）产生种子，种子繁殖 ………………………………………………………………………… 种子植物

在应用检索表鉴定植物时，必须首先将所要鉴定的植物的各部分形状特征，尤其是花的构造进行仔细的解剖和观察，掌握所要鉴定的植物特征，然后沿着纲、目、科、属、种的顺序进行检索。初步确定植物的所属科、属、种。应用植物志、图鉴、分类手册等工具书，进一步核对已查到的植物生态习性、形态特征，以达到正确鉴定的目的。

第六节　植物界的分门

　　植物界的基本类群与生物的分界方法直接相关。200 多年前，瑞典植物学家林奈把生物界分成植物界和动物界。但是，随着科学技术的进步，人类对生物各方面的特征研究越来越深入，生物新的分界观点也不断被提出，如霍格（Hogg，1860）、海克尔（Haeckel，1866）提出三界系统；美国植物学家魏泰克（Whittaker）于 1959 年提出四界系统，十年后他又对四界系统加以修正，提出五界系统；Jahn 和 R. C. Brusca 分别于 1949 年和 1990 年提出六界系统；Cavalier - Smith 于 1989 年提出八界系统；Whittaker 和 Margulis 于 1978 年还提出三原界系统。

　　林奈的两界系统比较简单。根据两界系统，通常可将整个植物界分成若干个大类群，如分成许多"门"。每个门可视为一个大类群。

　　藻类、菌类、地衣、苔藓、蕨类用孢子进行繁殖，所以叫孢子植物，由于不开花、不结果，所以又叫隐花植物。而裸子植物、被子植物生长到一定阶段就要开花结果、产生种子，并用种子繁殖，所以叫种子植物或显花植物。藻类、菌类、地衣合称为低等植物；苔藓、蕨类、种子植物合称为高等植物。低等植物在形态上无根、茎、叶的分化，构造上一般无组织分化，生殖器官是单细胞，合子发育时离开母体，不形成胚，故又叫无胚植物。高等植物在形态上有根、茎、叶的分化，生殖器官是多细胞，合子在母体内发育形成胚，故又称有胚植物。其中，苔藓植物、蕨类植物和裸子植物有颈卵器构造，合称为颈卵器植物。从蕨类植物起，到被子植物，都有维管系统；其他植物全无。故植物界又可分成维管植物和无维管植物两大类。

　　分类群表示一个分类的集团（群）或实体，可用于分类体系的任何阶元及亚阶元。如此，按门分类，植物界科分为 16 大类群；按以孢子还是种子繁殖，植物界可分为孢子植物和种子植物两大类群；植物界还可以分为藻类植物、菌类植物、地衣植物、苔藓植物、蕨类植物、裸子植物和被子植物七个基本类群。苔藓植物和蕨类植物一般习惯划入高等植物之中，但它们是一个过渡类型，既有高等植物的特征，又有低等植物的特征（用孢子繁殖）。

　　按照魏泰克（Whittaker，1969）提出的把生物界分成原核生物界、原生生物界、真菌界、植物界和动物界的五界系统，植物界包括苔藓植物、蕨类植物、裸子植物和被子植物四大基本类群。

　　近代有学者提出，生物界要重视营养方式和进化水平两个主要特征，植物界的概念应定义为"含有叶绿素，能进行光合作用的真核生物"。依此概念，植物界包括各门真核藻类植物、苔藓植物、蕨类植物、裸子植物和被子植物五个基本类群。

　　本教科书对药用植物分门及其排列顺序，系根据目前植物分类学常用的分类方法，列表如下。

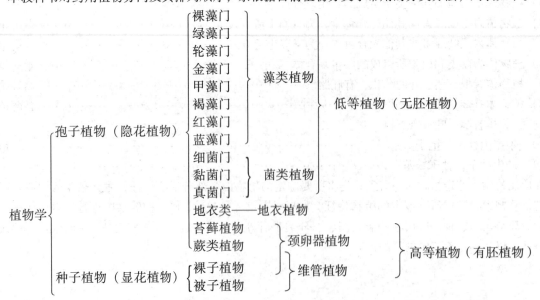

本章小结

　　本章主要包括植物的分类目的和任务、分类等级、分类方法、分门别类，植物的命名方法、植物检索表的编制和检索方法，植物个体发育和系统发育等内容。

　　重点　植物的分类等级、分门别类，植物的命名方法、植物检索表的编制和检索方法。

　　难点　植物的分门别类，植物的命名方法和植物检索表的使用。

思 考 题

题库

1. 植物的分类等级包括哪几个级别？亚种、变种和变型又指什么？
2. 植物的双名法如何构成？三名法又如何构成？
3. 植物界包括哪些基本类群？其中，孢子植物和种子植物又包括哪些类群？

第六章

低等植物

学习导引

知识要求

1. **掌握** 藻类、菌类和地衣类植物的形态构造及特点，掌握冬虫夏草的形成过程和形态特征。

2. **熟悉** 藻类、菌类和地衣类植物的繁殖方式、生态习性及分布，熟悉螺旋藻、海带、灵芝、茯苓的形态特征。

3. **了解** 其他藻类、菌类和地衣类植物药用概况。

能力要求

掌握常见低等植物鉴别的基本技能。

低等植物的植物体构造简单，绝大多数为单细胞群体和多细胞的个体；植物体无根、茎、叶等器官的分化；生殖器官常为单细胞结构；有性生殖为配子结合成合子，合子直接发育成新植物体，不经过胚的阶段，故又称无胚植物；包括藻类、菌类、地衣类植物。

课堂互动

　　藻类植物能进行光合作用，属自养植物，贮藏的营养物质为淀粉、蛋白质、脂肪。菌类不能进行光合作用，营腐生、寄生、共生生活，属异养植物，贮藏的营养物质为多糖、菌蛋白、油脂。地衣是一种藻类和真菌高度结合而成的共生复合体。地衣对大气污染非常敏感，是否可作为检测大气污染的指示植物？

第一节　藻类植物

PPT

一、藻类植物的主要特征

藻类植物是一群比较原始的低等植物。藻类植物体的类型多种多样，但它们具有许多共同特征。

1. 植物体构造 简单，没有真正的根、茎、叶的分化。有单细胞的，如小球藻、衣藻、原球藻等；有多细胞呈丝状的，如水绵、刚毛藻等；有多细胞呈叶状的，如海带、昆布等；呈树枝状的，如马尾藻、海蒿子、石花菜等。藻类的植物体最小者只有几微米；大的如巨藻，长可达60m以上。

2. 细胞内成分 藻类植物的细胞内具有和高等植物一样的叶绿素、胡萝卜素、叶黄素，能进行光合作用，属自养植物。各种藻类通过光合作用制造的养分以及所贮藏的营养物质是不相同的。如蓝藻贮存蓝藻淀粉、蛋白质粒；绿藻贮存淀粉、脂肪；褐藻贮存的是褐藻淀粉、甘露醇；红藻贮存的是红藻淀粉等。此外，藻类植物还含有其他的色素如藻蓝素、藻红素、藻褐素等，因此，不同种类的藻体呈现不同的颜色。

3. 繁殖方式　一般分为无性和有性。无性生殖产生孢子，产生孢子的一种囊状结构细胞叫孢子囊。孢子不需要结合，一个孢子即可长成一个新个体。孢子主要有游动孢子、不动孢子（又叫静孢子）和厚壁孢子 3 种。有性生殖产生配子，产生配子的一种囊状结构细胞叫配子囊。在一般情况下，配子必须两两相结合成为合子，由合子萌发长成新个体，或由合子产生孢子长成新个体。根据相结合的两个配子的大小、形状、行为，又分为同配生殖、异配生殖和卵配生殖。同配生殖指相结合的两个配子的大小、形状、行为完全一样。异配生殖指相结合的两个配子的形状一样，但大小和行为有些不同，大的不太活泼，叫雌配子；小的比较活泼，叫雄配子。卵配生殖指相结合的两个配子的大小、形状、行为都不相同，大的圆球形，不能游动，特称为卵；小的具鞭毛，很活泼，特称为精子。卵和精子的结合叫受精，受精卵即形成合子。合子不在性器官内发育为多细胞的胚，而是直接形成新个体，故藻类植物是无胚植物。

4. 生存环境　藻类植物约有 3 万种，广布于全世界。大多数生活于淡水或海水中，少数生活于潮湿的土壤、树皮和石头上。有的浮游在水中，有的固着在水中、岩石上或附着于其他植物体上。有些类群能在零下数十度的南、北极或终年积雪的高山上生活，有的可在 100m 深的海底生活，有的（如蓝藻）能在高达 85℃ 的温泉中生活。有的藻类能与真菌共生，形成共生复合体（如地衣）。

二、藻类植物的分类概述及药用植物

根据藻类细胞所含不同的色素、不同的贮藏物，以及植物体的形态构造、繁殖方式、细胞壁的成分等方面的差异，将藻类分为八个门：蓝藻门、裸藻门、绿藻门、轮藻门、金藻门、甲藻门、红藻门、褐藻门。现将与药用以及分类系统关系较大的四个门简述如下。

（一）蓝藻门 Cyanophyta

蓝藻门是一类原始的低等植物，是由单细胞或多细胞组成的群体或丝状体，细胞内无真正的核或没有定形的核，细胞原生质中央有核质，叫中央质，此类细胞叫原核细胞，在进化上比具有真核的细胞原始，因此，蓝藻在植物进化系统研究中有其重要的地位。蓝藻细胞也无质体（如叶绿体），色素分散在中央质周围的原生质中，叫周质，又叫色素质。蓝藻的色素主要是叶绿素和藻蓝素，此外还含有藻黄素和藻红素，因此，蓝藻呈现蓝绿到红紫等各种颜色。光合作用贮藏的物质是多聚葡萄糖苷、蓝藻淀粉和蛋白质粒。细胞壁 2 层，内层主要含纤维素，外层是胶质鞘，以果胶质为主。繁殖主要靠细胞分裂，丝状体能分裂成若干小段，长大成为新个体；少数蓝藻通过产生孢子进行无性生殖。

本门 150 属，1500 种，分布于水中、土表、岩石、沙漠和温泉中。

【药用植物】

螺旋藻 *Spirulina platensis*（Nordst.）Geitl.　亦称"节旋藻"。颤藻科植物，为淡水热带藻类。藻体为单列细胞组成的不分枝丝状体，胶质鞘无或只有极薄的鞘，并有规则螺旋状，蓝绿色，随种类不同，藻体大小不一，一般长 300～500μm。本属植物全世界约 38 种，原产中非和墨西哥，目前国内外均有大规模人工培育，主要为钝顶螺旋藻、极大螺旋藻和印度螺旋藻三种。可食用，营养丰富，蛋白质含量高达 60%～70%，粗脂肪占 4.2%，粗纤维占 4.1%，糖类占 15.9%，并含维生素和微量元素等。其粗蛋白的氨基酸种类齐全，特别是人体必需氨基酸含量较多。具有益气养血、健脾化痰、软坚散结、抗辐射及提高机体免疫力的作用。现已制成多种食品和保健食品（图 6 - 1）。

图 6 - 1　螺旋藻属植物体的一部分

葛仙米 *Nostoc commune* Vauch. 念珠藻科。藻体呈胶质状、球状或其他不规则形状，蓝绿色或黄褐色。细胞球形，由多数细胞连成念珠状群体，外包胶质，总胶质体呈球状，形如木耳。湿润时呈绿色，干燥后呈灰黑色。附生于水中的砂石间或阴湿的泥土上。中国各地均有分布。含有人体必需的多种氨基酸及多糖等。可食用，民间习称"地木耳"。藻体入药，能清热，收敛，益气，明目（图6-2）。

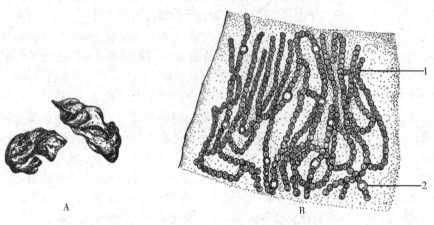

图6-2 葛仙米（念珠藻属植物）
A. 植物体全形 B. 植物体的一部分
1. 藻丝 2. 异形胞

同属植物：发状念珠藻 *N. flagelliforme* Born. et Flah. 俗称发菜，是我国西北地区的食用藻类。

（二）绿藻门 Chlorophyta

绿藻门为真核藻类（Eukaryoticalgae），植物体形态多种多样，有单细胞体（衣藻属 *Chlamydomonas*）、群体（盘藻属 *Gonium*）、丝状体（刚毛藻属 *Ladophora*）和叶状体（石莼属 *Ulva*）等。该门植物在许多特征上与高等植物相同，如营养贮藏物质为淀粉，主要色素有叶绿素a、叶绿素b、叶黄素和胡萝卜素等，运动细胞具有2或4条顶生等长鞭毛，细胞壁两层，内层主要由纤维素组成，外层为果胶质。大多认为，高等植物与绿藻具有亲缘关系。

绿藻的繁殖方式有营养繁殖、无性生殖和有性生殖。营养繁殖是某些单细胞绿藻，细胞多次分裂后，每个细胞发育成一个新植物体，如衣藻产生的游动孢子、小球藻产生的不动孢子等；大的群体、丝状体由断裂的片段形成新个体。无性生殖形成游动孢子或静孢子，由孢子萌发成新个体。游动孢子无细胞壁，结构和衣藻属细胞相似；静孢子无鞭毛，不能游动，有细胞壁。静孢子分为两类：静孢子在形态上与母细胞相同，称为似亲孢子（autospore）；静孢子具有极厚的细胞壁，称厚壁休眠孢子（hyphospore）。有性生殖为同配或异配；少数为卵配；极少数为两个细胞间形成结合管，其中一个细胞的原生质流向另一个细胞，融合后形成合子的结合生殖，如水绵。不少种类的绿藻的生活史中有明显的世代交替现象。

绿藻是藻类植物中最大的一门，约350属，6700余种，是最常见的藻类，以淡水中分布最多，各种流动和静止的水体中都有。土壤表面和树干等气生条件下也有，生于海水中的较少，有的与真菌共生形成地衣。藻体较大的绿藻大多可食用、药用或作饲料。绿藻对水体自净起很大作用，在宇宙航行中可利用它们释放氧气。

【药用植物】

石莼 *Ulva lactuca* L. 石莼科。藻体为膜状体，由两层细胞组成，基部具有多细胞固着器。石莼有两种植物体，即孢子体（sporophyte）和配子体（gametophyte）。成熟的孢子体可形成孢子囊，孢子母细胞经减数分裂形成具有4根鞭毛的单倍体的游动孢子，孢子成熟后脱离母体，2~3天后萌发形成单倍体的配子体，为无性生殖。成熟的配子体产生具有2根鞭毛的配子，配子结合为合子，合子萌发长成与二倍体同型的孢子体，为有性生殖。从游动孢子开始，经配子体到配子结束前，细胞中的染色体是单倍的（n），称配子体世代（gametophyte generation）或有性世代（sexual generation）。从合子起，经过孢子体到孢子母细胞形成而在减数分裂前止，细胞中的染色体是二倍的（2n），称孢子体世代（sporophyte generation）或无性世代（asexual generation）。这种孢子体世代和配子体世代有规律交替出现的现象称世代交替（alternation of generation）。石莼属生活史中，出现形态构造基本相同的两种植物体，称同型世代交替（isomorphic alternation of generation）。分布于辽宁、山东、河北、江苏、浙江、广东等省，生于沿海石上。可食用，称"海白菜"。藻体入药，能软坚散结，清热祛痰，利水解毒（图6-3）。

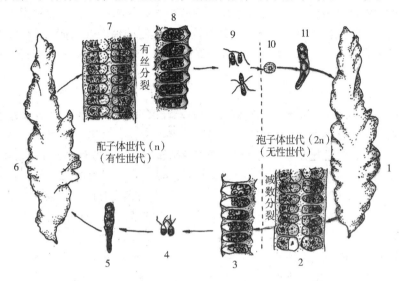

图6-3　石莼的形态构造和生活史

1. 孢子体　2. 孢子体横切面　3. 孢子囊内产生孢子　4. 游动孢子　5. 孢子萌发
6. 配子体　7. 配子体横切面　8. 配子囊内产生配子　9. 配子融合　10. 合子　11. 合子萌发

蛋白核小球藻 *Chlorella pyrenoidosa* Chick.　植物体为单细胞，浮游水中，细胞微小，圆球形或略椭圆形，细胞壁薄，细胞内有一个似杯状的色素体（载色体）和一个淀粉核。小球藻仅能无性繁殖。繁殖时，原生质体在壁内分裂1~4次，生成2~16个不动孢子。这些孢子与母细胞一样，只不过小一些，称似亲孢子。孢子成熟后，母细胞壁破裂，孢子散入水中，逐渐长成与母细胞一样大小的小球藻。分布很广，多生于小河、池塘中。含丰富的蛋白质、维生素及小球藻素，藻体入药，能治疗水肿、贫血等（图6-4）。

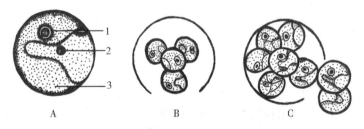

图6-4　蛋白核小球藻

A. 蛋白核小球藻　B~C. 似亲孢子的形成和释放
1. 淀粉核　2. 细胞核　3. 载色体

（三）红藻门 Rhodophyta

植物体为多细胞丝状、叶状、壳状或枝状，少数为单细胞或群体。植物体较小，少数可达1至数米。细胞壁由内层的纤维素和外层的果胶质构成。光合作用色素有藻红素、叶绿素 a 和 b、胡萝卜素和叶黄素、藻蓝素等。由于藻红素占优势，故藻体多呈紫色或玫瑰红色。贮藏营养物质为红藻淀粉（floridean starch），有的为红藻糖（floridoside）。

红藻的繁殖方式为营养繁殖、无性生殖和有性生殖。营养繁殖是单细胞种类以细胞分裂方式进行。无性生殖是产生 1 种或多种无鞭毛的静孢子。在整个生活史中，没有游动细胞。有性生殖是相当复杂的卵式生殖。红藻多具有世代交替现象。有性生殖时多数雌雄异株，雄性生殖器官又称精子囊（spermatangium），产生无鞭毛的不动精子；雌性生殖器官称果胞（carpogonium），只有 1 个卵，果胞上有受精丝（trichogyne）。

红藻约有 558 属，4000 余种，多分布于海水中，固着于岩石等物体上，少数种类生于淡水中。很多红藻有较大的经济价值，除供食用和药用外，从某些植物中提制的琼脂（agar）可作微生物和植物培养基。某些藻胶可作纺织品的染料和建筑涂料。常分为红毛菜纲（Bangrophyceae）和红藻纲（Rhodophyceae）。

【药用植物】

石花菜 *Gelidium amansii* Lamouroux.　石花菜科。藻体紫红色，直立丛生，固着器假根状。羽状分枝 4~5 次，小枝互生或对生。分布于辽宁、山东、江苏、浙江、福建、台湾等沿海地区。藻体入药，能清热解毒和缓泻，用于肠炎、肾盂肾炎等。亦可用于提制琼脂作微生物培养基。石花菜可供食用。

甘紫菜 *Porphyra tenera* Kjellm.　红毛菜科。藻体薄叶片状，卵形、竹叶形、不规则的圆形等，高约 20~30cm，宽 10~18cm，紫色、紫红色或紫蓝色，基部楔形、圆形或心形，边缘具有褶皱。分布于辽宁至福建沿海海岸，现已大量栽培。藻体入药，能清热利尿，软坚散结，消痰，用于治疗瘿病脚气、高血压、喉炎等病。全藻亦可供食用。

本门药用植物还有：鹧鸪菜（美舌藻、乌菜）*Caloglossa leprieurii*（Mont.）J. Ag.　红叶藻科。分布于浙江、福建、广东等省，生于沿海地区岩上、防坡堤及红树根上。全草药用，具驱虫、化痰、消食功效。用于蛔虫病、蛔虫性肠梗阻、消化不良、慢性气管炎等。海人草 *Digenea simplex*（Wulf.）C. Ag.　松节藻科。分布于台湾、广东等省，生于沿海大干潮线下 2~7m 处的珊瑚碎石上。藻体入药，能驱虫，用于蛔虫、绦虫等症（图 6-5）。

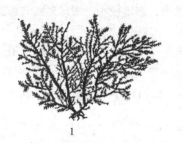

1　　　　　　　2　　　　　　　3　　　　　　　4

图 6-5　四种药用红藻
1. 石花菜　2. 甘紫菜　3. 鹧鸪菜　4. 海人草

（四）褐藻门 Phaeophyta

褐藻门是多细胞植物体，是藻类植物中形态构造分化最高级的一类，在外形上有分枝或不分枝的丝状体，有的成片状或膜状体。内部构造有的比较复杂，组织已分化成表皮层、皮层和髓部，褐藻细胞内有细胞核和形态不一的载色体，载色体内有叶绿素，但常被黄色的色素如胡萝卜素和 6 种叶黄素所掩盖。叶黄素中有一种叫墨角藻黄素，含量最大，因此，植物体常呈褐色。贮藏营养物质为褐藻淀粉（laminarin）和甘露醇（mannitol）等。细胞壁外层为藻胶，内层为纤维素。生殖方式与绿藻基本相似。

褐藻大约有 250 属，1500 种，绝大部分生活在海水中，是构成"海底森林"的主要类群。

【药用植物】

海带 *Laminaria japonica* Aresch.　海带科。植物体（孢子体）为多细胞，整个植物体分为三部分。固着器：基部叉状分枝；柄：呈圆柱形，短粗；带片：位于柄上方，呈叶状，中部较厚，边缘皱波状。

海带的生殖：海带的孢子体一般在第二年的夏末秋初，带片两面"表皮"上，有些细胞发展成为棒状的单室孢子囊，夹生在不能生殖的长形细胞的隔丝中，形成深褐色、胶块状的孢子囊群。在棒状的孢子囊内，孢子母细胞经过减数分裂和有丝分裂，产生32个具侧生不等长双鞭毛的游动孢子。孢子成熟后，囊壁破裂，孢子散出，附在岩石上萌发成极小的丝状体雌、雄配子体（各半数）。雄配子体细胞较小，数目较多，多分枝，分枝顶端的细胞发展成精子囊，每囊产生1个具侧生鞭毛的游动精子。雌配子体细胞较大，数目较少，不分枝，顶端的细胞膨大成卵囊，每囊产生1个卵，留在卵囊顶端。游动精子与卵结合成合子，合子逐渐发育成新的孢子体，细小的孢子体在短短几个月内即成为大型的海带。分布于辽宁、河北、山东沿海。目前，海带人工养殖已推广到长江以南的浙江、福建、广东等省沿海地区，我国产量居世界首位。可食用，藻体入药作昆布用，能软坚散结，消痰利水，降血脂，降血压。用于治疗缺碘性甲状腺肿大等病（图6-6）。

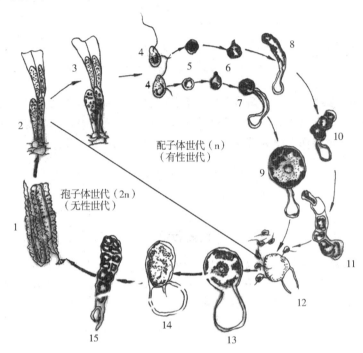

图6-6　海带生活史

1. 孢子体　2. 孢子体母细胞　3. 产生游动孢子　4. 游动孢子　5、6. 游动孢子萌发
7. 幼雌配子体　8. 幼雄配子体　9. 成熟雌配子体　10、11. 成熟雄配子体
12. 停留在卵囊周围的精子　13. 合子　14. 合子萌发　15. 幼孢子体

　　昆布 Ecklonia Kurome Okam.　翅藻科。藻体深褐色，干后变黑，革质，植物体明显区分为固着器、柄和带片三部分。带片单条或羽状深裂，基部楔形，边缘有粗锯齿。分布于辽宁、浙江、福建、台湾海域。其功效与海带相同。同科植物裙带菜 Undaria pinnatifida（Harv.）Suringar 亦作昆布用。藻体大型，叶片中央具明显的中肋，两侧形成羽状裂片。分布于辽宁、山东、浙江和福建等省。

　　海蒿子 Sargassum pallidum（Turn.）C. Ag.　马尾藻科。藻体褐色，高30～100cm。固着器扁平盘状，主轴圆柱形，两侧有羽状分枝。藻叶形态差异很大，披针形、倒披针形、倒卵形和线形均有，有不明显的中脉状突起，并有明显的毛窠斑点。在线形叶状突起的腋部，长出多数具有丝状突起的小枝，生殖托从丝状突起的腋间生出。气囊生于最终分枝上，有柄，成熟时球形。分布于辽宁、山东等沿海地区。藻体入药作海藻（大叶海藻）用，能软坚散结，利水，消痰，用于瘰疬瘿瘤、水肿积聚等症。

　　同属植物：羊栖菜 S. fusiforme（Harv.）Setchell　藻体黄色，干时发黑，肉质。固着器假须根状。主轴圆柱形，纵轴具分枝与叶状突起。腋生纺锤形气囊和圆柱形生殖托。分布于辽宁、山东、浙江、福建等省。藻体入药亦作海藻（小叶海藻）用。所含有的多糖具有抗癌和增强免疫的作用（图6-7）。

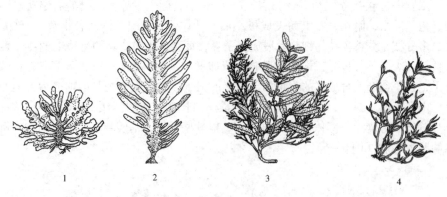

图 6-7 四种药用褐藻
1. 昆布 2. 海带 3. 海蒿子 4. 羊栖菜

藻类植物种类繁多，资源丰富，我国将藻类供食用、药用，有悠久的历史。近年来，从海藻植物中发现和提取有关抗肿瘤、防治冠心病、治疗慢性气管炎、驱虫、抗放射性药物等的研究和应用取得了一定进展。寻找新药源、发展海洋保健食品以及对藻类的深入研究是有广阔前景的。

知识拓展

海藻栽培

我国近些年在浅海、滩涂、港湾等水域，大面积开展经济藻类的人工栽培和繁殖保护，栽培种类有海带、紫菜、石花菜、江蓠、裙带菜、羊栖菜、麒麟菜等，栽培方法有海底栽培、梯田栽培、筏式栽培、网箱栽培等。

PPT

第二节 菌类植物

一、菌类植物的主要特征

菌类与藻类植物一样，没有根、茎、叶的分化。但菌类又与藻类不同，其不含光合作用色素，不能进行光合作用，所以菌类的营养方式是异养（heterotrophy）。菌类的生活方式有腐生（saprophytism）、寄生（parasitism）、共生（symbiosis）等多种。凡从活的动植物体上吸取养分的，称寄生；从死的动植物体上或其他无生命的有机物中吸取养分的，称腐生；从活有机体取得养分同时又提供该活体有利的生活条件，彼此间互相受益、互相依赖的，称共生。

菌类由于生活方式的多样性，它们的分布非常广泛。土壤中、水里、空气中、人和动植物体内、食物上都有它们的踪迹，广布于全世界。它们的种类极为繁多。在分类上，林奈（Linnaeus）把生物界划分为动物界和植物界的二界系统，一直被广泛采用。魏泰克（Whittaker）于 1969 年提出五界系统，即划分为原核生物界、原生生物界、真菌界、植物界和动物界。在二界系统中，菌类包括细菌门（Bacteriophyta）、黏菌门（Myxomycophyta）和真菌门（Eumycophyta）。在五界系统中，真菌界包括黏菌门和真菌门。细菌是微小的单细胞有机体，有细胞壁，没有细胞核，与蓝藻相似，均为原核生物，故归入原核生物界。细菌门已在微生物学中介绍，黏菌门与医药关系不大，故本节只介绍真菌门。

二、真菌门 Eumycophyta

（一）真菌的主要特征

真菌有真正的细胞核，没有叶绿素，它们一般都能进行有性和无性繁殖，能产生孢子，它们的营养体通常是丝状的且有分枝的结构，具有几丁质或纤维素的细胞壁。真菌不含光合作用色素，不能进行光合作用而制造养料，生活方式是异养的，其营养方式有寄生、腐生、共生 3 种。

真菌的营养体除少数种类为单细胞外，绝大多数是由分枝或不分枝、有隔或无隔的丝状体组成，每一条丝状体称菌丝（hypha），菌丝管状，直径一般在 $10\mu m$ 以下。低等真菌的菌丝通常不具隔膜，称无隔菌丝（non‐septate hypha），这种菌丝实为一个多核的管状的大细胞。高等真菌的菌丝都有隔膜，把菌丝分成许多细胞，称有隔菌丝（septate hypha），每个细胞有 1 或 2 个核。隔膜上有小孔，使细胞与细胞间的原生质能相互流通。菌丝是由孢子萌发产生芽管而形成的，亦可由小段菌丝生长成新菌丝（图 6‐8）。

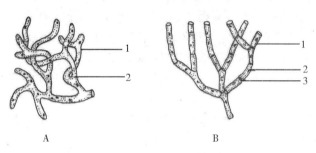

图 6‐8　营养菌丝

A. 无隔菌丝　B. 有隔菌丝

1. 细胞壁　2. 原生质　3. 隔膜

菌丝在正常的生活条件下，一般是很疏松的；但在环境条件不良或繁殖时，许多菌丝聚集在一起形成各种不同的菌丝组织体，简称菌丝体（mycelium）。若菌丝密结呈绳索状，外形似根，称根状菌索（rhizomorph）；若菌丝密结成颜色深、质地坚硬的核状体，称菌核（sclerotium），如茯苓、猪苓、雷丸、麦角等；生殖时期形成的有一定形状和结构、能产生孢子的菌丝体，称子实体（sporophore），如蘑菇、木耳、银耳等；有的形成容纳子实体的褥座状结构，称子座（stroma），如冬虫夏草的"红头紫柄"。

大多数真菌细胞壁的化学成分为几丁质，部分低等真菌的细胞壁是由纤维素组成的。菌丝细胞内含有原生质、细胞核、液泡，贮存多糖、油脂、菌蛋白等养分。原生质一般无色透明，所以真菌的菌丝大部分是无色的；有些菌丝细胞的原生质含有色素，因而使菌丝呈现各种不同颜色，但这些色素非光合作用色素。

真菌的繁殖方式有营养繁殖、无性生殖和有性生殖。

①营养繁殖：常见的如菌丝断裂。菌丝的再生力很强，断裂后在适宜的条件下发展成新个体。

②无性生殖：是由各种无性孢子来完成的，如游动孢子、孢囊孢子、分生孢子。这些无性孢子在适宜的条件下萌发形成芽管，芽管又继续生长而形成新的菌丝体。

③有性生殖：复杂，方式多样，是通过不同性细胞结合后产生一定形态的有性孢子来实现的。其过程分为质配、核配、减数分裂三个阶段。第一阶段是质配，2 个带核的原生质相互结合为 1 个细胞。第二阶段是核配，由质配带入同一细胞内的 2 个细胞核融合。在低等真菌中，质配后立即进行核配。但在高等真菌中，双核期很长，要持续相当长的时间才发生细胞核的融合。第三阶段是减数分裂，形成 4 个细胞核，产生 4 个有性孢子（单倍体）。真菌的有性生殖有逐渐简化的趋势，从形成配子发展到不形成配子，从形成性器官发展到不形成性器官。当进化到高等担子菌时，其性器官大都退化，以营养菌丝的结合来兼行有性生殖。这种简化现象说明，它们对寄生和腐生生活高度适应。

真菌通过有性生殖形成有性孢子，再由有性孢子发展成新个体。真菌的有性孢子有：接合子、卵孢子、接合孢子、子囊孢子、担孢子。

高等真菌的有性孢子一般容纳在子实体中。子实体也有很多类型，形状和大小极其悬殊。子囊菌的子实体称为子囊果，担子菌的子实体称为担子果。

真菌是一群数目庞大的生物类群，分布非常广泛，从热带到寒带，从大气层到水流，从沙漠、淤泥到冰川地带的土壤，从动植物的活体到它们的残体，均有真菌的踪迹。

（二）真菌的分类及药用真菌

真菌有11255属，10万种。我国已知约有1万种，已知药用真菌有272种。新的分类系统将真菌分为五个亚门：鞭毛菌亚门（Mastigomycotina）、接合菌亚门（Zygomycotina）、子囊菌亚门（Ascomycotina）、担子菌亚门（Basidiomycotina）、半知菌亚门（Deuteromycotina）。药用真菌以子囊菌亚门和担子菌亚门为多见。

1. 子囊菌亚门 Ascomycotina　子囊菌亚门是真菌中种类最多的一个亚门，全世界有2720属，28000多种。除少数低等子囊菌为单细胞（如酵母菌）外，绝大多数有发达的菌丝，菌丝具有横隔，并紧密结合在一起，形成一定结构。子囊菌的无性生殖特别发达，有裂殖、芽殖或形成各种孢子，如分生孢子、厚垣孢子等。有性生殖产生子囊，内生子囊孢子，这是子囊菌亚门最主要的特征，除少数原始种类的子囊裸露不形成子实体（如酵母菌）外。绝大多数子囊菌都产生子实体，子囊包于子实体内。子囊菌的子实体又称子囊果。子囊果的形态是子囊菌分类的重要依据。常见的有三种类型。

（1）子囊盘（apothecium）　子囊果盘状、杯状或碗状。子囊盘中有许多子囊和侧丝（不孕菌丝）垂直排列在一起，形成子实层。子实层完全暴露在外面，如盘菌类。

（2）闭囊壳（cleistothecium）　子囊果完全闭合成球形，无开口，待其破裂后，子囊及子囊孢子才能散出，如白粉科的子囊果。

（3）子囊壳（perithecium）　子囊果呈瓶状或囊状，先端开口，这一类子囊果多埋生于子座内，如麦角、冬虫夏草（图6-9）。

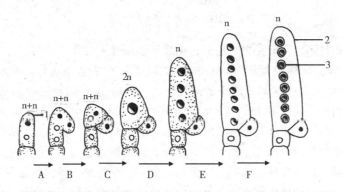

图6-9　子囊的形成

A. 配对的核进行有丝分裂；菌核发育成"J"形　B. 形成隔壁，次末级的细胞为 n+n

C. 在次末级细胞中发生核融合　D. 减数分裂把2n的合子分裂为4个单倍体的核

E. 每一个核发生有丝分裂　F. 在单倍体的核外形成壁，因而在子囊内产生了8个子囊孢子

1. 产囊丝　2. 子囊　3. 子囊孢子

【药用植物】

麦角菌 *Claviceps purpurea*（Fr.）Tul.　麦角科。寄生在禾本科麦类植物的子房内，菌核形成时露出子房外，呈紫黑色，质较坚硬，形如动物角状，故称麦角。菌核圆柱状至角状，稍弯曲，一般长1～2cm，直径3～4mm，干后变硬，质脆，表面呈紫黑色或紫棕色，内部近白色，近表面外为暗紫色；子座20～30个从一菌核内生出，下有一很细的柄，多弯曲，白至暗褐色，顶端头部近球形，直径约1～2mm，红褐色；显微镜下观察，子囊壳整个埋生于子座头部内，只孔口稍突出，烧瓶状，子囊及侧丝均产生于子囊壳内，很长，呈圆柱状；每子囊含子囊孢子8个，丝状，单细胞，透明无色。孢子散出后，借助于气流、雨水或昆虫传播到麦穗上，萌发成芽管，侵入子房，长出菌丝，菌丝充满子房而发出极多的分生

孢子，再传播到其他麦穗上。菌丝体继续生长，最后不再产生分生孢子，形成紧密、坚硬、紫黑色的菌核，即麦角（图6-10）。

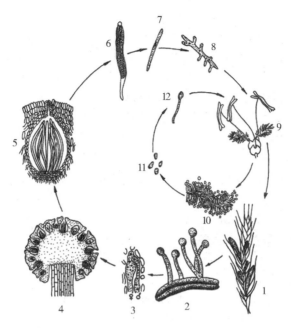

图6-10 麦角生活史

1. 麦穗上的菌核 2. 菌核萌发成子座 3. 雌雄生殖器 4. 子座纵切（示子囊壳的排列）
5 子囊壳纵切（示子囊） 6. 子囊和子囊孢子 7. 子囊孢子 8. 子囊孢子萌发 9. 子囊孢子侵染麦花
10. 菌丝顶端的分生孢子梗及分生孢子 11. 分生孢子 12. 分生孢子萌发

黑麦的麦角菌分布于河北、内蒙古、黑龙江、吉林、辽宁；野麦的麦角菌分布于河北、山西、内蒙古；大麦和小麦的麦角菌见于安徽；冰草的麦角菌见于江苏、浙江、湖北；燕麦的麦角菌分布于青海。菌核（药材名：麦角）能使子宫收缩。

冬虫夏草 *Cordyceps sinensis* (Berk.) Sacc. 麦角菌科。子座（即所谓"草"的部分）单个（稀2～3个），从寄主（即所谓"虫"的部分，这时已成为菌核）前端发出，长4～11cm，基部直径1.5～4mm，向上渐狭细，头部不膨大或膨大成近圆柱形，褐色，初期内部充塞，后变中空，长1～4.5cm，直径2.5～6mm（不包括长1.5～5.5mm的不孕性顶端）；显微镜下观察，子囊壳近表面生，基部稍陷于子座内，椭圆形至卵圆形，子囊多数生在子囊壳内，细长，每子囊内含有具多数横隔的子囊孢子2枚。子囊孢子成熟后由子囊散出，断裂成若干小段，然后产生芽管（或从分生孢子产生芽管）穿入幼虫（蝙蝠蛾科昆虫）体内，染病幼虫钻入土中，病原割裂成圆柱状的细胞，进入血循环系统，并以酵母状出芽法增加体积，直至幼虫死亡。这时出现了菌丝体，并在冬季形成菌核。菌核的发育，毁坏了幼虫的内部器官，但其角皮却保持完好。夏季，幼虫（实际上已成了菌核）尸体的前端产生子座。主产于我国西南、西北。分布于海拔3000～4000m、排水良好的高山草甸区。子实体、子座及菌核合称虫草，能补肺益肾，止血化痰（图6-11）。

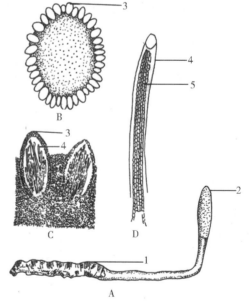

图6-11 冬虫夏草

A. 菌体全形，上部为子座，下部为已死虫体
B. 子座横切面（示子囊壳） C. 子囊壳 D. 子囊及子囊孢子
1. 菌核 2. 子座 3. 子囊壳 4. 子囊 5. 子囊孢子

据统计，虫草属（Cordyceps）有 130 多种。我国有 20 多种，其中，亚香棒菌 C. hawkesii Gray.、蛹草菌 C. militaris(L.)Link. 等有与冬虫夏草相似的疗效。蝉花菌 C. sobolifera Hill. Berk. et Br. 带子座的菌核入药，能清热祛风，镇惊明目。

2. 担子菌亚门 Basidiomycotina　担子菌是真菌中最高等的一个亚门，已知有 1100 属，16000 余种。该门都是由多细胞的菌丝体组成的有机体，菌丝均具横隔膜。多数担子菌的菌丝体可分为 3 种类型：由担孢子萌发形成具有单核的菌丝，称初生菌丝；初生菌丝接合进行质配，核不配合而保持双核状态，称次生菌丝，次生菌丝双核时期相当长，这是担子菌的特点之一，主要行营养功能；三生菌丝是组织特化的特殊菌丝，也是双核的，它常集结成特殊形状的子实体。担子菌的最大特点是形成担子和担孢子。在形成过程中，菌丝顶细胞壁上伸出一个喙状突起，向下弯曲，形成一种特殊的结构，叫作锁状联合。在此过程中，细胞内二核经过一系列变化由分裂到融合，形成一个二倍体的核，此核经减数分裂，形成 4 个单倍体的子核。这时，顶端细胞膨大成为担子，担子上生出 4 个小梗，于是 4 个小核分别移入小梗内，发育成 4 个担孢子（basidiospore）。产生担孢子的复杂结构的菌丝体叫担子果（basidiocarp），就是担子菌的子实体。其形态、大小、颜色各不相同，如伞状、扇状、头状、笔状、球状等（图 6 - 12）。

担子菌除少数种类有无性繁殖外，大多数在自然条件下没有无性繁殖。其无性繁殖是通过芽殖、菌丝断裂等类型产生的分生孢子。

担子菌亚门分为 4 个纲，即层菌纲（Hymenomycetes），如银耳、木耳、蘑菇、灵芝等；腹菌纲（Gasteromycetes），如马勃、鬼笔等；冬孢菌纲（Teliomycetes）；黑粉菌纲（Ustilaginomycetes）。

层菌纲中最常见的是伞菌类。伞菌类的担子果多肉质，上部呈帽状或伞状，叫菌盖（pileus），下有菌柄（stipe），多中生、少数侧生或偏生。在菌盖的腹面，有片状的构造，称菌褶（gills）。从菌褶的横切面看，其表面为一层棒状细胞的子实层，其下面为由等径细胞构成的子实层基（subhymenium）。有些真菌子实体幼嫩时，从菌盖边缘有层膜与菌柄相连，将菌褶遮住，称内菌幕（partial veil）；等菌盖张开时，内菌膜破裂，残留在菌柄上，称菌环（annulus）。有些真菌幼嫩的子实体外面有一层膜包着，称外菌幕（universal veil）；菌柄伸长时，外菌幕破裂后残留在菌柄的基部，称菌托（volva）。菌环、菌托的有无是伞菌分类的重要特征（图 6 - 13）。

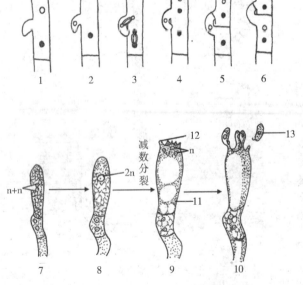

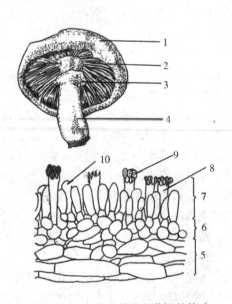

图 6 - 12　锁状联合以及担子、担孢子的形成

1 ~ 6. 锁状联合　7 ~ 10. 担子、担孢子的形成

11. 担子　12. 担孢子梗　13. 担孢子

图 6 - 13　伞菌的外形和菌褶的构造

A. 伞菌（蘑菇）　B. 菌褶横切面

1. 菌盖　2. 菌褶　3. 菌环　4. 菌柄　5. 菌髓

6. 子实层基　7. 子实层　8. 担子　9. 担孢子　10. 侧丝细胞

【药用植物】

茯苓 *Poria cocos*（Schw.）Wolf. 多孔菌科。菌核呈球形、长圆形、卵圆形或不规则状，大小不一，小的如拳头，大的可达数十斤，新鲜时较软，干燥后坚硬，表面有深褐色、多皱的皮壳，同一块菌核内部，可能部分呈白色，部分呈淡红色，粉粒状；子实体平伏地产生在菌核表面，厚 3～8mm，白色，成熟干燥后变为淡褐色；管口多角形至不规则形，深 2～3mm，直径 0.5～2mm，孔壁薄，边缘渐变成齿状。显微镜下观察，孢子长方形至近圆柱状，有一斜尖，壁表平滑，透明无色。全国有分布，但以安徽、云南、湖北、河南、广东等省分布最多。现多人工栽培。茯苓属于寄生菌。生于马尾松、黄山松、赤松、云南松等松属植物的根上。菌核（药材名：茯苓）能利水渗湿，健脾，安神（图 6-14）。

猪苓 *Polyporus umbellatus*（Pers.）Fr. 多孔菌科。菌核呈长形块状或不规则球形，稍扁，有的分枝如姜状，表面灰黑或黑色，凹凸不平，有皱纹或瘤状突起，干燥后坚而不实，断面呈白色至淡褐色，半木质化，质较轻。子实体从埋于地下的菌核内生出，后长出地面；菌柄往往于基部相连或大量分枝，形成一大丛菌盖，菌盖肉质，干燥后坚硬而脆，圆形，中央呈脐状，表面近白色至淡褐色，边缘薄而锐，且常常内卷；菌肉薄，白色；菌管与菌肉同色，与菌柄呈延生；管口圆形至多角形。显微镜下观察，担孢子卵圆形，透明无色，壁表平滑。主产于山西、河北、河南、云南等省。寄生于枫、槭、柞、桦、柳、椴以及山毛榉科等树木的根上。现已人工栽培。菌核入药作猪苓用，能利水渗湿。猪苓有抗癌和抗辐射的作用（图 6-15）。

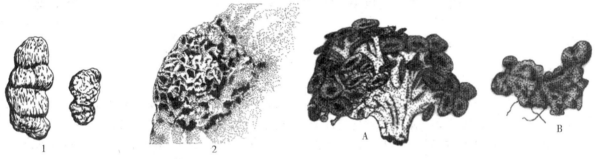

图 6-14 茯苓
1. 菌核外形 2. 子实体放大

图 6-15 猪苓
1. 子实体 2. 菌核

灵芝 *Ganoderma lucidum*（Leyss. ex Fr.）Karst. 多孔菌科，腐生真菌。菌盖木栓质，半圆形或肾形，初生为淡黄色，后成红褐、红紫或暗紫，具有一层漆样光泽，有环状棱纹，化很大，下面有无数小孔，管口白色或淡褐色，管孔圆形，内壁为子实层，下观察，孢子呈卵圆形，有两层，内壁褐色，表面布以无数小疣，外壁透明无色；菌柄侧生，极稀偏生，长度通常长于菌盖的长径，紫褐色至黑色，有一层漆样光泽，中空或中实，坚硬。我国多数省区有分布，生于林内阔叶树的木桩上。现多栽培。子实体入药作灵芝用，能补气安神，止咳平喘。灵芝孢子粉具有抗癌作用（图 6-16）。

同属植物：紫芝 *G. sinense* Zhao, Xu et Zhang 菌盖及菌柄黑色，表面光亮如漆。分布于河北、山东、浙江、江西、福建等省。生于腐木桩上。子实体亦作灵芝用。

脱皮马勃 *Lasiosphaera fenzlii* Reich. 马勃科，腐生真菌。子实体近球形至长圆形，直径 15～20cm，无不孕基部；包被两层，薄而易于消失，外包被成碎片状与内包被脱离，内包被纸质，浅烟色，成熟后全部消失，仅遗留下一团孢体；孢体紧密，有弹性，灰褐色，后渐褪成浅烟色；孢丝长，互相交织，有分枝，浅褐色（图 6-17）。显微镜下观察，孢子呈球形，壁表面布以小刺，褐色。分布于安徽、湖北、湖南、甘肃、新疆、贵州、四川等

图 6-16 灵芝
1. 子实体 2. 子实体下面
3. 子实体纵剖面 4. 孢子

地。夏秋两季生于草地上。子实体入药作马勃用，能清肺利咽，止血。

同科植物大马勃 *Calvatia gigantea* (Batsch ex Pers.) Lloyd.、紫色马勃 *C. lilacina* (Mont. et Berk.) Lloyd. 等的子实体入药亦作马勃用。

担子菌亚门入药的还有：木耳 *Auricularia auricula* (L. ex Hook.) Underw. 子实体入药，能补气益血，润肺止血；云芝 *Coriolus versicoLor* (L. ex Fr.) Quel. 子实体入药，能健脾利湿，清热解毒，云芝多糖有抗癌活性。

真菌入药在我国有悠久的历史，随着医药卫生事业的发展，国内外对真菌抗癌药物进行了大量的筛选与研究，发现真菌的抗癌作用机制不同于细胞类毒素药物的直接杀伤作用，而是通过提高机体免疫能力，增加巨噬细胞的吞噬能力，产生对癌细胞的抵抗力，从而达到间接抑制肿瘤的目的。自然界的真菌种类繁多，这有利于我们今后寻找新的药用菌资源。

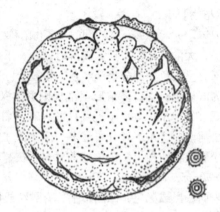

图 6-17 脱皮马勃

食用菌栽培

PPT

第三节　地衣植物门 Lichens

一、地衣植物概述

地衣是真菌和藻类高度结合而成的共生复合体。组成地衣的真菌多数是子囊菌亚门的真菌，少数为担子菌亚门。藻类多数为蓝藻和绿藻，以绿藻门的共球藻属、橘色藻属和蓝藻门的念珠藻属最为常见。

地衣体中的菌丝缠绕藻细胞，并从外面保卫藻类。藻细胞进行光合作用，为整个地衣体制造有机养分，被菌类夺取。而菌类则吸收水分和无机盐，为藻类光合作用提供原料，并使藻细胞保持一定湿度，不至于干死。它们是一种特殊的共生关系。菌类控制藻类，地衣体的形态几乎完全是由真菌决定的，但并不是任何真菌都可以同任何藻类共生而形成地衣。只有在生物长期演化过程中与一定的藻类共生而生存下来的地衣型真菌，才能与相应的地衣型藻类共生而形成地衣。这些高度结合的菌、藻共生生物在漫长的生物演化过程中所形成的地衣具有高度的遗传稳定性。地衣一般生长缓慢，数年内长几厘米。地衣能耐长期干旱，可生在峭壁、岩石、树皮或沙漠地上；地衣也能耐寒，在高山带、冻土带和南北极都能生长。

全世界地衣约有 500 属，2600 种。它们分布极广，从南北两极到赤道，从高山到平原，从森林到荒漠，到处都有地衣生长。由于地衣是喜光性植物，要求空气清新，对大气污染非常敏感，在工业基地或大城市很难找到。因此，地衣可以作为检测大气污染的灵敏指示植物。地衣所含独特的化学物质在日用香料、医药卫生及生物试剂等方面具有广泛应用价值。地衣对岩石的分化和土壤的形成起着一定的作用，是自然界的先锋植物。

知识链接

地衣——大气污染的指示植物

地衣对大气污染十分敏感，可作为大气污染的指示植物。根据各类地衣对二氧化硫（SO_2）的敏感性，有人提出，无任何地衣存在的区域为 SO_2 严重污染区，只有壳状地衣生长的区域为 SO_2 轻度污染区，有枝状地衣正常生长的区域为无 SO_2 污染的清洁区。

二、地衣的形态和构造

地衣体没有根、茎、叶的分化，其解剖构造分为上皮层、藻胞层、髓层和下皮层。上皮层和下皮层由紧密交织的菌丝形成类似绿色组织那样的菌丝组织，故称假组织；藻胞层是在上皮层之下，由参与地衣共生的藻类细胞聚集成明显的一层；髓层介于藻胞层和下皮层之间，由一些疏松的菌丝和藻细胞构成。依据藻类细胞的分布，通常又分为两类。

①同层地衣：藻类细胞在髓层中均匀分布，无藻层与髓层之分，如猫耳衣属（*Leptogium*）。

②异层地衣：在上皮层之下，有多数的藻细胞，形成明显的藻胞层，下方为髓层，最下面为皮层。如蜈蚣衣属（*Physcia*）、梅衣属（*Parmelia*）、地茶属（*Thamnolia*）、松萝属（*Usnea*）等。

叶状地衣多为异层地衣。壳状地衣多为同层地衣，壳状地衣多无下皮层，髓层与基物紧密相连。枝状地衣为异层地衣，枝状地衣外层致密，藻胞层很薄，包围中轴型的髓部，呈圆环状排列，如松萝属；或髓部中空的，如地茶属和石蕊属（图6-18）。

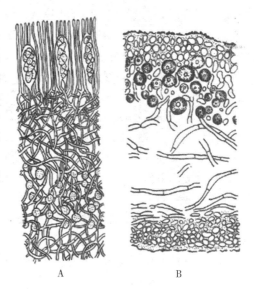

图6-18 地衣的构造
A. 同层地衣 B. 异层地衣

地衣的繁殖由参与共生的真菌决定。最为普通的繁殖方式为营养繁殖，由子囊菌和担子菌参与形成的地衣进行有性生殖。

三、地衣的分类

从形态上分为：与基物结合紧密的壳状地衣以及与基物结合不紧密的叶状地衣和枝状地衣，共三类。

1. 壳状地衣（crustose lichens） 地衣体为多种颜色的壳状物，菌丝与基物紧密连接，有的还生出假根伸入基物中，很难剥离。壳状地衣约占全部地衣的80%，如生于岩石上的茶渍衣属（*Lecanora*）和生于树皮上的文字衣属（*Graphis*）。

2. 叶状地衣（foliose lichens） 地衣体呈叶片状，四周有瓣状裂片，叶片下部生出假根或脐，附着于基物上，易剥离。如生在草地上的地卷衣属（*Peltigera*）、脐衣属（*Umbilicaria*）和生在岩石上或树皮上的梅衣属（*Parmelia*）。

3. 枝状地衣（fruticose lichens） 地衣体呈树枝状，直立或下垂，仅基部附着于基物上。如直立地上的石花属（*Ramalina*）、石蕊属（*Cladonia*），悬垂生于树枝上的松萝属（*Usnea*）（图6-19）。

【药用植物】

我国药用地衣共有9科，17属，71种。其中，药用地衣种类较多的有梅衣科（Parmeliaceae）、松萝科（Usneaceae）和石蕊科（Cladoniaceae）。地衣体内含有多种独特的化学物质，引起了广大科研技术人员的极大兴趣。

松萝 Usnea diffracta Vain. 松萝科。地衣体扫帚形，丝状，分枝稀少，仅中部尤其近端处有繁茂的细分枝，长15～50cm，悬垂，淡绿色或淡黄绿色，表面有很多白色环状裂沟，横断面可见中央有线状强韧性的中轴，具弹性，可拉长，由菌丝组成；其外为藻环。菌层产生少数

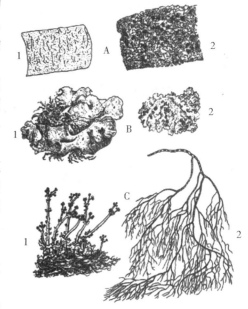

图6-19 地衣的形态
A. 壳状地衣 1. 文字衣属 2. 茶渍属
B. 叶状地衣 1. 地卷衣属 2. 梅衣属
C. 枝状地衣 1. 石蕊属 2. 松萝属

子囊果，子囊果盘状、褐色，子囊棒状，内生 8 个椭圆形子囊孢子。分布于全国大部分省区，主产于黑龙江、吉林。生于具有一定海拔高度的潮湿林中的树干上或岩壁上。药用全植物，能清热解毒，止咳化痰，强心利尿，升肌止血，清肝明目，含有地衣酸钠盐、松萝酸，具抗菌、消炎作用。同属植物红皮松萝 *U. rubescens* Stirt.、红髓松萝 *U. roseola* Vain.、长松萝 *U. longissima* Ach.、粗皮松萝 *U. montis - fuji* Mot. 均可药用。

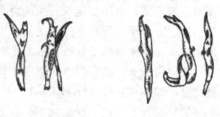

雪茶 *Thamnolia vermicularis*（Sw.）Ach. ex Schaer. 地茶科。地衣体树枝状，常聚集成丛，高 3～7cm，白色，略带灰色，长期保存后变肤红色。多分叉，二至三叉或单枝上具小刺状分叉，长圆条形或扁带形，粗 1～2cm，渐尖，表面具皱纹凹点，中空。分布于陕西、四川、云南等省。生于高寒山地草甸及冻原苔藓类群丛中。药用全植物，能清热解毒，养心明目，醒脑安神等（图 6 -20）。

图 6 - 20 雪茶

地衣入药的还有石耳 *Umbilicaria esculenta*（Miyoshi）Minks、石蕊 *Cladonia rangiferina*（L.）Web.、冰岛衣 *Cetraria islandica*（L.）Ach. 等。

本章小结

低等植物包括藻类、菌类、地衣类植物。它们的共同特征是：植物体简单，绝大多数为单细胞群体和多细胞的个体；植物体无根、茎、叶等器官的分化；生殖器官常为单细胞结构；有性生殖为配子结合成合子，合子直接发育成新植物体，不经过胚的阶段。

重点 藻类、菌类和地衣类的特点、构造、分类及常见药用植物。

难点 藻类、菌类和地衣类的生殖方式。

思 考 题

题库

1. 藻类植物的主要特征有哪些？
2. 常用药用藻类植物的四个门如何区分？常见的药用藻类植物有哪些？
3. 真菌的主要特征有哪些？常见的药用真菌有哪些？
4. 地衣的主要特征有哪些？地衣可分为哪些类别？常见的药用地衣植物有哪些？

第七章

高等植物

高等植物的植物体结构比较复杂，大多有根、茎、叶的分化，生殖器官是多细胞，合子在母体内发育成胚，故又称有胚植物，包括苔藓植物、蕨类植物、裸子植物和被子植物。

第一节　苔藓植物门 Bryophyta

PPT

一、苔藓植物的特征

（一）概述

苔藓植物是植物界由水生到陆生的中间过渡代表类型，在植物界的系统演化过程中具有特殊的地位。苔藓植物是一类小型的多细胞绿色植物，多生活在阴暗潮湿的环境中，在热带、亚热带雨林或常绿阔叶林中，由于树干和树枝密布苔藓植物而形成的"苔藓林"，甚至可附生至叶面。此外，高山针叶林、荒原以及沼泽等地也有苔藓植物分布，少数种类的最高海拔可达5000m以上。苔藓植物是生态系统的重要组成部分，是植物界的拓荒者之一。苔藓植物具有较强的吸水性和适湿性，对森林的水土保持和林木发育起着重要的作用，因此对于防止水土流失和植物群落的初生交替具有重要的意义；也常在园艺上被应用于包装新鲜苗木，或作为播种后的覆盖物，以免水分过度蒸发。苔藓植物对自然界环境变化具有较强的敏感性，如遇到SO_2等有害气体时，叶片会立即变为黄色或者褐色，因此常常作为环境监测的指示植物。目前，其在园林绿化、环境监测、医药、农业等方面均发挥重要作用。

知识链接

苔藓森林

苔藓森林是指林冠持续性、经常性或季节性地环绕着云雾，地面和植被上通常覆盖着丰富的苔藓所形成的森林，也被称为云雾森林（cloud forest）。苔藓森林通常形成于山脉的马鞍部，在这里，云雾带来的水分能够更好地被保留下来；同时，苔藓植物都能够分泌一种液体，这种液体可以缓慢地溶解岩石表面，加速岩石的风化，促成土壤的形成，所以，苔藓植物也是其他植物生长的开路先锋。

（二）形态特征

苔藓植物是绿色自养性的陆生植物，植物体内部构造简单，组织分化水平不高，仅有皮层和中轴的分化，无真正的维管束结构，只在较高等的类群中才具有类似输导组织的构造，因此植物体都很矮小，一般不超过 10cm。

苔藓植物没有真正的根、茎、叶的分化，只具有假根和类似茎、叶的分化。其假根（rhizoid）是由单细胞或一列细胞组成，着生于植物体基部或腹面，以固着功能为主，并具蓄水作用。茎叶分化类型的植物体为辐射对称，直立，茎稀少分枝，或匍匐呈不规则分枝或羽状分枝，或茎下垂生长。叶通常为单层细胞，表面无角质层，内部有叶绿体，所以能进行光合作用，也能直接吸收水分和养料。中央分化的狭长多层细胞组成为单一中肋或短双中肋，或无中肋分化。苔藓植物主要有两种类型：一种是苔类，分化程度比较浅，保持叶状体的形状；另一种是藓类，植物体已有假根和类似茎、叶的分化。

（三）生殖器官与生殖过程

苔藓植物的配子体上具有雌雄两性生殖器官，均为多细胞构成。

雄性生殖器称为精子器（antheridium），一般成棒状、卵状或球状，外有一层不育细胞组成的精子器壁，内有多数由精原细胞发育成的精子，精子长而卷曲，先端有二根鞭毛。

雌性的生殖器官称为颈卵器（archegonium），外形像长颈烧瓶，上面细长的部分称为颈部（neck），下部膨大的部分称为腹部（venter）。颈部由 1 层细胞围成，中间有一条沟，称颈沟（neck canal），颈沟内有一列颈沟细胞（neck canal cell）。腹部有 1 个细胞，称为卵细胞（egg cell）；卵细胞的上方与颈沟细胞最下一个细胞之间还有 1 个细胞，称腹沟细胞（venter canal cell）。具体形态见图 7 - 1。

苔藓植物的受精过程离不开水。受精前，颈沟细胞与腹沟细胞解体，精子借助水迪过颈沟游到精卵器内与卵结合，卵细胞受精后形成二倍体的合子（zygote），合子不需经过休眠即开始横向分裂成两个细胞，上面的细胞直接发育成胚（embryo），下面的发育成基足，基足连接配子体，获取营养。胚在颈卵器内发育成孢子体（sporophyte），孢子体通常分为三部分，上端为孢子囊（sporangium），又称孢蒴（capsule），其下有柄，称蒴柄（seta），蒴柄最下部有基足（foot），基足伸入配子体的组织吸收养料，以供孢子体的生长，故孢子体寄生在配子体上，孢蒴内的孢原组织细胞经过多次分裂再经减数分裂，形成孢子（n），孢子散出后，在适宜条件下萌发成原丝体（protonema），经过一段时间后，在原丝体上再生成新配子体。

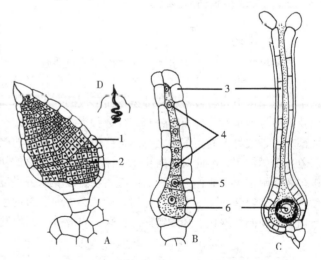

图 7 - 1 钱苔属的精子器、颈卵器和精子
A. 精子器　B～C. 不同时期的颈卵器　D. 精子
1. 精子器壁　2. 产生精子的细胞　3. 颈卵器壁
4. 颈沟细胞　5. 腹沟细胞　6. 卵细胞

（四）生活史

苔藓植物具有配子体世代和孢子体世代，其生活史中以配子体为主。我们平时见到的绿色苔藓植物体就是单倍体的配子体，它是由孢子萌发成原丝体、再由原丝体发育而成的。其生活史中有两种类型，一为孢子体，一为配子体，两者差异较大。

配子体个体较小，一般高为一至数厘米或十几厘米，配子体在世代交替中占优势，能独立生活。孢子体则不能独立生活，须寄生在配子体上，这是苔藓植物与其他陆生高等植物最大的区别。

在苔藓植物生活史中，从孢子萌发到形成配子体，配子体产生雌雄配子，这一阶段为有性世代，细胞核染色体数目为 n；从受精卵发育成胚，再由胚发育形成孢子体的阶段为无性世代，细胞核染色体数目为 2n。苔藓植物的有性世代和无性世代相互交替，形成了世代交替（图 7 - 2）。

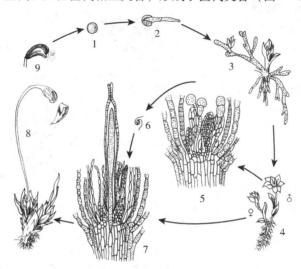

图 7 - 2　藓的生活史
1. 孢子　2. 孢子萌发　3. 原丝体上有芽及假根　4. 配子体上的雌雄生殖枝
5. 雄器苞纵切面（示精子器和隔丝）　6. 精子　7. 雌器苞纵切面（示颈卵器和正在发育的孢子体）
8. 成熟的孢子体仍生于配子体上　9. 散发孢子

（五）苔藓植物的化学成分

主要为脂肪酸及其衍生物、萜类、生物碱、芳香族化合物、氨基酸及其衍生物、黄酮类化合物和生物活性物质等。苔类主要以单萜、倍半萜为主；藓类主要为三萜、黄酮、长链不溶性脂肪酸和甾醇类化合物，其中萜类、黄酮类、脂肪酸和一些生物活性物质是药用苔藓植物的有效成分。

二、苔藓植物的分类

苔藓植物约有 23000 种，遍布世界各地。我国有苔藓植物 108 科，494 属，约 2800 种，其中药用的有 21 科，43 种。根据苔藓植物营养体的形态构造，通常分为苔纲（Hepaticae）、藓纲（Musci）和角苔纲（Anthocerotae）。苔纲包含至少 330 属，约 8000 种苔类植物；藓纲包含近 700 属，约 15000 种藓类植物；角苔纲有 4 属，近 100 种。也有学者将苔藓植物分为三个门，即藓门（Bryophyta）、苔门（Hepatophyta）和角苔门（Anthocerotophyta）。本教材依然采用苔藓植物门的分类体系。

（一）苔纲 Hepaticae

苔纲植物，通常称为苔类（livewort），多生于阴暗的土地、岩石和树干上，有的漂浮于水面，或完全沉生于水中。其营养体（配子体）有背腹之分。一类为叶状体，另一类为具有类似茎、叶的分化。假根由单细胞构成。茎通常没有中轴的分化，常由同型细胞构成。叶多数只有一层细胞，无中肋。孢子体的构造比藓类简单，孢蒴的发育在蒴柄延伸生长之前，蒴柄柔弱，孢蒴成熟后多呈四瓣纵裂，其内多无蒴轴，除形成孢子外，还形成弹丝，以助孢子的散放。原丝体不发达，每一原丝体通常只产生一个植物体（配子体）。

【药用植物】

地钱（*Marchantia polymorpha* L.）　地钱目（Marchantiales）地钱科（Marchantiacaea）。雌雄异株，植物体为绿色扁平的叶状体，多回二歧分枝，边缘呈波曲状，平铺于地上，有腹背之分。背面绿色，有六角形气室，每个气室中央有 1 个烟囱形气孔，气室内具多数直立的营养丝。叶状体腹面有紫色鳞片和多数单细胞假根，具有吸收营养、保存水分和固定植物的功能。叶状体内部组织略有分化，由多层细胞组成，分成表皮层、绿色组织和贮藏组织。雌雄异株，雄生殖器托圆盘状，波状浅裂，上面生许多小孔，孔腔内生精子器，托柄较短；雌生殖器托指状或片状深裂，下面生颈卵器，托柄较长，卵细胞受精后发育成孢子体。孢子体分孢蒴、蒴柄和基足三部分。地钱的生活史见图 7 – 3。

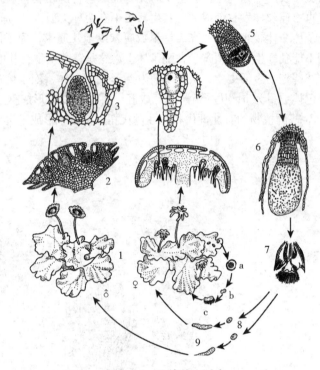

图 7 – 3　地钱的生活史

1. 雌雄配子体　2. 雌器托和雄器托　3. 颈卵器及精子器　4. 精子
5. 受精卵发育成胚　6. 孢子体　7. 孢子体成熟后散发孢子　8. 孢子　9. 原丝体
a. 胞芽杯内胞芽成熟　b. 胞芽脱离母体　c. 胞芽发育成新植物体

地钱有两种营养繁殖方式。一种是以形成胞芽（gemma）的方式进行营养繁殖，胞芽形如凸透镜，通过一细柄生于叶状体背面的胞芽杯（cupule）中。胞芽两侧具缺口，其中各有一个生长点，成熟后从柄处脱落离开母体，发育成新的植物体。另一种方式是地钱的叶状体在成长的过程中，前端凹陷处的顶端细胞不断分裂，使叶状体不断加长和分叉；后面的部分逐渐衰老，死亡并腐烂，当死亡部分达到分叉处，一个植物体即变成两个新植物体。分布于全国各地。多生于林内、阴湿的土坡及岩石上，亦常见于井边、墙隅等阴湿处。全草能解毒，祛瘀，生肌。可治黄疸性肝炎。

苔纲药用植物还有蛇地钱（蛇苔）*Conocephalum conicum*（L.）Dum，全草能清热解毒，消肿止痛。外用治烧伤、烫伤、毒蛇咬伤、疮痈肿毒等。

（二）藓纲 Musci

藓类植物体（配子体）为有茎、叶分化的茎叶体，无背腹之分。有的种类的茎常有中轴的分化。叶在茎上的排列多为螺旋式，叶常具有中肋。孢子体的构造也比苔类复杂，成熟时孢蒴、蒴柄伸出颈卵器外，蒴内有蒴轴，无弹丝，成熟时多为盖裂。原丝体发达，每一原丝体常形成多个植株。分布于世界各地，常能形成大片群落。

【药用植物】

大金发藓（土马鬃）*Polytrichum commune* L. ex Hedw　金发藓科。小型草本，高 10 ~ 30cm，深绿色，老时呈黄褐色，常丛集成大片群落。茎直立，单一，常扭曲。叶多数密集在茎的中上部，向下渐稀疏而小，至茎基部呈鳞片状。雌雄异株，颈卵器和精子器分别生于雌、雄配子体茎顶。早春，精子器中成熟的精子在水中游动，与颈卵器中的卵细胞结合，成为合子，合子在颈卵器中发育成胚，由胚发育形成孢子体。孢子体的基足伸入颈卵器中，吸收营养；蒴柄长，孢蒴四棱柱形，孢蒴内具大量孢子，孢子散落后，在适宜的条件下萌发成原丝体，原丝体上的芽长成配子体（植物体）。蒴帽有棕红色毛，覆盖全孢蒴。分布于全国各省区。生于山野阴湿土坡、森林沼泽、酸性土壤上。全草入药，能清热解毒，凉血止血。古代有关本草记载及《植物名实图考》所指"土马骔"的基原系泛指此种藓（图 7 – 4）。

葫芦藓 *Funaria hygrometrica* Hedw. 葫芦藓科。植物体较矮小，淡绿色，直立，高 1～3cm。无真正的根、茎、叶分化。基部为单细胞构成的假根。"叶"簇生茎顶，长舌形，叶端渐尖，全缘，具有 1 条中肋。中肋（costa）粗壮，由数层细胞构成，不具输导功能，其作用为支撑叶片。叶细胞近于长方形，壁薄。雌雄同株异苞，雄苞顶生，花蕾状；雌苞则生于雄苞下的短侧枝上。蒴柄细长，黄褐色，长 2～5cm，上部弯曲，孢蒴弯梨形，不对称，具明显台部，干时有纵沟槽；蒴齿两层；蒴帽兜形，具长喙，形似葫芦瓢状。全草具有除湿止血的功效。主治痨伤吐血，跌打损伤，湿气脚痛。治肺气郁闭证，跌仆闪挫，痹症。

暖地大叶藓（回心草）*Rhodobryum giganteum*（Sch.）Par. 真藓科。根状茎横生，地上茎直立，叶丛生茎顶，绿色，茎下部叶小，鳞片状，紫红色，紧密贴茎。雌雄异株。蒴柄紫红色，孢蒴长筒形，下垂，褐色。孢子球形。分布于华南、西南。生于溪边岩石上或湿林地。全草含生物碱、高度不饱和的长链脂肪酸，如二十二碳五烯酸，能清心，明目，安神，对冠心病有一定疗效。

此外，大叶藓属（*Rhodobryum*）的一些种对治疗心血管疾病有较好的疗效。从仙鹤藓属（*Atrichum*）及金发藓属（*Polytrichum*）等一些种中提取的活性成分，对金黄色葡萄球菌有较强的抑制作用，对革兰阳性和阴性菌有抑制作用。

苔藓植物中提灯藓属（*Mnium*）的一些种类是中药五倍子蚜虫的越冬宿主（它的夏寄主是漆树科的盐肤木、青麸杨、红麸杨）。五倍子内含单宁酸、没食子酸及焦性没食子酸，通称倍酸，含量高达 70% 以上。倍酸是石油、冶金、医药和轻工业以及国防工业中的原料和化学试剂。由五倍子提取的倍酸可用于配制避孕药膏、烫伤药膏，也作为治疗顽藓的外用药。

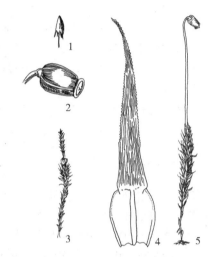

图 7-4 大金发藓
1. 具蒴帽的孢蒴 2. 孢蒴 3. 雄株（其上生有新枝）
4. 叶腹面观 5. 雌株（其上具孢子体）

本节小结

苔藓植物是一类形体矮小、结构简单、没有维管组织分化的高等植物。通过本节学习，与藻类植物知识相联系，应掌握苔藓植物与生活环境相适应的形态、结构、生殖和生活史等特点；同时更好地理解，苔藓植物只能适于生活在阴湿的环境中，不能摆脱水的限制，因而它在进化中所处的位置仍然比较低等；此外，本节简单介绍了苔藓植物的分类和主要代表植物，简述了其药用价值，有利于学生对其功效的了解。

重点 苔藓植物的形态、结构特征；苔纲和藓纲的特征以及代表植物的识别特征。

难点 苔藓植物的生活史。

思 考 题

1. 苔藓植物的生活史有何特点？
2. 苔纲与藓纲有何区别？
3. 常见的药用苔藓植物有哪些？

PPT

第二节　蕨类植物门 Pteridophyta

一、蕨类植物概述

蕨类植物（pteridophyta）又称羊齿植物，是进化水平最高的孢子植物，又是最原始的维管植物。在高等植物中，除苔藓植物外，蕨类植物、裸子植物及被子植物在植物体内均有维管系统（vascular system），所以这三类植物也统称为维管植物门（vascular plants）。蕨类植物的孢子体远比配子体发达，并有根、茎、叶的分化，内中有维管组织，这些是异于苔藓植物的特点。蕨类植物只产生孢子，不产生种子，因而又有别于种子植物。蕨类的孢子体和配子体都能独立生活，此点和苔藓植物（配子体占优势，孢子体寄生在配子体上）及种子植物（孢子体占优势，配子体寄生在孢子体上）均不相同。

现在地球上生存的蕨类植物约有12000多种，其中绝大多数为草本植物。蕨类植物分布广泛，热带和亚热带地区为其分布中心。我国有蕨类植物52科，204属，2600种。其中，药用蕨类资源有49科，117属，455种。蕨类药用植物资源居孢子植物之首。蕨类植物多分布在西南地区和长江流域以南各省，云南省有1500种左右，在我国有"蕨类王国"之称。蕨类植物与人类关系密切，除古蕨类遗体在地层中形成的煤为人类提供了丰富的能源外，还有多方面的经济价值。

1. 药用方面　海金沙可治尿道感染、尿道结石；骨碎补能坚骨补肾、活血止痛；用卷柏外敷治刀伤出血；用贯众治虫积腹痛和流感；鳞毛蕨及其近缘种的根状茎煎汤，是治疗牛羊肝蛭病的特效药。

2. 食用方面　蕨、菜蕨、水蕨、紫萁及观音莲座等都可食用，许多蕨类的根状茎中富含淀粉，称蕨粉或山粉，不但可食，还可酿酒。

3. 工业方面　石松的孢子含有大量油脂，可作冶金工业上的优良脱模剂；木贼的茎含硅质较多，可作木器和金属的磨光剂；满江红属蕨类通过与固氮蓝藻共生，能从空气中吸取和积累大量的氮，既是优质的绿肥，又是猪、鸭等畜禽的良好饲料。

4. 林业方面　卷柏、石韦、铁线蕨是钙质土的指示植物；狗脊、芒萁、石松等是酸性土的指示植物；桫椤与地耳蕨是热带和亚热带气候的指示植物。

5. 园艺方面　蕨类植物枝叶青翠，形态奇特优雅，具有较高的观赏价值。

二、蕨类植物的主要特征

蕨类植物与苔藓植物一样，生活史中具明显的世代交替现象，无性生殖产生孢子，有性生殖器官为精子器和颈卵器。蕨类植物的孢子体远比配子体发达，并有根、茎、叶的分化，内中有维管组织。蕨类植物只产生孢子，不产生种子。蕨类的孢子体和配子体都能独立生活。从结构上看，蕨类植物是介于苔藓植物和种子植物之间的一个大的自然类群。

蕨类植物的生活史中有两个独立生活的植物体，即孢子体和配子体。

（一）孢子体

蕨类植物的孢子体即蕨类通常的植物体，其孢子体发达，通常具有根、茎、叶的分化，多为多年生草本，仅少数一年生，大多数为土生、石生或附生，少数为水生或亚水生，一般表现为喜阴湿和温暖的特性。

1. 根　除极少数原始种类仅具假根外，其余均具有吸收力较强的真根，其主根都不发达，通常为不定根，着生在根状茎上，少数种类的不定根着生在叶轴上。

2. 茎　蕨类植物的茎分为三大类，即根状茎、直立茎、气生茎。最常见的为根状茎，少数为直立的树干状或其他形式的地上茎，如桫椤（*Cyathea spinulosa* Wall. ex Hook.）。有些原始的种类还兼具气生茎和根状茎。蕨类植物的茎在进化过程中特化了具有保护作用的毛绒和鳞片，随着系统进化，毛绒和鳞片的类型和结构也越来越复杂，毛茸有单细胞毛、线毛、节状毛、星状毛等，鳞片膜质，形态多样（图7-5）。

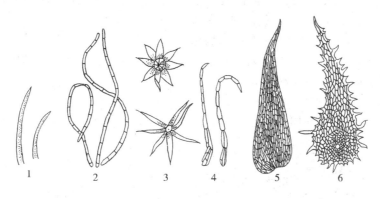

图 7-5　蕨类植物的毛和鳞片
1. 单细胞毛　2. 节状毛　3. 星状毛　4. 鳞毛　5. 细筛孔鳞毛　6. 粗筛孔鳞毛

3. 叶　根据叶的起源及形态特征，分为小型叶（microphyll）和大型叶（macrophyll）两类。小型叶是原始类型的叶，存在于拟蕨类植物中，属于延生起源或顶枝起源，由茎的表皮细胞突出而形成，如松叶蕨、石松等的叶，没有叶隙（leaf gap）和叶柄（stipe），叶无叶脉或仅具单一不分枝的叶脉（vein）。大型叶有叶柄，有或无叶痕，叶片多分裂，叶脉多分枝，属于较进化的类型，是顶枝起源，由多数顶枝联合并经过扁化而形成，如真蕨类植物的叶。大型叶多由根茎上长出，幼时大多数呈拳曲状，以后生长分化为叶柄和叶片两部分。

蕨类植物的叶根据功能又可分成孢子叶和营养叶两种。孢子叶（sporophyll）是指能产生孢子囊和孢子的叶，具有繁殖功能，又叫能育叶（fertile frond）；营养叶（foliage leaf）仅能进行光合作用，不能产生孢子囊和孢子，因而无繁殖功能，又叫不育叶（sterile frond）。有些蕨类植物的孢子叶和营养叶不分，既能进行光合作用，制造有机物，又能产生孢子囊和孢子，叶的形状也相同，称为同型叶（homomorphic leaf），如常见的贯众、鳞毛蕨、石韦等；另外，在同一植物体上，具有两种不同形状和功能的叶，即营养叶和孢子叶，称为异型叶（heteromorphic leaf），如荚果蕨、槲蕨、紫萁等。在系统演化过程中，同型叶是朝着异型叶的方向发展的。

4. 孢子囊　蕨类植物的孢子体生长发育到一定阶段就要进行无性生殖，在叶片上产生的无性生殖器官，称孢子囊，孢子囊内产生无性生殖细胞，称孢子。蕨类植物的孢子囊，在原始小型叶蕨类中单生于孢子叶的近轴面叶腋或叶子基部，许多孢子叶常集生在枝的顶端，形成球状或穗状，称孢子叶球（strobilus）或孢子叶穗（sporophyll spike），如石松和木贼等。进化的真蕨类，其孢子囊常生于孢子叶的背面、边缘或集生在一特化的孢子叶上，常常由多数孢子囊聚集成群，称为孢子囊群或孢子囊堆（sorus）。孢子囊有圆形、肾形、长圆形、线形等形状。原始类型的孢子囊群是裸露的，进化的类型常有膜质的囊群盖

（indusium）覆盖（图7-6）。水生蕨类的孢子囊群生于特化的孢子果内（或称孢子荚 sporocape）。孢子壁由单层或多层细胞构成，在细胞壁上有一行不均匀增厚细胞形成的环带（annulus），环带着生的位置有多种形式，如顶生环带（海金沙属）、横行中部环带（芒萁属）、斜行环带（金毛狗脊属）、纵行环带（水龙骨属）等，这些环带对孢子的散布和种类的鉴别有重要作用。

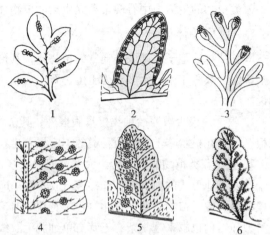

图7-6 蕨类植物孢子囊群的类型
1. 无盖孢子囊群　2. 边生孢子囊群　3. 顶生孢子囊群
4. 有盖孢子囊群　5. 脉背生孢子囊群　6. 脉端生孢子囊群

5. 孢子　产生于孢子囊内，是蕨类植物无性生殖的产物，它是由孢子母细胞经过减数分裂而形成的，是单倍体的生活细胞。多数蕨类产生的孢子大小相同，称孢子同型（isospory）；而卷柏和少数水生真蕨类植物的孢子有大小之分，即有大孢子（macrospore）和小孢子（microspore）的区别，称为孢子异型（heterospore）。产生大孢子的囊状结构称大孢子囊（megasporangium），大孢子萌发后形成雌配子体；产生小孢子的囊状结构称小孢子囊（microsporangium），小孢子萌发后形成雄配子体。

孢子的基本类型主要有两种，在形态上可分为两类：一类是肾状的两面型，另一类是三角锥状的四面型。孢子的周围光滑或常具不同的凸起或纹饰，或分化出4条弹丝（图7-7）。

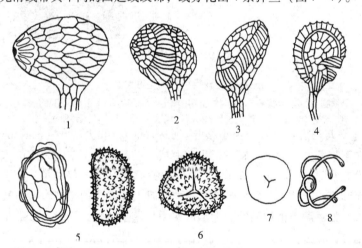

图7-7 孢子囊环带和孢子的类型
1. 顶生环带（海金沙属）　2. 横行中部环带（芒萁属）　3. 斜行环带（金毛狗脊属）
4. 纵行环带（水龙骨属）　5. 两面型孢子（鳞毛蕨属）　6. 四面型孢子（海金沙属）
7. 球状四面型孢子（瓶儿小草科）　8. 弹丝型孢子（木贼科）

6. 维管组织（中柱）　蕨类植物的孢子体茎内有了明显的维管组织分化，由中柱鞘、髓以及维管系统组成。这种维管组织是一种初生结构，它们聚集而成中柱（stele）。常见的中柱类型有：原生中柱（protostele）、管状中柱（siphonostele）、网状中柱（dictyostele）和散状中柱（atactostele）等。这些不同的中柱类型与植物演化有关，它是由实心的原生中柱向散状中柱的方向发展的。

原生中柱仅由木质部和韧皮部组成，无髓部，无叶隙，为最原始类型。原生中柱包括单中柱（monostele）、星状中柱（actinostele）、编织中柱（plectostele）和多体中柱（即2个以上的原生中柱）。

管状中柱中央具有髓，维管系统围在髓的外面形成圆筒状，包括外韧管状中柱、双韧管状中柱。

网状中柱是由管状中柱演化而来的。由于茎的节间缩短，节部叶隙、枝隙互相重叠，从而使木质部与韧皮部产生许多裂隙，从横切面的任何水平上观察时，在髓部的外方木质部、韧皮部被分割成多束，形似网状。

蕨类植物中还有些种类为多环管状中柱（polycyclic siphonostele）和多环网状中柱（polycyclic dictyostele）。

真中柱和散状中柱是演化到最进化的类型，也是被子植物和单子叶植物中常见的中柱类型（图7-8）。

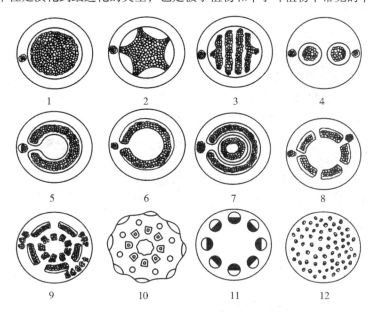

图7-8 蕨类植物中柱类型横剖面图

1. 单中柱 2. 星状中柱 3. 编织中柱 4. 多体中柱 5. 双韧管状中柱 6. 外韧管状中柱

7. 多环管状中柱 8. 网状中柱 9. 多环网状中柱 10. 具节中柱 11. 真中柱 12. 散状中柱

中柱的类型常是蕨类植物鉴别的依据之一。很多蕨类植物根状茎上常有叶柄残基，而叶柄中的维管束数目、类型及排列方式均有明显的区别，可作为药材的鉴别依据之一。如贯众类药材中，东北贯众 *Dryopteris crassirhizoma* Nakai 叶柄的横切面有维管束5～13个，大小相似，排成环状；荚果蕨贯众 *Matteuccia struthiopteris*（L.）Todaro 叶柄的横切面有维管束2个，呈条状，排成八字形；狗脊蕨贯众 *Woodwardia japonicum*（L. f.）Sm. 叶柄的横切面有维管束2～4个，呈肾型，排列成半圆形；紫萁贯众 *Osmunda japonica* Thunb. 叶柄的横切面有维管束1个，成U字形（图7-9）。

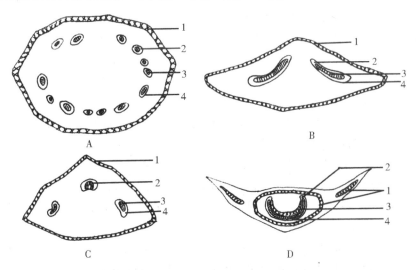

图7-9 贯众类叶柄基部横切面简图

A. 东北贯众 B. 荚果蕨贯众 C. 狗脊蕨贯众 D. 紫萁贯众

1. 厚壁组织 2. 韧皮部 3. 木质部 4. 内皮层

（二）配子体

蕨类植物的孢子成熟后，孢子囊裂开，孢子弹出后散落在适宜的环境里萌发形成配子体。进化的大多数蕨类的配子体为绿色叶状体，称原叶体（prothallus），这种配子体体形小，结构简单，无根、茎、叶的分化，仅具单细胞的假根，生活期短，能独立生活，有背腹的分化。配子体成熟时，大多数在同一配子体的腹面生有球形的精子器和瓶状的颈卵器。精子器内产生有多数鞭毛的精子，颈卵器内有一个卵细胞，精卵成熟后，精子由精子器逸出，以水为媒介进入颈卵器内与卵结合，受精卵发育成胚，幼胚暂时寄生在配子体上，其长大后，配子体死去，孢子体进行独立生活。

（三）蕨类植物的生活史

蕨类植物具有明显的世代交替，其生活史中有两个独立生活的植物体，即孢子体和配子体。从受精卵萌发到孢子体上的孢子母细胞进行减数分裂前，这一阶段称为孢子体世代（或无性世代），其细胞染色体数目为双倍的（2n）。从单倍体的孢子萌发到精子与卵结合前，这一阶段为配子体世代（或有性世代），细胞染色体数目为单倍的（n）。蕨类植物和苔藓植物生活史的主要不同点在于：蕨类的孢子体和配子体都能独立生活；蕨类的孢子体发达，配子体弱小，孢子体世代占优势（图7-10）。

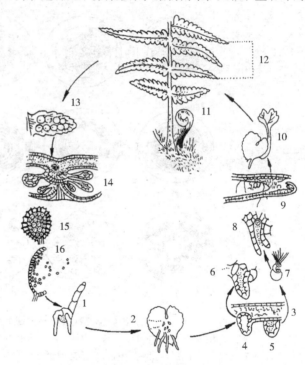

图7-10　蕨类植物的生活史
1. 孢子萌发　2. 配子体　3. 配子体切面　4. 颈卵器　5. 精子器
6. 雌配子（卵）　7. 雄配子（精子）　8. 受精作用　9. 合子发育成幼孢子体
10. 新孢子体　11. 孢子体　12. 蕨叶的一部分　13. 蕨叶上的孢子囊群
14. 孢子囊群切面　15. 孢子囊　16. 孢子囊开裂及孢子散出

（四）蕨类植物的化学成分

1. 黄酮醇和双黄酮　蕨类植物多含有双黄酮成分。如松叶蕨属（Psilotum）、卷柏属（Sellaginella）含穗花杉双黄酮（amentoflavone）和扁柏双黄酮（hinokiflavone）。小型叶和真蕨类普遍含有黄酮类成分，最常见的有芹菜素（apigenin）、荛花素（genkwanin）、木犀草素（luteolin）等。黄酮醇类常见于真蕨类，双黄酮类在小型叶蕨类中常见。

2. 生物碱类　普遍存在于小型叶蕨类，如石松属（Lycopodium）中含有石松碱（lycopodine）、石松洛宁（clavolonine）、石松毒碱（clavatoxine）、垂穗石松碱（lycocernuine）等。从石杉科植物中分得的石杉碱甲（huperzine A）能防治早老性痴呆症。

3. 酚类化合物　二元酚类及其衍生物在大型叶的真蕨中普遍存在，如咖啡酸（caffeic acid）、阿魏酸（ferulic acid）及绿原酸（chlorogenic acid）等，具有抗菌、止痢、止血和升高白细胞等作用，咖啡酸具有止咳、祛痰作用。绵马酚（aspidinol）、绵马酸类（filicic acids）、东北贯众素（dryocrassin）等具较强的驱虫作用，但毒性较大。

4. 萜类及甾体化合物　蕨类植物普遍含有三萜类化合物，具代表性的是河伯烷型和羊齿烷型五环三萜。从石松（Lycopodium Sp.）中可分离得到锯齿石松型五环三萜类化合物，如石松素（lycoclavanin）和石松醇（lycoclavanol）等。

5. 其他成分　很多蕨类植物含有鞣质。一些植物的孢子中含大量脂肪油，如石松、海金沙。金鸡脚

蕨 *Phymatopsis hastata*（Thunb.）Kitag. 叶中含有香豆素等。

三、蕨类植物的分类

现在地球上生存的蕨类植物约有 12000 多种，其中绝大多数为草本植物。蕨类植物分布广泛，除了海洋和沙漠外，平原、森林、草地、岩缝、溪沟、沼泽、高山和水域中都有它们的踪迹，尤以热带和亚热带地区为其分布中心。我国有蕨类植物 52 科，204 属，2600 种。其中，药用蕨类资源有 49 科，117 属，455 种。蕨类药用植物资源居孢子植物之首。蕨类植物多分布在西南地区和长江流域以南各省，仅云南省就有 1500 种左右，在我国有"蕨类王国"之称。

学界对于蕨类植物的分类，存在多个不同观点，目前比较公认的是我国蕨类植物学家秦仁昌提出的分类系统。根据该分类系统，现代蕨类植物门分为五个亚门，分别为：松叶蕨亚门、石松亚门、水韭亚门、楔叶蕨亚门、真蕨亚门。前 4 个亚门都是小叶型蕨类，真蕨亚门植物称为真蕨类植物，是最进化的蕨类植物，也是非常繁茂的蕨类植物。五个亚门的主要特征检索表如下。

亚门检索表

1. 植物体无真根，仅具假根，2～3 个孢子囊形成聚囊 ······························ 松叶蕨亚门（Psilophytina）
1. 植物体均具真根，不形成聚囊，孢子囊单生，或聚集成孢子囊群。
  2. 植物体具明显的节和节间，叶退化成鳞片状，不能进行光合作用，孢子具弹丝 ······················
    ··· 楔叶亚门（木贼亚门）（Sphenophytina）
  2. 植物体非如上状，叶绿色，小型叶或大型叶，可进行光合作用，孢子均不具弹丝。
    3. 小型叶，幼叶无拳曲现象。
      4. 茎多为二叉分枝，叶小型，鳞片状，孢子叶在枝顶端聚集成孢子叶穗，孢子同型或异型，精子具两条鞭毛 ································· 石松亚门（Lycophytina）
      4. 茎粗壮似块茎，叶长条形似韭菜叶，不形成孢子叶穗，孢子异型，精子具多鞭毛 ···········
      ····································· 水韭亚门（Isoephytina）
    3. 大型叶，幼叶有拳曲现象，孢子囊在孢子叶的背面或边缘聚集成孢子囊群 ······················
    ···································· 真蕨亚门（Filicophytuna）

（一）松叶蕨亚门 Psilophytina

松叶蕨亚门植物为原始陆生植物类群，植物体无真根，有匍匐根状茎和直立的二叉分枝的气生枝。根状茎上有毛状假根，内有原生中柱，单叶小型，无叶脉或仅有一叶脉。孢子囊 2～3 枚聚生，孢子圆形。本亚门植物多已绝迹，现存者仅有 2 科，2 属，10 余种。产热带及亚热带。我国产 1 种。

松叶蕨科（松叶兰科）Psilotaceae 科特征同亚门特征。本科有 2 属，我国仅松叶蕨属。

【药用植物】

松叶蕨 *Psilotum nudum*（L.）Beauv. 多年生常绿草本，地下具匍匐茎，二叉分枝，仅有毛状吸收构造的假根。地上茎高 15～80cm，上部多二回分枝。叶退化、极小，厚革质，或针形，尖头。孢子囊球形，蒴果状，生于叶腋。分布于我国东南、西南、江苏、浙江等地区。附生在树干或长在石缝里。全草能祛风湿，舒筋活血。

（二）石松亚门 Lycophytina

孢子体有真根，茎多为二叉分枝，通常具原生中柱，具地上气生茎。叶为小型叶，作螺旋状或对生排列，仅有一条叶脉，无叶隙。孢子叶集生于分枝顶端，形成孢子叶穗。孢子囊单生于叶腋，或位于近叶腋处。有同型或异型孢子，配子体为两性或单性。

该亚门植物在石炭纪时最为繁盛，有高大乔木及草本，后绝大多数相继绝灭，现存的只有石松目和卷柏目，均为草本。

1. 石松科 Huperziaceae 多年生草本。茎直立或匍匐，具根茎及不定根。叶小，鳞片状或呈针状。

孢子叶穗寄生于茎的顶端。孢子囊球状肾形，孢子同型。

本科有9属，60余种，分布甚广，多产于热带、亚热带及温带地区。我国有5属，14种，药用4属，9种。本科植物常含有多种生物碱和三萜类化合物。

【药用植物】

石松（伸筋草）*Lycopodium japonicum* Thunb. ex Murray　多年生草本，具匍匐茎及直立茎。直立茎高15~30cm，多回二叉分枝，编织中柱；匍匐茎细长横走，2~3回分叉，绿色，被稀疏叶。叶螺旋排列，密集，披针形或线形披针形，基部楔形，下延，无柄，先端渐尖，全缘，草质，具不明显中脉。孢子囊穗长2.5~5cm，有柄，常2~8个生于孢子枝的上部；孢子叶卵状三角形，先端急尖，具芒状长尖，边缘有不规则的锯齿，纸质。孢子囊生于孢子叶腋，圆肾形，淡黄褐色，孢子同型（图7-11）。产全国除东北、华北以外的其他各省区。生于低海拔林缘、疏林下、路边、山坡及草丛间。

全草含石松碱（lycopodine）、棒石松碱（clavatine）、棒石松洛宁碱（clavolonine）、法氏石松碱（fawcettiine）、石松灵碱（lycodoline）等生物碱，香荚兰酸（vanillic acid）、阿魏酸（ferulic acid）、壬二酸（azelaic acid）等酸性物质，芒柄花醇（α-onocerin）、伸筋草醇（clavatol）、石松醇（lycocl-avanol）、石松宁（lycoclavanin）等三萜化合物。入药能祛风散寒，舒筋活络，除湿消肿。

图7-11　石松
1. 孢子体　2. 孢子叶　3. 孢子叶穗

同属植物玉柏 *Lycopodium obscurum* L. Sp. Pl.、垂穗石松 *Lycopodium cernua*（L.）Vasc. et Franco、高山扁枝石松 *Diphasiastrum alpinum*（L.）Holub 等的全草亦供药用。

2. 卷柏科 Selaginellaceae　多年生小型草本。茎腹背扁平。叶小型，鳞片状，同型或异型，交互排列成四行，腹面基部有一叶舌。孢子叶穗呈四棱形，生于枝的顶端。孢子囊异型，单生于叶腋基部，大孢子囊内生1~4个大孢子，小孢子囊内生多数小孢子。孢子异型。

本科有1属，约700种，分布于热带、亚热带。我国约50余种，药用25种，全国均有分布。

【约用植物】

卷柏 *Selaginella tamariscina*（P. Beauv.）Spring. 分枝多数丛生，莲座状或放射状排列，主茎自中部呈羽状分枝或不等二叉分枝。根多分枝，密被毛。枝扁平，常呈二歧或扇状分枝，干旱时向内拳卷，潮湿时又伸展开，所以俗称"还魂草"。叶鳞状，有中叶与侧叶之分，覆瓦状排列成4列，中叶两行较侧叶略窄小，表面绿色，光滑，具白边（膜质透明），先端有尖头或具芒。孢子囊生于孢子叶的叶腋处，每个孢子叶上着生1个圆肾形孢子囊，有大小之分。孢子叶穗单生于枝顶，呈四棱柱形；大孢子囊常具1~4枚浅黄色大孢子；小孢子囊产生多数橘黄色小孢子。大孢子萌发成雌配子体，小孢子萌发成雄配子体（图7-12）。分布于全国各地。此外，朝鲜、日本也有。全草药用，含海藻糖（trehalose 或 mycose）及黄酮苷类，苷元为芹菜

多年生草本植物，呈垫状。主茎短而直立，常单一，

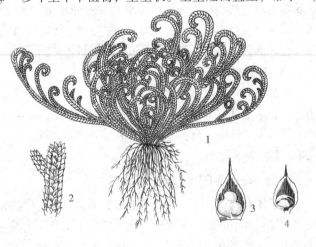

图7-12　卷柏
1. 植株　2. 分枝的一段（示中叶及侧叶）
3. 大孢子叶及大孢子囊　4. 小孢子叶及小孢子囊

素（Apigenin）。叶含双黄酮类化合物：穗花杉双黄酮（amentoflavone）、苏铁双黄酮（sotetsuflavone）等。生用破血，治闭经腹痛、跌打损伤；炒炭用止血，治吐血、便血、尿血、脱肛。

同属药用植物还有：翠云草 *S. uncinata*（Desv.）Spring、深绿卷柏 *S. doederleinii* Hieron.、江南卷柏 *S. moellendorffii* Hieron.、垫状卷柏 *S. pulvinata*（Hook. et Grev.）Maxin.、兖州卷柏 *S. involvens*（Sw.）Spring 等。

（三）水韭亚门 Isoephytina

水生或湿生草本植物。茎粗短，块状或伸长而分枝，具原生中柱，下部生根。叶螺旋状排列，丛生于粗短的茎上，一型，狭长线形或钻形，基部扩大，腹面有叶舌；内部有分隔的气室及叶脉1条；叶内有1条维管束和4条纵向具横隔的通气道。孢子囊单生在内部的叶基。孢子异型，大孢子球状四面型，小孢子肾状二面型，大孢子的体积为小孢子的11~15倍。配子体有雌雄之分，退化；精子有多数鞭毛。

水韭科 Isoetaceae　特征同亚门。共2属，约60种，其中 *Stylites* E. Amstutz 为单种属，仅产于南美洲秘鲁。水韭属 *Isoetes* 约70种，广布于全世界，但多生长在北半球的温带沼泽湿地。我国特产3种，常见的为中华水韭 *Isoetes sinensis*，主要分布于长江中下游地区。此外，西南地区有水韭（*I. japonica*），台湾地区有台湾水韭（*I. taiwanensis*）。

【药用植物】

中华水韭 *Isoetes sinensis* Palmer　多年生沼泽植物，茎短，根茎肉质，块状，由2~3瓣组成，基部具多数二叉分歧的根。多数向轴覆瓦状排列的叶丛生于块茎上，多汁，草质，上部鲜绿色，基部黄白色，线形，状如韭菜，长15~30cm，宽1~2mm，内具4个纵行气道围绕中肋，并有横隔膜分隔成多数气室，先端渐尖，基部广鞘状，膜质，腹部凹入，上有三角形渐尖的叶舌，凹入处生孢子囊。孢子囊椭圆形，长约9mm，直径约3mm，具白色膜质盖；大孢子囊常生于外围叶片基部的向轴面，内有少数白色粒状、四面型的大孢子；小孢子囊生于内部叶片基部的向轴面，内有多数灰色粉末状、两面型的小孢子（图7-13）。中华水韭是水韭科中生存的孑遗种，为中国特有种，在分类上被列为似蕨类，即小型蕨类，是没有复杂的叶脉组织的种类，因此在系统演化上有一定的研究价值，同时，它又是一种沼泽指示植物。

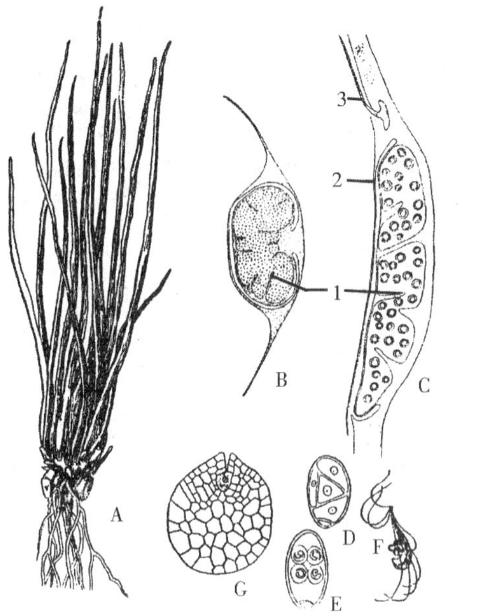

图7-13　中华水韭

A. 孢子体外型　B. 小孢子囊横切面　C. 孢子囊纵切面

D、E. 雄配子体　F. 游动精子　G. 雌配子体

1. 横隔面　2. 缘膜　3. 叶舌

（四）楔叶蕨亚门 Sphenophytina

孢子体发达，有根、茎、叶的分化。茎中空，具明显的节与节间，有纵棱，表皮细胞外壁矿质化，具管状中柱。小型叶，鳞片状，轮状排列于节上，侧面彼此联合成鞘齿。孢子囊在枝顶端聚生成孢子叶球（穗）。孢子同型或异型，周壁具弹丝（elater）。

本亚门现仅存1科，1属，约30余种。

木贼科 Equisetaceae　多年生草本。具根状茎及地上茎。根茎棕色，生有不定根。地上茎直立，具明显的节及节间，有纵棱，表面粗糙，多含硅质。叶小型，鳞片状，轮生于节部，基部连合成鞘状，边缘齿状。孢子囊生于盾状的孢子叶下的孢囊柄端上，并聚集于枝端成孢子叶穗。

我国有2属，约10余种，药用2属，8种。

【药用植物】

木贼 *Equisetum hyemale* L.　多年生草本。茎直立，单一不分枝，中空，有纵棱脊20~30条，在棱脊上有疣状突起 2 行，粗糙，叶鞘基部和鞘齿呈黑色两圈。孢子叶球椭圆形具钝尖头，生于茎的顶端。孢子同型（图 7-14）。分布于东北、河北、西北、四川等省区。生于山坡湿地或疏林下阴湿处。地上部分入药，能疏散风热，明目退翳。

问荆 *E. quisetum arvense* L.　多年生草本。具匍匐的根茎。根黑色或棕褐色。地上茎直立，二型。孢子茎紫褐色，肉质，不分支。叶膜质，连合成鞘状，具较粗大的鞘齿。孢子叶穗顶生，孢子叶六角形、盾状，下生 6 个长形的孢子囊。孢子同型，具 4 枚弹丝，孢子茎枯萎后，生出营养茎，表面具棱脊，分支多数，在节部轮生。叶鞘状，下部联合，鞘齿披针形，黑色，边缘灰白色，膜质（图 7-15）。分布于东北、华北、西北、西南各省区。生田边、沟旁。全草含黄酮类化合物。可利尿、止血，清热、止咳。

本科药用植物还有：节节草 *E. ramosissimum* (Desf.) Boerner　分布于全国大部分地区。地上部分能清热利湿，平肝散结，祛痰止咳。用于尿路感染、肾炎、肝炎、祛痰等。笔管草 *E. ramosissimum* Desf. subsp. *debile* (Roxb. ex Vauch.) Hauke　分布于华南、西南和长江中上游各省。地上部分具疏表利湿、退翳作用。用于治疗感冒、肝炎、结膜炎、目翳等。

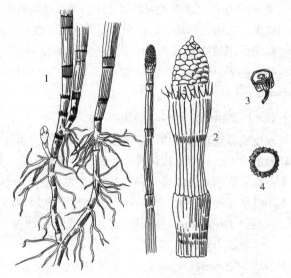

图 7-14　木贼

1. 植株全形　2. 孢子叶穗

3. 孢子囊和孢子叶的正面观　4. 茎的横切面

（五）真蕨亚门 Filicophytina

本亚门植物是现代最繁茂的一群蕨类植物，约 1 万种以上，广布于全世界，我国有 56 科，2500 种，广布于全国。根据孢子囊的发育不同，分为三个纲：厚囊蕨纲（Eusporangiopsida）、原始薄囊蕨纲（Protoleptosporangiopsida）、薄囊蕨纲（Leptosporangiopsida）。厚囊蕨纲植物的孢子囊是由几个细胞发育而来的，孢子囊壁厚，由几层细胞组成，孢子囊大。原始薄囊蕨纲植物的孢子囊由一个原始细胞发育而来，孢了囊壁由单层细胞构成，环带为盾形或短而宽。薄囊蕨纲植物的孢子囊起源于单个细胞，孢子囊壁薄，由一层细胞构成，有格式环带。

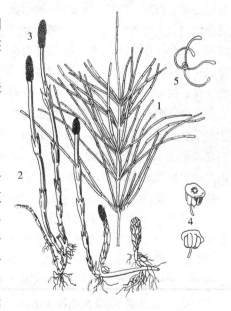

图 7-15　问荆

1. 茎　2. 孢子茎　3. 孢子叶穗

4. 孢子及孢子囊　5. 孢子（示弹丝松展）

1. 紫萁科 Osmundaceae　根状茎直立，不具鳞片，幼时叶片被有棕色腺状绒毛，老时脱落，叶簇生，羽状复叶，叶脉分离，二叉分支。孢子囊生于极度收缩变形的孢子叶叶片边缘，孢子叶顶端有几个增厚的细胞，为未发育的环带，纵裂，无囊群盖。孢子圆球状四面型。

本科有 5 属，22 种，分布于温带、热带，我国有 1 属，约 9 种，药用 1 属，6 种。

【药用植物】

紫萁 *Osmunda japonica* Thunb.　多年生草本。植株高 50~100cm。根茎短，块状，有残存叶柄，无鳞片。叶簇生，二型，幼时密被绒毛。营养叶三角状宽卵形，顶部以下二回羽状，小羽片披针形至三角状披针形，先端稍钝，基部圆楔形，边缘具细锯齿，叶脉叉状分离。孢子叶的小羽片极狭，卷缩成线形，沿主脉两侧密生孢子囊，成熟后枯死。有时在同一叶上有营养羽片和孢子羽片。分布于我国秦岭以南广大地区。生于林边或溪边的酸性土壤上。根茎含尖叶土杉甾酮 A（ponasterone A）、脱皮甾酮（ecdysterone）及脱皮酮（ecdyson）。入药作"贯众"用，具清热解毒、祛瘀杀虫、止血作用。

2. 海金沙科 Lygodiaceae　多年生攀援植物。根茎匍匐或上升，有毛，无鳞片，内具原生中柱。叶轴细长，缠绕攀援，羽片 1~2 回二叉状或 1~2 回羽状复叶，不育叶羽片通常生于叶轴下部，能育羽片生于上部。孢子囊生于能育羽片边缘的小脉顶端，孢子囊有纵向开裂的顶生环带。孢子四面型。为薄囊蕨类中最古老的一科。

本科 1 属，45 种，分布于热带，少数分布于亚热带及温带。我国 1 属，10 种，药用 5 种。

【药用植物】

海金沙 *Lygodium japonicum*（Thunb.）Sw.　多年生攀援草质藤本。根茎细长，横走，黑褐色，密生有节的毛。叶对生于茎上的短枝两侧，二型，纸质，连同叶轴和茎轴均有疏短毛；不育叶羽片三角形，2~3 回羽状，小羽片 2~3 对，边缘有不对称的浅锯齿；孢子叶羽片卵状三角形。孢子囊穗生于孢子叶羽片的边缘，呈流苏状，暗褐色，孢子囊梨形，环带位于小头。孢子表面有疣状突起（图 7-16）。分布于长江流域及南方各省区，主产于广东、浙江。生于灌木丛、林边。全草药用，清热解毒，利湿热，通淋；孢子含海金沙素、棕榈酸、油酸、亚油酸、（十）-8-羟基十六酸和脂肪油，为利尿药。

同属药用植物还有海南海金沙 *L. circinnatum*（Burm. f.）Sw. 及小叶海金沙 *L. microphyllum*（Cav.）R. Br.。

3. 蚌壳蕨科 Dicksoniaceae　大型树状蕨类。主干粗大，直立或平卧，密被金黄色柔毛，无鳞片。叶柄粗而长，叶片大，3~4 回羽状复叶，革质。孢子囊群生于叶背边缘，囊群盖两瓣开裂形如蚌壳，革质；孢子囊梨形，有柄，环带稍斜生。孢子四面型。

本科有 5 属，40 种，分布于热带及南半球。我国仅 1 属，2 种，药用 1 种。

【药用植物】

金毛狗脊 *Cibotium barometz*（L.）J. Sm.　植株树状，高达 3m。根状茎粗大，极端连同叶柄基部，密被金黄色柔毛。叶簇生，叶柄长，叶片三回羽裂，末回小羽片狭披针形，革质，孢子囊群生于小脉顶端，每裂片 1~5 对，囊群盖两瓣，成熟时似蚌壳（图 7-17）。分布于我国南方及西南省区，主产于福建、四川、云南、贵州。生于山脚沟边及林下阴湿处酸性土壤上。根茎入药，含绵马酚（aspidinol）；具补肝肾、强腰脊、祛风湿等作用。

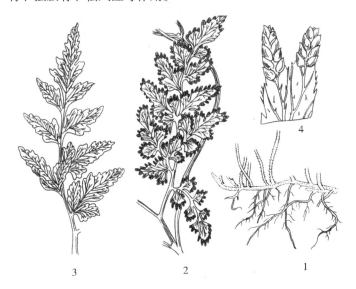

图 7-16　海金沙
1. 地下茎　2. 地上茎及孢子叶
3. 不育叶（营养叶）　4. 孢子囊穗放大

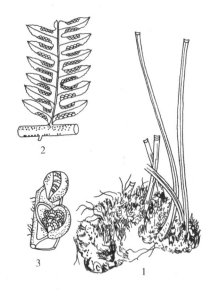

图 7-17　金毛狗脊
1. 根茎及叶柄的一部分　2. 羽片的一部分
（示孢子囊堆着生部位）　3. 孢子囊群及盖

4. 鳞毛蕨科 Dryopteridaceae 多年生草本。根茎多粗短，直立或斜生，密被鳞片，网状中柱，叶柄多被鳞片或鳞毛；叶轴上有纵沟；叶片 1 至多回羽状。孢子囊群背生或顶生于小脉，囊群盖圆肾形，稀无盖。孢子囊扁圆形，具细长的柄，环带垂直。孢子呈两面型，表面具疣状突起或有翅。配子体心脏形，腹面具假根，精子器位于下端，颈卵器位于上端近凹陷处。为薄囊蕨类中较进化的类群。

本科约 14 属，约 1700 余种，主要分布于温带、亚热带。我国有 13 属，470 余种，药用 5 属，59 种。本科植物常含有间苯三酚衍生物。

【药用植物】

粗茎鳞毛蕨（绵马鳞毛蕨，东北贯众）*Dryopteris crassirhizoma* Nakai. 多年生草本。高可达 1m，根茎粗壮。叶簇生，叶柄、叶轴连同根茎密生棕色大形鳞片，叶片二回羽裂，裂片紧密，叶轴被黄褐色扭曲鳞片。孢子囊群着生于叶背 1/3 ~ 1/2 处，生于小脉中下部，每裂片 1 ~ 4 对。囊群盖肾圆形，棕色（图 7 - 18）。分布于东北、河北的东北部。生于林下湿地。根状茎连同叶柄残基作绵马贯众用，含绵马精（filmarone），分解产生：绵马酸（filicic acid）BBB、PBB、PBP、黄绵马酸（flavaspidic acid）BB、PB、AB；白绵马素（albaspidin）AA、BB、PB 等。可驱绦虫和十二指肠虫，清热解毒。

贯众 *Cyrtomium fortunei* J. Sm. 多年生草本。高 30 ~ 70cm。根茎短。叶簇生，叶柄基部密生阔卵状披针形黑褐色大形鳞片；叶一回羽状，羽片镰状披针形，基部上侧稍呈耳状突起，下部圆楔形，叶脉网状，有内藏小脉 1 ~ 2 条，沿叶轴及羽轴有少数纤维状鳞片。孢子囊群生于羽片下面，位于主脉两侧，各排成不整齐的 3 ~ 4 行，囊群盖大，圆盾形（图 7 - 19）。分布于华北、西北及长江以南各省区。生于石灰岩缝、路边、墙角等阴湿处。根茎（药材名：称贯众）含黄绵马酸（flavaspidic acid），可驱虫，清热解毒，治感冒。

图 7 - 18 粗茎鳞毛蕨
1. 根状茎 2. 叶 3. 羽片的一部分（示孢子囊群）

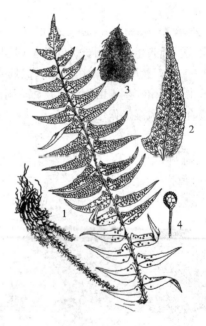

图 7 - 19 贯众
1. 植株 2. 小叶 3. 叶柄基部鳞片 4. 孢子囊

5. 中国蕨科 Sinopteridaceae 多为草本，根状茎直立或倾斜，稀横走，管状中柱，被栗褐色至红褐色鳞毛。叶簇生；孢子囊群圆形或长圆形，沿叶缘小脉顶端着生，为反卷的膜质叶缘所形成的囊群盖包被；孢子囊球状梨形，有短柄；孢子球型、四面型或两面型。

本科约 14 属，约 300 种，分布于热带地区，我国有 9 属，60 种，分布于全国各地。已知药用的 6 属，16 种。

【药用植物】

银粉背蕨 *Aleuritopteris argentea*（Gmel.）Fee. 根状茎直立或斜升，先端被披针形、棕色、有光泽的鳞片。叶簇生，叶柄红棕色，有光泽，基部疏被棕色披针形鳞片，上部光滑。叶片五角形，长宽几相等，先端渐尖，羽片3~5对。裂片三角形或镰刀形，以圆缺刻分开，不分裂。叶上面光滑，叶脉不显，下面被乳白色或淡黄色粉末，裂片边缘有明显而均匀的细齿牙。孢子囊群较多。假囊群盖连续，膜质，黄绿色，全缘。孢子极面观为钝三角形，周壁表面具颗粒状纹饰（图7-20）。分布于全国各省区，生于石缝或墙缝中。叶中含粉背蕨酸（alepterolic acid）、蔗糖（sucrose）和黄酮类化合物。全草（药材名：通经草）可活血调经，补虚止咳。

6. 水龙骨科 Polypodiaceae 附生或陆生。根茎横走，被鳞片，常具粗筛孔，网状中柱。叶同型或两型，叶柄具关节，单叶全缘或羽状分裂，叶脉网状。孢子囊群圆形、长圆形至线形，有时布满叶背；无囊群盖，孢子囊梨形或球状梨形，浅褐色，孢子囊柄比孢子囊长或等长。孢子两面型，平滑或具小突起。

本科有40余属，约600种，主要分布于热带、亚热带。我国有27属，约150种，药用18属，86种。

【药用植物】

石韦 *Pyrrosia lingua*（Thunb.）Farwell. 多年生常绿草本，高10~25（30）cm。根茎细长，横走，密生卵状、褐色披针形鳞片，鳞片边缘有睫毛。叶远生，披针形，革质，上面绿色，有小凹点，偶有少数星状毛；背面密被灰棕色星状毛；能育叶通常远比不育叶长得高而较狭窄，两者的叶片略比叶柄长，少为等长，罕有短过叶柄的。能育叶叶柄长5~10cm，叶片平坦，披针形，长8~18cm，宽2~5cm；背面侧脉略凸起，叶柄基部均具关节。孢子囊群在侧脉间排列紧密而整齐，初被星状毛包被，成熟时露出，无盖（图7-21）。分布于长江以南各省区及台湾。附生于树干或岩石上。

全草药用，含芒果苷（mangiferin）、异芒果苷（isomengiferin）、延胡索酸（fumaric acid）、咖啡酸（caffeic acid）等；能清热，利尿，通淋。治刀伤，烫伤，虚劳。

本属供药用的植物还有：庐山石韦 *P. sheareri*（Bak.）Ching、有柄石韦 *Pyrrosia petiolosa*（Christ）Ching、毡毛石韦 *P. drakeana*（Franch.）Ching、北京石韦 *Pyrrosia davidii*（Gies.）Ching、西南石韦 *P. gralla*（Gies.）Ching 等。

水龙骨 *Polypodium nipponicum* Mett. 多年生草本，高15~40cm。根茎长而横走，黑褐色，通常除顶部有卵圆形披针形的鳞片，其余均光滑而有白粉，其边缘具细锯齿，以基部盾状着生。叶远生，薄纸质、两面密生白色短柔毛，叶柄长4~20cm，叶片长10~20cm，宽4~8cm；叶片长圆状披针形，羽状深裂直达叶轴；裂片18~30对，线状披针形，有短尖头或钝头，全缘；叶脉网状，沿主脉两侧各成1行网眼，内有小脉1条；有关节和根状茎相连。孢子囊群生于内藏小脉顶端，在主脉两侧各排成整齐的一行，无

图7-20 银粉背蕨
1. 植株 2. 孢子囊（示孢子）
3. 鳞毛 4. 小羽片（示孢子囊群）

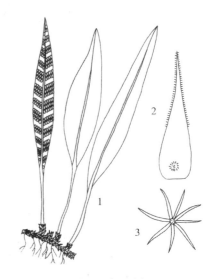

图7-21 石韦
1. 植株 2. 鳞片 3. 星状毛

盖。分布于长江以南各省区。生于林下阴湿的岩石上，偶尔附生于树干，常成片生长。根茎入药，具清热解毒、平肝明目、祛风利湿、止咳止痛作用。

7. 槲蕨科 Drynariaceae 附生植物。根茎横走，粗大，肉质，具穿孔的网状中柱，密被褐色鳞片，鳞片大，狭长，腹部盾状着生，边缘具睫毛。叶两型，无柄或短柄，叶片大，深羽裂或羽状，叶脉粗而隆起，具四方型网眼。孢子囊群或大或小，不具囊群盖。孢子两侧对称，椭圆形，具单裂缝。

本科有8属。除槲蕨属20种外，其余大多为单种属。分布于亚洲热带至澳大利亚。我国有3属，约14种，药用2属，7种。

【药用植物】

槲蕨（骨碎补、猴姜、石岩姜）*Drynaria fortunei* (Knuze) J. Sm. 常绿附生植物。高22～40cm，根状茎粗壮，肉质，长而横走，密生钻状披针形的鳞片，边缘流苏状。叶两型，不育叶灰褐色，无柄，革质，卵圆形，叶脉粗，先端急尖，基部心形，上部羽状浅裂，裂片三角形，背面有短毛，类似槲树叶，长5～7cm，宽3～6cm；能育叶绿色，长椭圆形，羽状深裂，裂片披针形，7～13对，基部各羽片缩成耳状，厚纸质，两面均无毛，叶脉明显，呈长方形网眼，长25～40cm，宽14～18cm；叶柄短。有狭翅。孢子囊群圆形，黄褐色，生于叶背，沿中肋两旁各2～4行，每长方形网眼内1枚；无囊群盖（图7－22）。分布于西南、中南地区及江西、浙江、福建、台湾等省。附生于树干或山林石壁上。根茎（药材名：骨碎补）具有补肾坚骨、祛风湿、活血止痛作用。

作为中药骨碎补的原植物还有：秦岭槲蕨 *Drynaria sinica* Diels。

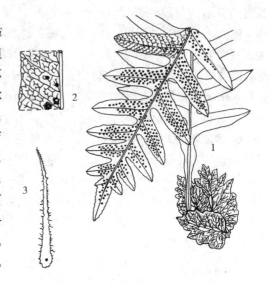

图7－22 槲蕨
1. 植株全株 2. 叶片的一部分（示叶脉及孢子囊群位置） 3. 地上茎的鳞片

知识链接

蕨类植物——桫椤

现存地球上的木本植物都是种子植物，但在4亿年古生代后期的石炭纪和二叠纪，地球上植物非常繁茂，有很多大的乔木，它们都是蕨类植物。那时气候温暖湿润，蕨类植物都是大型乔木，高者可达40m。二纪冰期来临，气候急剧变冷而使其临绝灭。由于地壳的变动，蕨类后来被深深地埋藏于地下，在压力和高温作用下成煤。因此，那时的蕨类是煤层的一个重要来源。现代蕨类植物多为草本，仅有少数是木本（如桫椤）。桫椤 *Alsophila spinulosa* (Wall. ex Hook.) R. M. Tryon 是桫椤科木本蕨类植物，为国家濒危保护植物，有"活化石"之称。桫椤可制作成工艺品和中药，还是一种很好的庭园观赏树木。

本节小结

蕨类植物是地球上出现最早的、不产生种子的陆生维管植物，具有世代交替现象，以孢子繁殖，是高等植物中唯一的孢子体和配子体均可以独立生活的群体。

重点 蕨类植物形态结构、生殖和生活习性等特点：其植株较苔藓植物高大，具有真根、机械组织和输导组织，因而比藻类和苔藓植物更适应于陆地生活，是高等的孢子植物；但是，其受精过程又离不开水，所以同时又是低等的维管植物。

中柱的类型是进行蕨类植物鉴别的重要依据，它们的构成有别于高等植物的维管柱，其结构中不具髓，主要有单体中柱、星状中柱、编织中柱、管状中柱、网状中柱、真中柱以及散生中柱。

蕨类植物的孢子及孢子囊的类型以及形态结构也是蕨类植物鉴别的要点，教材对它们的形态做了详细的讲解。

此外，本节对于具体的代表植物，如金毛狗脊、绵马贯众、石韦、槲蕨的形态特征做了详细的讲解。

难点 蕨类植物的孢子、孢子囊的形态以及生活史。

题库

思 考 题

1. 蕨类植物的孢子体有何特征？
2. 小型叶蕨类有哪些常见的药用植物？
3. 真蕨亚门有哪些常见的药用植物？
4. 蕨类植物的孢子囊有哪些类型？

第八章

裸子植物门 Gymnospermae

学习导引

知识要求

1. **掌握** 裸子植物的一般特征；裸子植物各纲的主要区别；松、杉、柏三科的分类特征。
2. **熟悉** 其他常见药用裸子植物的种类及特征。
3. **了解** 裸子植物在自然界中的地位和经济价值。

能力要求

掌握常见药用裸子植物鉴别的基本技能。

第一节 裸子植物概述

PPT

课堂互动

裸子植物有什么特点？为什么把松、杉、柏三科称为裸子植物？

裸子植物是指种子植物中，胚珠在一开放的孢子叶上边缘或叶面的植物，其孢子叶通常会排列成圆锥的形状。裸子植物是种子植物中较低级的一类。具有颈卵器，既属颈卵器植物，又是能产生种子的种子植物。它们的胚珠外面没有子房壁包被，不形成果皮，种子是裸露的，故称裸子植物。

裸子植物的发展历史悠久。最初的裸子植物出现在古生代，在中生代至新生代，它们是遍布各大陆的主要植物。现代生存的裸子植物有不少种类出现于第三纪，后又经过冰川时期而保留下来并繁衍至今的，因此被誉为植物界的"活化石"。对于研究第四纪的气候变化以及植物的适应能力具有较重要的学术价值。

裸子植物很多为重要林木，尤其在北半球，大的森林中80%以上是裸子植物，如落叶松、冷杉、华山松、云杉等。多种木材质轻、强度大、不易弯、富弹性，是很好的建筑、车船、造纸用材。苏铁叶和种子、银杏种仁、松花粉、松针、松油、麻黄、侧柏种子等均可入药。落叶松、云杉等多种树皮、树干可提取单宁、挥发油和树脂、松香等。刺叶苏铁幼叶可食，髓可制西米，银杏、华山松、红松和榧树的种子是可以食用的干果。

据统计，目前全世界生存的裸子植物约有850种，隶属于79属和15科，其种数虽仅为被子植物种数的0.36%，但却分布于世界各地，特别是在北半球的寒温带和亚热带的中山至高山带，常组成大面积的各类针叶林。

1. 裸子植物的多样性　我国疆域辽阔，气候和地貌类型复杂。在中生代至新生代第三纪一直是温暖的气候，第四纪冰期时又没有直接受到北方大陆冰盖的破坏，基本上保持了第三纪以来比较稳定的气候，致使我国的裸子植物区系具有种类丰富、起源古老、多古残遗和孑遗成分、特有成分繁多和针叶林类型多样等特征。

据统计，我国的裸子植物有 10 科，34 属，约 250 种，分别为世界现存裸子植物科、属、种总数的66.6%、41.5% 和 29.4%，是世界上裸子植物最丰富的国家。我国的裸子植物中，有许多是北半球其他地区早已灭绝的古残遗种或孑遗种，并常为特有的单型属或少型属。如特有单种科银杏科（Ginkgoaceae）；特有单型属有水杉（*Metasequoia*）、水松（*Glyptostrobus*）、银杉（*Cathaya*）、金钱松（*Pseudolarix*）和白豆杉（*Pseudotaxus*）；半特有单型属和少型属有台湾杉（*Taiwania*）、杉木（*Cunninghamia*）、福建柏（*Fokienia*）、侧柏（*Platy - cladus*）、穗花杉（*Amentotaxus*）和油杉（*Keteleeria*）；以及残遗种，如多种苏铁（*Cycas spp.*）、冷杉（*Abies spp.*）等。

2. 裸子植物面临的威胁及其保护问题　虽然我国具有极为丰富的裸子植物物种及森林资源，但由于多数裸子植物树干端直、材质优良且出材率高，其所组成的针叶林常被作为优先采伐的对象，使该资源受到强烈的人类活动的威胁和破坏。如 20 世纪 50 年代我国最大的针叶林区——东北大、小兴安岭及长白山区的天然林被不同程度地开发利用；60 年代至 70 年代另一大针叶林区——西南横断山区的天然林又被大量采伐，仅在交通不便的深山和河谷深切的山坡陡壁以及自然保护区内尚有天然针叶林留存。华中、华东和华南地区因人口密集和经济发展的需求，中山地带的各类天然针叶林多被砍伐，代之而起的是人工马尾松林、杉木林和柏木林。随着各类天然针叶林被采伐和破坏，原有生态环境发生改变，加快了林下生物消失和濒危的速度。同时，具有重要观赏价值和经济价值的裸子植物亦破坏严重，如攀枝花苏铁（*Cycas panzhihuaensis*）、贵州苏铁（*C. guizhouensis*）、多歧苏铁（*C. multipinnata*）和叉叶苏铁（*C. micholitzii*）均在新发表或新的分布点被发现后就遭到大肆破坏。三尖杉（粗榧）属（*Cephalotaxus*）和红豆杉（紫杉）属（*Taxus*）植物被发现为新型抗癌药用植物后，就立即遭到大规模采伐、破坏，资源急剧减少。

初步查明，我国裸子植物绝灭种有崖柏（*Thuja sutchuanensis*，现已重新发现，并未灭绝）；仅有栽培而无野生植株的野生绝灭种有苏铁（铁树，*Cycas revoluta*）、华南苏铁（*C. taiwaniana*）、四川苏铁（*C. szechuanensis*）；分布区极窄、植株极少的极危种（critically endangered）有多歧苏铁、柔毛油杉（*Keteleeria pubescens*）、矩鳞油杉（*K. oblonga*）、海南油杉（*K. hainanensis*）、百山祖冷杉（*Abies beshanzuensis*）、元宝山冷杉（*A. yuanbaoshanensis*）、康定云杉（*Picea montigena*）、大果青杆（*P. neoveitchii*）、太白红杉（*Larix chinensis*）、短叶黄杉（*Pseudotsuga brevifolia*）、巧家五针松（*Pinus squamata*）、贡山三尖杉（*Cephalotaxus lanceolata*）、台湾穗花杉（*Amentotaxus formosana*）和云南穗花杉（*A. yunnanensis*）等。濒危和受威胁的裸子植物约 63 种，约占种数的 28%，其中，百山祖冷杉（*Abies beshanzuensis*）和台湾穗花杉（*Amentotaxus formosana*）被列入世界最濒危植物。

第二节　裸子植物的一般特征

PPT

裸子植物在植物界中的地位，介于蕨类植物和被子植物之间。它是保留着颈卵器，具有维管束，能产生种子的一类高等植物。裸子植物形成种子的同时，不形成子房和果实，种子不被子房包被，胚珠和种子是裸露的，因此而得名。裸子植物的主要特征如下。

1. 植物体（孢子体）发达　裸子植物的孢子体大多为多年生木本植物，少为亚灌木（如麻黄）或藤本（倪藤）。多为常绿植物，少为落叶性（如银杏）。有长短枝之分；真中柱，具有形成层和次生生长；

木质部大多数只有管胞，极少数有导管；韧皮部中无伴胞。叶多为针形、条形或鳞形，极少数为扁平的阔叶；叶在长枝上螺旋状排列，在短枝上簇生枝顶；叶常有明显的、多条排列成浅色的气孔带（stomatal band）；根有强大的主根。

2. 胚珠裸露　产生种子，花被常缺少，仅麻黄科、买麻藤科有类似花被的盖被（假花被）；孢子叶（sporophyll）大多数聚生成球果状（strobiliform），称孢子叶球（strobilus）。孢子叶球单生或多个聚生成各种球序，通常都是单性，同株或异株；小孢子叶（雄蕊）聚生成小孢子叶球（雄球花 staminate strobilus），每个小孢子叶下面有贮满小孢子（花粉）的小孢子囊（花粉囊）；大孢子叶（心皮）丛生或聚生成大孢子叶球（雌球花 femal come），胚珠裸露，不为大孢子叶所形成的心皮所包被，大孢子叶常变态为珠鳞（松柏类）、珠领（银杏）、珠托（红豆杉）、套被（罗汉松）和羽状大孢子叶（铁树）。而被子植物的胚珠则被心皮所包被，这是被子植物与裸子植物的重要区别。

3. 裸子植物的孢子体占优势，配子体微小，非常退化，完全寄生于孢子体上　雌配子体由胚囊及胚乳组成，顶端（近珠孔处）产生 2 个或多个颈卵器，颈卵器结构简单，埋藏于胚囊中，仅 2~4 个颈壁细胞露在外面，颈卵器内有 1 个腹沟细胞和 1 个卵细胞，无颈沟细胞，比蕨类植物的颈卵器更为退化。雄配子体是萌发后的花粉粒，内有两个游动或不游动的精子，精子通过花粉管到达胚囊与卵结合，不必以水为媒介。

4. 大多数裸子植物都具有多胚现象　多胚现象（polyembryony）分为两种。一种是由于 1 个雌配子体上的几个或多个颈卵器的卵细胞同时受精而形成多胚，称为简单多胚现象（simple polyembryony）；或者由于 1 个受精卵在发育过程中，胚原组织分裂为几个胚，称裂生多胚现象（cleavage polyembryony）。

此外，花粉粒为单沟型、具气囊等也是裸子植物的特征。

5. 裸子植物的化学成分　裸子植物的化学成分类型较多，包括丰富的黄酮类及双黄酮类化合物，双黄酮类是裸子植物的特征性成分。常见的黄酮类有槲皮素、山奈酚、杨梅素、芸香苷等。双黄酮类分布在银杏科、柏科、杉科。如柏科植物含柏双黄酮（cupressuflavone）；杉科及柏科植物含扁柏双黄酮、桧黄素（hinokiflavone）；银杏叶中含银杏双黄酮（ginkgetin）、异银杏双黄酮（isoginkgetin）等；特别是穗花杉双黄酮（amentoflavone）在裸子植物中分布最普遍。这些黄酮类和双黄酮类化合物大部分具有扩张动脉血管的作用，如由银杏叶中提取的总黄酮已制成新药，用于治疗冠心病。

生物碱的分布在裸子植物中不普遍，仅存于三尖杉科、红豆杉科、罗汉松科、麻黄科及买麻藤科。三尖杉属（Cephalotaxus）植物含多种生物碱，实验表明，三尖杉酯碱（harringtonine）、高三尖杉酯碱（homoharrgtonine）具抗癌活性，临床用于治疗白血病。红豆杉属（Taxus）植物含有的紫杉醇（taxol）不仅对白血病有效，对卵巢癌、黑色素瘤、肺癌等均有明显疗效，紫杉醇作为卵巢癌治疗药已正式上市，应用于临床。麻黄属（Ephedra）植物含有多种生物碱，如左旋麻黄碱（l‐ephedrine）和右旋伪麻黄碱（d‐pseudoephedrine）。麻黄碱用于治疗支气管哮喘等症。

萜类及挥发油在裸子植物中较普遍，挥发油中含有蒎烯、烯、小茴香酮（fenchone）、樟脑等。松科、柏科等多种植物含丰富的挥发油及树脂，是工业、医药原料。

其他成分，如树脂、有机酸、木脂体类、昆虫蜕皮激素等成分在裸子植物中也存在。

裸子植物大多数是林业生产的重要用材树种，也是纤维、树脂、单宁等的原料树种，在国民经济中起重要作用。

知识拓展

表 8−1　裸子植物与蕨类植物的形态术语比较

裸子植物	蕨类植物
雌（雄）球花	大（小）孢子叶球
花粉囊	小孢子囊
花粉粒（单核期）	小孢子
珠鳞（心皮或雌蕊）	大孢子叶
珠心	大孢子囊
胚囊（单细胞期）	大孢子

PPT

第三节　裸子植物的分类

　　裸子植物的发展历史久远，最初的裸子植物约出现在 34500 万～39500 万年前的古生代的泥盆纪。裸子植物从发生到现在，经过多次重大变化，种类也随之演变更替，老的种类相继灭绝，新的种类陆续演化出来，繁衍至今。现存的裸子植物分为 5 纲，9 目，12 科，71 属，近 800 种。我国分布有 5 纲，8 目，11 科，41 属，近 300 种，是裸子植物种类最多、资源最丰富的国家；已知药用有 10 科，25 属，100 余种。裸子植物门分为苏铁纲、银杏纲、松柏纲、红豆杉纲（紫杉纲）和买麻藤纲（倪藤纲）5 纲。分纲检索表见表 8−2。

表 8−2　裸子植物门分纲检索表

1. 叶大型，羽状复叶，聚生于茎的顶端。茎不分枝或稀在顶端呈二叉分枝 ·· 苏铁纲 Cycadopsida
1. 叶为单叶，不聚生于茎的顶端。茎有分枝。
　2. 叶扇形，先端二裂或为波状缺刻，具二叉分歧的叶脉 ·· 银杏纲 Ginkgopsida
　2. 叶不为扇形，全缘，不具分叉的叶脉。
　　3. 高大的乔木或灌木，叶针形，条形或鳞片状。
　　　4. 果为球果，大孢子叶鳞片状（珠鳞）。种子有翅或无，不具假种皮 ·············· 松柏纲 Coniferopsida
　　　4. 果不为球果，大孢子叶特化为囊状或杯状。种子无翅。具假种皮 ·············· 红豆杉纲 Taxopsiada
　　3. 草本状小灌木或灌木、木质藤本，稀乔木。叶片常有细小膜质鞘，或绿色扁平似双子叶植物，或肉质而极长大呈带状。茎次生木质部中具导管。（"花"具假花被）·· 买麻藤纲 Gnetopsida

一、苏铁纲 Cycadopsida

　　常绿木本。茎干粗壮、不分枝。营养叶为大型羽状复叶，聚生于茎干顶部。雌雄异株，大、小孢子叶球生于茎顶。游动精子有多数纤毛。现存 1 目，1 科，9 属，约 110 余种，分布于热带及亚热带地区。

苏铁科 Cycadaceae

　　【形态特征】常绿木本植物，茎单一，粗壮，几不分枝。叶大，多为一回羽状复叶，革质，集生于树干顶部，呈棕榈状。雌雄异株。小孢子叶球（雄球花）为木质化的长形球花，由无数小孢子叶（雄蕊）组成。小孢子叶鳞片状或盾状，下面生无数小孢子囊（花药），小孢子（花粉粒）发育而产生先端具有多数纤毛的精子。大孢子叶球由许多大孢子叶组成，丛生茎顶。大孢子叶中上部扁平羽状，中下部柄状，边缘着生 2～8 枚胚珠，或大孢子叶呈盾状而下面生一对向下的胚珠。种子核果状，有三层种皮：外层肉质甚厚，中层木质，内层薄纸质。种子胚乳丰富，子叶2枚。

【微观特征】网状中柱，内始式木质部，管胞具多列圆形孔纹。染色体：X = 11。

【化学特征】氰苷和双黄酮类化合物，如苏铁苷（cycasin）等。

【分布】现有9属，约110余种，分布于热带及亚热带地区。我国有苏铁属1属，8种，已知药用4种，分布于西南、华南、华东等地区。

【药用植物】

苏铁 *Cycas revoluta* Thunb. 俗称铁树，为常绿乔木。树干圆柱形，常不分枝，其上密被叶柄残痕。羽状复叶螺旋状排列，聚生于茎顶，幼时拳卷，小叶片100对左右，条形，边缘向下反卷，革质。雌雄异株。雄球花圆柱形，由多数扁平、楔形的小孢子叶组成，每个小孢子叶下面有多数球形的花药，花药通常3～5个聚生；大孢子叶密被淡黄色绒毛，丛生于茎顶，上部羽状分裂，下部呈柄状，两侧各着生近球形的胚珠1～5枚。种子核果状，成熟时橘红色（图8-1）。产于台湾、福建、广东、广西、云南及四川等省区。苏铁是观赏树种，各地广泛栽种。茎内髓部富含淀粉，可供食用。种子含丰富的淀粉和油类，可食用，入药能理气止痛，益肾固精；叶能收敛止痛，止痢；根能祛风、活络，补肾。

图8-1 苏铁
1. 植株 2. 小孢子叶 3. 聚生花药
4. 叶片的一部分 5. 大孢子叶及胚珠

同属攀枝花苏铁（*C. panzhihuaensis* L. Zhou et S. Y. Yang）是最近发现的我国特有种，叶蓝绿色，种子肉质，假种皮橘红色，具薄纸质、分离而易碎的外层，种子倒圆锥状球形或倒卵状圆球形，种皮骨质，平滑。

知识拓展

苏铁分类

一些学者把苏铁类植物作为1科（Cycadaceae），如《中国植物志》。某些学者将其分为三科，即苏铁科（Cycadaceae）、托叶铁科（Stangeriaceae）和泽米铁科（Zamiaceae）。我国仅有苏铁科苏铁属1属。

二、银杏纲 Ginkgopsida

落叶乔木，枝条有长、短枝之分。单叶扇形，先端2裂或波状缺刻，具分叉状脉序，在长枝上螺旋状散生，在短枝上簇生。球花单性，雌雄异株，精子多纤毛。种子核果状，具3层种皮，胚乳丰富。本纲现仅残存1目，1科，1属，1种，为我国特产，国内外栽培很广。

银杏科 Ginkgoaceae

【形态特征】落叶大乔木。树干端直，具长枝及短枝。单叶，扇形，有长柄，顶端2浅裂或3深裂；叶脉二叉状分支；长枝上的叶螺旋状排列，短枝上的叶簇生。球花单性，雌雄异株，分别生于短枝上；雄球花菜荑花序状，雄蕊多数，具短柄，花药2室；雌球花具长梗，顶端二叉状，大孢叶特化成一环状突起，称珠领（collar），也叫珠座，在珠领上生一对裸露的直立胚珠，常只1枚发育。种子核果状，椭圆形或近球形，外种皮肉质，成熟时橙黄色，外被白粉，味臭；中种皮木质，白色；内种皮膜质，淡红色；胚乳丰富，子叶 2 枚。

【微观特征】网状中柱，韧皮部具分泌细胞和分泌腔。染色体：X = 12。

【化学特征】含黄酮、双黄酮、二萜内酯和酚酸类成分。

【分布】本科仅 1 属 1 种。银杏为著名的孑遗植物，系我国特产种类，野生种群仅存在于浙江天目山。普遍栽培于各地，我国资源拥有量居世界第一，主产于四川、河南、湖北、山东、辽宁等省。

【药用植物】

银杏（又名公孙树、白果）*Ginkgo biloba* L.　形态特征与科相同（图 8 - 2）。银杏和苏铁均是裸子植物的"活化石"。种子（药材名：白果）有敛肺、定喘、止带、涩精功能。临床报道可治疗肺结核，对改善症状有一定作用。白果所含白果酸有抑菌作用，但白果酸对皮肤有毒，可引起皮炎。银杏叶含多种黄酮及双黄酮，具极好的清除自由基和扩张动脉血管的作用，用于治疗冠心病，现已应用于临床。根能益气补虚，治白带、遗精。

三、松柏纲 Coniferopsida

常绿或落叶乔木，稀为灌木。茎多分枝，常有长、短枝之分；茎的髓部小，次生木质部发达，由管胞组成，无导管，具树脂道（resin duct）。叶单生或成束，针形、鳞状、条形、钻形、刺形，螺旋状着生或交互对生，稀轮生。叶表皮通常具较厚的角质层及下陷的气孔。大孢子叶常宽厚，称珠鳞，或为囊状、盘状，称套被或珠托。孢子叶球单性，同株或异株，孢子叶常排列成球果状。花粉有气囊或无气囊，精子无鞭毛。种子有翅或无翅，有的具肉质假种皮或外种皮，胚乳丰富，子叶 2 ~ 10 枚。

松柏纲植物是现代裸子植物中数目最多、分布最广的类群。隶属于 4 科，即松科、杉科、柏科和南洋杉科（Araucariaceae），分布于南、北两半球，以北半球温带、寒温带的高山地带最为普遍。我国是松柏纲植物最古老的起源地，也是松柏纲植物最丰富的国家，富有特有的属、种和第三纪孑遗植物，有 3 科，23 属，约 150 种。松柏纲为我国裸子植物种类最多、经济价值最大的纲，几乎遍及全国。引入栽培 1 科，7 属，50 种，多数为庭园绿化及造林树种。

图 8 - 2　银杏
1. 长短枝及种子　2. 雄球花枝
3. 雄蕊　4. 雌球花（大孢子叶球）

1. 松科 Pinaceae

【形态特征】常绿或落叶乔木，稀灌木，多含树脂。叶针形或条形，在长枝上螺旋状散生，在短枝上簇生，基部有叶鞘包被。球花单性，雌雄同株；雄球花穗状，雄蕊多数，各具 2 药室，花粉粒多数，有气囊；雌球花由多数螺旋状排列的珠鳞与苞鳞（苞片）组成，珠鳞与苞鳞分离，在珠鳞腹面基部有两枚胚珠。授粉后珠鳞增大，称种鳞，球果直立或下垂，成熟时种鳞成木质或革质，每个种鳞上有种子 2 粒。种子多具单翅，稀无翅，有胚乳，子叶 2 ~ 16 枚。

【微观特征】网状中柱，多树脂道，气孔器深陷。染色体：X = 12，13，22。

【化学特征】常含树脂和挥发油以及黄酮类、多元醇等成分；缺双黄酮及生物碱类。

【分布】有 10 属，230 余种，广泛分布于世界各地，多产于北半球。我国有 10 属，113 种，药用 8 属，48 种，分布于全国各地。绝大多数种类是森林树种和用材树种。

【药用植物】

马尾松 *Pinus massoniana* Lamb.　常绿乔木，高达 40m。树皮红褐色，下部灰褐色，一年生小枝淡黄褐色，无毛，无白粉；冬芽褐色。叶 2 针一束，较细柔，长 12 ~ 20cm，先端锐利，树脂道 4 ~ 8 个，边生，叶鞘宿存。一年生小球果顶端有极短直立向上的刺；球果卵

松科分类

圆形或圆锥状卵形，长约 4~7cm，成熟后栗褐色；种鳞的鳞盾（种鳞顶端加厚膨大呈盾状部分）平或微肥厚；鳞脐（鳞盾中心凸出部分）微凹，无刺尖。球花单性同株。雄球花淡红褐色，聚生于新枝下部；雌球花淡紫红色，常 2 个生于新枝顶端。种子长卵圆形，具单翅。子叶 5~8 枚。花期 3 月下旬至 4 月上旬，球果次年 9 月下旬至 10 月成熟。主要分布于长江流域各省区。生于阳光充足的丘陵山地酸性土壤上。

松花粉能燥湿收敛，止血；树干的油树脂除去挥发油后留存的固体树脂（药材名：松香）能燥湿祛风，生肌止痛；松树的瘤状节（药材名：松节）能祛风除湿，活血止痛；树皮能收敛生肌；松叶能明目安神，解毒。

油松 *Pinus tabulaeformis* Carr. 常绿乔木，高达 25m。一年生枝淡红褐色或淡灰黄色，枝条平展或向下伸，树冠近平顶状。叶 2 针一束，粗硬，长 10~15cm；树脂道 5~8 个，边生，叶鞘宿存。球果卵圆形，熟时不脱落，在枝条上宿存，暗褐色，种鳞的鳞盾肥厚，鳞脐凸起有尖刺。种子具单翅，种翅黄白色，具褐色条纹。子叶 8~12 枚（图 8-3）。花期 4~5 月，球果 10 月成熟。主要分布在内蒙古（阴山和大青山）、河北、山东、河南、山西、陕西、甘肃、青海（祁连山）和四川北部，为荒山造林树种。枝干的结节（药材名：松节）有祛风、燥湿、舒筋、活络的功能；树皮能收敛生肌；叶能祛风，活血，明目安神，解毒止痒；成熟的松球果（药材名：松球）治风痹、肠燥便难、痔疾；花粉（药材名：松花粉）能收敛，止血；松香能燥湿，祛风，排脓，生肌止痛。

图 8-3 油松
1. 球果枝 2~3. 种鳞背腹面

马尾松、油松的节部主要含有纤维素、木质素（lignin）、少量挥发油（松节油）和树脂。树脂中含松香酸酐（abietic anhydride）及松香酸（abietic acid）约 80%；挥发油中含 α-蒎烯（α-pinene）及 β-蒎烯（β-pinene）等。

同属植物入药的还有：红松 *P. koraiensis* Sieb. et Zucc. 叶 5 针一束，树脂道 3 个，中生。球果很大，种鳞先端反卷。种子（松子）可食用。分布于我国东北小兴安岭及长白山地区。云南松 *P. yunnanensis* Franch. 叶 3 针一束，柔软下垂，树脂道 4~6 个，中生或边生。分布于我国西南地区。

金钱松 *Pseudolarix amabilis*(Nelson) Rehd. 落叶乔木。叶片条形，扁平柔软，在长枝上成螺旋状散生，在短枝上 15~30 枚簇生，向四周辐射平展，秋后变金黄色，圆如铜钱。雌雄同株，球花生于短枝顶端，苞鳞较珠鳞大，球果当年成熟，熟时种子与种鳞一同脱落，种子具宽翅。为我国特有种。分布于长江中下游各省温暖地带。生于温暖、土壤深厚的酸性土山区。树皮或根皮入药，称土槿皮，治顽癣和食积等症。

2. 柏科 Cupressaceae

【形态特征】常绿乔木或灌木。叶交互对生或 3~4 片轮生，鳞片状或针形或同一树上兼有两型叶。球花小，单性，同株或异株；雄球花单生于枝顶，椭圆状卵形，有 3~8 对交互对生的雄蕊，每雄蕊有 2~6 枚花药；雌球花球形，有 3~16 枚交互对生或 3~4 枚轮生的珠鳞。珠鳞与下面的苞鳞合生，每珠鳞有一至数枚胚珠。球果圆球形、卵圆形或长圆形，熟时种鳞木质或革质，开展或有时为浆果状不开展，每个种鳞内面基部有种子 1 至多粒。种子有翅或无翅，具胚乳；子叶 2 枚，稀为多枚。

【微观特征】表皮细胞垂周壁弯曲、波直或平直。染色体：X = 11，10，13。

【化学特征】普遍含挥发油、双黄酮类、木质素等。

【分布】有 22 属，约 150 种，分布于南北半球。我国有 8 属，近 29 种，分布于全国，药用 6 属，20 种。多为优良树种，庭院观赏树木。

柏科分类

【药用植物】

侧柏 *Platycladus orientails*（L.）Franco. 常绿乔木，高达 20m，树干端直。树皮淡灰褐色或深灰色，纵裂成狭长条片脱落；小枝扁平，排成一平面，直展。叶鳞形，交互对生，先端微尖，绿色，贴伏于小枝上。球花单性，雌雄同株，单生于枝顶。雄球花黄绿色，具 3～6 对交互对生雄蕊；雌球花近球形，蓝绿色，有白粉，具 4 对交互对生的珠鳞，仅中间 2 对各生 1～2 枚胚珠。球果有种鳞 4 对，成熟前肉质，成熟后木质开裂；种鳞木质、红褐色、扁平，背部近顶端具反曲的钩状尖头。种子无翅或有极窄翅（图 8-4）。我国特产，除新疆、青海外，分布遍及全国，为常见的园林、造林树种。枝叶药用（药材名：侧柏叶），含挥发油，油中主要为茴香酮（fenchone）、樟脑；并含桧酸（juniperic acid）、槲皮素、扁柏双黄酮（hinokiflavone），还含有鞣质、树脂、维生素 C 等。枝叶功效有收敛，止血，利尿，健胃，解毒，散瘀；种仁（药材名：柏子仁）功效有滋补、强壮、安神、润肠。

图 8-4 侧柏
1. 着果的枝 2. 雄球花 3. 雌球花 4. 雌蕊的内面 5. 雄蕊的内面及外面

3. 杉科 Taxodiaceae 乔木。叶螺旋状排列，同一树上的叶同型或二型；孢子叶球单性同株，小孢子叶及珠鳞螺旋状排列（仅水杉的叶和小孢子叶、珠鳞对生），小孢子囊多于 2 个（常 3～4 个），小孢子无气囊，珠鳞与苞鳞多为半合生（仅顶端分离），珠鳞的腹面基部有 2～9 枚直立或倒生胚珠。球果当年成熟，种鳞（或苞鳞）扁平或盾形，木质或革质，能育种鳞有 2～9 粒种子，种子周围或两侧有窄翅。

杉科植物共 15 种，分别属于杉木属（*Cunninghamia* R. Br.）、台湾杉属（*Taiwania* Hayata）、柳杉属（*Cryptomeria* D. Don）、水松属（*Glyptostrobus* Endl.）、落羽杉属（又名落羽松属，*Taxodium* Rich.）、巨杉属（*Sequoiadendron* Buchholz）、北美红杉属（*Sequoia* Endl.）、水杉属（*Metasequoia* Miki ex Hu et Cheng）、密叶杉属（*Athrotaxis*）等 10 属，主要分布于北温带。我国产 5 属，7 种，引入栽培 4 属，7 种，分布于长江流域及秦岭以南各省区。

【药用植物】

杉木 *Cunninghamia lanceolata*（Lamb.）Hook. 为杉木属（*Cunninghamia*）常绿乔木，树高可达 30～40m。侧枝轮生，向外横展，幼树树冠尖塔形，大树树冠圆锥形。叶螺旋状互生，侧枝叶基部扭成 2 列，线状披针形，先端尖而稍硬，长 3～6cm，边缘有细齿，上面中脉两侧的气孔线较下面的为少。雄球花簇生枝顶；雌球花单生，或 2～3 朵簇生枝顶，卵圆形，苞鳞与珠鳞结合而生，苞鳞大，珠鳞先端 3 裂，腹面具 3 胚珠。球果近球形或圆卵形，长 2.5～5cm，直径 3～5cm，苞鳞大，革质，扁平，三角状宽卵形，先端尖，边缘有细齿，宿存；种鳞形小，较种子短，生于苞鳞腹面下部，每种鳞具 3 枚扁平种子；种子扁平，长 6～8mm，褐色，两侧有窄翅，子叶 2 枚（图 8-5）。树皮及根、叶入药，能祛风润燥，收敛止血。

此外，本科尚有：水松 *Glyptostrobus pensilis* (Staunt.) K. Koch. 水松属（*Glyptostrobus*）落叶乔木，我国特产品种。主要分布于华南地区以及江西、四川、云南等省；叶、枝和果实入药，有祛风除湿、收敛止痛的作用。

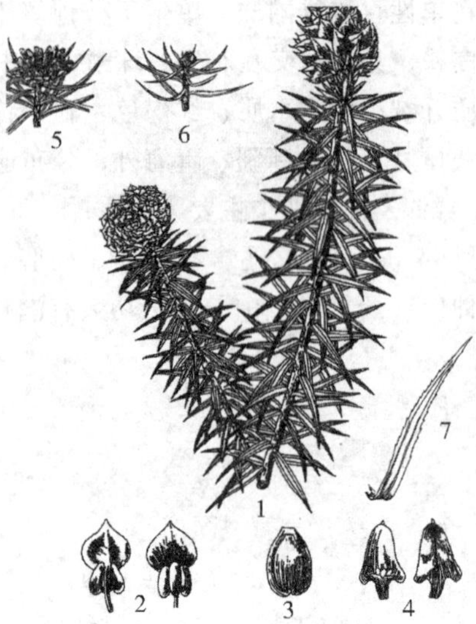

四、红豆杉纲（紫杉纲）Taxopsida

常绿乔木或灌木，多分枝。叶线形或披针形，直或微弯，螺旋状排列或交互对生。孢子叶球单性异株，稀同株。胚珠生于盘状或漏斗状的珠托上，或由囊状或杯状的套被所包围。种子具肉质假种皮或外种皮。

在传统分类中，本纲植物通常被放在松柏纲（目），但根据其大孢子叶特化为鳞片状珠托或套被、不形成球果以及种子具肉质的假种皮或外种皮等特点，把松柏纲中分出单列 1 纲。

红豆杉纲有约 162 种，隶属于 3 科，14 属，即罗汉松科、三尖杉科和红豆杉科。我国有 3 科，7 属，33 种。

1. 三尖杉科（粗榧科）Cephalotaxaceae

【形态特征】常绿乔木或灌木，髓中部具树脂道。小枝对生，基部有宿存的芽鳞。叶条形或披针状条形，交互对生或近对生，在侧枝上基部扭转排成 2 列，上面中脉隆起，下面有 2 条宽气孔带。球花单性，雌雄异株，少同株。雄球花有雄花 6～11，聚成头状，单生于叶腋，基部具多数苞片，每一雄球花基部有一卵圆形或三角形的苞片；雄蕊 4～16，花丝短，花粉粒无气囊；雌球花有长柄，生于小枝基部苞片的腋部，花轴上有数对交互对生的苞片，每苞片腋生胚珠 2 枚，仅 1 枚发育，胚珠生于珠托上。种子核果状，全部包于由珠托发育成的肉质假种皮中，基部具宿存的苞片。外种皮坚硬，内种皮薄膜质，有胚乳，子叶 2 枚。

【微观特征】髓部具有树脂道，射线通常单列，管胞的纹孔单列。染色体：X = 12。

【化学特征】含生物碱、双黄酮类，生物碱类主要是粗榧碱和高刺桐碱两类。枝叶提取粗榧碱有抗癌作用，已用于临床，治疗淋巴系统恶性肿瘤。

【分布】1 属，9 种，分布于亚洲东部与南部。我国产 7 种，3 变种，主要分布于秦岭以南及海南岛，药用 5 种。为庭园观赏树。

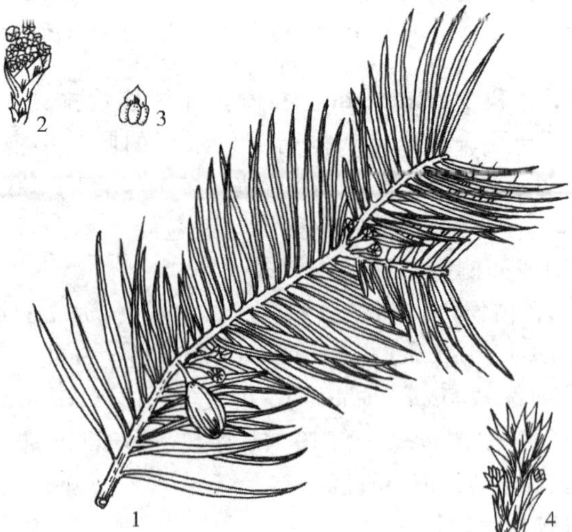

【药用植物】

三尖杉 *Cephalotaxus fortune* Hook. f. 为我国特有树种。常绿乔木，树皮褐色或红褐色，片状脱落。叶长 3.5～13cm，宽 3～4.4mm，先端渐尖成长尖

图 8-5 杉木
1. 带球果的枝 2. 小孢子叶（示孢子囊结构） 3. 种子
4. 苞鳞（示背腹面） 5. 雄球花枝（小孢子叶球枝）
6. 雌球花枝（大孢子叶球枝） 7. 叶

图 8-6 三尖杉
1. 着生种子的枝 2. 雄球花
3. 雄蕊 4. 幼枝及雌球花

头，基部渐狭，楔形或宽楔形；螺旋状着生，排成 2 行，线形，常弯曲，上面中脉隆起，深绿色，叶背中脉两侧各有 1 条白色气孔带，且较绿色边带宽 3～5 倍。小孢子叶球有明显的总梗，长约 6～8mm。种子核果状，椭圆状卵形，长约 2.5cm。假种皮成熟时紫色或红紫色（图 8－6）。分布于华中、华南及西南地区。生于山坡疏林、溪谷湿润而排水良好的地方。种子能驱虫，润肺，止咳，消食。从本植物提取的三尖杉酯碱与高三尖杉酯碱混合物对治疗白血病有一定疗效。

三尖杉属具有抗癌作用的植物有：海南粗榧 *Cephalotaxus mannii* Hook. f.，粗榧 *C. sinensis*（Rehd. et Wils.）Li. 及篦子三尖杉 *C. oliveri* Mast. 等。

2. 红豆杉科（紫杉科）Taxaceae

【形态特征】常绿乔木或灌木。管胞具大型螺纹增厚，木射线单列，无树脂道。叶条形或披针形，螺旋状排列或交互对生，叶腹面中脉凹陷，背面沿突起的中脉两侧各有 1 条气孔带。球花单性异株，稀同株；雄球花单生叶腋或苞腋，或组成穗状花序状聚生于枝顶，雄蕊多数，各具 3～9 个花药，花粉粒球形，无气囊。雌球花单生或成对，胚珠 1 枚，生于苞腋，基部具盘状或漏斗状珠托。种子浆果状或核果状，包于杯状肉质假种皮中。

【微观特征】管胞螺纹，木射线单列，无树脂道。染色体：X＝11，12。

【化学特征】有黄酮类、生物碱类、萜类、固醇、草酸、挥发油和鞣质等。

【分布】5 属，约 23 种，主要分布于北半球。我国 4 属，12 种，1 栽培种，药用 3 属，10 种。

【药用植物】

东北红豆杉 *Taxus cuspidate* Sieb. et Zucc. 乔木　高可达 20m，树皮红褐色。叶排成不规则的 2 列，常呈 "V" 字形展开，条形，通常较直，下面有 2 条气孔带。雄球花有雄花 9～14，各具 5～8 个花药。种子卵圆形，紫红色，外覆有上部开口的假种皮，假种皮成熟时肉质，鲜红色（图 8－7）。产于我国东北地区的小兴安岭（南部）和长白山区。生于湿润、疏松、肥沃、排水良好的地方。种子可榨油；树皮、枝叶、根皮可提取紫杉醇（taxol），具抗癌作用，亦可治疗糖尿病；叶有利尿、通经之效。

本属植物大多含紫杉醇而受到重视。全世界约有 11 种，分布于北半球。我国有 4 种，1 变种，西藏红豆杉 *Taxus wallichiana* Zucc.、东北红豆杉 *Taxus cuspidate* Sieb. et Zucc.、云南红豆杉 *Taxus yunnanensis* Cheng et L. K. Fu.、红豆

图 8－7　东北红豆杉
1. 部分枝条　2. 叶　3. 种子及假种皮　4. 种子　5. 种子基部

杉 *Taxus chinensis*（Pilg.）Rehd.、南方红豆杉（美丽红豆杉）*Taxus chinensis*（Pilg.）Rehd. *var. mairei*（Lemée et H. Lévl.）Cheng et L. K. Fu 均供药用。

榧树 *Torreya grandis* Fort. et Lindl.　常绿乔木，高达 2m，树皮浅黄色、灰褐色，不规则纵裂。叶条形，交互对生或近对生，基部扭转排列成 2 列；坚硬，先端有凸起的刺状短尖头，基部圆或微圆，长 1.1～2.5cm，上面绿色，无隆起的中脉，下面浅绿色，气孔带常与中脉带等宽。雌雄异株，雄球花圆柱形，雄蕊多数，各有 4 药室；雌球花无柄，成对生于叶腋。种子椭圆形、卵圆形，熟时由珠托发育而成的假种皮包被，淡紫褐色，有白粉。为我国特有树种，产于华东、湖南及贵州等地。种子（药材名：香榧）为著名的干果，具杀虫消积、润燥通便功效。

五、买麻藤纲（倪藤纲）Gnetopsida

灌木或木质藤本，稀乔木或草本状小灌木。次生木质部常具导管，无树脂道。叶对生或轮生，叶片

有各种类型；有细小膜质鞘状，或绿色扁平似双子叶植物。球花单性，异株或同株，或有两性的痕迹，有类似于花被的盖被，也称假花被，盖被膜质、革质或肉质；胚珠1枚，珠被1~2层，具珠孔管（micropylar tube）；精子无纤毛；颈卵器极其退化或无；成熟雌球花球果状、浆果状或细长穗状。种子包被于由盖被发育而成的假种皮中，种皮1~2层，胚乳丰富，子叶2枚。

买麻藤纲分类分布

买麻藤纲有3目，3科，3属，约80种。我国2目，2科，2属，19种，分布遍及全国。此植物类群起源于新生代。茎内次生木质部有导管，孢子叶球有盖被，胚珠包裹于盖被内，许多种类有多核胚囊而无颈卵器，这些是裸子植物中最进化类群的特征。

麻黄科 Ephedraceae

【形态特征】小灌木或亚灌木。小枝对生或轮生，节明显，节间具纵沟，茎内次生木质部具导管。叶呈鳞片状，于节部对生或轮生，合生成鞘状，常退化成膜质鞘。雌雄异株，少数同株。雄球花由数对苞片组合而成，每苞有1雄花，每花有雄蕊2~8，花丝合成一束，雄花外包有膜质假花被，2~4裂；雌球花由多数苞片组成，仅顶端1~3片苞片生有雌花，雌花具有顶端开口的囊状假花被，包于珠被外，胚珠1枚，具1层珠被，珠被上部延长成珠被（孔）管，自假花被开口处伸出。种子浆果状，成熟时，假花被发育成革质假种皮，外层苞片发育而增厚成肉质、红色，富含黏液和糖质，俗称"麻黄果"，可食用。胚乳丰富，胚具子叶2枚。

【微观特征】茎具下皮纤维束和皮层纤维，环髓纤维；木质部具导管和草酸钙晶体；气孔的保卫细胞呈哑铃形。染色体：X = 7。

【化学特征】普遍含有麻黄碱类多种生物碱以及挥发油、黄酮和有机酸等。

【分布】1属，约40种。主要分布于亚洲、美洲、欧洲东南部及非洲北部等干旱、荒漠地区。我国有12种，4变种，已知药用15种，分布较广，以西北各省区及云南、四川、内蒙古等地种类较多。生于荒漠及土壤瘠薄处，有固沙保土作用；由于滥采滥挖，野生资源受到严重破坏，现已受国家保护。

【药用植物】

草麻黄 *Ephedra sinical* Stapf 亚灌木，常呈草本状。植株高3~60cm，木质茎短，有时横卧，小枝对生或轮生，直身或微曲，草质，具明显的节和节间，纵槽不明显。叶鳞片状，膜质，基部鞘状，下部1/3~2/3合生，上部2裂，裂片锐三角形，反曲。雌雄异株，雄球花多呈复穗状，苞片通常4对，雄蕊7~8，雄蕊花丝合生或先端微分离；雌球花单生于枝顶，苞片4对，仅先端1对苞片有2~3雌花；雌花有厚壳状假花被，包围胚珠之外，胚珠的珠被先端延长成珠被管，直立细长呈筒状，长1~1.5mm。雌球花成熟时，苞片肉质红色。种子通常

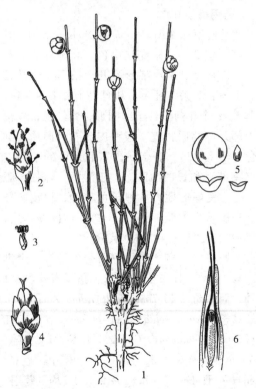

图8-8 草麻黄
1. 雌株　2. 雄球花　3. 雄花
4. 雌球花　5. 种子及苞片　6. 胚珠纵切

2粒，包于肉质苞片内，不外露或与肉质苞片等长，黑红色或灰棕色，表面常具细皱纹，种脐明显，呈半圆形（图8-8）。分布于河北、山西、河南西北部、陕西、内蒙古及辽宁、吉林的小部分地区。适应性强，多见于山坡、平原、干燥荒地、河床及草原等地，常组成大面积单纯群落。茎入药，含生物碱1.3%，主要为左旋麻黄碱（l-ephedrine），占生物碱总量的80%~85%，其次为右旋伪麻黄碱（d-pseudoephedrine）；能发汗，平喘，利尿；为提取麻黄碱的主要原料。根能止汗，降压。

我国麻黄属植物供药用的还有：木贼麻黄 *E. equisetina* Bge. 直立木质茎，呈灌木状，节间细而较

短，小孢子叶球有苞片 3~4 对；大孢子叶球成熟时长卵圆形或卵圆形。种子通常 1 粒。产于内蒙古、河北、山西、陕西、甘肃及新疆等地，习见于干旱地区的山脊山顶或石壁等处。其麻黄碱的含量最高，约 1.02%~3.33%。中麻黄 *E. intermedia* Schr. et Mey. 小枝多分支，直径 1.5~3mm，棱线 18~28 条，节间长 2~6cm；膜质鳞叶 3，稀 2，长 2~3mm，上部约 1/3 分离，先端锐尖。断面髓部呈三角状圆形。其麻黄碱含量较前两种低，约 1.1%。分布于东北、华北、西北大部分地区。此外，尚有：丽江麻黄 *E. likiangensis* Florin. 也供药用，多自产自销。分布于云南、贵州、四川、西藏等地。膜果麻黄 *E. przewalskii* Stapf 分布较广，甘肃部分地区作麻黄入药，质量较次。本属植物含麻黄碱的还有：双穗麻黄 *E. distachya* L.、藏麻黄 *E. saxatilis* Royle ex Florin、山岭麻黄 *E. gerardiana* Wall.、单子麻黄 *E. monosperma* Gmel. ex Mey.、矮麻黄 *E. minuta* Florin. 等。

知识链接

麻黄碱

　　从麻黄科植物麻黄中提出的生物碱中，有一种为麻黄碱。它是合成苯丙胺、甲基苯丙胺等苯丙胺类中枢神经兴奋剂最主要的原料。苯丙胺类兴奋剂属于精神药物，因容易被滥用而被称为"21 世纪的毒品"，如传统型的苯丙胺和甲基苯丙胺，用于减肥的芬氟拉明，致幻性替苯丙胺（MDA）、二亚甲基双氧安非他明（MDMA）等。毒品市场上出现的"冰毒"的主要成分是甲基苯丙胺，"麻果"主要成分是甲基苯丙胺和咖啡因，"摇头丸"主要成分是 MDA 和 MDMA 等致幻剂的混合物。滥用这些苯丙胺类兴奋剂可致成瘾，并对人身心造成危害，所以受到国家的管制，也是国际奥委会严格禁止的兴奋剂。含麻黄碱类药物的复方制剂用于临床治疗时，若按医师处方或药师指导适量服用，一般不会有成瘾等副作用，因此，患者不必过分担心。此类制剂用于治疗时，每个疗程用量一般为 1~2 个最小销售包装。因此，国家正在推行的相关禁售令不会对公众购买、使用这些常用药造成任何影响。

知识拓展

表 8-3 裸子植物与被子植物的区别

	裸子植物	被子植物
植物体	木本	木本或草本
花	多单性	两性或单性
心皮	不包卷，无封闭子房	包卷成子房
胚珠	裸露在心皮上	包被于子房内
果实	无真正的果实	子房发育为果实
输导组织	木质部为管胞	大多数为导管
	韧皮部为筛胞	大多数为筛管

本章小结

裸子植物是"地球森林"的主要构成植物之一，是介于蕨类植物与被子植物之间的一群高等植物，为最原始的种子植物，具有颈卵器；既属颈卵器植物，又是能产生种子的种子植物。但胚珠外面没有子房壁包被，不形成果皮，所以种子是裸露的。

重点 裸子植物的特征：孢子体发达，占绝对优势；多数种类为常绿乔木，有长枝和短枝之分；具有次生构造和形成层，有强大的主根。具有颈卵器的构造，但结构简单。配子体退化，完全寄生在孢子体上；具多胚现象；有花粉管的产生，受精已经离开了水的限制；产生种子，但无子房和果实。

裸子植物中具有药用价值的苏铁纲、银杏纲、松柏纲、红豆杉纲和买麻藤纲的特征；每个科中代表的药用植物：苏铁、银杏、马尾松、侧柏、红豆杉、三尖杉以及麻黄等植物的识别特征。

难点 裸子植物的特征。

题库

思 考 题

1. 与苔藓植物、蕨类植物比较，裸子植物在适应陆生生活方面有哪些进步特征？
2. 裸子植物的种子在结构和来源上与被子植物的种子有什么异同？
3. 松科和柏科的主要区别有哪些？

第九章

被子植物门 Angiospermae

课堂互动

目前植物界中进化最高级、种类最多、分布最广、适应性最强和最繁盛的是哪个类群？该类群的主要特征是什么？该类群采用的分类系统如何？该类群主要科的特征及其代表药用植物是什么？

第一节 被子植物的主要特征

PPT

被子植物（Angiospermae）又称为有花植物（flowering plant），早在中生代侏罗纪以前已开始出现，是目前植物界中最进化、最高级、种类最多、分布最广、适应性最强和最繁盛的一个类群。现知被子植物有 1 万多属，25 万余种，约占植物界总数的一半以上。它广泛分布于山地、平原、沙漠、湖沼、海洋之中，具有各种生活习性和营养方式。我国被子植物有 2700 多属，2.5 万余种；第三次全国中药资源普查结果表明，我国有药用被子植物 213 科，1957 属，1 万余种，约占药用植物总数的 90%，占中药资源总数的 78.5%。被子植物如此众多的种类和极其广泛的适应性，与其复杂和完善的结构是分不开的，特别是其繁殖器官的结构和生殖过程的特点，赋予了它适应、抵御各种环境的内在条件，使其在生存竞争、自然选择的过程中不断产生新的变异、形成新的物种，而在地球上占绝对优势。被子植物的主要特征可概括如下。

1. 具有高度特化的真正的花 被子植物在长期的进化过程中，经自然选择产生了具有高度特殊化的、真正的花，开花过程是被子植物的一个显著特征。被子植物的花通常由花被（花萼、花冠）、雄蕊群及雌蕊群组成。花被的出现，一方面加强了保护作用，另一方面增强了传粉效率，以适应虫媒、鸟媒、风媒、水媒等传粉条件。

2. 胚珠包被在心皮形成的子房内 被子植物雌蕊由心皮所组成，包括子房、花柱和柱头 3 部分。其胚珠是包被在由心皮闭合而形成的子房内，子房受精后发育成果实，其中子房壁发育成果皮，包被于由胚珠形成的种子之外，故称被子植物。果实有多种开裂方式，果皮上常具有各种钩、刺、翅、毛等结构，果实的这些特点对保护种子成熟和帮助种子传播起着重要作用。

3. 有独特的双受精现象 在受精过程中，一个精子与卵细胞结合形成合子（受精卵），另一个精子与 2 个极核结合，发育成三倍体的胚乳，这种胚乳为幼胚发育提供营养，具有双亲的特性，能为新植株提供较强的生活力。双受精现象仅存在于被子植物中。

4. 孢子体高度发达 被子植物在形态、结构和生活型等方面，比其他各类植物更完善化、多样化。有木本、草本植物之分；木本植物包括乔木、灌木、藤本，为多年生的，有常绿的，也有落叶的；草本植物有一年生、二年生及多年生的。有水生、沙生、石生和盐碱地生长植物。有微细如沙粒的无根萍，有高达 150m 的杏仁桉，种子有轻如尘埃的附生兰（50000 颗种子仅 0.1g）。果实有仅有 1 枚种子而重达 25kg 的大王椰子。有生命周期仅 3 周的十字花科植物，也有寿命长达 8000 年的龙血树。在构造上，被子植物的木质部分化出现了导管，韧皮部分化出现了筛管和伴胞，输导组织的完善使植物体内水分和营养物质的运输更加快捷、有效。

5. 配子体进一步简化 被子植物雄配子体由小孢子（单核花粉粒）发育而成，大部分成熟的雄配子体仅具 2 个细胞（2 核花粉粒），其中 1 个为营养细胞，1 个为生殖细胞；少数植物在传粉前生殖细胞分裂 1 次，产生 2 个精子，这类植物的雄配子体为 3 核花粉粒。雌配子体为胚珠内大孢子发育成的胚囊，成熟时常为 8 核 7 细胞结构，即 3 个反足细胞，1 个中央细胞（具 2 个极核），2 个助细胞，1 个卵细胞。由此可见，被子植物的雌、雄配子体均无独立生活能力，终生寄生在孢子体上，结构上比裸子植物更简单、更进化。

第二节　被子植物分类的一般规律

PPT

对被子植物进行分类，不仅要把 25 万多种植物安置在一定的位置（纲、目、科、属、种），而且还要建立一个能反映它们之间亲缘关系的系统。目前，被子植物的分类是以形态学特征为主要依据，尤其是花、果实的形态特征更为重要。由于植物解剖学、细胞学、分子生物学及植物化学等学科迅速发展，特别是近年来发展起来的植物分子系统学方法，通过植物遗传系统的核基因组及叶绿体基因组的研究，对研究某些植物类群的亲缘关系和进化，以及探讨某些在系统分类位置上有争议的类群，提供了新的证据或佐证。

植物器官形态演化的过程通常是由简单到复杂、由低级到高级。但在器官分化或特化的同时，常伴随着简化或退化的现象。例如，一般虫媒花植物是有花被的，但有些虫媒花植物失去了花被；根、茎器官的组织构造由简单逐渐变复杂，但在草本植物类型中又趋于简化。要判断某一类群或某一植物是进化的还是原始的，不能孤立片面地根据某一性状特征，应当全面、综合地进行分析比较，这是因为：第一，同一植物各形态器官的演化不是同步的，如唇形科花冠联合、不整齐、雄蕊通常 4 枚等性状特征都表现出是高级虫媒植物协同进化的结果，但子房却是比较原始的上位子房；第二，同一种性状在不同植物中的进化意义也并非绝对，如对一般植物而言，两性花、胚珠多数、胚小是原始性状特征，而对兰科植物，这恰恰是它的进化标志；第三，分类上各种性状特征的价值不等，进行被子植物分类时，人们习惯认为生殖器官性状特征比营养器官的更重要些。表 9-1 显示了被子植物形态构造演化的一般规律。

表 9-1 被子植物形态构造演化的一般规律

	初生的、原始的性状	次生的、进化的性状
根	主根发达（直根系）	主根不发达（须根系）
茎	木本，不分枝或二叉分枝	草本，合轴分枝
	直立	藤本
	无导管，有管胞	有导管
	环纹、螺纹导管，梯纹穿孔，斜端壁	网纹、孔纹导管，单穿孔，平端壁
叶	常绿	落叶
	单叶、全缘	复叶、叶形复杂化
	互生或螺旋排列	对生或轮生
花	单生	形成花序
	两性花	单性花
	辐射对称	两侧对称或不对称
	虫媒花	风媒花
	雌雄同株	雌雄异株
	花各部螺旋排列	花各部轮状排列
	双被花	单被花或无被花
	花被离生	花被合生
	花各部多数而不固定	花各部有定数（3、4 或 5）
	雌雄蕊分离	合生成合蕊柱
	花粉粒具单沟	花粉粒具 3 沟或多孔
	子房上位	子房下位
	胚珠多数	胚珠少数
	边缘胎座、中轴胎座	侧膜胎座、特立中央胎座
果实	单果、聚合果	聚花果
	真果	假果
	蓇葖果、荚果、瘦果	核果、浆果、梨果
种子	种子多（花期胚珠多）	种子少（花期胚珠少）
	胚小，有发达的胚乳	胚大，无胚乳
	子叶 2 枚	子叶 1 枚
生活型	多年生	一或二年生
	绿色自养植物	寄生、腐生植物

PPT

第三节　被子植物的主要分类系统

1. 两大学说　对于被子植物的系统演化研究，首先要确定植物的原始性状和进化性状，尤其是花的性状特征，因为形成真正的花是被子植物区别于其他植物类群的最主要特征。最古老被子植物的形态特征、原始类群和进化类群各自具有的特征等问题，是植物分类学家研究的中心、争论的焦点，尤其是在被子植物的"花"的来源上意见分歧最大，形成了两个学派，即当前流行的"假花学说"（pseudanthium theory）和"真花学说"（euanthium theory）。

（1）假花学说　假花学说是恩格勒学派的韦特斯坦（Wettstein）建立的，该学说认为被子植物的一朵花是由裸子植物的单性孢子叶球穗（花序）演变而来，每个雄蕊和心皮分别相当于一个极端退化的雄花和雌花，因而设想被子植物来源于裸子植物麻黄类的弯柄麻黄 *Ephedra campylopoda*，并设想雄花（小孢子叶球）的苞片演变成花被，雌花（大孢子叶球）的苞片演变为雌蕊（心皮），每个雄花的小苞片消失后，只剩下一个雄蕊，雌花小苞片消失后只剩下胚珠，着生于子房基部。由于裸子植物，尤其是麻黄和买麻藤等都以单性花为主，该学说设想原始被子植物具单性花，并据此认为，具有单性花、无被花、风媒花和木本的葇荑花序类植物为原始类群，如木麻黄目、胡椒目、杨柳目等。假花学说的依据是现存的裸子植物为木本、单性花、风媒花、雌雄同株或异株，胚珠具一层珠被，而被子植物的葇荑花序类植物也大都具有以上特点。这一学说为现代多数分类学家所反对，解剖学、孢粉学等研究资料证明，葇荑花序类植物应为次生类群。

（2）真花学说　真花学说是美国植物学家柏施（Bessey）提出的，该学说认为被子植物起源于原始的已灭绝的裸子植物，这种裸子植物具有两性的孢子叶球，特别是拟苏铁 *Cycadeoidea dacotensis* 及其相近种。其孢子叶球基部的苞片演变为花被，小孢子叶演变为雄蕊，大孢子叶演变为雌蕊（心皮），其孢子叶球的轴则缩短演变为花轴或花托；据此认为，被子植物的多心皮类，尤其是木兰目植物为较原始的类群。即两性花、重被花和虫媒花是原始的特征；单性花、单被花、风媒花是进化的次生特征。赞同该学说的人较多，如哈钦松、塔赫他间、克朗奎斯特等（图9-1）。

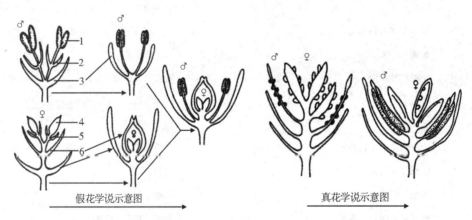

假花学说示意图　　　　　真花学说示意图

图9-1　假花学说与真花学说

1. 雄花　2. 雄蕊小苞片　3. 苞片　4. 雌花　5. 雌蕊小苞片　6. 苞片

2. 被子植物的分类系统　按照植物之间的亲缘关系，建立一个反映植物自然演化过程的系统，说明被子植物间的演化关系，一直是植物系统学家孜孜以求的目标。19世纪以来，有许多植物分类工作者为建立一个"自然"的分类系统做出了巨大努力。他们根据不同的系统发育理论，结合古植物学和其他现有资料，提出了数十个被子植物分类系统。但由于有关被子植物起源、演化的知识和化石证据不足，直到现在还没有一个比较完善而公认的分类系统。目前世界上运用较广泛的主要有以下四个分类系统。

（1）恩格勒系统　德国植物学家恩格勒（A. Engler）和柏兰特（K. Prantl）于1892年在他们合著的《植物自然分科志》（*Die Natürlichen Pflanzen Familien*）中提出了该系统。此系统是植物分类史上第一个比较完整的系统。它把植物界分为13门，第13门为种子植物门，被子植物是种子植物门中的一个亚门，把被子植物亚门分为单子叶植物纲和双子叶植物纲，并将双子叶植物纲分为离瓣花亚纲（古生花被亚纲）和合瓣花亚纲（后生花被亚纲），共计45目，280科。

恩格勒系统以假花学说为理论基础，将单子叶植物放在双子叶植物之前，把荑黄花序类植物作为被子植物中最原始的类群，而认为木兰目、毛茛目等是较进化的类群。这些观点已被今日许多分类学家所否定。

恩格勒系统几经修订，在 1964 年出版的《植物分科志要》第 12 版中，已把被子植物分立为门，并将单子叶植物移到双子叶植物之后。被子植物共有 62 目，344 科，其中，双子叶植物 48 目，291 科，单子叶植物 14 目，53 科。

尽管恩格勒系统的一些观点已不能为多数分类学家所接受，但因这一系统范围较广，包括了全世界植物的纲、目、科、属，而且各国沿用历史已久，为许多植物学家所熟悉，所以在世界许多地区仍较为广泛使用。如《中国植物志》及我国部分地区植物志仍基本按该系统编排。本教材也采用恩格勒系统，只是部分内容有变动。

（2）哈钦松系统 英国植物学家哈钦松（J. Hutchinson）于 1926 年和 1934 年在其《有花植物科志》Ⅰ和Ⅱ（the Families of Flowering Plants Ⅰ, Ⅱ）中提出了该系统。1973 年修订的第 3 版中，共有 111 目，411 科。

哈钦松系统以真花学说为理论基础，认为多心皮的木兰目、毛茛目是被子植物的原始类型，单子叶植物比双子叶植物进化，双子叶植物以木兰目和毛茛目为起点，由木兰目演化出一支木本植物，由毛茛目演化出一支草本植物，这两支是平行发展的。

哈钦松系统过分强调木本和草本两个来源，使某些亲缘关系很近的科分得很远。例如将草本的伞形科同木本的五加科、山茱萸科分开；将草本的唇形科同木本的马鞭草科分开等。这些观点的人为性很大，受到多数分类学家的反对。但这个系统为多心皮学派奠定了基础。塔赫他间系统和克朗奎斯特系统等即是在此系统上发展起来的。我国华南、西南、华中的一些植物研究所和大学标本馆多采用该系统。

（3）塔赫他间系统 苏联植物学家塔赫他间（A. L. Takhtajan）于 1954 年在《被子植物的起源》（Origins of the Angiospermous Plants）中发表了该系统。该系亦主张真花学说，认为木兰目是最原始的被子植物类群，草本由木本演化而来。但他首次打破了把双子叶植物分为离瓣花亚纲和合瓣花亚纲的传统分类方法，并在分类等级上设立"超目"这一分类单元，将原属于毛茛科的芍药属独立为芍药科（这与当今植物解剖学、孢粉学、植物细胞分类学和化学分类学的发展相吻合）。塔赫他间系统经过数次修订（1968、1980、1987、1997），在 1997 年出版的《有花植物多样性和分类》（Diversity and Classification of Flowering Plants）中，他把被子植物分为两个纲：木兰纲（即双子叶植物纲）和百合纲（即单子叶植物纲）。其中，木兰纲包括 11 个亚纲；百合纲包括 6 个亚纲。它们又被分为 71 超目，232 目，591 科。该系统显得较烦琐。

（4）克朗奎斯特系统 美国植物学家克朗奎斯特（A. Cronquist）于 1968 年在其《有花植物的分类和演化》（The Evolution and Classification of Flowering Plants）一书中发表了该系统。该系统接近于塔赫他间系统，把被子植物称为木兰植物门，分成木兰纲和百合纲，但取消了"超目"这一级分类单元，科的数目也有所减少。在 1981 年修订的克朗奎斯特系统中，木兰纲包括 6 个亚纲，64 目，318 科；百合纲包括 5 个亚纲，19 目，65 科。

克朗奎斯特系统在各级分类系统安排上，似乎比前几个系统更为合理，科的数目及范围较适中，其分类方法已逐渐被人们所采用，我国有的教科书及植物园已采用这一系统。

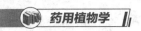

被子植物的分类系统

　　从达尔文开始，已有30多位学者提出了被子植物（有的是种子植物或维管植物）的分类系统。但被子植物的系统发育中普遍存在以下特点：①镶嵌进化或异级度性；②趋同进化；③生殖阻障的起源和表征的分化之间存在着某种独立性；④杂交、异源多倍化、遗传物质的非谱系传递（如通过病毒）以及很不相同的分类群的共生性"融合"等造成的非趋异性网状进化。这些特点使这项工作的复杂性大大增加。但目前针对被子植物的单元发生、单子叶和双子叶植物间的亲缘关系、木兰目和与其近缘目的原始性、具退化单性花的风媒传粉科的次生性质等许多问题，学界已基本上取得了一致的认识。

第四节　被子植物的分类和常用药用植物

　　本教材按恩格勒分类系统，将被子植物门分为双子叶植物纲和单子叶植物纲。两纲植物的主要区别特征见表9-2（少数例外）。

表9-2　双子叶植物纲和单子叶植物纲的主要区别

		双子叶植物纲	单子叶植物纲
根		主根发达，多为直根系	主根不发达，多为须根系
茎		维管束呈环状排列，有形成层	维管束呈星散状排列，无形成层
叶		具网状叶脉	具平行或弧形叶脉
花		各部分基数通常为5或4，极少为3 花粉粒具3个萌发孔	各部分基数通常为3，极少为4 花粉粒具单个萌发孔
胚		具2枚子叶（极少为1、3或4）	具1枚子叶（或不分化）

　　上述区别点不是绝对的，而是相对的、综合的，常有交错现象。如双子叶植物纲中的睡莲科、毛茛科、小檗科、罂粟科、伞形科等有一片子叶的现象；毛茛科、车前科、菊科等部分植物具有须根系；胡椒科、石竹科、睡莲科、毛茛科等有星散排列维管束的植物；毛茛科、小檗科、木兰科、樟科有3基数的花。单子叶植物纲中的天南星科、百合科、薯蓣科等有网状脉；眼子菜科、百部科、百合科等有4基数的花。

　　双子叶植物与单子叶植物具有性状交错的现象，说明两者具有密切的亲缘关系。从进化角度来看，单子叶植物的须根系、无形成层、平行脉等性状都是次生的，它的单萌发孔却保留了比大多数双子叶植物还要原始的特征。原始的双子叶植物也具有单萌发孔的花粉粒，这也给单子叶植物起源于双子叶植物提供了依据。

　　药用植物标本对于药材的认知、植物的保护有着重要的作用，采集标本时应适度适量，不要滥采滥挖，破坏资源以及生态。同时，应培养学生在采集过程中发现问题、解决问题的能力，将传统方法与创新思维相结合。只有资源丰富，青山绿水永存，才能保证社会主义事业的蓬勃发展。

一、双子叶植物纲 Dicotyledoneae

　　双子叶植物纲分为离瓣花亚纲（原始花被亚纲）和合瓣花亚纲（后生花被亚纲）。

（一）离瓣花亚纲 Choripetalae

离瓣花亚纲又称古生花被亚纲或原始花被亚纲（Archichlamydeae），是被子植物中比较原始的类群。花无被、单被或重被，花瓣通常分离。雄蕊和花冠离生。胚珠一般具一层珠被。

1. 三白草科 Saururaceae $\male \female * P_0 A_{3\sim8} \underline{G}_{3\sim4;1;2\sim4,(3\sim4;1;\infty)}$

【形态特征】多年生草本。茎常具明显的节。单叶互生，托叶与叶柄常合生或缺。花小，两性，无花被；穗状或总状花序；花序下常具总苞片；雄蕊 3、6 或 8；雌蕊子房上位，心皮 3~4，离生或合生，若为离生时，则每心皮有胚珠 2~4 枚，若为合生时，则子房 1 室，侧膜胎座，胚珠多数。蒴果或浆果。种子胚乳丰富。

【微观特征】常具有分泌组织、油细胞、腺毛、分泌道；茎的维管束连成一环。染色体：X = 11。

【化学特征】多含挥发油和黄酮类化合物。鱼腥草挥发油中主要成分为甲基正壬酮（methyl - n - nonylketone）、癸酰乙醛（decanoylacetaldehyde）、月桂醛（lauraldehyde）等。

【分布】本科 5 属，约 10 种，分布于东亚和北美。我国有 4 属，5 种，主要分布于长江以南各地及台湾。已知药用 3 属，4 种。

【药用植物】

蕺菜 *Houttuynia cordata* Thunb. 多年生草本，植物体有鱼腥气。茎下部伏地，节上轮生小根，上部直立，有时带紫红色。叶互生，心形，有细腺点，背面常呈紫红色；托叶膜质，条形，下部与叶柄合生成鞘。穗状花序顶生，基部有 4 枚白色苞片，花瓣状；花小，两性，无花被；雄蕊 3，花丝下部与子房合生；雌蕊 3 心皮合生，子房上位。蒴果卵形，顶端开裂（图 9-2）。分布于长江以南各地区。全草或地上部分（药材名：鱼腥草）为清热解毒药，味辛，性微寒。能清热解毒，消痈排脓，利尿通淋。

三白草（塘边藕）*Saururus chinensis*（Lour.）Baill. 多年生草本。根状茎较粗，白色。茎粗壮，有纵长粗棱和沟槽。叶互生，阔卵形至卵状披针形，基部心形或斜心形。总状花序顶生，白色；雄蕊 6；雌蕊由 4 心皮合生，子房上位。果实分裂成 3~4 个分果瓣（图 9-3）。分布于长江以南各地区。地上部分（药材名：三白草）为利水消肿药，味甘、辛，性寒。能利尿消肿，清热解毒。

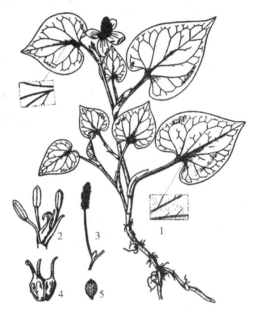

图 9-2　蕺菜
1. 植株　2. 花　3. 花序　4. 果实　5. 种子

图 9-3　三白草
1. 植株　2. 花

2. 胡椒科 Piperaceae ♂$P_0A_{1\sim10}$; ♀$P_0\underline{G}_{(2\sim5:1;1)}$; ⚥$P_0A_{1\sim10}\underline{G}_{(2\sim5:1;1)}$

【形态特征】灌木、藤本或肉质草本，常具香气或辛辣气。单叶，常互生；叶片全缘，两侧常不对称；托叶与叶柄常合生或无托叶。花小，密集成穗状花序；两性、单性异株或间有杂性；无花被；雄蕊 1~10；雌蕊子房上位，由2~5心皮合生，1室，有直生胚珠1枚。浆果小球形。种子1枚，具丰富的外胚乳。

【微观特征】茎内维管束常散生，与单子叶植物类似。常具有油细胞。花粉粒小，具单槽，有厚皮层。染色体：X = 12。

【化学特征】常含挥发油、生物碱，如胡椒碱（piperine）、胡椒新碱（piperanine）等，为胡椒辛辣刺激成分，也是主要的生理活性物质。

【分布】本科约8属，3000余种，分布于热带、亚热带地区。我国4属，约70余种，分布于台湾经东南部至西南部各地区。已知药用2属，约25种，集中于胡椒属（Piper）和草胡椒属（Peperomia）。

【药用植物】

胡椒 *Piper nigrum* L. 木质攀援藤本。茎节膨大，常生不定根。叶互生，近革质，卵状椭圆形，具托叶。花常单性异株，无花被；穗状花序与叶对生，常下垂，苞片匙状长圆形；雄蕊2；子房上位，1室，1胚珠。浆果球形，无柄；熟时红色。未成熟果实干后，果皮皱缩变黑（药材名：黑胡椒）；成熟后脱去果皮，呈白色（药材名：白胡椒）。形态见图9-4。原产东南亚，我国台湾、海南、广东、广西及云南等地有栽培。果实为温里药，味辛，性热。能温中散寒，下气，消痰。

荜茇 *Piper. longum* L. 攀援藤本。茎下部匍匐，枝有粗纵棱和沟槽。叶互生，卵圆形。花单性，无被；雌雄异株，穗状花序与叶对生；雄花序被粉状短绒毛，雌花序于果期延长；子房上位。浆果卵形，基部嵌生于花序轴内。分布于我国云南省东南至西南部，广东、广西和福建有栽培。果穗（药材名：荜茇）为温里药，味辛，性热。能温中散寒，下气止痛。

图9-4 胡椒
1. 果枝 2. 花序的一段 3. 苞片 4. 雄蕊 5. 果实

风藤（细叶青萎藤）*P. Kadsura* (Choisy) Ohwi. 木质藤本，有香气。茎有纵棱，节上生根。单叶互生，近革质，卵形或长卵形。花单性，雌雄异株，穗状花序与叶对生。浆果球形，黄褐色。分布于台湾沿海地区及福建、浙江等地。藤茎（药材名：海风藤）为祛风湿药，味辛、苦，性微温。能祛风湿，通经络，止痹痛。

知识链接

黑相椒和白胡椒

胡椒科以产胡椒（*Piper nigrum* L.）著名，商品上有黑胡椒、白胡椒之分。果穗基部果实开始变红时，剪下果穗晒干或烘干后，果皮变黑、皱缩，称黑胡椒；如全部果实均已发红时采收，用水浸渍数日，去外果皮晒干，则果实表面呈白色，称白胡椒。

3. 金粟兰科 Chloranthaceae $\hat{\varphi} P_0 A_{(1\sim3)} \overline{G}_{1:1:1}$

【形态特征】草本、灌木或小乔木。常具油细胞，有香气。节部常膨大。单叶对生，叶柄基部常合生成鞘；托叶小。花小；两性或单性；排成穗状花序、头状花序或圆锥花序；无花被；雄蕊1或3，合生成一体，着生于子房的一侧，花丝极短，药隔发达；子房下位，单心皮，1室，胚珠1枚。核果。种子具丰富的胚乳。

【微观特征】中脉常为二重维管束。草珊瑚属木质部只有管胞，无导管。花粉粒球状或舟状，双核，单沟至多孔。染色体 X = 8，14，15。

【化学特征】常含挥发油、黄酮苷、香豆素、内酯等化学成分。

【分布】本科约5属，70种，分布于热带和亚热带。我国有3属，21种，主要分布于长江以南地区。已知药用2属，15种。

【药用植物】

草珊瑚 *Sarcandra glabra*（Thunb.）Nakai. 常绿半灌木。茎节膨大。叶对生，革质，椭圆形、卵形至卵状披针形，边缘具粗、锐锯齿，齿尖有1腺体。穗状花序顶生，常分枝；花两性，无花被；雄蕊1枚，花药2室；雌蕊1枚，1心皮，子房下位，无花柱，柱头近头状。核果球形，熟时亮红色（图9-5）。分布于长江以南各地区。全草（药材名：肿节风）为清热解毒药，味苦、辛，性平。能清热凉血，活血消斑，祛风通络。

及己（四块瓦）*Chloranthus serratus*（Thunb.）Roem. et Schult. 常绿草本。叶对生，常4~6片生于茎之上部，椭圆形、倒卵形或卵状披针形；穗状花序单个或2~3分枝；花两性，白色，无被；雄蕊3枚，下部合生。核果近球形或梨形，绿色。分布于长江流域及南部各地区。根（药材名：四块瓦）为活血疗伤药，味苦，性平；有毒。能活血散瘀，祛风止痛，解毒杀虫。

图9-5 草珊瑚
1. 果枝 2. 果实 3. 雄蕊 4. 部分花序 5. 根及根茎

4. 桑科 Moraceae $\hat{\varphi} P_{4\sim5} A_{4\sim5}$；$\varphi P_{4\sim5} \underline{G}_{(2:1:1)}$

【形态特征】木本，稀草本和藤本。木本常具乳汁。叶常互生，稀对生；托叶常早落。花小，单性，雌雄同株或异株；常集成荑荑、穗状、头状或隐头花序；单被花，花被片4~5；雄花、雄蕊与花被同数且对生；雌花花被有时呈肉质，子房上位，2心皮，合生，通常1室1胚珠。果为小瘦果、小坚果，但在果期常与花被或花轴等形成肉质复果（聚花果）。

【微观特征】多具无节乳汁管，叶中常具碳酸钙结晶（钟乳体）。染色体 X = 7，8，10，13，14。

【化学特征】本科植物含多种特有成分及其他活性成分。如桑色素（morin）、氰桑酮（cyanomaclurin）、桑皮素（mulberrin）等黄酮类为本科特有成分。见血封喉中含有剧毒的是见血封喉苷（antiarins）等多种强心苷。大麻属植物中含有的大麻酚（cannabinol）、大麻酚酸（cannabinolic acid）、四氢大麻酚（tetrahydrocannabinols）等酚类化合物有致幻作用。桑叶中含牛膝甾酮（inokosterone）等昆虫变态激素。其他尚有皂苷、生物碱等。

【分布】本科约70属，1400余种，主要分布于热带、亚热带。我国有18属，近170种，全国各地均有分布，长江以南较多。已知药用约12属，55种。

【药用植物】

桑 *Morus alba* L. 落叶乔木或灌木，有乳汁。树皮灰色，具不规则浅纵裂。单叶互生，卵形或宽卵形，有时分裂；托叶早落。荑荑花序；花单性，雌雄异株。雄花花被片4，雄蕊

桑

4，与花被片对生，中央有退化雌蕊；雌花花被片4，无花柱，柱头2裂，子房上位，2心皮合生，1室，1胚珠。瘦果包于肉质花被片内，密集成聚花果，成熟时红色或暗紫色（图9-6）。全国各地均有栽培。根皮（药材名：桑白皮）为止咳平喘药，味甘，性寒，能泻肺平喘，利水消肿。嫩枝（药材名：桑枝）为祛风湿药，味微苦，性平，能祛风湿，利关节。叶（药材名：桑叶）为发散风热药，味甘、苦，性寒，能疏散风热，清肺润燥，清肝明目。聚花果（药材名：桑椹）为补阴药，味甘、酸，性寒，能滋阴补血，生津润燥。

无花果 *Ficus carica* L.　落叶灌木。树皮灰褐色。叶互生，广卵圆形，常3~5裂，小裂片卵形，边缘具不规则钝齿；托叶卵状披针形，红色。雌雄异株，雄花和瘿花同生于隐花果内壁，雄花生于内壁口部，花被片4~5，雄蕊3，有时1或5，瘿花花柱侧生；雌花花被与雄花同，花柱侧生，柱头2裂，线形。隐花果单生叶腋，大且呈梨形，顶部下陷，成熟时紫红色或黄色（图9-7）。原产于地中海沿岸，我国各地均有栽培。隐花果（药材名：无花果）为清热药，味甘，性凉。能清热生津，健脾开胃，解毒消肿。

图9-6　桑
1. 雌花枝　2. 雌花　3. 雄花

图9-7　无花果
1. 果枝　2. 聚花果纵切面

薜荔 *F. pumila* L.　常绿攀援或匍匐灌木。具白色乳汁。叶互生，营养枝上的叶小而薄，叶卵状心形，生殖枝上的叶大而近革质，卵状椭圆形，背面叶脉网状凸起，呈蜂窝状。隐头花序单生于生殖枝叶腋，呈梨形或倒梨形，隐花果成熟黄绿色或微红；雄花雄蕊2；瘿花为不结实的雌花，花被片4~5（图9-8）。分布于华东、华南和西南。隐花果（药材名：木馒头）为补益药，味甘，性平。能补肾固精，清热利湿，活血通经，下乳。茎在某些地区作"络石藤"入药，能祛风通络，凉血消肿。

构树 *Broussonetia papyrifera*(L.)Vent.　乔木。具乳汁。树皮暗灰色；小枝密生柔毛。叶螺旋状排列，宽卵形至长椭圆状卵形，不分裂或3~5裂。花单性，雌雄异株；雄花序为柔荑花序，花被4裂，雄蕊4；雌花序球形头状，花被管状。聚花果成熟时橘红色，肉质。分布于我国南北各地。成熟果实（药材名：楮实子）为补阴药，味甘，性寒。能补肾清肝，明目，利尿。根皮能利尿止泻；叶能祛风湿，降血压；乳汁能治癣。

大麻 *Cannabis sativa* L.　一年生高大草本。枝具纵沟槽，密生灰白色贴伏毛。叶互生或下部对生，叶片掌状全裂，裂片披针形或线状披针形，中裂片最长，边缘具向内弯的粗锯齿；托叶线形。花单性异株；雄花序排成圆锥花序，花黄绿色，花被5，雄蕊5；雌花丛生于叶腋，绿色，花被1，雌蕊1。瘦果扁卵形，为宿存黄褐色苞片所包，果皮坚脆，表面具细网纹（图9-9）。我国各地均有野生或栽培。成熟种子（药材名：火麻仁）为润下药，味甘，性平。能润肠通便。雌花能止咳定喘，解痉止痛。雌株的幼嫩果穗含有多种大麻酚类成分，有致幻作用，为毒品之一。

图 9 - 8 薜荔
1. 不孕幼枝　2. 果枝 - 雄隐头花序
3. 果枝 - 雌隐头花序　4. 雄花　5. 雌花　6. 瘿花

图 9 - 9 大麻
1. 根　2. 雄花序枝　3. 雄花
4. 雌花　5. 果实（外被苞片）　6. 果实

忽布（啤酒花）*Humulus lupulus* L.　药用未成熟带花果穗，味苦，性微凉。能健胃消食，安神，利尿。

葎草 *H. scandens*（Lour.）Merr.　药用全草，味甘、苦，性寒。能清热解毒，利尿通淋。

5. 檀香科 Santalaceae $\diameter * P_{(3\sim6)} A_{3\sim6} \overline{G}$（或 $\underline{G}$）$_{(3\sim6:1:1\sim5)}$

【形态特征】草本、灌木或乔木，常寄生或半寄生。单叶互生或对生，有时退化呈鳞片状，全缘，无托叶。花小，两性或单性，辐射对称；集成多种花序或簇生；雄花花被裂片常 3～6；雄蕊与花被裂片同数且对生；雌花或两性花具下位或半下位子房，子房 1 室，胚珠 1～5 枚。核果或小坚果。种子 1 枚，无种皮，胚乳丰富。

【微观特征】导管单个散在，偶有 2～3 个联合，木射线由 1～2 列径向延长的细胞组成。木纤维与纤维管胞无明显区别，木薄壁细胞单个散在或数个联结，有的含草酸钙方晶，导管、射线细胞、木薄壁细胞内均可见油滴。

【化学特征】本科植物常含挥发油（主要为倍半萜类）和脂肪酸类等化学成分，如 α - 檀香萜醇（α - santalol）、β - 檀香萜醇（β - santalol）、檀香萜酸（santalic acid）、檀油酸（teresantalic acid）。其他还含多聚酚、生物碱、皂苷及鞣质。

【分布】本科约 30 属，400 种，分布于热带和温带。我国有 8 属，41 种，各省区皆产。已知药用 7 属，13 种。

【药用植物】檀香 *Santalum album* L.　常绿半寄生小乔木。叶对生，椭圆形或卵状披针形，基部楔形，全缘；具短柄。聚伞状圆锥花序腋生和顶生；花小，多数始为淡黄色，后变为深紫色；花被管钟形，先端 4 裂；雄蕊 4；花柱深红色，柱头 3 裂。核果成熟时深紫红色或紫黑色。种子圆形，光滑，有光泽。广东、台湾有栽培。干燥心材（药材名：檀香）为理气药，味辛，性温。能行气温中，开胃止痛。

知识链接

檀香树

檀香树（*Santalum album* L.）是一种半寄生植物，因生长极其缓慢又娇贵而产量受限。从古至今，它既是珍稀又昂贵的木材，也是一味重要的中药材，外敷可消炎去肿，滋润肌肤；熏烧可杀菌消毒，驱瘟辟疫。据玄奘《大唐西域记》记载，因为蟒蛇喜欢盘踞在檀香树上，人们常以蟒蛇来寻找檀木。

6. 桑寄生科 Loranthaceae ♀ * $P_{3\sim8}A_{3\sim8}\overline{G}_{(3\sim6;1;1\sim3)}$

【形态特征】半寄生灌木，多寄生于木质茎枝上。叶常对生，稀互生或轮生，叶片革质、全缘或退化成鳞片，无托叶。花两性或单性，辐射对称，具苞片或小苞片；花被3~8，花瓣状或萼片状，镊合状排列，离生或多少合生成冠管；雄蕊与花被片同数且对生；子房下位，心皮3~6，常1室，无胚珠，仅具胚囊细胞。果实浆果状或核果状，果皮具黏胶质。种子无种皮，胚乳常丰富。

【显微特征】薄壁细胞含草酸钙簇晶及少数方晶或棕色物。染色体：X＝8~12，14，15。

【化学特征】本科植物常含有黄酮类、三萜类、有机酸及鞣质等化学成分，如广寄生苷（avicularin）、槲皮苷（quercitrin）、槲寄生新苷（viscumneoside）、高圣草素（homoeriodictyol）等；同时也吸收寄主所含的成分，如寄主有毒，也往往含有毒成分。

【分布】本科约65属，1300种，主要分布于热带及亚热带。我国约11属，59种，分布于南北各地，以南方为多。已知药用2属，30余种。

【药用植物】

桑寄生 *Taxillus chinensis*（DC.）Danser. 常绿寄生小灌木。老枝无毛，有灰黄色皮孔，小枝稍被暗灰色短毛。叶互生或近对生，革质，卵圆形至长椭圆状卵形，先端钝圆，全缘，幼时被毛。聚伞花序1~3个聚生于叶腋；总花梗、花梗、花萼和花冠均被红褐色星状短柔毛；花萼近球形；花冠狭管状，稍弯曲，紫红色，顶端4裂；雄蕊4；雌蕊子房下位，1室1胚珠。浆果椭圆形，黄绿色，有瘤状突起（图9-10）。常寄生在桑科、山茶科、山毛榉科等植物体上。分布于福建、台湾、广东、广西、云南、贵州等地。带叶茎枝（药材名：桑寄生）为祛风湿药，味苦、甘，性平。能祛风湿，补肝肾，强筋骨，安胎。

槲寄生 *Viscum coloratum*（Kom.）Nakai. 常绿寄生小灌木。节稍膨大。叶常对生，革质，长椭圆形至椭圆状披针形。花小，黄绿色，单性，雌雄异株。浆果球形，成熟时淡黄色或橘红色（图9-11）。常寄生在槲、榆、柳、桦、梨、栗、枫杨、枫香等树上。分布于东北、华北、华东、华中地区。带叶茎枝（药材名：槲寄生）祛风湿药，味苦，性平。功用同桑寄生。

图9-10 桑寄生
1. 花 2. 果实

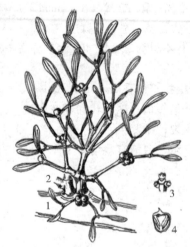

图9-11 槲寄生
1. 寄主 2. 带果的植株 3. 雌花 4. 种子纵剖（示双胚）

7. 马兜铃科 Aristolochiaceae $\lightning * （或↑）P_{(3)}A_{6\sim12}\overline{G}（或\underline{G}）_{(4\sim6;4\sim6;\infty)}$

【形态特征】多年生草本或藤本。根味苦、辣，有香气。单叶互生；叶片常心形或盾形，全缘，稀 3～5 裂；无托叶。花两性，辐射对称或两侧对称；单生、簇生或排成总状花序；多单被，常为花瓣状，下部合生成管状，顶端 3 裂或向一侧扩大，暗紫色或紫红色，有臭气；雄蕊常 6～12；雌蕊心皮 4～6，合生，子房下位或半下位，4～6 室，柱头 4～6 裂；中轴胎座，胚珠多数。蒴果，室背开裂或室轴开裂，少数不开裂。种子多数，有胚乳。

【显微特征】茎、叶的薄壁组织中常见分泌细胞。染色体 X = 4～7，12，13。

【化学特征】本科植物主要含有生物碱、挥发油、黄酮类及硝基菲类化合物（nitropenathrene）等。马兜铃酸（aristolochic acid）为一种硝基菲类化合物，是马兜铃科植物的特征性化学成分，近年发现该类成分具有肾脏毒性，在使用中应注意。

【分布】本科约 8 属，600 种，分布于热带和温带，南美较多。我国有 4 属，70 余种，分布于全国，以西南及东南地区较盛。已知药用 3 属，约 70 种。

【药用植物】

北细辛（辽细辛）*Asarum heterotro poides* Fr. Schmidt var. *mandshuricum* (Maxim.) Kitag.　多年生草本。根茎横生，顶部分枝，下部多生细长的根，有辛香气。叶基生，常 2 片，具长柄，叶片心形或肾状心形，全缘，脉上有短毛，下面被较密的毛。花单生于叶腋；开花时，花梗在近花被管处弯曲，花被筒壶状，紫色，顶端 3 裂，裂片向外反卷；雄蕊 12，花丝与花药近等长；子房半下位，花柱 6，顶端 2 裂。蒴果肉质，半球形。种子椭圆状船形，灰褐色（图 9 - 12）。分布于东北地区及陕西、山西、河南、山东等地。根和根茎（药材名：细辛）为发散风寒药，味辛，性温。能解表散寒，祛风止痛，通窍，温肺化饮。

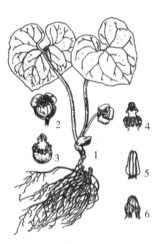

图 9 - 12　北细辛
1. 全株　2. 花　3. 去花被的花
4. 雄蕊及雌蕊　5. 雄蕊　6. 柱头

华细辛（细辛）*Asarum. sieboldii* Miq.　与北细辛的主要区别是根茎较长，节间距离均匀；叶端渐尖，背面仅脉上有毛；花被裂片直立或平展，不反折。分布于河南、山东、陕西、湖北、湖南等地。功用同细辛。

马兜铃 *Aristolochia debilis* Sieb. et Zucc.　草质藤本。根圆柱形。茎柔弱。叶互生，柄细长，叶片卵形三角状、长圆状卵形或戟形，基部心形，两侧具圆形耳片，基出脉 5～7 条。花单生或 2 朵聚生于叶腋，两侧对称，花被基部膨大成球形，中部管状，上部逐渐扩大成斜喇叭状，黄绿色，口部有紫斑；雄蕊 6 枚；子房下位。蒴果近球形，具 6 棱，成熟时室间开裂成 6 瓣。种子扁平，钝三角形，具白色膜质宽翅（图 9 - 13）。分布于长江流域以南各地区以及山东、河南等地；广东、广西常有栽培。根（药材名：青木香）和地上部分（药材名：天仙藤）均为理气药，味辛、苦，性微寒；能行气止痛，解毒消肿。成熟果实（药材名：马兜铃）为止咳平喘药，味苦，性微寒；能清肺降气，止咳平喘，清肠消痔。

北马兜铃 *A. contorta* Bge.　叶三角状心形，蒴果倒卵形或倒卵状椭圆形，分布于东北、华北及西北等地，其成熟果实亦作中药马兜铃药材用。

图 9 - 13　马兜铃
1. 根　2. 花枝　3. 花的纵剖面
4. 雌蕊（已去花被）　5. 果实　6. 种子

以上两种均为药典收载正品马兜铃的原植物。

异叶马兜铃 *A. kaempferi* Willd. f. *heterophylla*（Hemsl.）S. M. Hwang　药用根，称汉中防己，味苦，性寒。能祛风，利湿，止痛。

杜衡 *Asarum forbesii* Maxim.　多年生草本。根状茎短，根丛生。叶片阔心形至肾心形，先端钝或圆，基部心形。花暗紫色；花被管钟状或圆筒状，喉部不缢缩，内壁具明显格状网眼，花被裂片直立，卵形；子房半下位。蒴果肉质。具多数黑褐色种子。产于江苏、安徽、浙江、江西、河南南部、湖北及四川东部。根茎及根或全草（药材名：杜衡）为发散风寒药，味辛，性温，有小毒。能疏风散寒，消痰利水，活血止痛。

知识拓展

马兜铃

马兜铃酸类成分具有肾脏毒性，长期服用可造成慢性肾衰竭以及肾小管病变；短期内大量服用可造成急性肾衰竭。新版《中国药典》已不再收载天仙藤（*Fibraurea recisa* Pierre）、马兜铃（*Aristolochia debilis* Sieb. et Zucc）。

8. 蓼科 Polygonaceae　　$\lozenge * P_{3\sim6,(3\sim6)} A_{3\sim9} \underline{G}_{(2\sim4;1;1)}$

【形态特征】多为草本。茎节常膨大。单叶互生；托叶膜质，包于茎节基部形成托叶鞘。花两性或单性异株，辐射对称；常排成穗状、总状或圆锥花序；单被，花被 3～6，常花瓣状，多宿存；雄蕊多 6～9；子房上位，心皮 2～4，合生成 1 室，1 胚珠，基生胎座。瘦果或小坚果，椭圆形、三棱形或近圆形，常包于宿存花被内，常具翅。种子胚乳丰富。

【显微特征】细胞中常见有草酸钙簇晶。

【化学特征】本科植物含有蒽醌类、黄酮类、鞣质、芪类及吲哚苷类化合物。蒽醌类较广泛分布于本科植物中，如大黄属（*Rheum*）植物含有大黄酸（rhein）、大黄素（emodin）、大黄酚（chrysophanol）等。大黄酸的苷类是主要的泻下成分。

【分布】本科约有 50，属 1200 种，全球均有分布，主产于北温带。我国 15 属，200 余种。全国均有分布。已知药用约 8 属，120 余种。表 9-3 为蓼科植物重要药用属检索表。

表 9-3　蓼科植物重要药用属检索表

1. 瘦果不具翅。
　　2. 花被片 6，果时内轮花被片增大 ·· 酸模属 *Rumex*
　　2. 花被片 5 或 4，果时通常不增大。
　　　　3. 果实包被于宿存的花被内或略超出。
　　　　　　4. 花被片 5（稀 4,6），果时通常不增大或增大成浆果状，或背部生翅 ·········· 蓼属 *Polygonum*
　　　　　　4. 花被片 4，果时不增大；花柱 2，果时变硬成钩状，宿存 ················ 金线蓼属 *Antenorum*
　　　　3. 果长为花被片的 1～2 倍：花被片 5 ·· 荞麦属 *Fagopyrum*
1. 瘦果具强翅。花被 6 裂，果时不增大 ·· 大黄属 *Rheum*

【药用植物】

掌叶大黄 *Rheum palmatum* L.　高大粗壮草本。根及根茎肥厚，断面黄色，根状茎横切面外围有排列紧密的环星点。茎直立，中空。叶片宽卵形或近圆形，常掌状 5 半裂，基部浅心形，裂片呈狭三角形，先端尖锐，两面疏生乳头状小突起和白色短刺毛；茎生叶较小。花序圆锥状，顶生；花小，常紫红色；花被片 6，两轮，外轮 3 片较窄小，内轮 3 片较大，宽椭圆形至近圆形；雄蕊 9。小坚果长方状椭圆形，具 3 棱，棕色。种子宽卵形，棕黑色。分布于甘肃、青海、四川西部及西藏东部。根和根茎（药材名：大黄）为攻下药，味苦，性寒。能泻下攻积，清热泻火，凉血解毒，逐瘀通经，利湿退黄；小剂量为收敛剂和健胃剂。

药用大黄 *R. officinale* Baill. 与掌叶大黄的主要不同点为叶片近圆形，掌状浅裂，浅裂片呈大齿形或宽三角形。花较大，黄白色。分布于陕西、四川、湖北、云南等省，野生或栽培。其根茎亦作中药大黄药用。

唐古特大黄（鸡爪大黄）*R. tanguticum* Maxim. ex Balf. 与前两种的主要区别是叶片常二回羽状深裂，裂片通常狭长，呈三角状披针形或狭条形。分布于甘肃、青海、四川西部、西藏等地。其根茎亦作中药大黄药用。

上述三种大黄属（*Rheum*）植物均为药典收载正品大黄的原植物（图 9 - 14）。

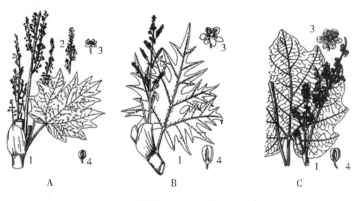

图 9 - 14　大黄
A. 掌叶大黄　B. 唐古特大黄　C. 药用大黄
1. 带花（或果）序的部分茎　2. 花序　3. 花　4. 果实

拳参 *Polygonum bistorta* L. 多年生草本。根状茎肥厚，弯曲，黑褐色。茎直立，不分枝，通常 2～3 条自根状茎发出。基生叶宽披针形或狭卵形，具长柄；茎生叶披针形或线形，无柄；托叶筒状。总状花序呈穗状；苞片卵形，每苞片内含 3～4 朵花；花被 5 深裂，白色或淡红色；雄蕊 8。瘦果椭圆形。产于吉林及华北、西北、华东等地。根茎（药材名：拳参）为清热解毒药，味苦、涩，性微寒。能清热解毒，消肿，止血。

红蓼 *P. orientale* L. 一年生草本，密生柔毛。茎直立，粗壮，上部多分枝。叶宽卵形、宽椭圆形或卵状披针形，全缘，密生缘毛；具长柄；托叶鞘筒状。总状花序呈穗状，顶生或腋生，花被 5 深裂，淡红色或白色；雄蕊 7。瘦果包于宿存花被内。除西藏外，广布于全国其他各地，野生或栽培。成熟果实（药材名：水红花子）为破血消癥药，味咸，性微寒。能散血消癥，消积止痛，利水消肿。

蓼蓝 *P. tinctorium* Ait. 一年生草本。叶卵形或宽椭圆形，全缘，具短缘毛，下面有时沿叶脉疏生伏毛；具短柄；托叶鞘膜质，具长缘毛。总状花序呈穗状，顶生或腋生；苞片漏斗状，有缘毛，每苞内含花 3～5；花被 5 深裂，淡红色；雄蕊 6～8；花柱 3，下部合生。瘦果宽卵形，具 3 棱，褐色，包于宿存花被内。我国南北各地有栽培或为半野生状态。叶（药材名：蓼大青叶）为清热解毒药，味苦，性寒；能清热解毒，凉血消斑。叶或茎叶经加工制得的干燥粉末、团块或颗粒（药材名：青黛）为清热解毒药，味咸，性寒；能清热解毒，凉血消斑，泻火定惊。

何首乌 *P. multiflorum* Thunb. 多年生草质藤本。块根肥厚，表面红褐色至暗褐色。茎缠绕，多分枝，具纵棱。叶互生，具长柄；叶片卵状心形，全缘；托叶鞘膜质，偏斜，抱茎。圆锥花序大而开展，顶生或腋生；苞片三角状卵形，每苞内具 2～4 花；花被 5 深裂，白色或淡绿色，大小不相等；雄蕊 8。瘦果卵形，具 3 棱，黑褐色，有光泽，包于宿存花被内（图 9 - 15）。分布几遍全国各地。块根生用（药材名：何首乌）能解毒，消痈，截疟，润肠通便；块根炮制加工品（药材名：制首乌）为补血药，味苦、甘、涩，性微温，能补肝肾，益精血，乌须发，强筋骨，化浊降脂；藤茎（药材名：首乌藤）为养心安神药，味甘，性平，能养血安神，祛风通络。

虎杖 *P. cuspidatum* Sieb. et Zucc. 多年生粗壮草本。根状茎粗大。地上茎中空，具红色或紫红色斑点，节间明显，有膜质托叶鞘。叶阔卵形。圆锥花序，花单性异株，花被 5 裂；雄花雄蕊 8；雌花花柱

3，柱头呈鸡冠状。瘦果卵状，具3棱（图9-16）。主产于长江流域及以南各地。根茎和根（药材名：虎杖）为利湿退黄药，味微苦，性微寒。能利湿退黄，清热解毒，散瘀止痛，止咳化痰。

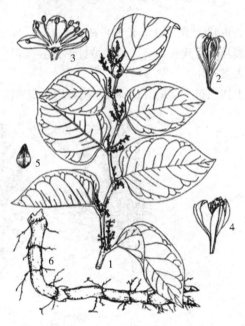

图9-15 何首乌
1. 果枝 2. 块根 3. 花 4. 花被剖开（示雄蕊）
5. 雌蕊 6. 成熟果实附有具翅的花被 7. 瘦果

图9-16 虎杖
1. 花枝 2. 花的侧面 3. 花被展开（示雄蕊）
4. 包在花被内的果实 5. 果实 6. 根状茎

羊蹄 *Rumex japonicus* Houtt. 多年生草本。茎直立，具沟槽。基生叶长圆形或披针状长圆形，边缘微波状；茎上部叶狭长圆形；具长柄；托叶鞘膜质。花序圆锥状，花两性；花被片6，淡绿色，边缘具不整齐的小齿，雄蕊6，柱头3。瘦果宽卵形，具3锐棱，暗褐色，有光泽。产东北、华北、华东、华中、华南地区及陕西、四川、贵州。根（药材名：土大黄）为攻下药，味苦，性寒。能清热通便，凉血止血，杀虫止痒。

金荞麦（野荞麦）*Fagopyrum dibotrys*（D. Don）Hara 多年生草本。根状茎木质化，黑褐色。茎直立，具纵棱。叶片三角形，顶端渐尖，基部近戟形，全缘；托叶鞘筒状，膜质，褐色，偏斜。聚伞花序，顶生或腋生；花小，花被5深裂，白色；雄蕊8；雌蕊花柱3。瘦果宽卵形，具3锐棱，黑褐色。分布于陕西以及华东、华中、华南、西南地区。根茎（药材名：金荞麦）为清热解毒药，味微辛、涩，性凉。能清热解毒，排脓祛瘀。

知识拓展

金荞麦

金荞麦 *Fagopyrum dibotrys*（D. Don）Hara 于1999年8月4日经国务院批准，为国家二级重点保护野生植物，作为中药材使用时，常称"开金锁"，用于清热解毒时，宜隔水炖汁煎服，否则影响疗效。

9. 苋科 Amaranthaceae $\male\female * P_{3\sim5} A_{3\sim5} \underline{G}_{(2\sim3;1;1\sim\infty)}$

【形态特征】多为草本。叶互生或对生；无托叶。花小，常两性，辐射对称；聚伞花序排成穗状花序、圆锥状或头状；单被，花被片3~5，干膜质；每花下常有1枚干膜质苞片及2枚小苞片，雄蕊3~5与花被片对生；子房上位，心皮2~3，合生，1室，胚珠1枚，稀多数。胞果，稀浆果或坚果。种子具胚乳。

【微观特征】本科植物根多具有同心环状排列的异常维管束；常有草酸钙砂晶。染色体：X=6，13，17。

【化学特征】本科植物常含甜菜黄素（betaxanthins）和甜菜碱（betaine）。有些植物含皂苷和昆虫变态激素，如牛膝中含有三萜皂苷、蜕皮甾酮（ecdysterone）、牛膝甾酮（inokosterone）等。

【分布】本科约65属，900种，分布于热带和温带。我国约13属，50种，分布于全国。已知药用9属，28种。

【药用植物】

牛膝 *Achyranthes bidentata* Bl.　多年生草本。根长圆柱形，土黄色。茎四棱，节膨大，绿色或带紫色，分枝对生。叶互生，叶片多椭圆形或椭圆披针形，基部楔形或宽楔形，全缘，两面有贴生或开展柔毛。穗状花序顶生或腋生，苞片1，膜质；花被片5；雄蕊5，与花被片对生。胞果长圆形，包于宿萼内。种子矩圆形，黄褐色（图9-17）。除东北外，全国广布。河南栽培品称"怀牛膝"。根（药材名：牛膝）为活血调经药，味苦、甘、酸，性平。能逐瘀通经，补肝肾，强筋骨，利尿通淋，引血下行。

土牛膝 *A. aspera* L.　根药用，味甘、微苦、微酸，性寒。能活血祛瘀，泻火解毒，利尿通淋。

川牛膝 *Cyathula officinalis* Kuan.　多年生草本。根圆柱形。茎直立，稍四棱形。叶片常椭圆形或狭椭圆形，全缘。聚伞花序圆头状，花小，绿白色；两性花在中央，不育花在两侧；雄蕊5，与花被片对生；子房1室，胚珠1枚。胞果椭圆形或倒卵形，淡黄色。种子椭圆形，带红色，光亮（图9-18）。分布于云南、四川、贵州等地。根（药材名：川牛膝）为活血调经药，味甘、微苦，性平。能逐瘀通经，通利关节，利尿通淋。

图9-17　牛膝
1. 花枝　2. 根　3. 花

图9-18　川牛膝
1. 花枝　2. 根　3. 雄蕊

鸡冠花 *Celosia cristata* L.　一年生草本。叶片卵形、卵状披针形或披针形；花多数，极密生，成扁平肉质鸡冠状、卷冠状或羽毛状的穗状花序，一个大花序下面有数个较小的分枝，圆锥状矩圆形，表面羽毛状；花被片红色、紫色、黄色、橙色或红黄相间。我国各地均有栽培，广布于温暖地区。花序（药材名：鸡冠花）为收敛止血药，味甘、涩，性凉。能收敛止血，止带，止痢。

青葙 *C. argentea* L.　一年生草本，全体无毛。茎直立，具明显条纹。叶互生，叶片常矩圆披针形、披针形或披针状条形。穗状花序圆柱状或塔状；苞片、小苞片及花被片均干膜质，淡红色。胞果卵形，包裹在宿存花被片内。种子肾形。全国均有野生或栽培。种子（药材名：青葙子）为清热泻火药，味苦，性微寒。能清肝泻火，明目退翳。

10. 商陆科 Phytolaccaceae $\text{☿} * P_{4\sim5} A_{4\sim5(\sim\infty)} \underline{G}_{1\sim\infty,(1\sim\infty)}$

【形态特征】草本、灌木，稀乔木。单叶互生，全缘。花两性或有时退化成单性，辐射对称；总状花序或聚伞花序；花被片4~5，分离或基部连合，覆瓦状排列，宿存；雄蕊常4~5或多数；子房通常上位，心皮1至多数，常10~16，分离或合生，每心皮有1胚珠。浆果或核果，稀蒴果。种子胚乳丰富。

【微观特征】本科植物根多具有同心环状排列的异常维管束；常有草酸钙针晶。染色体：X=9。

【化学特征】常含三萜皂苷、生物碱等成分。

【分布】本科22属，约125种，主产于热带美洲、非洲南部。我国有2属，5种，南北均产。已知药用1属，2种。

【药用植物】

商陆 *Phytolacca acinosa* Roxb.　多年生草本。根肥厚、肉质，圆锥形。茎直立，有纵沟，肉质，绿色或红紫色。叶互生；叶片薄纸质，椭圆形、长椭圆形或披针状椭圆形，全缘。总状花序，顶生或与叶对生；花被片5，白色，后变淡粉红色；雄蕊8~10。心皮常为8，离生。果序直立；浆果扁球形，熟时紫黑色。种子肾形，黑色，具3棱。分布于全国各地。根（药材名：商陆）为峻下逐水药，味苦，性寒，有毒。能逐水消肿，通利二便；外用解毒散结。

垂序商陆（美洲商陆） *P. americana* L.　多年生草本。根粗壮，肥大，倒圆锥形。茎直立，有时带紫红色。叶片椭圆状卵形或卵状披针形。总状花序，顶生或侧生；花白色，微带红晕；花被片5，雄蕊、心皮及花柱通常均为10，心皮合生。果序下垂；浆果扁球形，熟时紫黑色。种子肾圆形（图9-19）。原产于北美，我国河北、陕西、山东、江苏、浙江等地多栽培。根（药材名：商陆），功用同商陆。

图9-19　商陆原植物
A. 商陆　B. 垂穗商陆
1. 花枝　2. 花　3. 果实　4. 种子　5. 果序枝

知识链接

你知道哪些植物可以累积重金属吗？

商陆科商陆和美洲商陆有很强的重金属积累能力，尤其是镉和锰。商陆累积锰的主要器官是叶片，不同叶龄的叶片中锰浓度不同，成熟叶片锰浓度高于老叶和新叶；美洲商陆根据镉、锰对配体的亲和性不同，采用不同的机制转运积累重金属。

11. 石竹科 Caryophyllaceae $\female * K_{4~5,(4~5)} C_{4~5,0} A_{8~10} \underline{G}_{(2~5:1:\infty)}$

【形态特征】草本。茎节多膨大。单叶常对生，全缘。花两性，辐射对称，排成聚伞花序，稀单生；萼片4~5，分离或连合；花瓣4~5，分离，常具爪，稀缺；雄蕊为花瓣的倍数，8~10枚；子房上位，心皮2~5，合生，1室，特立中央胎座，胚珠多数。蒴果齿裂或瓣裂，稀浆果。种子多数，具胚乳。

【微观特征】特立中央胎座；常有草酸钙砂晶。染色体：X=5~19。

【化学特征】本科植物普遍含有皂苷，如三萜皂苷类的石竹皂苷元（gypsogenin）、麦先翁毒苷（agrostemma-sapontoxin）、肥皂草苷（saporubin）等。另含黄酮类及花色苷（anthocyanins）。

【分布】本科约80属，2000余种，广布于世界各地。我国31属，372种，广布于全国。已知药用21属，106种。

【药用植物】

孩儿参（异叶假繁缕） *Pseudostellaria heterophylla*（Miq.）Pax. et Pax et Hoffm.　多年生草本。块根肉质，长纺锤形。叶对生，下部叶匙形，顶端两对叶片较大，排成十字形。花二型：普通花（开花受精花）1~3朵着生茎顶总苞内，白色，萼片5，雄蕊10，花柱3；闭锁花（闭花受精花）着生于茎下部叶腋，花梗细，萼片 4，无花瓣。蒴果宽卵形，熟时下垂。种子褐色，扁圆形，具疣状凸起（图 9 - 20）。分布于长江以北和华中地区。块根（药材名：太子参）为补气药，味甘、微苦，性平。能益气健脾，生津润肺。

瞿麦 *Dianthus superbus* L.　多年生草本。茎丛生。叶对生，叶片线状披针形。聚伞花序；花瓣 5，粉紫色，顶端深裂成丝状，基部具长爪；雄蕊 10，子房上位，1 室。蒴果圆筒形，顶端 4 裂。种子黑色，有光泽（图 9 - 21）。全国分布。地上部分（药材名：瞿麦）为利尿通淋药，味苦，性寒。能利尿通淋，活血通经。石竹 *D. chinensis* L.　似上种，但花瓣顶端为不整齐浅齿裂。分布于东北、华北、西北地区及长江流域。其他同上种。

图 9 - 20　孩儿参
1. 植株全形　2. 茎下部的花　3. 茎顶的花
4. 雄蕊和雌蕊　5. 柱头　6. 花药　7. 萼片

图 9 - 21　瞿麦
1. 植株全形　2. 花瓣　3. 雌蕊和雄蕊
4. 雌蕊　5. 蒴果及宿存萼片和苞片

麦蓝菜 *Vaccaria segetalis*（Neck.）Garcke.　一年生或二年生草本。叶对生，叶片卵状披针形或披针形。伞房花序稀疏，萼筒呈壶状，花瓣淡红色。蒴果宽卵形或近圆球形。种子球形，红褐色至黑色。主产于华北、西北。种子（药材名：王不留行）为活血调经药，味苦，性平。能活血通经，下乳消肿，利尿通淋。

银柴胡 *Stellaria dichotoma* L. var. *lanceolata* Bge.　多年生草本。茎直立，节明显，上部二叉状分歧。叶对生，无柄；叶片线状披针形、披针形或长圆状披针形，全缘。花小，白色；萼片 5；花瓣 5；雄蕊 10；雌蕊 1，子房上位。蒴果成熟时顶端 6 齿裂，常具 1 枚种子。主产于内蒙古、辽宁、陕西、甘肃、宁夏。根（药材名：银柴胡）为清虚热药，味甘，性微寒。能清虚热，除疳热。

12. 睡莲科 Nymphaeaceae $\text{☿} * K_{3 \sim \infty} C_{3 \sim \infty} A_{\infty} \underline{G}$（或 $\overline{G}$）$_{3 \sim \infty,(3 \sim \infty)}$；

【形态特征】多年生水生草本。根状茎横走，常粗大肥厚。叶基生，常盾状，近圆形，常漂浮水面。花大而美丽，两性，单生，辐射对称；萼片 3 至多数；花瓣 3 至多数；雄蕊多数，雌蕊由 3 至多数离生或合生心皮组成，子房上位或下位，胚珠多数。坚果多数，埋于膨大的海绵质花托内或为浆果状。

【微观特征】常有淀粉粒；花粉粒单沟。染色体：X = 8，12 ~ 29。

【化学特征】本科植物多含莲碱（roemerine）、莲心碱（liensinine）、荷叶碱（nuciferine）等生物碱，另含金丝桃苷（hyperin）、芦丁（rutin）等黄酮类化合物。

【分布】本科有8属，约100种，广布于世界各地。我国有5属，15种，分布于我国各地。已知药用5属，8种。

【药用植物】

莲 *Nelumbo nucifera* Gaertn. 多年生水生草本。根状茎（藕）横生、肥厚，节间膨大，节部缢缩。叶圆盾形，全缘稍呈波状；柄长，中空，外面散生小刺。花大，美丽芳香；萼片4~5，早落；花瓣多数，红色、粉红色或白色，矩圆状椭圆形至倒卵形；雄蕊多数，离生。坚果椭圆形或卵形，熟时黑褐色，嵌生于海绵质的花托内。种子种皮红色或白色（图9-22）。我国各地均有栽培。根状茎的节部（药材名：藕节）为收敛止血药，味甘、涩、性平，能收敛止血，化瘀；种子（药材名：莲子）为固精缩尿止带药，味甘、涩，性平，能补脾止泻，止带，益肾涩精，养心安神；叶（药材名：荷叶）能清暑化湿，升发清阳，凉血止血；雄蕊（药材名：莲须）能固肾涩精；成熟种子中的干燥幼叶及胚根（药材名：莲子心）能清心安神，交通心肾，涩精止血；花托（药材名：莲房）能化瘀止血。

图9-22 莲
1. 叶 2. 花 3. 花托
4. 果实和种子 5. 雄蕊 6. 根茎

芡（鸡头米）*Euryale ferox* Salisb. 一年生大型水生草本，全株多刺。沉水叶箭形或椭圆肾形，无刺；浮水叶椭圆肾形至圆形，全缘，下面带紫色；叶柄及花梗粗壮而长。花萼片披针形，内面紫色；花瓣多数，呈数轮排列，紫红色，矩圆状披针形或披针形。浆果球形，紫红色，海绵质，形如鸡头。种子球形，黑色。分布于我国南北各地。种仁（药材名：芡实）为固精缩尿止带药，味甘、涩，性平。能益肾固精，补脾止泻，除湿止带。

13. 毛茛科 Ranunculaceae ♀* （或↑）$K_{3 \sim \infty} C_{3 \sim \infty, 0} A_{\infty} \underline{G}_{1 \sim \infty; 1:1 \sim \infty}$

【形态特征】草本，稀木质藤本。单叶或复叶，常互生或基生，少对生；叶片多缺刻或分裂，稀全缘；常无托叶。花多两性；辐射对称或两侧对称；单生或排列成聚伞花序、总状花序和圆锥花序等；重被或单被；萼片3至多数，常呈花瓣状；花瓣3至多数或缺；雄蕊和心皮多数，分离，常螺旋状排列，稀定数；子房上位，1室，每心皮胚珠1至多数。聚合蓇葖果或聚合瘦果，稀浆果。种子具丰富的胚乳。

【微观特征】常有石细胞和淀粉粒；韧皮纤维、木纤维、中柱鞘纤维纺锤形或梭形，三沟花粉粒。染色体：X-6~10, 13。

【化学特征】本科植物化学成分较复杂。生物碱在本科植物中广泛分布，如乌头属（*Aconitum*）含有乌头碱（aconitine），黄连属（*Coptis*）含有小檗碱（berberine），唐松草属（*Thalictrum*）含有唐松草碱（thalicrine）等。毛茛苷（ranunculin）是一种仅存于毛茛科植物中的特殊成分，它分布在毛茛属（*Ranunculus*）、银莲花属（*Anemone*）和铁线莲属（*Clematis*）中。此外，侧金盏花属（*Adonis*）和铁筷子属（*Helleborus*）含有强心苷。三萜皂苷类化合物在本科植物中也有较广泛的分布。

【分布】本科约50属，2000余种，广布于世界各地，主产于北半球温带及寒温带。我国有41属，约740种，分布全国。已知药用34属，420余种。表9-4为毛茛科部分属检索表。

表9-4 毛茛科部分属检索表

1. 叶互生或基生。
　2. 花辐射对称。
　　3. 果为瘦果，每心皮各有1枚胚珠。
　　　4. 花序有由2枚对生或3枚以上轮生苞片形成的总苞；叶均基生。
　　　　5. 花柱在果期不延长 ·· 银莲花属 *Anemone*

　5. 花柱在果期伸长成羽毛状 ·· 白头翁属 *Pulsatilla*
　4. 花序无总苞；叶通常基生或茎生。
　　6. 花无花瓣 ··· 唐松草属 *Thalictrum*
　　6. 花有花瓣
　　　7. 花瓣无蜜腺 ·· 侧金盏花属 *Adonis*
　　　7. 花瓣有蜜腺 ·· 毛茛属 *Ranunculus*
　3. 果为蓇葖果，每心皮各有 2 枚以上胚珠。
　　8. 退化雄蕊存在。
　　　9. 花多数组成总状或复总状花序；退化雄蕊位于雄蕊外侧；无花瓣 ··········· 升麻属 *Cimicifuga*
　　　9. 花 1 朵或数朵组成单歧聚伞花序；退化雄蕊位于雄蕊内侧；花瓣存在，下部筒状，有蜜腺，上部近二唇形
　　　　　　　　　　　　　　　　　　　　　　　　　　　　　　　　　　　　　　　 天葵属 *Semiaquilagia*
　　8. 退化雄蕊不存在，花序无总苞。
　　　10. 心皮有细柄；花小，黄绿色或白色 ·································· 黄连属 *Coptis*
　　　10. 心皮无细柄；花大，黄色、近白色或淡紫色 ························ 金莲花属 *Trollius*
　2. 花两侧对称。
　　11. 后面萼片船形或盔形，无距；花瓣有长爪，无退化雄蕊 ················· 乌头属 *Aconitum*
　　11. 后面萼片平或船形，不呈盔状，有距；花瓣无爪，花有 2 枚具爪的侧生雄蕊 ······· 翠雀属 *Delphinium*
1. 叶对生，常为藤本；花辐射对称；聚合瘦果，宿存花柱羽毛状 ················· 铁线莲属 *Clematis*

【药用植物】

毛茛 *Ranunculus japonicus* Thunb. 多年生草本，多柔毛。须根多数簇生。茎中空，有槽。基生叶圆心形或五角形，常 3 深裂，中裂片 3 浅裂，侧裂片不等 2 裂；具长柄。下部叶与基生叶相似，向上叶柄渐短，叶片较小，3 深裂；上部叶线形，全缘，无柄。聚伞花序；花瓣 5。聚合果近球形；瘦果扁平，有棱（图 9-23）。除西藏外，各地均有分布。全草及根（药材名：毛茛），味辛，性温；有毒。能利湿，消肿，止痛，退翳，截疟，杀虫。

图 9-23 毛茛
1. 植株 2. 花枝 3. 花瓣
4. 聚合瘦果 5. 果实

小毛茛 *R. ternatus* Thunb. 一年生草本。多数肉质卵球形或纺锤形小块根簇生，顶端形似猫爪。茎铺散无毛。基生叶具长柄；叶片形状多变，单叶或 3 出复叶，宽卵形至圆肾形，小叶 3 裂或多次细裂。茎生叶无柄，叶片较小，全裂或细裂，裂片线形。花单生茎顶和分枝顶端；萼片 5～7；花瓣 5～7 或更多，黄色或后变白色。聚合果近球形；瘦果卵球形。分布于广西、台湾、江苏、浙江等地。块根（药材名：猫爪草），味甘、辛，性温。能化痰散结，解毒消肿。

乌头 *Aconitum carmichaelii* Debx. 多年生草本。母根圆锥形，似乌鸦头，常有数个肥大侧根（子根）。叶互生，常 3 全裂，中央裂片近羽状分裂，侧生裂片 2 深裂。总状花序，密被反曲柔毛；萼片 5，蓝紫色，上萼片盔帽状；花瓣 2，有长爪；雄蕊多数，心皮 3～5。聚合蓇葖果长圆形。种子三棱形（图 9-24）。主要分布于长江中下游。根有大毒，一般经炮制后入药。母根（药材名：川乌）为祛风湿药，味辛、苦，性热，有大毒，能祛风除湿，温经止痛；子根（药材名：附子）为温里药，味辛、甘，性大热，有毒。能回阳救逆，补火助阳，散寒止痛。

北乌头 *A. kusnezoffii* Reichb. 药用块根，称草乌（正品），味辛、苦，性热，有大毒。能祛风除湿、温经止痛。华乌头 *A. chinense* Paxt. 的块根有时亦作草乌药用。

黄花乌头 *A. coreanum*（Levl.）Rapaics 药用块根，称关白附，味辛、甘，性热，有毒。能祛风痰，定惊痫，散寒止痛。

短柄乌头 *A. brachypodium* Diels 药用块根，称雪上一枝蒿，味苦、辛，性温，有大毒。能祛风除湿，止痛。

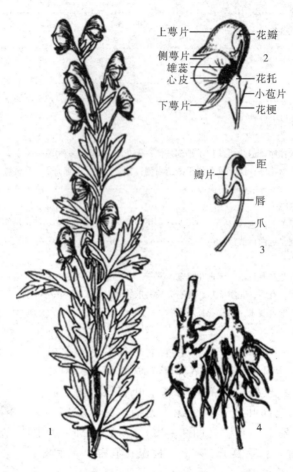

上萼片 —— 花瓣
侧萼片
雄蕊
心皮 —— 花托
—— 小苞片
下萼片 —— 花梗

瓣片 —— 距
—— 唇
—— 爪

图 9 – 24　乌头
1. 花枝　2. 花的纵切面　3. 花瓣　4. 块根

威灵仙 *Clematis chinensis* Osbeck　木质藤本。羽状复叶对生；小叶常 5 片，狭卵形。圆锥状聚伞花序；萼片 4，白色，矩圆形，外面边缘密生绒毛或中间有短柔毛，无花瓣；雄蕊及心皮均多数，子房及花柱上密生白毛。瘦果扁平，具白色羽毛状宿存花柱（图 9 – 25）。分布于我国南北各地。根和根茎（药材名：威灵仙）为祛风湿药，味辛、咸，性温。能祛风湿，通经络。棉团铁线莲 *C. hexapetala* Pall.、东北铁线莲 *C. mandshurica* Rupr. 的根和根茎亦作中药威灵仙药材用。以上三种均为药典收载正品威灵仙的原植物。

黄连（味连）*Coptis chinensis* Franch.　多年生草本。根状茎黄色，常分枝，密生多数须根，味苦。叶基生，有长柄，叶片三角状卵形，3 全裂，中央裂片具细柄，卵状菱形，3 或 5 对羽状深裂；侧裂片斜卵形，不等 2 深裂。聚伞花序，小花黄绿色；萼片 5，狭卵形；花瓣线形或线状披针形，中央有蜜腺；雄蕊约 20；心皮 8 ~ 12。聚合蓇葖果。种子 7 ~ 8，长椭圆形，褐色（图 9 – 26）。分布于西南、华南、华中地区，多为栽培。根茎（药材名：黄连）为清热燥湿药，味苦，性寒。能清热燥湿，泻火解毒。同属植物三角叶黄连（雅连）*C. deltoidea* C. Y. Cheng et Hsiao、云南黄连（云连）*C. teeta* Wall. 的根茎亦作中药材黄连。以上三种均为药典收载正品黄连的原植物。峨眉黄连 *C. omeiensis*（Chen）C. Y. Cheng 的根茎有时亦作黄连药用。

图 9-25 威灵仙
1. 花枝 2. 果枝 3. 花被 4. 雄蕊 5. 雌蕊 6. 瘦果

图 9-26 黄连原植物
黄连 (1~3) 三角叶黄连 (4~6)
云南黄连 (7~9) 峨眉黄连 (10~13)
1. 植株 2. 萼片 3. 花瓣 4. 叶 5. 萼片 6. 花瓣
7. 叶 8. 萼片 9. 花瓣 10. 叶 11. 萼片 12. 花瓣 13. 雄蕊

　　白头翁 *Pulsatilla chinensis* (Bge.) Regel　多年生草本，全株密被白色长柔毛。叶基生，三出复叶，小叶 2~3 裂。花单一，总苞片 3；萼片 6，紫色；无花瓣，雄蕊和心皮多数，离生。瘦果扁纺锤形，多数聚成头状，宿存花柱羽毛状，下垂如白发（图 9-27）。分布于东北、华北、华东及河南、陕西、四川等地。根（药材名：白头翁）为清热解毒药，味苦，性寒。能清热解毒，凉血止痢。

　　升麻 *Cimicifuga foetida* L.　多年生草本。根状茎粗壮，黑色，具多数内陷的圆洞状老茎残迹。基生叶和下部茎生叶为 2~3 回三出羽状复叶；小叶菱形或卵形。圆锥花序顶生，密被腺毛和柔毛；萼片白色，无花瓣；雄蕊多数；心皮 2~5。蓇葖果长圆形，有伏毛。分布于西藏、云南、四川、青海、甘肃等地。根茎（药材名：升麻）为发散风热药，味辛、微甘，性微寒。能发表透疹，清热解毒，升举阳气。兴安升麻 *C. Dahurica* (Turcz.) Maxim. 的根茎亦作中药材升麻。以上两种均为药典收载正品升麻的原植物。

　　侧金盏花 *Adonis amurensis* Regel et Redde　药用带根全草，称福寿草，味苦，性平，有小毒。能强心，利尿。

图 9-27 白头翁
1. 植株 2. 聚合瘦果

阿尔泰银莲花 *Anemone altaica* Fisch. ex C. A. Mey. 药用根茎，称九节菖蒲，味辛，性温。能芳香开窍，化痰，安神。

金莲花 *Trollius chinensis* Bge. 药用花，味苦，性微寒。能清热解毒，消肿，明目。

天葵 *Semiaquilegia adoxoides*（DC.）Makino. 药用块根，称天葵子，味甘、苦，性寒。能清热解毒，消肿散结。

知识拓展

毛茛科和木兰科的亲缘关系

毛茛科的属、种数目较多，形态也有较大分化，但具有共同特征，该科植物大多数保持有离生的心皮，和木兰科有明显的亲缘关系。

---

14. 芍药科 Paeoniaceae $\lightning * K_5 C_{5\sim 10} A_\infty \underline{G}_{2\sim 5;2\sim 5}$

【形态特征】多年生草本或灌木。根肥大。叶互生，常为二回三出复叶。花大型，两性，辐射对称；单生枝顶或数朵生枝顶和茎上部叶腋；萼片常5，宿存。花瓣5~10片（栽培者多为重瓣），覆瓦状排列，呈白、粉红、紫或黄色；雄蕊多数，离心发育；花盘肉质，环状或杯状。心皮2~5，离生。蓇葖果成熟时沿腹缝线开裂。

【微观特征】常有草酸钙簇晶和淀粉粒；叶表皮细胞不规则；下表皮具不规则气孔；三沟花粉粒。染色体：X = 5。

【化学特征】本科植物含有芍药苷（paeoniflorin）、牡丹酚苷（paeonoside）及没食子鞣质等单萜苷、酚类、鞣质及三萜、挥发油等。

【分布】本科1属，约35种，主要分布于欧亚大陆，少数产于北美洲西部。我国有16种，主要分布于西南、西北地区，少数在华中、华北和东北地区。几乎全部药用。

【药用植物】

芍药 *Paeonia lactiflora* Pall. 多年生草本。根粗壮，圆柱形，分枝黑褐色。下部叶为二回三出复叶，上部茎生叶为三出复叶；小叶狭卵形、椭圆形或披针形。花大而艳丽，白色、粉红色或红色，数朵生于茎顶和叶腋；萼片4~5；花瓣5~10；雄蕊多数，花盘肉质，仅包裹心皮基部。蓇葖果卵形，顶端具喙（图9-28）。分布于东北、华北地区及陕西、甘肃等地，各地有栽培。栽培种的根去栓皮（药材名：白芍）为补血药，味苦、酸，性微寒，能养血调经，敛阴止汗，柔肝止痛，平抑肝阳；野生种的根不去栓皮（药材名：赤芍）为清热凉血药，味苦，性微寒，能清热凉血，散瘀止痛。同属植物川赤芍 *P. veitchii* Lynch 和草芍药 *P. obovata* Maxim. 的根亦作赤芍用。芍药野生种和川赤芍为药典收载正品赤芍的原植物。

牡丹 *P. suffruticosa* Andr. 落叶灌木。根皮厚，外皮灰褐色至紫棕色。叶常为二回三出复叶；顶生小叶宽卵形，3裂至中部；侧生小叶不等2浅裂。花单生枝顶，玫瑰色、红紫色、粉红色至白色；萼片5，宿存；花瓣5或为重瓣；花盘杯状，紫红色，顶端有数个锐齿或裂片，包住心皮；心皮常5，密生柔毛。蓇葖果卵形，密生黄褐色毛（图9-29）。各地广泛栽培。根皮（药材名：牡丹皮）为清热凉血药，味苦、辛，性微寒。能清热凉血，活血化瘀。

图 9-28　芍药
1. 花枝　2. 根　3. 果实

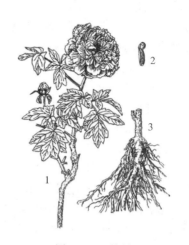

图 9-29　牡丹
1. 花枝　2. 果实　3. 根

知识拓展

芍药科是怎么来的

　　自瑞典植物学家 C. Linnaeus 于 1735 年建立芍药属，世界上应用普遍的恩格勒系统（Engler）等分类系统把芍药属置于毛茛科（Ranunculaceae）中。直到 20 世纪初，W. C. Worsdell 发现芍药属植物的雄蕊群离心发育，与毛茛科不同，并首次将其分离出来，独立为芍药科（Paeoniaceae），放在毛茛目（Ranunculales）中。到 20 世纪 50 年代，有不少学者从更广泛的方面如植物形态学、解剖学、细胞遗传学、植物化学、植物胚胎学以及花芽分化程序等方面论证了芍药属植物的统一性和独立性。

15. 小檗科 Berberidaceae $\male \female * K_{3+3,\infty} C_{3+3,\infty} A_{3\sim9} \underline{G}_{(1:1:1\sim\infty)}$

【形态特征】灌木或草本。叶互生，稀对生或基生，单叶或复叶。花两性，辐射对称；萼片与花瓣相似，各 2～4 轮，每轮常 3 枚，花瓣上常具蜜腺；雄蕊 3～9 枚，与花瓣对生，花药多瓣裂或纵裂；子房上位，1 室，花柱缺或极短，柱头常盾状。胚珠 1 至多数。浆果或蒴果。种子具胚乳。

【微观特征】常有草酸钙簇晶；下表皮具不定式气孔。染色体：X = 6，7，8，10，13。

【化学特征】多含异喹啉型生物碱、淫羊藿苷、黄酮等多种生理活性物质。

【分布】本科约有 17 属，650 余种，分布于北温带和热带高山上。我国有 11 属，300 余种，分布于全国各地。已知药用 11 属，140 多种。

【药用植物】

淫羊藿 *Epimedium brevicornu* Maxim　多年生草本。根状茎粗，质硬。叶基生或茎生，通常为二回三出复叶；基生叶 1～3 枚，具长柄，茎生叶 2 枚，对生，具较短的柄；小叶卵形或宽卵形，先端急尖，基部心形，边缘有刺毛状锯齿。圆锥花序顶生，花白色；外轮萼片较小，内轮萼片花瓣状，白色；花瓣短于内轮萼片。蒴果近圆柱形。生于山谷林下或山坡阴湿处。分布于安徽、湖南、山西、广西以及西北地区。叶（药材名：淫羊藿）为补阳药，能补肾阳，强筋骨，祛风湿。

箭叶淫羊藿 *E. sagittatum* (Sieb. et Zucc.) Maxim.　多年生草本。根状茎结节状，质硬。基生叶 1～3 枚，三出复叶；小叶卵形至卵状披针形，两侧小叶基部呈不对称的箭状心形，边缘有刺毛状细齿，下面疏被短硬毛或近无毛。圆锥花序或总状花序顶生；花梗无毛；萼片 4，2 轮，内轮花瓣状，白色，有距；花瓣 4，黄色，有短距；雄蕊 4，心皮 1。蓇葖果。分布于长江流域及南部各地。生于竹林下及路旁石缝中。叶作淫羊藿用。

朝鲜淫羊藿 *E. koreanum* Nakai、柔毛淫羊藿 *E. pubescens* Maxim. 叶亦作淫羊藿用。

以上四种为药典收载正品淫羊藿的原植物（图9-30）。

豪猪刺 *Berberis julianae* Schneid. 常绿灌木；根、茎断面黄色。叶刺三叉状，坚硬。叶革质，常5片丛生于叶刺腋内，椭圆形或倒披针形，边缘每侧有10~20个刺状锯齿。花10~30朵簇生于叶腋，淡黄色，小苞片3，萼片、花瓣、雄蕊均6枚。浆果矩圆形，蓝黑色，被白粉，顶端有宿存花柱，内含1枚种子。分布于四川、湖北、贵州及陕西南部。生于海拔1000m以上的山坡灌丛中。根及茎（药材名：三颗针）能清热燥湿，泻火解毒。也是提取小檗碱的主要原料。

本科常用药用植物还有：八角莲 *Dysosma versipellis* (Hance) M. Cheng ex Ying、六角莲 *Dysosma pleiantha* (Hance) Woodson 的根状茎能清热解毒，化痰散结，祛瘀消肿。也是提取抗癌成分鬼臼毒素的原料药。阔叶十大功劳 *Mahonia bealei* (Fort) Carr. 的根、茎、叶能清热解毒，燥湿消肿。南天竹 *Nandina domestica* Thunb. 的根茎能清热解毒，祛风止痛；果（药材名：天竹子）能止咳平喘。

图9-30 淫羊藿原植物

淫羊藿（1） 箭叶淫羊藿（2~4） 朝鲜淫羊藿（5~8）
1. 植株 2. 具花植株 3. 花 4. 果实
5. 根及根茎 6. 花枝 7. 叶 8. 果实

知识链接

小檗科各类群所含化学成分有哪些差异？

小檗科木本类群的小檗属、十大功劳属和南大竹属的主要药用成分为异喹啉类生物碱；鬼臼属和山荷叶属主要含鬼臼毒素类木脂；红毛七属、牡丹草属、蓬加蒂属和囊果草属主要含吡咯里西啶生物碱和三萜皂苷类；淫羊藿属含淫羊藿苷黄酮类。

16. 防己科 Menispermaceae $\male \ast K_{3+3} C_{3+3} A_{3\sim6,\infty}$；$\female \ast K_{3+3} C_{3+3} \underline{G}_{3\sim6;1;1}$

【形态特征】多为木质藤本，稀草质。多具块根。单叶互生，叶片全缘或掌状分裂，无托叶。花小，辐射对称，单性异株；聚伞或圆锥花序；萼片、花瓣各常6枚，各成2轮，每轮3片，淡绿色；花瓣常较萼片小；雄蕊通常6，稀3或多数，分生或合生；心皮3~6，离生；子房上位，1室，1胚珠。核果，核常呈马蹄形或肾形。

【微观特征】常有石细胞和淀粉粒。染色体：X = 11，12，13，19，25。

【化学特征】本科植物含多种生物碱。

【分布】本科约65属，350种，分布于热带和亚热带地。我国有20属，约70种，南北各省均有分布。已知药用15属，约70种。

【药用植物】

粉防己（石蟾蜍）*Stephania tetrandra* S. Moore 多年生缠绕藤本。根呈弯曲柱状，外皮灰棕色。叶互生，三角状阔卵形，全缘，两面有短柔毛，掌状脉5条。聚伞花序排成头状；花单性异株；雄花序总花梗长4~10cm；萼片3~5；花瓣4；雄蕊4；雌花的萼片、花瓣与雄花同数；子房上位，心皮1，花柱3。

核果球形，红色（图9－31）。分布于华东、华南等地区。生于山坡、丘陵地带的草丛及灌木林边缘。根（药材名：粉防己）能利水消肿，祛风止痛。

蝙蝠葛 *Menispermum dauricum* DC. 缠绕藤本。根状茎细长，味极苦。叶圆肾形或卵圆形，叶全缘或具5~7浅裂，掌状脉5~7条，两面无毛；叶柄盾状着生。花小，单性异株，花序圆锥状，腋生，萼片6，花瓣6~8；雄花有雄蕊12枚或更多；雌花有退化雌蕊，雌花3心皮，分离。果实核果状，成熟时黑紫色。分布于长江以北地区。生于山地、灌木丛中或攀援于岩石上。根茎（药材名：北豆根）能清热解毒，祛风止痛。

本科常见药用植物还有：青牛胆（药材名：地苦胆）*Tinospora sagittata* (Oliv.) Gagnep. 分布于湖南、湖北、四川、广西等省区，块根（药材名：金果榄）能清热解毒，利咽，止痛。木防己 *Cocculus orbiculatus* (L.) DC. 分布于除西北以外的各省区。根能祛风止痛，利尿消肿，清热解毒。

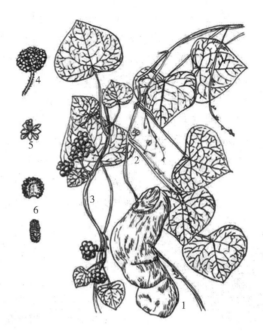

图9－31　粉防己

1. 根　2. 雄花枝　3. 果枝　4. 雄花序　5. 雄花　6. 果核

17. 木通科 Lardizabalaceae $\male * P_{3+3} A_6$；$\female P_{3+3} \underline{G}_{3,6~9;3,6~9;\infty}$

【形态特征】缠绕或直立灌木。叶互生，掌状复叶，稀为羽状复叶；无托叶。花单性，稀两性，雌雄同株，总状花序或单生；花被片6，花瓣状，2轮，稀为3，常无花萼与花冠之分；雄蕊6枚，离生或基部合生，花药2室；心皮3或6~9（15）个，离生，子房上位，胚珠多数，柱头1个，无花柱。果呈浆果状。

【微观特征】常有石细胞和草酸钙方晶。染色体：X = 8。

【化学特征】本科植物常含三萜及其皂苷、木质素苷类、香豆素、有机酸等多种生理活性物质。

【分布】本科约9属，主要分布于我国西南至日本。我国7属，37种；药用5属，16种。

【药用植物】

木通 *Akebia quinata* (Houtt.) Decne. 落叶木质藤本。茎纤细，圆柱形，有皮孔。掌状复叶，叶柄长7~10cm；小叶常有5片，倒卵形或倒卵状椭圆形，长2~5cm，宽1.5~2.5cm，表面深绿色，背面青白色；中脉在上面凹入，下面凸起，侧脉每边5~7条，与网脉均在两面凸起。伞房花序式的总状花序腋生，长6~12cm，疏花，基部有雌花1~2朵，以上4~10朵为雄花；总花梗长2~5cm。雄花淡紫色，长约6~8mm，宽4~6mm；雄蕊6，离生，花丝极短，花药长圆形；雌花花梗细长，长2~4cm，萼片暗紫色，长1~2cm，宽约10mm；心皮3~6（9）枚，离生。果实长圆形或椭圆形，长5~8cm，成熟时紫色，种子多数，黑褐色。生于海拔300~1500米的山地灌木丛、林缘和沟谷中。长江流域各省均有分布。藤茎（药材名：木通）能利尿通淋，清心除烦，通经下乳。

三叶木通 *Akebia trifoliata* (Thunb.) Koidz 落叶藤本。小枝灰褐色，有稀疏皮孔。掌状复叶，叶柄长7~10cm；小叶3片，卵形或宽卵形，长4~6cm，宽2~4.5cm，先端凹，常有小尖头，基部截形或圆形，边缘具波状齿或全缘，表面深绿色，背面淡绿色；中间小叶柄长2~4cm，侧生的长6~8mm。花序由短枝的叶丛中抽出，总花梗长10~25mm；小花梗长4~5mm。雌花1~3朵，花被片暗紫色，长10~12mm，宽约10mm；雄花多数，花被片淡紫色，长约3mm，宽1.5~2mm；花药长2mm。果实椭圆体状，长6~8cm，直径达4cm，灰白色，微带淡紫色。种子黑褐色，扁圆形长5~7mm。分布区域：海拔550~2000米的低山坡林下或灌木丛中。果实药用，疏肝理气，活血止痛，利尿，杀虫。

微课

18. 木兰科 Magnoliaceae $\male * P_{6~\infty} A_\infty \underline{G}_{\infty;1;1~2}$

【形态特征】落叶或常绿木本，具油细胞，气芳香。单叶互生，多全缘，托叶有或缺，有托叶者，托叶大型，包被幼芽，早落，在节上留下环状托叶痕。花大，单生；多两性，稀单性；辐射对称；花被片6至多数，每轮3，常为花瓣状，有时分化为花萼和花冠；雄蕊和雌蕊心皮均多数，离生，螺旋排列在伸长或隆起的花托上，雄蕊在下，雌蕊在上；稀轮生；子房上位，1室，含胚珠1~2枚。聚合蓇葖果或聚合浆果。

【微观特征】常有油细胞、石细胞和草酸钙方晶；叶表皮细胞不规则，垂周壁波状弯曲；下表皮具平列式气孔器；导管细长。单沟花粉粒。染色体：X = 19。

【化学特征】本科植物普遍含异喹啉类生物碱、木脂素、倍半萜和挥发油。生物碱类，如木兰花碱（magnoflorine）、木兰箭毒碱（magnocurarine）等；木脂素类，如厚朴酚（magnolol）、和厚朴酚（honokiol）、五味子素（schisandrin）、戈米辛（gomisin）等。

【分布】本科植物约20属，350余种。分布于亚洲、美洲的热带和亚热带地区。我国有14属，160余种，主产于长江流域及以南地区，以西南部较多。已知药用植物8属，90余种。表9-5为木兰科部分属检索表。

表9-5 木兰科部分属检索表

1. 木质藤本；叶纸质或近膜质，罕革质；花单性，雌雄异株或同株；聚合浆果（五味子亚科）。
　　2. 果期花托不伸长，聚合果排成近球状或椭圆体状 ··· 南五味子属 *Kadsura*
　　2. 果期花托伸长，聚合果排成穗状 ··· 五味子属 *Schisandra*
1. 乔木或灌木；叶革质或纸质，全缘；花两性；聚合蓇葖果。
　　3. 托叶包被幼芽；小枝上具环状托叶痕；雄蕊和雌蕊螺旋状排列于伸长的花托上（木兰亚科）。
　　　　4. 花顶生，雌蕊群无柄或具柄。
　　　　　　5. 每心皮具3~12胚珠 ·· 木莲属 *Manglietia*
　　　　　　5. 每心皮具2胚珠 ··· 木兰属 *Magnolia*
　　　　4. 花腋生，雌蕊群具明显的柄 ·· 含笑属 *Michelia*
　　3. 无托叶，芽具多枚芽鳞；雄蕊和雌蕊轮状排列于平顶隆起的花托上（八角亚科） ········· 八角属 *Illicium*

【药用植物】

（1）木兰属 *Magnolia* L. 木本，小枝具环状托叶痕。单花顶生；花3数，花被片9~15；雄蕊和雌蕊多数，雌蕊群无柄；每心皮具2胚珠。聚合蓇葖果。种子成熟时外种皮肉质红色，悬挂在细丝状的种柄上。

厚朴 *M. officinalis* Rehd. et Wils. 落叶乔木，芽无毛。叶大，革质，集生于枝顶，倒卵形，基部楔形。花白色，内轮花被片直立。蓇葖果基部圆。分布于陕西、甘肃、河南、湖北、湖南、四川、重庆、贵州等地；多为栽培品。干皮、根皮和枝皮（药材名：厚朴）能燥湿消痰，下气除满，是半夏厚朴汤、承气汤等的组成药物；花蕾（药材名：厚朴花）能行气宽中，开郁化湿。凹叶厚朴 *M. officinalis* subsp. biloba（Rehd. et Wils.）Law 叶先端凹缺。与厚朴同等入药，在浙江、福建、湖南、江西等省多有栽培（图9-32）。

望春花 *M. biondii* Pamp. 叶乔木。叶椭圆状披针形，基部不下延。花先叶开放；萼片3，近线形；花瓣6，匙形，白色，外面基部带紫红色。聚合果圆柱形，稍扭曲。种子深红色。分布于陕西、甘肃、河南、湖北、四川等地。花蕾（药材名：辛夷）能散风寒，通鼻窍，是辛夷散、辛夷鼻炎丸等的组成药物。玉兰 *M. denudata* Desr.、武当玉兰 *M. sprengeri* Pamp. 的花蕾与望春花同等入药。

（2）五味子属 *Schisandra* Michx. 木质藤本。叶纸质，边缘常具腺齿，无托叶。花单性，雌雄异株，稀同株；花被片5~12（20），2~3轮，中轮常最大；雄蕊4~60枚；心皮12~120枚。结果时，花托延长，聚合浆果排列成长穗状。

五味子 *S. chinensis*（Turcz.）Baill. 叶阔椭圆形或倒卵形。雌雄异株，花被片6~9，乳白色至粉红色；雄花托短圆柱形，雄蕊5；雌花心皮17~40。聚合果红色（图9-33）。分布于东北、华北及宁夏、甘肃、山东。果实（药材名：五味子）能收敛固涩，益气生津，补肾宁心，是生脉饮等的组成药物。

同属植物：华中五味子 *S. sphenanthura* Rehd. et Wils. 分布于华中、西南及山西、陕西、甘肃，果实（药材名：南五味子）能收敛固涩，益气生津，补肾宁心。

图9-32　厚朴（1~4）和凹叶厚朴（5~8）　　　　　图9-33　北五味子
1. 花枝　2. 外、中、内轮花被　3. 雄蕊　4. 聚合果　　1. 果枝　2. 花　3. 雄花（示雄蕊）　4. 雌花（示多数心皮）
5. 花被　6. 外、中、内轮花被　7. 雄蕊　8. 聚合果

　　（3）八角属 *Illicium* L.　常绿乔木或灌木。全株无毛，具香气。花两性；花被片数轮；雄蕊4至多数；心皮7~15，离生，排成1轮。蓇葖果单轮排列呈星状。

　　八角 *I. verum* Hook. f.　乔木。叶革质，倒卵状椭圆形至椭圆形。单花叶腋或近顶生，粉红至深红色；花被片7~12；雄蕊11~20；心皮常8枚。聚合果饱满平直，蓇葖果常8个排成八角形。分布于广西西部和南部，其他地区有引种。果实（药材名：八角茴香）能散寒，理气，止痛，是八角橘核丸等的组成药物，也是药物"达菲"的原料药。

八角茴香

　　同属其他种植物多有毒，如莽草 *I. lanceolatum* A. C. Smith、红茴香 *I. henryi* Diels 等的果实，外形与八角相似，常因误用而中毒。

　　常用药用植物还有：木莲 *Manglietia fordiana*（Hemsl.）Oliv. 分布于长江流域以南，果实能通便、止咳；白兰花 *Michelia alba* DC. 在我国亚热带地区多栽培，花能化湿、行气、止咳；南五味子 *Kadsura longipedunculata* Finet et Gagn. 分布于长江流域及以南各地，根或根皮（红木香）能理气止痛，祛风通络，活血消肿；地枫皮 *Illicium difengpi* K. I. B. et K. I. M. 的树皮（地枫皮）能祛风除湿，行气止痛。

知识拓展

　　1. 木兰科的系统分类意义　恩格勒系统的木兰科在哈钦松系统、克朗奎斯特和塔赫他间系统中均被划分成3个科，即木兰科 Magnoliaceae、八角科 Illiciaceae 和五味子科 Schisandraceae。

　　2. 植物分类速记口诀——木兰科

　　　　　　　　木本植物叶互生，枝上托叶留环痕。
　　　　　　　　花被一般不分化，柱状花托雌雄多。
　　　　　　　　花被分离3基数，螺旋排列原始性，
　　　　　　　　子房上位心皮离，果实常为聚合果。

19. 樟科 Lauraceae $\female \ast P_{(6\sim9)} A_{3\sim12} \underline{G}_{(3:1:1)}$

微课

【形态特征】木本，多具油细胞，有香气。单叶多互生，多革质，全缘，具羽状脉、三出脉或离基三出脉，无托叶。花序多种；花小，常两性，辐射对称，花单被，3 基数，2 轮排列，基部合生；2 轮；雄蕊 3 ~ 12，通常 9 枚，排列 3 ~ 4 轮，第 4 轮常退化；花药 2 ~ 4 室，瓣裂，子房上位，3 心皮合生，1 室，具 1 胚珠。核果或呈浆果状。有时具果托（宿存的花被筒）包围果实基部。种子 1 枚。

【微观特征】常有油细胞和黏液细胞。花粉粒无沟。染色体：$X = 7, 12$。

【化学特征】本科植物普遍含异喹啉类生物碱、缩合鞣质和挥发油。挥发油主要存在于樟属、山胡椒属、木姜子属。具有重要药用价值的成分有樟脑（camphor）、芳樟醇（linalool）、柠檬醛（citral）、桂皮醛（cinnamialdehyde）等。异喹啉类生物碱以阿朴菲型分布最广。

【分布】本科约 45 属，2000 余种，主要分布于热带及亚热带地区。我国 20 属，400 种，主要分布于长江以南各省区；已知药用 13 属，110 余种。

【药用植物】

肉桂 *Cinnamomum cassia* Presl 常绿乔木，全株具芳香气。树皮厚，灰褐色，内皮红棕色，幼枝被褐色绒毛。叶互生，革质，矩圆形至近披针形，下面被黄色柔毛，具离基三出脉，中脉及侧脉在上面凹下。圆锥花序腋生，花小，白色；花被片 6；能育雄蕊 9，3 轮，第 3 轮的每一花丝基部有腺体 2 个，花药 4 室，外向瓣裂；子房上位，1 胚珠。浆果状核果椭圆形，黑紫色，果托浅杯状（图 9 - 34）。分布于广东、广西、云南、福建等地，多为栽培。树皮（药材名：肉桂）能补火助阳，引火归源，散寒止痛，活血通经；嫩枝（药材名：桂枝）能发汗解肌，温经通脉，助阳化气，平冲降气；叶的挥发油（药材名：肉桂油）为驱风、健胃药。

图 9 - 34 肉桂
1. 果枝 2. 树皮 3. 花纵剖面

樟 *C. camphora* (L.) Presl. 常绿乔木，树皮厚，褐色，纵裂，全株有樟脑香气。单叶互生，近革质，叶片卵状椭圆形，离基三出脉，脉腋有隆起的腺体。圆锥花序腋生，花小，淡黄绿色，花被片 6，雄蕊 9，花药 4 室，瓣裂，子房上位，球形。浆果状核果，紫黑色，果托浅杯状。分布于长江以南及西南各地区。生于丘陵、山区疏林中，常作行道树。枝、干、叶、根的提取物（药材名：樟脑）内服能开窍辟秽；外用能除湿杀虫，温散止痛。

樟脑丸的分类

本科常用药用植物还有：山鸡椒 *Litsea cubeba* (Lour.) Pers. 又名山苍子、澄茄子，广布于我国南部各省区，果实（药材名：荜澄茄）能祛风散寒，行气止痛；根、叶入药能祛风除湿，解毒，消肿；乌药 *Lindera aggregate* (Sims) Kosterm. 分布于长江以南与西南各地，根能顺气止痛，温中散寒；银叶桂 *C. mairei* Levi. 又名川桂皮、官桂，分布于云南、四川等地，树皮（药材名：官桂）能温经通脉，行气止痛。

20. 藤黄科 Guttiferae（Hypericaccac） $\female \ast K_{4\sim5} C_{4\sim5} A_\infty \underline{G}_{(3\sim5:1\sim5:1\sim\infty)}$

【形态特征】草本或灌木，稀为小乔木，具黄色油点或腺点。单叶对生或轮生，稀互生，具透明或暗色的腺点。花单生或为聚伞花序、总状花序或圆锥花序。萼片 2 ~ 6；花瓣 2 ~ 6，覆瓦状或螺旋状排列；雄蕊通常多数合为 3 ~ 5 束，很少离生或全为合生；子房上位，1 室或 3 ~ 5 室，心皮 3 ~ 5；花柱与心皮同数，丝状，分离或合生；胚珠多数。果实为蒴果、核果或浆果状。种子圆柱形。

【微观特征】常有分泌细胞、厚壁木纤维细胞。花粉粒具 3 沟。染色体：X = 9。

【化学特征】本科植物含黄酮类、香豆素类、间苯三酚类、三萜类物质。

【分布】本科约 40 属，1100 余种，主要分布于温带与热带山区。我国 8 属，87 种，全国各地均有分布。

【药用植物】

湖南连翘 *Hypericum ascyron* L.　多年生草本，高 0.5 ~ 1.3m。茎直立，幼时具 4 棱，后明显具 4 纵线棱。叶对生，叶片披针形、长圆状披针形或长圆状卵形至椭圆形，长约 5 ~ 9cm，宽约 1 ~ 3cm，先端渐尖，基部抱茎，无柄。花数朵成顶生聚伞花序；花大，黄色，直径可达 2.8cm；萼片卵形至卵状长圆形；花瓣倒卵形或倒披针形；雄蕊 5 束，短于花瓣；花柱长，在中部以上 5 裂。蒴果圆锥形，5 室，长约 2cm。生于山坡林下、林缘、灌丛间、草丛中、溪旁及河岸湿地等。分布于除新疆及青海外的全国各地。全草主治吐血、子宫出血、疮疖痈肿、风湿、痢疾等症。

藤黄科的经济作用

本科常用药用植物还有：贯叶连翘 *H. perforatum* L.　分布于全国大部分省区，全草可治疗精神障碍、抑郁、焦虑和神经紧张等症。

21. 罂粟科 Papaveraceae $\male\female * \uparrow K_2 C_{4 \sim 8,(4 \sim 8)} A_{3 \sim 12} \underline{G}_{(2 \sim \infty;1;1)}$

【形态特征】草本，常具白色乳汁或黄色、红色的汁液。叶基生或互生，无托叶。花辐射对称或两侧对称；两性，单生于顶端，或排成总状、圆锥状、聚伞花序；萼片 2，早落；花瓣 4 ~ 6；雄蕊多数离生，或 4 ~ 6 合生成 2 束，花药 2 药室，纵裂，子房上位，由 2 至多心皮合生，1 室，侧膜胎座，胚珠多数。蒴果孔裂或瓣裂，种子多数，细小。

微课

【微观特征】常具有节乳管或特殊的乳囊组织；不定式气孔器；木质部导管群常排成"V"形。花粉粒具 2 ~ 9 沟或圆孔。染色体：X = 5 ~ 11，16，19。

【化学特征】多含异喹啉类生物碱，如罂粟碱（papaverine）、吗啡（morphine）、白屈菜碱（chelidonine）、延胡索乙素（tetrahydropalmatine）等。

【分布】本科植物约 42 属，600 余种，主要分布于北温带。我国有 20 属，近 300 余种，南北均有分布；已知药用植物有 15 属，130 余种。

【药用植物】

延胡索 *Corydalis yanhusuo* W. T. Wang　多年生草本。块茎呈不规则的球形，有的呈倒圆锥形，表面灰黄色或灰棕色，质坚硬。地上茎纤细，易折断。基生叶和茎生叶圆形，有柄；二回三出复叶。总状花序顶生；花冠两侧对称，有矩；苞片阔披针形；萼片 2，早落；花瓣 4，紫红色，上面花瓣基部有长距，下面花瓣基部具浅囊状突起；外花瓣具波状齿；雄蕊 6，花丝连合成 2 束；子房上位，由 2 心皮组成，1 室，侧膜胎座，柱头似碟形，花柱细短。蒴果条形（图 9 - 35）。主产于江苏、浙江等地；多栽培。块茎（药材名：延胡索、元胡）能行气止痛、活血散瘀。

伏生紫堇 *C. decumbens*（Thunb.）Pers.　又名夏天无，分布于华东与湖南等地，块茎能行气活血，通络止痛。

罂粟 *Papaver somniferum* L.　一年生或二年生草本，植物体内含白色乳汁，全株粉绿色。叶互生，长椭圆形或卵状椭圆形，基部抱茎，边缘具不整齐缺刻。花大，单生于细长花梗上；萼片 4，早落；花瓣 4，有红、淡

图 9 - 35　延胡索

1. 植株　2. 花　3. 内花瓣　4. 雄蕊　5. 雌

紫、白等色；雄蕊多数，离生；子房上位，由多心皮组成，1室，侧膜胎座；柱头具 8 ~ 12 个辐射状分枝，无花柱。蒴果近球形，孔裂。原产西亚、印度、伊朗，我国有法定栽培区。从未成熟的果实中割取乳汁，制后称鸦片，有镇痛、止咳、镇静、抑制肠蠕动和抑制呼吸的作用；果壳（药材名：罂粟壳）能敛肺，涩肠止泻，止痛。

博落回 *Macleaya cordata* (Willd.) R. Br. 分布于长江中下游各地。全草有毒，能消肿止痛，杀虫。

本科常用药用植物还有：峨眉紫堇 *C. omeiensis* Z. Y. Zhu et B. Q. Min 又名山香、九龙草，分布于四川乐山地区，根及根状茎能祛风除湿，解毒，镇痛；布氏紫堇 *C. Bungeana* Turcz. 分布于东北、西北、华北等，全草（药材名：苦地丁）能清热解毒。

知识拓展

植物分类速记口诀——罂粟科

多数草本有乳汁，单叶互生无托叶。
萼片 2 枚早脱落，花瓣 4 枚雄蕊多。
部分种类两侧对，花瓣往往还有距。
侧膜胎座 2 心皮，合生子房成蒴果。

22. 十字花科 Cruciferae (Brassicaceae) $\female * K_{2+2} C_4 A_{2+4} \underline{G}_{(2;1~2;1~\infty)}$

微课

【形态特征】一至多年生草本。含有分泌细胞，常有辛辣液汁。单叶互生，全缘或羽状分裂，无托叶。花两性，辐射对称，组成总状花序、圆锥花序；萼片 4，分离，2 轮；花瓣 4，具爪，排成十字形；雄蕊 6，四强雄蕊，雄蕊花丝基部通常具 4 个蜜腺；雌蕊由 2 心皮组成，子房上位，侧膜胎座，无子房柄或有时极短，2 室，中间有假隔膜，胚珠多数。花柱短或不发育，柱头不裂或 2 浅裂。长角果或短角果。常 2 瓣开裂。种子小，无胚乳。

【微观特征】常有分泌细胞；不等式气孔器；叶表皮细胞多边形、不规则形，单生毛、分叉毛或星状毛。花粉粒具 3 沟。染色体：X = 4 ~ 15，多数种 6 ~ 9。

【化学特征】本科植物多含硫苷、吲哚苷、强心苷、氰苷、芸香苷及脂肪酸、酚性物质（槲皮素、山奈酚）、黄酮醇、挥发油、生物碱等。种子富含脂肪油。

【分布】本科约 350 属，3200 余种，广泛分布于世界各地，以北温带为多。我国 96 属，430 余种，分布于全国各地，以西南、西北、东北高山区及丘陵地带为多；已知药用有 26 属，75 种。表 9 - 6 为十字花科部分属检索表。

表 9 - 6 十字花科部分属检索表

1. 果实成熟后开裂。
　2. 果实为长角果（长/宽比值大于 2）。
　　3. 长角果有明显长喙。
　　　4. 果实靠向果序轴，每室有种子 2 行；花瓣有褐紫色脉 ················ 芝麻菜属 *Eruca*
　　　4. 果实不靠向果序轴，每室有种子 1 行；花瓣无褐紫色脉 ················ 白芥属 *Sinapis*
　　3. 长角果无明显长喙。
　　　5. 花瓣黄色 ················ 蔊菜属 *Rorippa*
　　　5. 花瓣白色、淡红色或淡紫色。
　　　　6. 叶片 2 ~ 3 回羽状分裂 ················ 播娘蒿属 *Descurainia*
　　　　6. 叶片不分裂。
　2. 果实为短角果（长/宽比值小于 2）。
　　7. 短角果有翅。
　　　8. 植株无毛；短角果长 1 ~ 2cm，周围有宽翅；每室有种子 2 至多 ················ 菥蓂属 *Thlaspi*

8. 植株无毛或有单毛或腺状毛；短角果长0.5cm以下，仅在近顶端有狭翅，每室有种子1个 ·············· 独行菜属 Lepidum

　7. 短角果无翅。

　　9. 基生叶常羽状分裂；短角果倒三角形或倒心形 ······························ 荠属 Capsella

　　9. 基生叶不分裂；短角果卵形、近圆形、椭圆形、纺锤形。

　　　10. 植株被丁字毛；叶片全缘；果瓣中脉明显，每室有种子1行 ·············· 香雪球属 Lobularia

　　　10. 植株被单毛、分支毛或星状毛；叶片有齿；果瓣无脉，每室有种子2行 ·········· 葶苈属 Draba

1. 果实成熟后不开裂。

　11. 长角果，长圆柱形，有时呈节状缢缩，有长喙；叶片大头状羽状分裂；花较大 ·············· 萝卜属 Raphanus

　11. 短角果，长圆形、倒卵形或小球形，扁平或侧扁，无喙；叶片非大头状羽状分裂；花小。

　　12. 高大直立草本；叶片不裂或全缘；花瓣黄色；短角果近长圆形，扁平，周围有较厚的翅 ·············· 菘蓝属 Isatis

　　12. 矮小匍匐草本；叶片羽状分裂；花瓣白色；短角果近小球形，侧扁，皱缩状网纹，顶端下凹

　　·········· 臭荠属 Coronopus

【药用植物】

菘蓝 *Isatis indigotica* Fort.　一至二年生草本，全株灰绿色。主根深长，灰绿色，圆柱形。基生叶具柄，长圆状椭圆形；茎生叶较小，长圆状披针形，半抱茎，全缘。圆锥花序生于茎顶；花黄色，花梗细，下垂；萼片4，绿色；花瓣4，倒卵形；四强雄蕊。短角果扁平，顶端钝圆或截形，边缘翅状，紫色，内含1粒种子（图9-36）。各地均有栽培。根（药材名：板蓝根）能清热解毒，凉血利咽；茎或茎叶可加工制青黛，能清热解毒，凉血定惊；叶（药材名：大青叶）能清热解毒，凉血消斑。

菘蓝的功用

葶苈 *Draba nemorosa* L.　一年或二年生草本。茎直立。基生叶莲座状，长圆状倒卵形，长圆形或卵圆状披针形，具疏齿或近全缘，长3～3.5cm；茎生叶稀疏，较小，无柄，卵形或长圆形。萼片卵形，背面上部被长毛；花瓣黄色，倒卵形，先端微凹，长约2mm；雄蕊花药心形。短角果长圆状卵形或狭长圆形，长6～8mm，密被短柔毛。种子褐色。分布于全国各地。种子（药材名：葶苈子）能宣肺平喘，强心利尿。

播娘蒿 *Descurainia Sophia*（L.）Webb ex Prantl　一年生或二年生直立草本，高达1m，上部分枝。茎圆柱形，密被白色卷毛和分叉状短毛。茎生叶3裂，顶端裂片倒卵形，全缘，微尖，侧裂片椭圆形，具明显的叶柄；茎生叶几无柄，倒卵形，2～3回羽状全裂，羽片纤细，线形，两面密被灰白色卷曲柔毛或几无毛。花序着花50～200朵；萼片狭长圆形，上部开展，先端钝；花瓣黄色，匙形，短于萼片或与萼片等长；花药长0.5mm；子房具24～34颗胚珠；花柱短。长角果黄绿色，串珠状，斜上而稍内弯，先端略尖；隔膜透明，有2条明显的脉纹。种子1列。分布于全国各地。种子（药材名：南葶苈子）能行气，利尿消肿，止咳平喘。

荠（荠菜） *Capsella bursa-pastoris*（L.）Medic.　一年生或二年生草本，高10～50cm，茎直立。基生叶莲座状，平铺地面，羽状深裂、提琴状羽裂或不整齐割裂，有时不分裂，顶端裂片特别大，长2～5cm，宽0.5～1cm，叶柄具狭翅；茎生叶披针形，互生，长1～3cm，宽约0.5cm，先端钝尖，基部箭形，抱茎。总状花序花后伸长，长达20cm。花小，白色；萼片长卵形，近直立，长1～2mm；花瓣卵形，具短爪，长2～3mm。短角果熟时开裂，隔膜膜质。种子亮褐色。分布于全国各地。全草药用，清热凉血，平肝明

图9-36　菘蓝

1. 一年生幼苗　2. 花序（二年生）　3. 花　4. 果实

目。种子（药材名：荠菜子）能祛风明目。

萝卜 *Raphanus sativus* L. 二年生草本。根肉质，长圆形、球形或圆锥形。茎高达1m，被白粉。基生叶提琴状羽裂，被粗毛，长达30cm，侧裂片通常1~3对，边缘具锯齿或缺刻，稀全缘；茎生叶长圆形至披针形，边缘具锯齿或缺刻，稀全缘。花淡紫色或近白色，直径15~20mm；花梗果时伸长。长角果串珠状，直立，无毛或具硬毛，长4~6cm，直径10~12mm。种子1~6颗，红褐色，圆形，微扁，有细网纹。全国各地普遍栽培。根（药材名：地骷髅）入药，能消积滞，化痰热；种子（药材名：莱菔子）能下气定喘，化痰消食。

白芥 *Sinapis alba* L. 一年至二年生草本。植株被白色粗毛。基生叶为大头羽裂或近全缘，具长柄。总状花序顶生或腋生；花黄色；花萼与花瓣均4；四强雄蕊；子房上位。长角果圆形，先端具扁而长的喙。原产欧洲大陆，我国引种栽培。种子（药材名：白芥子）能利气祛痰，散寒，消肿止痛。

蔊菜 *Rorippa indica*(L.)Hiern 分布于华东、华南、华中及西南等地。全草能清热解毒，止咳化痰，消肿。

本科常用药用植物还有：芥菜 *Brassica juncea*（L.）Czern. et Coss. 种子叫黄芥子，效用同白芥子；菥蓂 *Thlaspi arvense* L. 几乎遍布全国，全草及种子能清热解毒，消肿排脓；种子能利肝明目。

知识拓展

植物分类速记口诀——十字花科

蔬菜多由本科生，单叶基生或茎生。
总状花序花两性，十字花冠4基数。
雄蕊四强共6枚，2皮1室膜隔离。
子房上位为角果，侧膜胎座长短果。

---

23. 景天科 Crassulaceae $\mathrel{\underset{}{\oplus}} * K_{4\sim5,4\sim5} C_{4\sim5,4\sim5} A_{4\sim5,8\sim10} \underline{G}_{4\sim5;1;\infty}$

【形态特征】多年生肉质草本或亚灌木。单叶互生，对生或有时轮生，全缘，无托叶。花两性，少数单性异株，辐射对称；萼片与花瓣同数，常为4~5，离生，或少为基部合生；雄蕊与花瓣同数或为其倍数；子房上位，心皮4~5，离生或仅基部结合，胚珠数枚至多枚。蓇葖果，腹缝线开裂。种子小，有胚乳。

微课

【微观特征】地下茎具异型维管束；叶肉组织分化完全；不等式气孔。花粉粒近球形至长球形，具3孔沟。染色体：X=4~12，14~16，17。

【化学特征】本科植物主含黄酮类、香豆素类、苷类、生物碱和挥发油等。

【分布】本科约35属，1600余种，分布于世界各地。我国10属，近250余种，全国均有分布，以西南部为多；已知药用8属，68种。

【药用植物】

大花红景天（大红七）*Rhodiola crenulate*(Hook. f. et Thoms) H. Ohba 多年生草本。根状茎被基生鳞片叶。花茎多，直立或扇状排列，叶椭圆状长圆形至近圆形。伞房花序；花多而大，

图9-37 大花红景天
1. 植株全形 2. 花瓣及雄蕊 3. 心皮

单性异株；雄花花萼5，花瓣5，红色，雄蕊10枚，鳞片5；心皮5，不育。蓇葖果（图9-37）。分布于西藏、云南西北部、四川西部。根状茎能养肺清热，滋补元气；藏医用治肺热，四肢肿胀。

同属植物我国约有80种，供药用的主要有红景天 *R. rosea* L.、库页红景天 *R. sachalinensis* A. Bor.、狭叶红景天 *R. kirilowii*（Regel）Maxim. 的根和根状茎，亦作红景天药用。

垂盆草（狗牙齿、鼠牙半枝莲）*Sedum sarmentosum* Bunge　多年生匍匐草本。3叶轮生，倒披针形至矩圆形，顶端近急尖，基部有距，全缘。花瓣5，淡黄色，披针形至矩圆形；心皮5，略叉开。全草药用能清利湿热，解毒。

景天三七（土三七、见血散）*S. aizoon* L.　多年生草本，高20~50cm，无毛。叶肉质，互生或近对生，披针形至倒披针形，几无柄。聚伞花序；小花黄色；心皮基部稍合生。全草能止血散瘀，消肿止痛。

名副其实的落地生根

瓦松 *Orostachys fimbriatus*（Turcz.）Berger　分布于全国，全草（药材名：瓦松）能清热解毒，止血，利湿，消肿，是瓦松栓、瓦松泡腾片、瓦松消肿止痛液等多种制剂的主要原料。同属植物晚红瓦松 *O. erubescens*（Maxim.）Ohwi 分布于辽宁、江苏、浙江等地，全草亦作瓦松入药。

24. 虎耳草科 Saxifragaceae ☿ * ↑ $K_{4~5}C_{4~5}A_{4~5,8~10}\underline{G}, \overline{G}, \overline{\underline{G}}_{(2~5;2~5;\infty)}$

【形态特征】草本或木本，少为亚灌木，常有毛。单叶，互生或对生，有时基生无托叶。花常两性，少单性，辐射对称或稍两侧对称，集成聚伞、总状或圆锥花序，稀单生；萼片5，花瓣与萼片同数且对生，或缺；雄蕊与花瓣同数或为其倍数，常着生于花瓣上，子房上位或下位，心皮2~5，全部或部分合生，2~5室，中轴胎座、侧膜胎座或顶生胎座，胚珠多数。蒴果、浆果或蓇葖果，种子常有翅。

微课

【微观特征】有草酸钙针晶或簇晶；草本类群具单穿孔板导管，木本类群则为梯状穿孔板。花粉粒多样，多具3孔沟。染色体：X = 6~18，21。

【化学特征】本科植物含黄酮类、香豆素类、鞣质、环烯醚萜类、三萜类及生物碱类等。

【分布】本科约80属，1250余种，主要分布于北温带。我国7亚科，28属，约500种，全国各地均有分布，主产于西南，其中独根草属 *Oresitropge* 为我国特有；已知药用24属，155种。

【药用植物】

虎耳草 *Saxifraga stolonifera* Meerb.　多年生常绿草本，高14~45cm，有细长匍匐茎。叶基生，心形，边缘有齿，两面被长柔毛，叶柄长。圆锥花序稀疏；萼片5，稍不等大，卵形；花瓣5，白色，上方3瓣较小，卵形，有红色斑点；蕊由2心皮组成，2室蒴果。蒴果（图9-38）。全草（药材名：虎耳草）能清热解毒。

图9-38　虎耳草
1. 植株　2. 花　3. 雌蕊及花萼

落新妇（红升麻）*Astilbe chinensis*（Maxim.）Fr. et Sav.　多年生草本。根状茎粗大。基生叶二至三回三出复叶，小叶边缘有重聚齿。圆锥花序，密生褐色卷曲柔毛；花密集，几无梗；花萼5深裂，红紫色；雄蕊10；心皮2，离生。蓇葖果。分布于东北地区及山东至长江中、下游地区。生于山谷、溪边及林缘。根茎和全草能祛痰止咳，散瘀止痛，祛风除湿。

虎耳草科中的经济植物

岩白菜 *Bergenia purpurascens*（Hook. f. et Thoms）Engl.　多年生草本。根状茎粗壮。叶基生，长圆形或椭圆形。总状花序，顶部常下垂；花紫红色。蒴果。分布于四川、云南、西藏。生于海拔 3000～4300m 杂木林下阴湿地。全草能清热解毒，止血调经。

本科常见的药用植物还有：黄常山 *Dichroa febrifuga* Lour. 分布于陕西、甘肃及长江以南地区，根作常山入药，为涌吐药，能截疟，涌吐痰涎。

25. 杜仲科 Eucommiaceae　♂ $* P_0 A_{4\sim10}$；♀ $P_0 \underline{G}_{(2;1;2)}$

【形态特征】落叶乔木，枝、叶折断后有银白色胶丝。树皮灰色，小枝淡褐色。单叶互生，叶片椭圆形或椭圆状卵形，边缘有锯齿，无托叶。花单性，雌雄异株；无花被，常先叶开放，或与新叶同时从鳞芽中抽出；雄花簇生，有短梗，具有苞片，苞片倒卵状匙形，有 10 枚线形雄蕊，花丝极短，花药 4 室，纵裂，花粉 3 孔沟；雌花单生于小枝下部，有短梗，具苞片，子房上位，2 心皮合生，仅 1 个发育，扁平狭长，顶端 2 裂，柱头位于裂口内侧，1 室，胚珠 2，倒生下垂。翅果扁平，长椭圆形，含种子 1 粒。种子胚乳丰富。

【微观特征】植物体韧皮部极厚，有 5～7 条断续的石细胞环带，石细胞常类长方形；韧皮部中有橡胶细胞，内有橡胶质。花粉粒具 3 孔沟。染色体：X = 17。

【化学特征】含杜仲胶、木脂素类、环烯醚萜类、三萜类、苯丙素类及黄酮类等。

【分布】仅 1 属，1 种，为我国特有植物，分布于长江中游各省，现广泛栽培。

【药用植物】

杜仲 *Eucommia ulmoides* Oliv 特征同科（图 9－39）。干燥树皮（药材名：杜仲）、叶（药材名：杜仲叶）能补肝肾，强筋骨，安胎，降压。

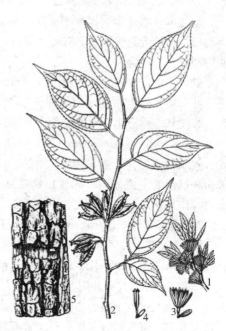

图 9－39　杜仲
1. 花枝　2. 果枝　3. 雄花
4. 雌花　5. 树皮

知识拓展

杜仲目的系统地位

杜仲目为单科单属单种，为我国所特有。有人认为，杜仲科是金缕梅目与荨麻目的过渡类型，是由金缕梅目（Hamamelidales）的领春目科（Eupteliaceae）向着雄蕊定数、心皮减少的方向发展而来的，而两个心皮构成环状翅果很像榆树的翅果，因而被认为与荨麻目（Urticales）的榆科（Ulmaceae）有共同的起源。

---

26. 蔷薇科 Rosaceae　♀ $* K_{4\sim5} C_{0\sim5} A_\infty \underline{G}_{(1\sim\infty;1;1)} \overline{G}_{(2\sim5;2\sim5;2)}$

微课　　微课　　PPT

【形态特征】草本或木本。常具刺。单叶或复叶，多互生，常有托叶，或托叶贴生于叶柄。花两性，辐射对称，单生或排成伞房、圆锥花序；花托凸起或凹陷，花被与雄蕊常愈合成碟状、钟状、杯状、坛状或圆筒状的花筒，又称被丝托，花萼、花冠、雄蕊均着生于花筒上部边缘；萼片 5；花瓣 5，分离，覆瓦状排列；雄蕊多数；心皮 1 至多数，分离或合生，子房上位、下位或周位，每室有 1 至多数胚珠。蓇葖果、瘦果、核果或梨果。

【微观特征】常具单细胞非腺毛；常具草酸钙簇晶和方晶；蜜腺存在于某些种类的叶表面、叶齿或叶柄上；气孔轴式多为不定式。

【化学特征】本科化学成分主要为：氰苷类、多元酚及鞣质类、三萜及三萜皂苷类、黄酮类、生物碱类和有机酸等。

【分布】约有124属，3300余种，广布于全球。我国有51属，约1100余种，分布于全国各地。已知药用48属，400余种。

【亚科】根据花托、花被、雌蕊、心皮数目、子房位置和果实的结构，本科分为绣线菊亚科、蔷薇亚科、苹果亚科和梅亚科4个亚科（图9-40，表9-7）。

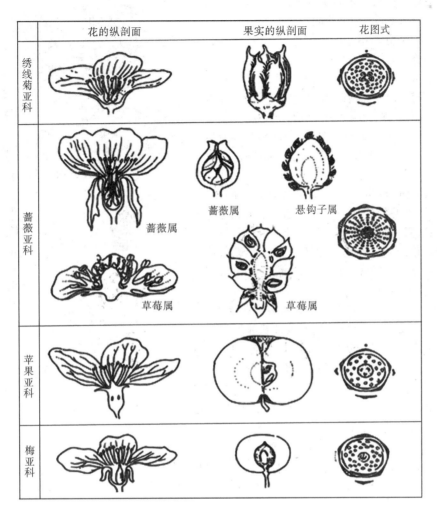

图9-40 蔷薇科四个亚科花、果的比较

表9-7 蔷薇科四亚科检索表

1. 果实开裂，蓇葖果，稀蒴果；单叶多无托叶 ·························· 绣线菊亚科 Spiraeoideae
1. 果实不开裂；具托叶。
　2. 子房上位。
　　3. 心皮多数，聚合瘦果或小核果；常为复叶 ·················· 蔷薇亚科 Rosoideae
　　3. 心皮常为1，稀2或5个；核果；单叶 ···················· 梅亚科 Prunoideae
　2. 子房下位或半下位；心皮2~5，合生；梨果，稀小核果 ·········· 苹果亚科 Maloideae

【亚科及药用植物】

（1）绣线菊亚科 Spiraeoideae　灌木。单叶，稀复叶；多无托叶。心皮1~5，离生；子房上位，具2至多数胚珠。蓇葖果，稀蒴果。

绣线菊（柳叶绣线菊）*Spiraea salicifolia* L.　灌木。叶互生，长圆状披针形，边缘有锯齿。花序为圆锥花序；花粉红色。蓇葖果直立，常具反折萼片。分布于东北、华北。生于河流沿岸、湿草原或山沟。

全株能通经活血，通便利水。

（2）蔷薇亚科 Rosoideae　灌木或草木。多为羽状复叶，有托叶。花托壶状或凸起；心皮多数，分离，子房上位，周位花。聚合瘦果或聚合小核果。

龙牙草（仙鹤草）*Agrimonia pilosa* Ledeb.　多年生草本，全株密生长柔毛。单数羽状复叶，小叶 5～7，间有小型叶，无柄，椭圆状卵形或倒卵形。顶生总状花序，花密集，黄色（图 9-41）。全国广布；生于山坡、草地、路边。地上部分药用，能收敛止血，截疟止痢，解毒。根芽能驱绦虫。

掌叶覆盆子 *Rubus chingii* Hu.　落叶灌木，有倒刺。单叶互生，掌状 5 深裂，边缘有重锯齿，托叶条形。花单生于短枝顶端，白色。聚合小核果，球形，红色。分布于江西、安徽、江苏、浙江、福建各省。生于山坡林边或溪旁。果实（覆盆子）能补肾，益精。根能止咳，活血消肿。

地榆 *Sanguisorba officinalis* L.　多年生草本，高 1～2m。根粗壮。单数羽状复叶。花小，密集，成顶生、圆柱形的穗状花序；萼片 4，无花瓣，雄蕊 4。全国广布；生于山坡、草地。根药用，能清凉止血，解毒敛疮。其变种长叶地榆 *S. officinalis* L. var. *longifolia*（Bert.）Yu et Li 的根也作地榆药用。

金樱子 *Rosa laevigata* Michx.　常绿攀援有刺灌木。羽状复叶，小叶 3 或 5，椭圆状卵形或披针状卵形。蔷薇果（多数瘦果集生于肉质花筒内形成的聚合果）密

图 9-41　龙牙草
1. 植株全形　2. 花　3. 果实纵切面

生直刺，顶端具长而扩展或弯曲的宿存萼片。分布于华中、华东及华南地区；生于向阳山野。果实药用，能固精缩尿，涩肠止泻。

同属国产植物约 80 种，已知药用 43 种，其中月季 *R. chinensis* Jacq. 的花能活血调经。玫瑰 *R. rugosa* Thunb. 的花能行气解郁，活血，止痛。

（3）苹果亚科（梨亚科）Maloideae　灌木或乔木。单叶或复叶；有托叶。心皮 2～5，多数与被丝托内壁连合；子房下位，2～5 室，每室具 2 枚胚珠，少数具 1 至多数胚珠。梨果。

野山楂 *Crataegu scuneata* Sieb. et Zucc.　落叶乔木，小枝通常有刺。叶宽卵形至菱状卵形，两侧各有 3～5 羽状深裂片，托叶较大。伞房花序；花白色。梨果近球形，直径 1～1.5cm，深红色，有灰色斑点。分布于东北、华北及河南、陕西、江苏。

山里红 *C. pinnatifida* Bge. var. *major* N. E. Br.　果较大，直径 2.5cm，深亮红色（图 9-42）。华北各地栽培。这两种果实称北山楂，能消食健胃，行气散瘀。

贴梗海棠 *Chaenomeles speciosa*（Sweet）Nakai　落叶灌木，高约 2m。枝有刺。叶卵形至长椭圆形，托叶较大，肾形或半圆形。花 3～5 朵簇生。梨果球形或卵形，直径 3～5cm，黄绿色，木质，干燥后表面皱缩，称为"皱皮木瓜"（图 9-43）。分布于华东、华中及西南各地；多栽培。果实药用，能平肝舒筋，和胃化湿。

枇杷 *Eriobotrya japonica*（Thunb.）Lindl.　常绿小乔木，高约 10m。叶革质，上表面多皱，下表面及叶柄密生褐色绒毛。顶生圆锥花序。分布于长江流域及其以南地区；常栽种于村边、山坡。叶药用，能清肺止咳，降逆止呕。

（4）梅亚科（李亚科）Prunoideae　木本。单叶；有托叶，叶基部常有腺体。花托杯状，子房上位，1 心皮，1 室，2 胚珠。核果，肉质。萼片常脱落。

梅 *Prunus mume*（Sieb.）Sieb. et Zucc　落叶乔木，少为灌木，高达 10m。小枝绿色。叶宽卵圆形或卵形，先端长，尾尖。核果黄绿色，密生短柔毛，味酸。全国广布；以长江以南为多；各地多栽培。成熟果实低温烘干焖至色变黑（药材名：乌梅）为敛肺涩肠药，能敛肺止咳，涩肠止泻，生津，安蛔。干燥

花蕾（药材名：梅花）能开郁和中，化痰解毒。

图9－42　山里红
1. 果枝　2. 花

图9－43　贴梗海棠
1. 花枝　2. 果实

杏 *P. armeniaca* L.　小乔木，高约10m。小枝棕褐色。叶卵形至近圆形，叶柄近顶端有2腺体。花单生，先叶开放，花瓣白色或稍带红色。核果黄色或黄红色，核平滑，种子扁圆形。全国广布；多为栽培。种子（药材名：苦杏仁）为止咳平喘药，能降气止咳平喘，润肠通便。山杏 *Prunus armeniaca* L. var. *ansu* Maxim.、西伯利亚杏 *P. sibirica* L.、东北杏 *P. mandshurica*（Maxim.）Koehne 的种子都作"苦杏仁"药用。

桃 *P. persica*（L.）Batsch 或山桃 *P. davidiana*（Carr.）Franch. 的干燥成熟种子（药材名：桃仁）能活血祛瘀，润肠通便。

知识拓展

1. 植物速记分类口诀——蔷薇科

多具托叶叶互生，蔷薇花冠有萼筒。
花萼5枚基联合，花瓣5数或重瓣。
花萼凹凸心皮数，四个亚科借此分。
心皮1枚为桃李，心皮离生绣线梅。
心皮合生苹果梨，花托凹陷为蔷薇。

2. 蔷薇科4个亚科的比较

表9－8　蔷薇科4个亚科的比较

	绣线菊亚科	蔷薇亚科	苹果亚科（梨亚科）	梅亚科
性状	灌木，稀草本	灌木或攀缘状灌木，草本	木本	木本
叶	单叶，稀复叶	单叶或复叶	单叶	单叶
托叶	无托叶	有托叶	有托叶	有托叶
雌蕊	子房上位，5心皮，离生	子房上位，心皮多数，离生	子房下位，2～5心皮合生，2～5室	子房上位，单心皮
每室胚珠	2至多数	1～2	2，少数具1至多数胚珠	1～2
果实	聚合蓇葖果	聚合瘦果、聚合核果	梨果	核果

27. 豆科 Leguminosae $\male\female * \uparrow K_{5,(5)} C_5 A_{(9)+1,10,\infty} \underline{G}_{1:1:1\sim\infty}$

微课　　微课

【形态特征】草本、木本或藤本。叶互生，多为复叶，有托叶，有叶枕（叶柄基部膨大的部分）。花序各种；花两性；花萼5裂，花瓣5，多为蝶形花，少数为假蝶形花和辐射对称花；雄蕊10，常二体，稀多数；单心皮，子房上位，胚珠1至多数，边缘胎座。荚果。种子无胚乳。

【微观特征】植物体多具草酸钙方晶。

【化学特征】本科植物多含黄酮类、生物碱、蒽醌类、三萜皂苷等；尚含有鞣质、氨基酸、左旋多巴等成分。

【分布】本科约650属，18000种，广布于全球。我国169属，1576种，分布于全国。已知药用109属，600余种。表9-9为豆科植物亚科检索表。

表9-9　豆科植物亚科检索表

1. 花辐射对称；花瓣镊合状排列；雄蕊多数或有定数 ……………………………………………… 含羞草亚科 Mimosoideae
1. 花两侧对称；花瓣覆瓦状排列；雄蕊常为10。
  2. 花冠假蝶形；雄蕊分离 …………………………………………………………………………… 云实亚科 Caesalpinioideae
  2. 花冠蝶形；雄蕊分离或合生 ……………………………………………………………………… 蝶形花亚科 Papilionoideae

【亚科及药用植物】

（1）含羞草亚科 Mimosoideae　木本、藤本、稀草本。叶多为二回羽状复叶。花辐射对称；穗状或头状花序；萼片下部多少合生；花瓣镊合状排列，基部常合生；雄蕊多数，稀与花瓣同数。荚果，有的具次生横隔膜。

合欢 *Albizia julibrissin* Durazz.　落叶乔木。二回羽状复叶，小叶镰刀状，两侧不对称。头状花序，伞房状排列；雄蕊多数，花丝细长，淡红色。荚果扁条形（图9-44）。全国均有分布，野生或栽培。药用树皮（药材名：合欢皮）为养心安神药，味甘，性平。能安神解郁，活血消痈。花或花蕾（药材名：合欢花）为解郁安神药，味甘，性平。能解郁安神。

含羞草 *Mimosa pudica* L.　药用全草，能安神，散瘀，止痛。

（2）云实亚科 Caesalpinioideae　木本、藤本，稀草本。羽状复叶，花两侧对称；萼片5，通常分离；花冠假蝶形；雄蕊10，多分离。荚果，常有隔膜。

决明 *Cassia obtusifolia* L.　一年生半灌木状草本。叶互生；羽状复叶，小叶6，倒卵形。花成对腋生；萼片、花瓣均为5，花冠黄色；雄蕊10，发育雄蕊7。荚果细长，近

图9-44　合欢
1. 植株的一部分　2. 小叶　3. 花　4. 果实

四棱形，长15~20cm。种子棱柱形，淡褐色，有光泽。分布于全国。种子（药材名：决明子）为清热泻火药，味甘、苦、咸，性微寒。能清肝明目，利水通便，降血压，降血脂等。

皂荚 *Gleditsia sinensis* Lam.　落叶乔木，主干上部和枝头上常具圆柱形分枝棘刺。一回偶数羽状复叶，花杂性；总状花序，腋生或顶生；荚果扁长条形，成熟后黑棕色，被白色粉霜。分布于我国大部分地区。干燥棘刺（药材名：皂角刺）能活血消肿，排脓杀虫。部分皂荚树因衰老或受外伤影响，形成畸形不育小荚果（药材名：猪牙皂）能祛痰开窍，散结消肿。

云实 *Caesalpinia decapetala*（Roth）Alston　药用种子，能解毒除积，止咳化痰，杀虫。

本科植物：望江南 *C. occidentalis* L.　小叶 4～5 对，卵形或椭圆状披针形，具臭气。荚果带状镰刀形。种子卵圆形而扁。其茎叶和种子含多种蒽醌类化合物，能清热解毒（图 9－45）。

（3）蝶形花亚科 Papilionoideae　草本或木本。单叶、三出复叶或羽状复叶；常具托叶和小托叶。花两侧对称；蝶形花冠；雄蕊 10，常为二体雄蕊，稀分离。

甘草 *Glycyrrhiza uralensis* Fisch.　多年生草本。根状茎横走；主根粗长，外皮红棕色或暗棕色。全株被白色短毛及刺毛状腺体。羽状复叶，小叶 5～17 片，卵形至宽卵形。总状花序腋生；花冠蓝紫色；雄蕊 10，二体。荚果镰刀状或环状弯曲，密被刺状腺毛及短毛（图 9－46）。分布于东北、华北、西北地区。根和根状茎（药材名：甘草），味甘，性平。能补脾益气，清热解毒，祛痰止咳，缓急止痛，调和诸药。胀果甘草 *G. inflata* Batalin 和光果甘草 *G. glabra* L. 的根和根状茎亦作甘草用，以上三种为药典收载正品甘草的原植物。

膜荚黄芪 *Astragalus membranaceus*（Fisch.）Bunge 多年生草本。主根粗长，圆柱形。羽状复叶，小叶 9～25 片，卵状披针形或椭圆形，两面被白色长柔毛。总状花序腋生；花黄白色；雄蕊 10，二体；子房被柔毛。荚果膜质，膨胀，卵状矩圆形，有长柄，被黑色短柔毛。分布于东北、华北地区及甘肃、四川、西藏等地。根（药材名：黄芪）为补气药，味甘，性微温。能补气固表，利水排脓。

蒙古黄芪 *A. membranaceus*（Fisch.）Bunge var. *mongholicus*（Bunge.）Hsiao　根亦作黄芪用。

以上两种为药典收载正品黄芪的原植物（图 9－47）。

图 9－45　决明（1～4）　望江南（5～9）
1. 植株上部　2. 花　3. 雌蕊和雄蕊　4. 种子　5. 复叶
6. 花　7. 雌蕊和雄蕊　8. 花冠　9. 荚果

图 9－46　甘草（1～9）　刺果甘草（10）
光果甘草（11）　胀果甘草（12）
1. 根茎　2. 枝条　3. 花　4. 展开花冠　5. 雄蕊
6. 雌蕊　7. 果序　8. 荚果　9. 种子　10～12. 叶及荚

图 9－47　黄芪（1～3）　蒙古黄芪（4～6）
1. 根　2. 花枝　3. 果枝　4. 根　5. 花枝　6. 果枝

苦参 Sophora flavescens Ait. 落叶半灌木。奇数羽状复叶，小叶披针形。总状花序顶生，雄蕊10，花丝分离。荚果呈不明显的串珠状，疏生短柔毛。分布于全国。根（药材名：苦参）为清热燥湿药，味苦，性寒。能清热燥湿，祛风杀虫。

槐 S. japonica L. 落叶乔木。奇数羽状复叶，小叶7~15。圆锥花序顶生；花乳白色。荚果肉质，串珠状。种子间极缢缩。分布于全国。果实（药材名：皂角）、花蕾（药材名：槐米）、花（药材名：槐花）均为凉血止血药，味苦，性微寒。能凉血止血，清肝明目。槐花为提取芦丁的原料。

补骨脂 Psoralea corylifolia L. 一年生草本。全株被白色柔毛和黑色腺点。单叶互生。花多数密集成穗状的总状花序。荚果，种子1枚，有香气。分布于秦岭、淮河以南地区，多栽培。药用果实，味苦、辛，性温。能补肾助阳、纳气平喘、温脾止泻。

野葛 Pueraria lobata（Willd.）Ohwi 藤本。全株被黄色长硬毛。三出复叶，顶生小叶菱状卵形。总状花序腋生；花密集，花冠紫色。荚果条形，扁平。分布于全国。根（药材名：葛根），味甘、辛，性凉。能解肌退热，生津止渴，升阳止泻。粉葛 P. thomsonii Benth. 的根同等入药。

密花豆 Spatholobus suberectus Dunn 木质藤本，长达数十米。老茎砍断后可见数圈偏心环，鸡血状汁液从环处渗出。圆锥花序腋生。荚果舌形，种子1枚。分布于福建、广东、广西和云南。藤茎（药材名：鸡血藤），味苦，微甘，性温。能养血调经。

豆科药用植物种类较多。较重要的还有刀豆 Canavalia gladiata（Jacq.）DC. 药用种子，味甘，性温。能温中下气，益肾补元。扁豆 Dolichos lablab L. 药用种子，味甘，性微温。能健脾化湿，消暑。绿豆 Vigna radiata（L.）R. Wilczak 药用种子，味甘，性寒。能清热消暑，利水，解毒。赤小豆 V. umbellata （Thunb.）Ohwi et Ohashi 和赤豆 V. angularis（Willd.）Ohwi et Ohashi 药用种子，味甘，性平。能利水消肿，清热解毒。大豆 Glycine max（L.）Merr. 药用种子，经发酵（药材名：淡豆豉）味苦，辛，性凉。能解肌发表，宣郁除烦。儿茶 Acacia catechu（L. f.）Willd. 心材煎制的浸膏，味苦、涩，性凉。能收湿敛疮，止血定痛，清热化痰。葫芦巴 Trigonella foenum - graecum L. 药用种子，味苦，性温。能温肾阳，逐寒湿等。

知识拓展

1. 植物速记分类口诀——豆科

植物多为羽状叶，三处羽状或多回。

花瓣5数为蝶形，不为蝶形别亚科。

雄蕊10枚9+1，子房上位单雌蕊。

边缘胎座成荚果，凭借花冠分三科。

辐射对称含羞草，真假蝶形辨云实。

2. 豆科3个亚科的比较

表9-10 豆科3个亚科的比较

	含羞草亚科	云实亚科	蝶形花亚科
性状	木本，藤本，稀草本；二回羽状复叶	木本，藤本，稀草本，常为偶数羽状复叶	草本，木本或藤本；羽状复叶，三出复叶，稀单叶；有的有叶卷须
花被	花辐射对称，萼片5，萼片下部多少连合；花瓣5，整齐，基部合生	花两侧对称，萼片5，分离；花瓣5，假蝶形花冠	花两侧对称，萼片5；分离，花瓣5
雄蕊	雄蕊多数，分离花丝细长	雄蕊10，多分离	雄蕊10，常为二体雄蕊，稀分离
雌蕊果实	心皮1，子房上位，边缘胎座荚果		

28. 芸香科 Rutaceae ♀ * $K_{3~5}C_{3~5}A_{3~∞} \underline{G}_{(2~∞;2~∞;1~2)}$

微课

【形态特征】乔木，灌木，稀草本，有时具刺。叶互生，多为复叶，叶柄多具翅，无托叶。叶或果实上常有透明腺点，含挥发油。花两性，稀单性，辐射对称，排成聚伞花序，少数为总状花序或单生；萼片和花瓣 3 ~ 5，离生或基部合生；雄蕊 8 ~ 10，多两轮，稀多数，着生于花盘基部；子房上位，心皮 2 ~ 多数，合生，少数离生；每室胚珠 1 ~ 2 枚。蓇葖果、柑果、核果或蒴果。

【微观特征】植物体普遍具油室；维管束外方常有成环或成束的纤维；有的种类有晶鞘纤维，草酸钙方晶、棱晶、簇晶常见；果皮中常有橙皮苷结晶。

【化学特征】主要含挥发油、黄酮类、生物碱类和香豆素类化学成分。

【分布】本科植物约 150 属，1700 种，分布于热带和温带。我国有 29 属，约 154 种，28 变种，药用 100 余种。分布于全国各地，主要在长江以南。

【药用植物】

橘 *Citrus reticulata* Blanco 常绿小乔木或灌木，高约 3m，常有枝刺。叶互生，翅不明显，革质。柑果扁球形，直径 5 ~ 7cm，橙黄色或淡红黄色，果皮密被油点，疏松肉瓣极易分离。分布于长江流域及其以南地区；广泛栽培。果实为我国著名水果之一，各部位均有药用，功效也不尽一致；成熟果实的果皮（药材名：陈皮）能理气健脾，燥湿化痰；幼果或未成熟果实的果皮（药材名：青皮）能疏肝破气，消积化滞；成熟的种子（药材名：橘核）能理气，散结，止痛；叶（药材名：橘叶）能疏肝行气，化痰散结。

同属植物酸橙 *C. aurantium* L. 常绿小乔木，枝三棱状，有长刺。叶互生，叶柄有狭长形或倒心形的叶翼，叶片革质，具半透明油点。柑果近球形，熟时橙黄色，皮粗糙。长江流域及其以南地区栽培。幼果（药材名：枳实）能破气消积，化痰散痞；近成熟果实（药材名：枳壳）能理气宽中，行滞消胀。

本种的变种代代花 *C. aurantium* L. cv. Daidai 近成熟果实亦作"枳壳"药用。本属甜橙 *C. sinensis* Osbeck 的幼果亦作"枳实"药用。本属的植物枸橼 *C. medica* L. 和香圆 *C. wilsonii* Tanaka 的果实（药材名：香橼）能疏肝理气，宽中化痰。

黄柏 *Phellodendron amurense* Rupr. 落叶乔木，高约 10 ~ 19m，树皮外层木栓层很发达，内层鲜黄色。奇数羽状复叶对生，小叶 5 ~ 13。花小，单性异株，成顶生的聚伞圆锥花序（图 9 - 48）。分布于东北和华北地区。树皮去粗皮（药材名：黄柏）能清热燥湿，泻火除蒸，解毒疗疮。

同属植物：黄皮树（川黄柏）*Phellodendron chinense* Schneid 分布于西南地区和湖北，其树皮也作"黄柏"药用（图 9 - 48）。

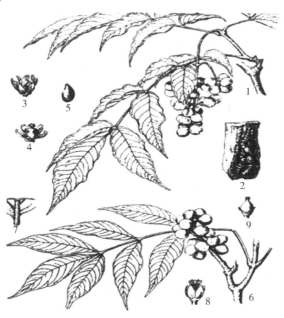

图 9 - 48 黄柏（1 ~ 5） 黄皮树（6 ~ 9）

1. 果枝 2. 树皮 3. 雄花 4. 雄花 5. 种子 6. 果枝 7. 叶背面具毛茸 8. 雄花 9. 雌花

白鲜 *Dictamnus dasycarpus* Turcz. 多年生草本，高可达 1m。全株有强烈香气。奇数羽状复叶，小叶 9~13，总状花序顶生，花大，白色或淡紫色。蒴果 5 裂，裂瓣顶端呈尖锐的喙。分布于东北、华北、西北地区。根皮药用，能清热燥湿，祛风解毒。

吴茱萸 *Evodia rutaecarpa*（Juss.）Benth. 落叶灌木或小乔木。奇数羽状复叶对生，小叶 5~9，下面密被白色柔毛，具粗大透明腺点。花小，雌雄异株。蓇葖果扁球形，长约 5~6mm，直径约 4mm。分布于华东、中南、西南等地区；生于山区疏林或林缘，现多栽培。近成熟的干燥果实药用，能散寒止痛，降逆止呕，助阳止泻。同属植物石虎 *E. rutaecarpa*（Juss.）Benth. var. *officinalis*（Dode）Huang 和疏毛吴茱萸 *E. rutaecarpa*（Juss.）Benth. var. *bodinieri*（Dode）Huang 的近成熟的干燥果实也作"吴茱萸"药用。

花椒 *Zanthoxylum bungeanum* Maxim. 落叶灌木或小乔木，高 3~7m，茎干常有基部扁平增大的皮刺。奇数羽状复叶互生，聚伞状圆锥花序顶生。蓇葖果球形，红色至紫红色，密生疣状突起的腺体。分布于华东、中南、西南及辽宁、河北、陕西、甘肃等地；生于路边、山坡灌丛中，常见栽培。成熟果皮药用，能温中止痛，杀虫止痒。同属植物青椒 *Z. schinifolium* Sieb. et Zucc. 的成熟果皮也为"花椒"正品。同属植物：光叶花椒（两面针）*Z. nitidum*（Roxb.）DC. 木质藤本，根药用，能理气止痛，活血化瘀，祛风通络。

本科植物：芸香 *Ruta graveolencs* L. 草本。全草药用，能清热解毒，散瘀止痛。枸橘（枳）*Poncirus trifoliata*（L.）Rafiu 落叶灌木或小乔木。复叶互生，3 小叶组成，叶柄具翼状的翅。果实药用，能健脾消食，理气止痛。

佛手柑 *C. medica* L. var. *sarcodactylis*（Noot.）Swingle 我国浙江、江西、福建、广东、广西、四川、云南等地有栽培；果实（药材名：佛手）能疏肝理气，和胃化痰。

常见药用植物还有：枸橼 *C. medica* L.，我国南方多有栽培；香园 *C. wilsonii* Tanaka，陕西、江苏、安徽、浙江、江西、湖北、四川等地有栽培，两者的成熟的果实（药材名：香橼）能理气降逆，宽胸化痰。柚 *Citrus maxima*（Burm.）Merr 长江以南多有栽培；化州柚 *Citrus maxima*（Burm.）Merr. Tomentosa. 栽培于广东和广西，两者的近成熟外层果皮（药材名：化橘红）能燥湿化痰，理气，消食。

知识拓展

植物速记分类口诀——芸香科

木本植物常有刺，单身复叶或复叶。

叶片常有透明点，内有油质味独特。

花冠辐射相对称，花瓣离生雄蕊多。

子房上位有花盘，柑果蓇葖或蒴果。

---

29. 楝科 Meliaceae $\male\female * K_{(4\sim5)} C_{4\sim5} A_{(8\sim10)} \underline{G}_{(2\sim5:2\sim5;1\sim2)}$

【形态特征】乔木或灌木，稀为亚灌木。叶互生，稀对生，一回或二回羽状复叶，稀 3 小叶或单叶，无托叶。花小，两性或杂性异株，辐射对称，常排成圆锥花序，间有总状花序和穗状花序；花萼常浅杯状或短筒状，4~5 浅裂，花瓣 4~5，少 3~7 分离或基部合生；雄蕊 8~10，花丝合生成管状，具花盘，或缺；子房上位，心皮 2~5 合生，2~5 室，每室胚珠 2 枚，少 1 枚或多枚。蒴果，少为浆果或核果，极少为坚果。种子有翅或无翅，有假种皮。

微课

【微观特征】纤维束周围细胞常含草酸钙结晶，形成晶纤维；常见簇晶。

【化学特征】本科植物含有三萜类成分，如川楝素（toosendanin）、洋椿苦素（cedrolone）、米仔兰醇（aglaiol）及香豆素类化合物。

【分布】本科约 50 属，1400 余种，主要分布于热带和亚热带地区。我国有 15 属，59 种，引种栽培 3

属，3 种，主要分布于长江以南各省区，少数分布于长江以北。药用 10 属，20 余种。

【药用植物】

川楝 *Melia toosendan* Sieb. et Zucc.　乔木，高达 10m。二回奇数羽状复叶，小叶全缘或稍有疏锯齿。核果较大，直径约 3cm，黄色或栗棕色。分布于四川、云南、贵州、湖南、湖北、河南、甘肃等省。果实（药材名：川楝子）能疏肝行气，止痛驱虫。

棟（苦楝）*Melia azedarach* L.　落叶乔木。叶互生，二至三回奇数羽状复叶，小叶卵形至椭圆形，边缘有钝锯齿。花淡紫色，花萼 5，花瓣 5，雄蕊 10，子房上位，4~5 室，核果近球形，淡黄色，长 1.5~2cm（图 9-49）。分布于黄河流域及以南地区。树皮和根皮（药材名：苦楝皮）可驱虫，疗癣。

棟树——天然杀虫剂

香椿 *Toona sinensis*(A. Juss.)Roem.　落叶乔木。有特殊气味。偶数羽状复叶，互生，叶柄红色，小叶 8~10 对，长圆形至披针状长圆形，全缘或有疏锯齿。花两性，圆锥花序顶生，花萼 5，花瓣 5，退化雄蕊 5，与 5 枚发育雄蕊互生，子房 5 室。蒴果椭圆形或卵圆形，先端开裂为 5 瓣。种子椭圆形，一端有翅。分布于华北、华东、中南、西南及台湾、西藏等地；根皮与树皮（药材名：椿白皮）能清热燥湿，涩肠，止血，止带，杀虫；果实（药材名：香椿子）能祛风，散寒，止痛。

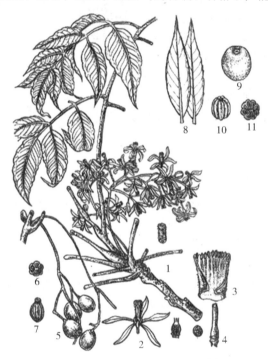

图 9-49　棟（1~7）　川楝（8~11）

1. 花枝　2. 花　3. 雄蕊　4. 雌蕊　5. 果枝　6. 果核横切面　7. 果核
8. 小叶　9. 核果　10. 果核　11. 果核横切面

30. 远志科 Polygalaceae　$\male\female\uparrow K_5 C_{3,5} A_{(4\sim8)} \underline{G}_{(1\sim3:1\sim3:1\sim\infty)}$

【形态特征】草本或木本。单叶互生，全缘，无托叶。总状或穗状花序；花两性，两侧对称；萼片 5，不等大，最内 2 片显著，常呈花瓣状；花瓣 5 或 3，不等大，最下面 1 枚呈龙骨状，顶部具鸡冠状附属物；雄蕊 8，稀 4~5，花丝合生成鞘状，且多少与花瓣基部合生，花药顶孔开裂；子房上位，1~3 心皮合生，常 2 室，每室具 1 胚珠。蒴果、核果或坚果。种子常有毛或假种皮。

【微观特征】植物体常含草酸钙簇晶。

【化学特征】本科植物多含三萜皂苷，如远志皂苷；还含有生物碱类等成分。

【分布】本科约 16 属，约 1000 种，分布于热带和温带地区。我国有 4 属，51 种，全国均有分布。药用约 3 属，30 种。

【药用植物】

远志 *Polygala tenuifolia* Willd. 多年生小草本。茎丛生，纤细。单叶互生，线形，侧脉不明显。总状花序顶生，花梗纤细，稍下垂；萼片5，其中2片呈花瓣状，绿白色；花瓣3，中央1瓣呈龙骨状，顶部具鸡冠状附属物，紫色；雄蕊8，花丝合生成鞘状；子房上位，2心皮。蒴果扁卵圆形，边缘具狭翅。种子密被白色绒毛（图9-50）。分布于东北、华北、西北和华东地区。根（药材名：远志）能安神益智，交通心肾，祛痰消肿。卵叶远志 *P. sibirica* L. 的根亦作远志药用。瓜子金 *P. japonica* Houtt. 全草（药材名：瓜子金）能祛痰止咳，活血消肿，解毒止痛。

31. 大戟科 Euphorbiaceae ♂ * $K_{0\sim5} C_{0\sim5} A_{1\sim\infty}$；♀ * $K_{0\sim5} C_{0\sim5} \underline{G}_{(3:3;1\sim2)}$

【形态特征】 乔木、灌木或草本，常含乳汁。单叶，互生，稀对生；叶基部常具腺体；托叶早落。花序穗状、总状、聚伞状，或为杯状聚伞花序（cyathium）；花单性，雌雄同株或异株；萼片多5~2，稀1或缺；花瓣缺，具花盘或腺体；雄蕊1至多数，花丝分离或连合，或仅1枚；雌蕊3心皮，子房上位，3室，中轴胎座，每室具1~2胚珠。蒴果，少数为浆果或核果；种子具胚乳。

微课

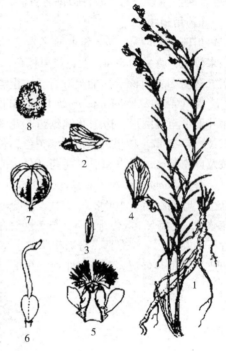

图9-50 远志
1. 植株 2. 花 3. 外萼片 4. 内萼片
5. 花冠展开（示雄蕊） 6. 雌蕊 7. 果实 8. 种子

【微观特征】 植物体常含有节乳管。

【化学特征】 本科植物所含化学成分复杂，主要有生物碱、萜类、氰苷、硫苷等。种子富含脂肪油和蛋白质，多具毒性，如巴豆毒素、蓖麻毒素等。大戟属植物乳汁含有大量的三萜类成分。

根据植物是否具乳汁、子房室中胚珠的数目等特征，分为4个亚科。①大戟亚科（Euphorbioideae）：具乳汁，每室1胚珠，无花瓣，主要为大戟属（*Euphorbia*）。②巴豆亚科（Crotonoideae）：具乳汁，每室含1胚珠，有花瓣，本亚科经济价值较大，包括巴豆属（*Croton*）、橡胶树属（*Hevea*）、乌桕属（*Sapium*）、木薯属（*Manihot*）、野桐属（*Mallotus*）、蓖麻属（*Ricinus*）、油桐属（*Vernicia*）、麻疯树属（*Jatropha*）等。③铁苋菜亚科（Acalyphoideae）：无乳汁，每室含1胚珠，包括铁苋菜属（*Acalypha*）。④叶下珠亚科（Phyllanthoideae）：无乳汁，每室含2胚珠，包括叶下珠属（*Phyllanthus*）、一叶萩属（*Securinega*）等。

【分布】 本科约300属，8000余种，广布于全世界各地，主产于热带。我国约66属，364种。主要分布于长江以南各省。药用39属，160余种。表9-11为大戟科部分属检索表。

表9-11 大戟科部分属检索表

1. 杯状聚伞花序 ………………………………………………………………… 大戟属 *Euphoria*
1. 非杯状聚伞花序。
  2. 有花瓣。
    3. 花萼不整齐2~3裂 ……………………………………………………… 油桐属 *Vernicia*
    3. 萼片5，少数为4或6。
      4. 多年生草本 …………………………………………………… 地构叶属 *Speranskia*
      4. 木本 …………………………………………………………………… 巴豆属 *Croton*
  2. 无花瓣。
    5. 叶片盾状着生 ……………………………………………………………… 蓖麻属 *Ricinus*
    5. 叶片非盾状着生。
      6. 花丝分离或仅基部合生。

7. 花单生或簇生于叶腋 ·· 叶下珠属 *Phyllanthus*
7. 花瓣排列成总状、穗状或圆锥状花序。
　8. 雄蕊 3 枚以下 ··· 乌桕属 *Sapium*
　8. 雄蕊通常 8 枚 ··· 铁觅菜属 *Acalypha*
6. 花丝联合成柱状 ·· 算盘子属 *Glochidion*

【药用植物】

大戟 *Euphorbia pekinensis* Rupr.　多年生草本，具白色乳汁。单叶，互生，披针形至长椭圆形。多歧聚伞花序，总伞梗基部具 5 ~ 8 个卵形或卵状披针形的叶状总苞片，每伞梗常具 2 级分枝 3 ~ 4 个，基部着生卵圆形叶状苞片 3 ~ 4，末级分枝顶端着生杯状聚伞花序，其外面围以黄绿色杯状总苞，总苞顶端具相间排列的萼状裂片和肥厚肉质腺体，内部着生多数雄花和 1 枚雌花。雄花仅具 1 雄蕊，花丝和花柄间有关节（为花被退化的痕迹）；雌花位于花序中央，仅具 1 雌蕊，子房具长柄，突出且下垂于总苞之外，子房上位，3 心皮合生，3 室，每室具 1 胚珠，花柱 3，上部常 2 叉。蒴果三棱状球形，表面具疣状突起（图 9 - 51）。除新疆、西藏、海南、云南、广东、广西外，各地均有分布，主产山东、江苏等地。根（药材名：京大戟）有毒，能泻水逐饮，消肿散结。

大戟属（*Euphorbia*）为被子植物中特大属之一，约 2000 种，其中我国 80 种，同属药用植物还有：月腺大戟 *E. ebracteolata* Hayata 及狼毒大戟 *E. fischeriana* Steud.，根（药材名：狼毒）有毒，能散结，杀虫；甘遂 *E. kansui* T. N. Liou ex T. P. Wang，块根（药材名：甘遂）有毒，能泻水逐饮，消肿散结；续随子 *E. lathyris* L.，种子（药材名：千金子）有毒，能泻下逐水，破血消癥；地锦 *E. humifusa* Willd.，全草（药材名：地锦草）能清热解毒，凉血止血，利湿退黄。

巴豆 *Croton tiglium* L.　常绿小乔木或灌木。幼枝绿色，疏被星状毛。单叶互生，卵形至长圆状卵形，两面疏生星状毛，基部近叶柄处具 2 枚无柄杯状腺体。花单性，雌雄同株；总状花序顶生，雄花在上，萼片 5，花瓣 5，反卷，雄蕊多数，分离；雌花在下，萼片 5，宿存，无花瓣，上房上位，3 室。蒴果卵形，具 3 钝棱，密被星状毛。分布于长江以南地区。种子（药材名：巴豆）有大毒，能峻下冷积，逐水退肿，豁痰利咽；外用蚀疮。

图 9 - 51　大戟
1. 花枝　2. 根　3. 总苞、腺体、雌花及雄花
4. 总苞剖开（示雄花、雌花）
5. 雄花（示花药及关节）　6. 果实

本科常用药用植物尚有：蓖麻 *Ricinus communis* L.　种子（药材名：蓖麻子）含多种蓖麻毒蛋白，能泻下通滞，消肿拔毒；冷榨所得的蓖麻油，具泻下通便作用。余甘子 *Phyllanthus emblica* L.　果实（药材名：余甘子）能清热凉血，消食健胃，生津止咳。叶下珠 *P. urinaria* L.　全草（药材名：叶下珠）可平肝清热，利水解毒。

本科除上述常用药用植物外，尚有多种重要经济植物。如：油桐 *Vernicia fordii*（Hemsl.）Airy Shaw.　种仁含油（桐油）量达 40% 以上，桐油为优良的干性油，是我国著名特产之一。乌桕 *Sapium sebiferum*（L.）Roxb.　根皮、叶能清热解毒、止血止痢，有小毒。种子表皮蜡质是生产蜡烛和肥皂的原料；种子油为干性油，可作油漆的生产原料。橡胶树 *Hevea brasiliensis*（Willd. ex A. Juss.）Muell.　为优良的橡胶植物。一叶萩 *Flueggea suffruticosa*（Pall.）Rehd.　枝条、叶能活血通络，是提取一叶萩碱的原料。

多肉界的大戟科，是药也是毒

微课

32. 冬青科 Aquifoliaceae　♂ * $K_{(3~6)}$ $C_{4-5,(4~5)}$ $A_{4~5}$；♀ * $K_{(3~6)}$ $C_{4-5,(4~5)}$ $\underline{G}_{(3~∞;3~∞)}$

【形态特征】 乔木或灌木，多常绿。单叶，互生。花腋生，簇生或成聚伞花序，单

性异株，或杂性；花小，辐射对称，花萼4（3~6）裂，基部多少连合，常宿存；花瓣4~5，多基部合生；雄蕊与花瓣同数而互生；子房上位，2至多数心皮，合生成2至多室，每室具胚珠1~2。浆果状核果，由2至多个分核组成，每分核含1种子。

【微观特征】植物体常含草酸钙簇晶。

【化学特征】本科植物常含五环三萜类及其皂苷，并含有黄酮类、鞣质及香豆素等。

【分布】本科3属，400余种，广布于热带和亚热带地区。我国仅有冬青属（Ilex）1属，160余种，药用44种，主要分布于长江流域及以南地区。

【药用植物】

枸骨 Ilex cornuta Lindl. 常绿灌木或小乔木。叶互生，硬革质，叶片长圆状，两侧各具棘刺1~2个。花单性异株。簇生于二年生枝上。花瓣4，黄绿色；雄蕊4，与花瓣互生；子房上位，4室。核果球形，熟时红色，具分核4枚（图9-52）。分布于长江中下游地区，主产于江苏、河南等地。叶（药材名：枸骨叶）能清热养阴，益肾平肝；嫩叶加工成"苦丁茶"。果实（药材名：枸骨子）能补肝肾，强筋活络，固涩下焦。

苦丁茶

本属植物：大叶冬青 I. latifolia Thunb. 嫩叶（药材名：苦丁茶）为我国南部及西南部传统用药，民间使用历史悠久，能散风热，清头目，除烦渴。冬青 I. chinensis Sims 叶片（药材名：四季青）能清热解毒，消肿祛瘀。铁冬青 I. rotunda Thunb. 树皮（药材名：救必应）能清热解毒，利湿止痛。

33. 卫矛科 Celastraceae $\Phi * K_{(4\sim5)}C_{4\sim5}A_{(4\sim5)}\underline{G}_{(2\sim5;2\sim5;2)}$

【形态特征】乔木、灌木或藤木。单叶，对生或互生；花两性或单性，辐射对称；聚伞花序，稀总状，顶生或腋生，有时单生；萼片4~5，宿存；花瓣4~5；花盘发达；雄蕊4~5，常着生于花盘上；子房上位，由1~5心皮组成1~5室，通常每室胚珠2；花柱短或无，柱头3~5裂。蒴果、翅果、浆果或核果；种子常具鲜艳的假种皮。

【微观特征】茎皮常具白色胶丝，薄壁细胞含草酸钙簇晶。染色体X = 8，10，12，17，23，40。

【化学特征】主要含二萜内酯和大环生物碱类成分，如雷公藤内酯、美登木碱、雷公藤碱等。

【分布】本科约55属，850种，分布于热带和温带。我国有12属，近200种，全国各地均有分布，药用9属，近100种。

【药用植物】

图9-52 枸骨
1. 叶 2. 果枝 3. 雄花枝 4. 雄花 5. 退化雌蕊

卫矛 Euonymus alatus（Thunb.）Sieb. 灌木。小枝常呈四棱形，具2~3列宽达1cm的木栓质翅。叶对生，椭圆形或倒卵形。聚伞花序；花淡黄绿色，4基数；花盘肥厚方形；雄蕊具短花丝。蒴果，1~3室。种子具橘红色假种皮（图9-53）。分布于我国南北各地。生于山坡丛林中。带翅枝条（药材名：鬼箭羽）能破血，通经，杀虫。

雷公藤 Tripterygium wilfordii Hook. f. 灌木。小枝棕红色，具4~6棱，密生瘤状皮孔和锈色短毛。单叶互生，椭圆形或阔卵形，边缘具细锯齿，近革质。圆锥状聚伞花序，顶生或腋生，被锈色毛；花杂性，花白绿色，5基数；雄蕊着生于花盘边缘。蒴果长圆形，具3片膜质翅。分布于长江流域各省及西南地区。根（药材名：雷公藤）有大毒，能祛风除湿，活血通络，消肿止痛，杀虫解毒；主治类风湿关节炎、风湿性关节炎、肾炎、肾病综合征、银屑病等。昆明山海棠 T. hypoglaucum（Levl.）Hutch. 功效似雷公藤。

图 9-53　卫矛
1. 花枝　2. 果枝　3. 花背面观　4. 果实　5. 种子

本科药用植物尚有：南蛇藤 *Celastrus orbiculatus* Thunb.　茎藤入药可祛风湿，活血脉。果实在部分地区作"合欢"入药，能安神养心，理气解郁。美登木 *Maytenus hookeri* Loes.　含美登木碱，具抗肿瘤作用。

知识拓展

表 9-12　卫矛科部分属特征比较

卫矛属 *Euonymus*	雷公藤属 *Tripterygium*	美登木属 *Maytenus*
枝常为方柱形，叶对生，花 4~5，花盘扁平而肥厚；雄蕊花丝极短，着生于花盘上。蒴果于各心皮背部薄而外展成翅或无翅。种子具红色假种皮	木质藤本，叶大而互生，托叶锥尖而早落。花杂性，子房 3 室，蒴果，矩圆形，具 3 膜质翅	有刺或无刺灌木或小乔木。叶互生无托叶，花两性，花小，腋生聚伞花序，花 5 基数，雄蕊着生于花盘上，子房 3 室，基部与花盘合生，蒴果成熟时室背开裂，种子具假种皮

34. 无患子科 Sapindaceae $\male\female * \uparrow K_{4~5} C_{4~5} A_{8~10} \underline{G}_{(2~4: 2~4: 1~2)}$

【形态特征】木本，少藤本。叶互生，羽状或掌状复叶，多无托叶。花两性、单性或杂性，辐射对称或两侧对称，聚伞或圆锥花序，顶生或腋生；花小，萼片 4~5；花瓣 4~5；花盘肉质；雄蕊 5~10，生于花盘内侧或花盘上；子房上位，2~4 心皮，组成 2~4 室，每室胚珠 1~2。蒴果、核果。种子常被假种皮，无胚乳。

【微观特征】含黏液细胞和异型维管束。染色体 X = 11~16。

【化学特征】常含三萜类成分，如无患子皂苷等，脂肪酸、多糖等。

【分布】本科约 150 属，2000 余种，广布于热带和亚热带。我国 25 属，50 余种，主要分布于长江以南地区。已知药用 11 属，20 余种。

【药用植物】

龙眼（桂圆）*Dimocarpus longan* Lour.　常绿乔木。幼枝具锈色柔毛。偶数羽状复叶，互生，小叶 2~6 对，椭圆形或卵状披针形，革质。圆锥花序顶生或腋生，被锈色星状柔毛;花杂性,黄白色;花萼 5 深裂;花瓣 5 深裂;雄蕊 8 枚;子房 2~3 室,仅 1 室发育。果实核果状,外果皮具扁平瘤点,鲜假种皮白色肉质。种子黑色,有光泽(图 9-54)。栽培于福建、台湾、广东、广西、海南、云南、四川、贵州等地。假种皮(药材名:龙眼肉)能补益心脾,养血安神;也作滋补食品。

荔枝 *Litchi chinensis* Sonn. 常绿乔木。偶数羽状复叶,互生,小叶 2~4 对,长圆形或长椭圆形。圆锥花序顶生;花杂性,绿白色或淡黄色;花萼杯状,4 裂;无花冠,雄蕊 6~10;花盘环状肉质;子房 2~3 室,仅 1 室发育。核果近球形,外果皮有瘤状突起,熟时暗红色。种子具白色肉质的假种皮。种子(药材名:荔枝核)能行气散结,祛寒止痛。

本科药用植物尚有:无患子 *Sapindus mukorossi* Gaertn. 果实能清热解毒,止咳化痰。文冠果 *Xanthoceras sorbifolia* Bunge 木材能祛风除湿,消肿止痛。

图 9-54 龙眼
1. 花枝 2. 花 3. 果枝

35. 鼠李科 Rhamnaceae $\male \female * K_{(4\sim5)} C_{(4\sim5)} A_{4\sim5} \underline{G}_{(2\sim4:\ 2\sim4:\ 1)}$

【形态特征】乔木或灌木,常具枝刺或托叶刺。单叶互生,稀对生,羽状脉或 3~5 基出脉,常具托叶。花小,两性或单性,辐射对称,聚伞花序或圆锥花序;花萼 4~5 裂,镊合状排列;花瓣 4~5;雄蕊 4~5,与花瓣对生,花盘发达;子房上位,或部分埋藏于花盘中,2~4 心皮合生,2~4 室,每室 1 胚珠。核果或蒴果。种子常具胚乳。

【微观特征】薄壁细胞常有星散黏液和丹宁分泌细胞。染色体:X = 9~13, 23。

【化学特征】主要有蒽醌类,如鼠李属(Rhamnus)植物含大黄素、大黄酚等;三萜皂苷类,如枣属(Zizyphus)含酸枣仁皂苷等。

【分布】本科 58 属,900 余种,分布于温带至热带地区。我国 14 属,130 余种,南北均有分布。药用 12 属,76 种。

【药用植物】

枣 *Ziziphus jujuba* Mill. 落叶乔木或灌木。小枝红褐色,光滑,具刺,长刺粗壮,短刺钩状。单叶互生,长圆状卵形或披针形,基生三出脉。聚伞花序腋生;花黄绿色,萼片、花瓣、雄蕊,均 5 枚;花盘肉质圆形,子房下部与花盘合生。核果熟时深红色,果核两端尖(图 9-55)。全国各地栽培,主产于黄河流域。果实(药材名:大枣)能补中益气,养血安神。

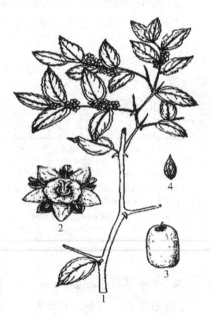

图 9-55 枣
1. 花枝 2. 花 3. 果 4. 果核

酸枣 *Z. jujuba* Mill. var. *spinosa* (Bunge) Hu ex H. F. Chou 与枣的主要区别为:灌木,枝刺细长,叶较小。果小,短长圆形,果皮薄,果核两端钝。种子(药材名:酸枣仁)能养心补肝,宁心安神,敛汗生津。

本科植物枳椇 *Hovenia dulcis* Thunb. 的种子(药材名:枳椇子)能止渴除烦,清湿热,解酒毒。

36. 葡萄科 Vitaceae $\male \female * K_{(4\sim5)} C_{4\sim5} A_{4\sim5} \underline{G}_{(2\sim6:2\sim6:1\sim2)}$

【形态特征】落叶木质藤本。卷须与叶对生。单叶互生,常掌状分裂。聚伞或圆锥状花序与叶对生;花小,淡绿色,两性或单性,整齐;花萼小,4~5 齿

枳椇及其用途

裂；花瓣 4～5，镊合状排列，顶端黏合或分离；雄蕊与花瓣同数且对生，生于环状花盘基部；2～3 心皮合生，子房上位，2～3 室，每室 1～2 枚胚珠。浆果。

【微观特征】普遍含黏液细胞，或含草酸钙针晶和簇晶等。染色体：X = 10～12，19。

【化学特征】主要含黄酮、萜类、酚酸、固醇、挥发油等；葡萄属（Vitis）和蛇葡萄属（Ampelopsis）富含虎杖苷等聚芪类化合物。

【分布】16 属，700 余种，广布于热带及温带地区。我国 9 属，约 150 种，南北各地均有分布。已知药用 7 属，100 余种。

【药用植物】

白蔹 Ampelopsis japonica（Thunb.）Mak. 叶羽状分裂或羽状缺刻，叶轴有阔翅。聚伞花序；花小，黄绿色，5 数；雌蕊 1，子房 2 室。浆果球形，熟时白色或蓝色。分布于东北南部、华北、华东、中南地区。块根（药材名：白蔹）清热解毒，消痈散结，敛疮生肌（图 9 - 56）。

常见药用植物还有：乌蔹莓 Cayratia japonica（Thunb.）Gagnep. 全草能凉血解毒，利尿消肿；三叶崖爬藤 Tetrastigma hemsleyanum Diels. et Gilg 块根能清热解毒，祛风化痰，活血止痛。

图 9 - 56　白蔹
1. 花枝　2. 块根　3. 花　4. 果实

知识拓展

表 9 - 13　葡萄科部分种特征比较

白蔹 Ampelopsis japonica	乌蔹莓 Cayratia japonica
茎卵形，幼枝带紫色，光滑有细条纹。掌状复叶，小叶 3～5，羽状分裂或缺刻，中间裂片最长，中轴有狭翅，裂片基部具关节	茎圆柱形，扭曲，有纵棱，带紫色；卷须二叉分支。叶皱缩，平展后呈鸟足状复叶，小叶片边缘具疏锯齿，中间小叶较大，具长柄

37. 锦葵科 Malvaceae $\hat{\female} * K_{5,(5)} C_5 A_{(\infty)} \underline{G}_{(3-\infty;3-\infty;1-\infty)}$

【形态特征】草本或木本，常具丰富的韧皮纤维，有的植物含黏液质。单叶互生，多具掌状脉，托叶早落。花两性，辐射对称，单生或成聚伞花序；花萼通常 5，离生或基部合生，镊合状排列，其下具一轮副萼，萼宿存；花瓣 5，旋转状排列；雄蕊多数，单体（花丝下部合生成管状）；子房上位，心皮 3 至多数合生，3 至多室，中轴胎座。蒴果或分果。

【微观特征】具黏液细胞；韧皮纤维发达；花药 1 室，花粉粒大、具刺。染色体：X = 5，7，11～20。

【化学特征】主要含黄酮类、生物碱类、酚类等。草棉属（Gossypium）植物的种子含棉酚（gossypol），具抗菌、抗病毒、抗生育和抗肿瘤等作用。

【分布】本科约 75 属，1000 余种，分布于温带和热带地区。我国 17 属，81 种，分布于南北各地。药用 12 属，60 余种。表 9 - 10 为锦葵科部分属检索表。

表 10 - 10　锦葵科部分属检索表

1. 果实裂成分果瓣，与果轴或花托脱离；多为草本。
   2. 有副萼；每子房室有胚珠 1 枚。
      3. 副萼片 3，分离 ·· 锦葵属 Malva
      3. 副萼片 6～9，基部合生 ······················· 蜀葵属 Althaea

2. 无副萼；每子房室2或更多胚珠 ·· 苘麻属 *Abutilon*
1. 蒴果室背开裂；多为木本。
　4. 花柱连合，棒状，不开裂；种子倒卵形 ·· 草棉属 *Gossypium*
　4. 花柱分离，分枝细长；种子肾形 ·· 木槿属 *Hibiscus*

【药用植物】

木槿 *Hibiscus syriacus* L. 落叶灌木或小乔木。单叶互生，叶片菱状卵形或卵形，常3裂。花单生于叶腋，副萼线形；花萼钟形，5裂；花瓣5，淡红色、紫色或白色；单体雄蕊；5心皮合生。蒴果长椭圆形，先端具尖嘴（图9-57）。全国各地栽培，为重要的园林树种。根皮和茎皮（药材名：木槿皮）能清热利湿，解毒止痒。花（药材名：木槿花）能清热解毒，消炎。果实（药材名：朝天子）能解毒止痛，清肝化痰。

木槿用途

苘麻 *Abutilon theophrasti* Medic. 一年生草本，全株密生星状毛。叶互生，心脏形，具长尖。花单生叶腋，黄色，无副萼；单体雄蕊，与花瓣基部合生；心皮15~20，排成一轮。蒴果半球形，成熟后分果分离，分果先端具2长芒。分布于全国各地，野生或栽培。种子（药材名：苘麻子）能清热解毒，利湿，退翳。

本科重要药用植物还有：冬葵（冬苋菜）*Malva verticillata* L. 各地多有栽培，果实（药材名：冬葵果）可清热，利尿，消肿。木芙蓉 *Hibiscus mutabilis* L. 叶（药材名：木芙蓉叶）能凉血解毒，消肿止痛。玫瑰茄 *H. sabdariffa* L. 花萼（药材名：玫瑰茄）能清热解毒，敛肺止咳。草棉 *Gossypium herbaceum* L. 各地栽培，种子（药材名：棉籽）能补肝肾，强腰，催乳；有毒慎用。

38. 堇菜科 Violaceae $\male\female \uparrow K_{(5),5} C_5 A_5 \underline{G}_{(3:1:\infty)}$

【形态特征】 草本。单叶基生或互生，具托叶。花两性，两侧对称，小苞片2枚；萼片5，宿存；花瓣5，下面1片常延长扩大为距；雄蕊5，子房上位，侧膜胎座3心皮合生，1室，胚珠多数。蒴果室背弹裂或为浆果状。

【微观特征】 叶片上表皮细胞内壁多黏液化；常含草酸钙针晶。染色体：X = 5，6，8，11，13，17。

【化学特征】 常含黄酮、香豆素、萜类等化合物。

图9-57　木槿
1. 花枝　2. 叶背及星状毛　3. 果枝
4. 花纵切　5. 果实　6. 种子

【分布】 22属，900余种，广布于温带及热带。我国4属，130余种，南北均有分布，以堇菜属（*Viola*）为主，约110余种。已知药用2属，50余种。

【药用植物】

紫花地丁 *Viola yedoensis* Makino(*V. philippica* Cav.) 草本。根茎短，无地上茎和匍匐枝。叶互生，叶片长圆状卵形，先端钝圆，基部截形或稍呈心形；托叶膜质，1/2~1/3与叶柄合生。花紫堇色或淡紫色；距短细管状；花柱基部微膝曲，顶端前方具短喙（图9-58）。分布于全国大部分地区。全草（药材名：紫花地丁）能清热解毒，凉血消肿。

堇菜属（*Viola*）植物多具有清热解毒、消肿止肿、活血散瘀、止咳等功效。不少种类如七星莲 *V. diffusa* Ging.、戟叶堇菜 *V. betonicifolia* J. E. Smith、长萼堇菜 *V. inconspicua* Bl.（铧头草）等在产地代替紫花地丁药用。

紫花地丁同名异物

图 9 - 58 紫花地丁
1. 花期植株 2. 雌蕊

39. 瑞香科 Thymelaeaceae $\lightmark\ast K_{(4\sim5),(6)} C_0 A_{4\sim5,8\sim10,2} \underline{G}_{(2:1\sim2:1)}$

【形态特征】灌木，稀乔木或草本。茎韧皮纤维发达。单叶，对生或互生，全缘，无托叶。花两性或单性，辐射对称，聚成头状、总状或伞形花序，稀单生；花萼管状，4～5 裂，呈花瓣状；花瓣缺或退化成鳞片状；雄蕊常与花萼裂片同数或为其 2 倍，通常着生于萼管的喉部；花盘环形或杯形；子房上位，常生于雌蕊柄上，1～2 室，每室 1 倒生胚珠。浆果、核果或坚果，稀蒴果。

【微观特征】常具内含韧皮部。染色体：X = 9。

【化学特征】普遍含挥发油、二萜酯、木脂素、香豆素类等成分。

【分布】本科约 50 属，500 种，主要分布于温带及热带地区。我国有 9 属，90 余种，主要分布于长江以南地区。已知药用 7 属，近 40 种。

【药用植物】

芫花 *Daphne genkwa* Sieb. et Zucc.　灌木。叶对生，椭圆形。花先叶开放，淡紫色，数朵簇生于叶腋的短枝上；花萼管状，被绢毛，花冠状，先端 4 裂；雄蕊 8，2 轮着生于花萼管上，几无花丝；花盘上部全缘。核果白色。种子 1 枚，黑色（图 9 - 59）。分布于华北、华东以及四川等省区。花蕾（药材名：芫花）能泻水逐饮；外用杀虫疗疮。同属药用的还有：黄芫花（黄瑞香）*D. giraldii* Nitsche，茎皮和根皮（药材名：祖师麻）能麻醉止痛，祛风通络，有小毒；滇瑞香 *D. feddei* Levl.、瑞香 *D. odora* Thunb. 药用类似黄芫花。

沉香主产地

白木香 *Aquilaria sinensis* (Lour.) Gilg　常绿乔木。叶互生，革质，长卵形、倒卵形或椭

图 9 - 59 芫花
1. 花枝 2. 花 3. 花被筒剖开（示雌蕊、雄蕊） 4. 果实

圆形。伞形花序顶生或腋生；花钟形，黄绿色，被柔毛；花瓣 10，退化成鳞片状，着生于花被管喉部；雄蕊 10；子房 2 室。蒴果木质。种子黑棕色，基部有红棕色角状附属物。分布于福建、海南、广东、广西和台湾。其树干含树脂的心材（药材名：沉香）能行气止痛，温中止呕，纳气平喘。传统所称的沉香为同属植物沉香 A. agallocha（Lour.）Roxb. 的含树脂心材，主产于南亚地区，我国热带地区有引种，药用主要依赖进口。药材经销中，称来自白木香的为"土沉香""国产沉香"，由于成分和作用相近，现已作沉香入药，进口沉香已较少。

常见药用植物还有：狼毒 Stellera chamaejasme L. 根（药材名：狼毒）有毒，能散结，杀虫。南岭荛花 Wikstroemia indica（L.）C. A. Mey. 茎叶（药材名：了哥王）能清热解毒，消肿止痛，化痰散结。

40. 胡颓子科 Elaeagnaceae $♀ * K_{(2\sim4)} C_0 A_{4\sim8} \underline{G}_{(1:1:1)}$

【形态特征】木本，常具刺，全株被银色、锈色或褐色盾状鳞片或星状毛。单叶，多互生，全缘，无托叶。花两性或单性，稀杂性；花单生、簇生或再聚成总状；花萼常合生成管状，4 裂，稀 2 裂，镊合状排列，常在子房上部明显收缩；无花瓣；雄蕊与萼片同数而互生，少为其倍数，着生于萼筒喉部；子房上位，1 心皮，1 室，胚珠 1。坚果或瘦果，常被肉质宿存的花萼管所包被，呈核果状或浆果状。种子坚硬，无胚乳。

【显微特征】表皮上常具鳞毛；果肉薄壁细胞中可见多数橘红色或橙黄色颗粒状物，油滴较多，鲜黄色。染色体：X = 11，12，14。

【化学特征】普遍含生物碱、黄酮类、鞣质等成分。

【分布】本科有 3 属，约 80 种，分布于亚洲东南部地区。我国有 2 属，约 60 种，南北各地均有分布。药用 2 属，30 余种。

【药用植物】

沙棘药食价值

沙棘 Hippophae rhamnoides L. 落叶灌木或小乔木，多分枝，枝刺粗壮，幼枝密被淡褐色盾状鳞片。单叶互生或近对生，条形或条状披针形，被银白色鳞片。花单性，先叶开放，雌雄异株；花小，淡黄色，花萼 2 裂；雄花较先开放，淡黄色，花盘 4 裂与雄蕊互生；雌花比雄花后开放，具短梗；花萼筒囊状，顶端 2 裂。坚果核果状，近球形或卵圆形，熟时橙黄色至橘红色，多汁液（图 9 - 60）。分布于华北、西北温带地区。果实（药材名：沙棘）为藏医和蒙医惯用药，能健脾消食，止咳祛痰，活血散瘀。西藏沙棘 H. thibetana Schlecht. 果实是藏医制取"沙棘膏"的原料。

药用植物还有：胡颓子 E. pungens Thunb. 根能祛风利湿，化瘀止血，叶能止咳平喘，花能治皮肤瘙痒，果能消食止痢。沙枣（桂香柳）E. angustifolia L. 功效类胡颓子。

41. 使君子科 Combretaceae $♀ * ↑ K_{(4\sim5)} C_{4\sim5,0}$ $A_{4\sim5,8\sim10} \overline{G}_{(5:1:1\sim\infty)}$

【形态特征】木质藤本至乔木。单叶对生或互生，无托叶。叶基、叶柄或叶下缘齿间具腺体。花常两性，排成穗状花序、总状花序或头状花序；萼管与子房合生，且延伸其外成一管，4 ~ 5 裂；花瓣 4 ~ 5 或缺；雄蕊与萼片同数或是其 2 倍；子房下位，1 室，胚珠 2 ~ 6。坚果、核果或翅果，常有 2 ~ 5 棱。

【微观特征】植物体常含草酸钙簇晶和细小的草酸钙方晶。染色体：X = 19。

【化学特征】本科植物富含鞣质、有机酸类成分。

图 9 - 60 沙棘
1 ~ 2. 果枝 3. 叶片背腹面放大 4. 雄花 5. 雌花

【分布】本科约15属，480种，分布于热带及亚热带地区。我国5属，24种，主产于云南和广东。已知药用5属，13种。

【药用植物】

使君子 *Quisqualis indica* L.　落叶木质藤本，单叶对生，全缘。顶生伞房式穗状花序，花两性，萼筒延伸于子房外成纤细管状，先端5裂；花冠初放时白色，渐变成红色，芳香，花瓣5，雄蕊10，雌蕊1，子房下位，1室。果革质，橄榄形，熟后暗棕色。分布于江西、福建、台湾、湖南、广东、四川、贵州和云南等地。果实（药材名：使君子）能杀虫消积。

重要药用植物还有：诃子 *Terminalia chebula* Retz.　幼果（药材名：西青果）能清热生津，解毒；成熟果实（药材名：诃子）能涩肠止泻，敛肺止咳，降火利咽。毗黎勒 *T. bellirica*（Gaertn.）Roxb.　成熟果实（药材名：毛诃子）能清热解毒，收敛养血，调和诸药。

知识拓展

使君子科的命名

使君子科的学名 Combretaceae 由模式属风车子属学名 Combretum 的复合形式 Combret－加上表示科的等级后缀－aceae 构成。本科中文名与模式属风车子属中文名不一致，因为风车子属虽然是我国的原产属，但不如同科的使君子属（*Quisqualis*）知名，故该科改用后者命名。

---

42. 桃金娘科 Myrtaceae $\hat{\male\female} * K_{(4\sim5)} C_{4\sim5} A_\infty \overline{G}_{(2\sim5;2\sim5;\infty)}$

【形态特征】常绿木本，多具挥发油。单叶对生，具透明腺点，无托叶。花两性，辐射对称，单生或聚成穗状、伞房状、总状或头状花序；花萼4~5裂，宿存；花瓣4~5，着生于花盘边缘，或与萼片连成一帽状体；雄蕊多数，花丝分离或合生成1至多体，药隔顶端常有1腺体；心皮2~5，合生，子房下位或半下位，1至多室，每室多数胚珠，花柱单生。浆果、核果或蒴果。种子无胚乳。

【微观特征】植物体常具分泌腔，双韧维管束。染色体：X=6~9，11。

【化学特征】本科植物普遍含挥发油和黄酮类成分。丁香油、桉叶油有明显的抗菌和镇痛作用，同时也是重要的化工原料。

【分布】本科约75属，3000余种，分布于热带和亚热带地区。我国原产8属，89种，分布于长江以南地区，另引种8属，73种。药用10属，30余种。

【药用植物】

丁香 *Eugenia caryophyllata* Thunb.　常绿乔木。叶对生，长椭圆形，羽状脉具透明油腺点。聚伞花序顶生；萼筒4裂，花瓣4，淡紫色，具浓烈香气；雄蕊多数；子房下位，2室。浆果红棕色，具宿存萼片（图9-61）。原产于马来群岛及东非沿岸区，以桑给巴尔产量最大、质量最佳；我国广东、广西、海南、云南等地有引种栽培。花蕾（药材名：公丁香）、果实（药材名：母丁香）均能温中降逆，补肾助阳。含丁香油16%~18%，用于治疗牙痛和作为香料。

常见药用植物还有：桃金娘 *Rhodomyrtus tomentosa*（Ait.）Hassk.　果实（药材名：山稔子）能养血止血，涩肠固精。根能祛风活络，收敛止泻。叶、花能止血。蓝桉 *Eucalyptus globulus* Labill.　叶中含挥发油，入药称

图9-61　丁香
1. 花枝　2. 花蕾纵切

桉油，可祛风止痛。同属其他植物的挥发油亦作桉油入药，如大叶桉 *E. robusta* Smith.、细叶桉 *E. tereticornis* Smith、柠檬桉 *E. citriodora* Hook. f. 等。

知识链接

桃金娘科植物

桃金娘科植物长得高大，但是花朵却很纤细，雄蕊数目多如睫毛。大多数种类的叶子中含有挥发性的芳香油，是工业和医药的重要原料，如从桉树中提取的桉油；有一些是优良的热带水果，比如莲雾；还有一些是药食两用的植物，比如丁香。

---

43. 五加科 Araliaceae $\hat{\varphi} * K_5 C_{5\sim10} A_{5\sim10} \overline{G}_{(2\sim15;2\sim15;1)}$

微课

【形态特征】木本，稀多年生草本，茎有时具刺。叶多为掌状复叶或羽状复叶，少单叶，多互生。花两性或杂性，稀单性异株，花小，辐射对称；花序伞形、头状、总状或穗状，或有时再聚成圆锥状；花萼5，通常不显著；花瓣5~10，稀顶部连合成帽状；雄蕊多与花瓣同数而互生，生于花盘边缘，花盘肉质生于子房顶部；心皮2~15，合生，子房下位，2~5室，每室有1倒生胚珠。浆果或核果；种子具胚乳。

【微观特征】根和茎的皮层、韧皮部和髓部常有树脂道，草酸钙簇晶常见。染色体：X = 11，12。

【化学特征】本科植物大多含三萜皂苷、黄酮类、香豆精和挥发油等。皂苷为主要活性成分，其中，达玛烷型四环三萜皂苷主要存在于人参、西洋参和三七中；齐墩果烷型五环三萜皂苷主要分布于楤木属、刺楸属、五加属和人参属。

【分布】本科约80属，900余种，多分布于热带和温带地区。我国有22属，160余种，除新疆外，各地均有分布。药用18属，100余种。表9－14为五加科部分属检索表。

表9－14　五加科部分属检索表

1. 叶轮生；掌状复叶；草本 ·· 人参属 *Panax*
1. 叶互生；木本。
  2. 大型羽状复叶，有托叶；茎和叶常具皮刺；木本或多年生草本··············· 楤木属 *Aralia*
  2. 单叶或掌状复叶。
    3. 单叶，或同时具有单叶和掌状复叶。
      4. 叶片掌状分裂。
        5. 植物体无刺；花柱离生，子房2室；有托叶 ············· 通脱木属 *Tetrapanax*
        5. 植物体有刺；花柱合生成柱状；无托叶 ··············· 刺楸属 *Kalopanax*
      4. 叶片不分裂，或在同株上有不分裂、分裂和掌状复叶三种叶片 ·········· 树参属 *Dendropanax*
    3. 掌状复叶，具皮刺 ·· 五加属 *Acanthopanax*

【药用植物】

人参 *Panax ginseng* C. A. Meyer　多年生草本。主根粗壮，肉质，顶端具根茎，习称"芦头"。掌状复叶轮生茎端，通常一年生者生一片三出复叶，二年生者生一片掌状五出复叶，三年生者生二片掌状五出复叶，以后每年递增一复叶，最多可达6片复叶；复叶有长柄，中央小叶最大，卵圆形，上面脉上疏生刚毛，下面无毛，叶缘有细锯齿。伞形花序顶生，总花梗比叶长；花萼5齿裂；花瓣5，淡黄绿色；雄蕊5；花盘杯状；2心皮合生。核果浆果，熟时鲜红色（图9－62）。主产于东北地区，多栽培。其肉质根（药材名：人参）为著名滋补强壮药，能大补元气，复脉固脱，补脾益肺，生津养血，安神益智。叶（药材名：人参叶）能补气，益肺，祛暑，生津。

西洋参 *Panax quinquefolium* L.　与人参很相似，主要区别为：西洋参的总花梗与叶柄近等长，小叶片椭圆形，上面脉上几无刚毛，先端突尖。原产北美，现我国吉林、辽宁、河北、陕西等地已引种成功。根（药材名：西洋参）能补气养阴，清热生津。

三七（田七）*Panax notoginseng*（Burk.）F. H. Chen　多年生草本。主根粗，肉质，倒圆锥形或圆柱形，具疣状突起的分枝。掌状复叶，小叶片上下脉上均密生刚毛。伞形花序顶生，具80朵以上小花（图9-63）。主产于云南、广西，仅见栽培品。栽培于海拔800～1000m的山脚斜坡或土丘缓坡上。根（药材名：三七）能散瘀止血，消肿定痛；花（药材名：三七花）能清热，平肝。

图9-62　人参
1. 花枝　2. 根　3. 花　4. 果实

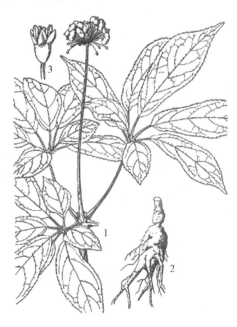

图9-63　三七
1. 果枝　2. 根　3. 花

人参属药用植物还有：竹节参 *P. japonicus* C. A. Mey.　根茎（药材名：竹节参）能散瘀止血，消肿止痛，祛痰止咳，补虚强壮。珠子参（钮子七）*P. japonicus* C. A. Mey var. *major*（Burk.）C. Y. Wu et K. M. Feng　根茎（药材名：珠子参）能补肺养阴，祛瘀止痛，止血。

刺五加 *Acanthopanax senticosus*（Rupr. et Maxim.）Harms　灌木，茎枝密生细长倒刺。掌状复叶互生，具5小叶，稀3或4，叶下面脉密生黄褐色毛。伞形花序顶生，单个或2～4聚生，花多而密；花萼绿色与子房合生，萼齿5；花瓣5，黄色；雄蕊5；子房5室，花柱全部合生成柱状。浆果状核果，紫黑色，干后有5棱。先端具宿存花柱（图9-64）。分布于黑龙江、吉林、辽宁、河北、山西等省。生于山地林下及林缘等地。根、根茎及茎入药（药材名：刺五加）能益气健脾，补肾安神。

五加属多种植物药用，如：细柱五加 *A. gracilistylus* W. W. Smith.，根皮（药材名：五加皮）祛风除湿，补益肝肾，强筋壮骨，利水消肿；无梗五加 *A. sessiliflorus*（Rupr. et Maxim.）Seem.，功效似细柱五加。

本科药用植物还有：通脱木 *Tetrapanax papyrifer*（Hook.）K. Koch　茎髓（药材名：通草）能清热利尿，通气下乳。刺楸 *Kalopanax septemlobus*（Thunb.）Koidz.　树皮（药材名：川桐皮）能通

通草花

图9-64　刺五加
1. 果枝　2. 花　3. 柱头

络，除湿。树参（半枫荷）*Dendropanax dentiger*（*Harms*）*Merr.* 根、茎、叶能活血、祛风。土当归 *Aralia cordata* Thunb. 和短序楤木 *A. henryi* Harms 的根及根茎（药材名：九眼独活）能散寒止痛，除湿祛风。

44. 伞形科 Umbelliferae $\hat{\mathbb{Q}} * K_{(5),0} C_5 A_5 \overline{G}_{(2;2;1)}$

微课

【**形态特征**】草本，多含挥发油而具香气。茎中空。叶互生，分裂或羽状复叶；叶柄基部扩大成鞘状。花两性或杂性，辐射对称，花序复伞形或伞形，基部具总苞片，稀头状，小伞形花序的柄称伞辐，基部常有小总苞片；萼齿5或不明显；花瓣5，顶端圆或具内折的小舌片；雄蕊5，与花瓣互生，着生于花盘的周围；子房下位，2心皮合生，2室，每室1胚珠，子房顶部具盘状或短圆锥状的花柱基（上位花盘），花柱2。双悬果，成熟时沿2心皮合生面裂成二分果瓣，分果瓣通过纤细的心皮柄与果柄相连。每个分果具5条主棱（背棱1条，中棱2条，侧棱2条），有时在主棱之间还有次棱，棱与棱之间称棱槽；外果皮中具纵向油管1至多条。植物体具油管。

本科植物的特征非常明显：芳香草本，叶柄基部扩大成鞘状，花5基数，子房下位，具上位花盘，双悬果等，容易掌握（图9-65）。但属和种的鉴别较困难。应注意以下特征：花序是单伞形还是复伞形；伞辐数目；总苞及小苞片的数目、形状；花瓣的大小，花柱基部的形状；果实表面是否具附属物（如刺毛、瘤状突出等）；分果的形状，主棱和次棱的情况，棱槽中油管的分布和数量等（图9-66）。

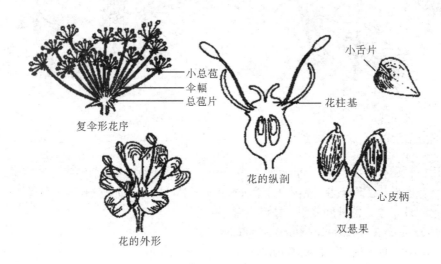

小总苞
伞辐
总苞片

复伞形花序

花的外形

小舌片

花柱基

花的纵剖

心皮柄

双悬果

图9-65 伞形科花、果模式图

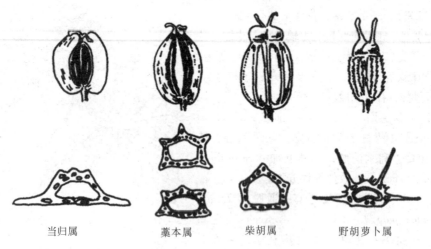

当归属   藁本属   柴胡属   野胡萝卜属

图9-66 伞形科四属植物果实及横切面

【**微观特征**】本科植物的根和茎内有分泌道；草酸钙晶体偶见。染色体：X=6，7，8，10，11。

【化学特征】本科植物化学成分比较复杂，主要有挥发油、香豆素、聚炔类、三萜、黄酮等。挥发油常与树脂伴生，贮于油管中。香豆素类是本科主要成分之一，以呋喃香豆素和二甲基吡喃香豆素最为普遍。本科含有毒的聚炔类成分是另一化学特征，见于毒芹属（*Cicuta*）、水芹属（*Oenanthe*）、柴胡属中。三萜类成分存在于积雪草属、柴胡等属中。

【分布】本科约 270 余属，2900 种，广布于热带、亚热带和温带地区。我国约 95 属，600 余种，广布于全国各地。药用 55 属，230 种。表 9－15 为伞形科部分属检索表。

表 9－15　伞形科部分属检索表

1. 单叶，叶圆肾形；伞形花序单生；内果皮木质；棱槽内无油管 ······ 天胡荽亚科 *Hydrocotyloideae*
 2. 花瓣在花蕾时镊合状排列；果棱间无明显小横脉，表面不呈网状 ······ 天胡荽属 *Hydrocotyle*
 2. 花瓣在花蕾时覆瓦状排列；果棱间有小横脉，表面具网状 ······ 积雪草属 *Centella*
1. 羽状全裂或羽状复叶，少单叶；复伞形花序；内果皮不木化，油管在主棱或棱槽内。
 3. 单叶，掌状分裂至缺刻；内果皮为薄壁组织 ······ 变豆菜亚科 *Saniculoideae* 变豆菜属 *Sanicula*
 3. 羽状全裂或羽状复叶，单叶侧为弧形脉；内果皮具纤维层 ······ 芹亚科 *Apioideae*
  4. 单叶，叶片披针形或条形，全缘，弧形脉；直立草本；复伞形花序 ······ 柴胡属 *Bupleurum*
  4. 羽状全裂或羽状复叶。
   5. 果有刺或小瘤。
    6. 果有刺。
     7. 苞片较多，羽状分裂 ······ 胡萝卜属 *Daucus*
     7. 苞片较少或缺 ······ 窃衣属 *Torilis*
    6. 果有小瘤；小叶半裂 ······ 防风属 *Saposhnikovia*
   5. 果无刺或瘤。
    8. 果有绒毛；叶近革质；滨海植物 ······ 珊瑚菜属 *Glehnia*
    8. 果无绒毛；叶非革质；非滨海植物。
     9. 果无棱或不明显。
      10. 一年生草本；果皮薄而硬，心皮不分离，无油管 ······ 芫荽属 *Coriandrum*
      10. 二至多年生草本；果皮薄而柔软，心皮成熟后分离，油管明显。
       11. 3 至 4 回羽状细裂；花金黄色；果棱尖锐，具茴香气味 ······ 茴香属 *Foeniculum*
       11. 三出式 2 至 3 回羽状分裂；果棱不明显，无茴香气味 ······ 明党参属 *Changium*
     9. 果有棱。
      12. 果实全部果棱有狭翅或侧棱无翅。
       13. 花柱短；果棱无翅或非同形翅。
        14. 萼齿明显；背棱和中棱有翅，侧棱有时无翅 ······ 羌活属 *Notopterygium*
        14. 萼齿不明显；棱翅薄膜质；总苞片或小苞片发达 ······ 藁本属 *Ligusticum*
       13. 花柱较长，较花柱基长 2~3 倍；果棱有同型翅 ······ 蛇床属 *Cnidium*
      12. 果实背棱、中棱具翅或不具翅，侧棱的翅发达。
       15. 果实背腹扁平，背棱有翅。
        16. 侧棱的翅薄，常与果体的等宽或较宽，分果的翅不紧贴 ······ 当归属 *Angelica*
        16. 侧棱的翅稍厚，较果体窄，分果的翅紧贴，熟后分离 ······ 前胡属 *Peucedanum*
       15. 果实背腹极压扁，背棱条形，无翅，或不明显 ······ 阿魏属 *Ferula*

【药用植物】

当归 *Angelica sinensis*（Oliv.）Diels　多年生草本。主根和支根肉质，黄棕色，具浓郁香气。茎直立，绿色或带紫色。叶二至三回三出羽状全裂，末回裂片卵形或卵状披针形，下面具乳头状细毛，边缘具锯齿，叶柄基部膨大成鞘状。复伞形花序顶生，总苞片线形，2 或无，伞梗 10~14 条，花白色或紫色，花瓣先端内折；雄蕊 5；子房下位，花柱基圆锥形。双悬果背腹压扁，侧棱发育成薄翅，每棱槽内有油管 1 条，合生面 2 个（图 9－67）。分布于陕西、甘肃、湖北、四川、云南、贵州等地，甘肃岷县产量大，质量佳。根（药材名：当归）能补血活血，调经止痛，润肠通便。

图9-67 当归
1. 花枝 2. 根 3. 羽状复叶 4. 双悬果 5. 果实横切面

白芷（兴安白芷）*A. dahurica*（Fisch. ex Hoffm.）Benth. et Hook. f. 多年生草本。根圆柱形，具分枝。茎粗2~5cm，紫色，有纵沟纹。叶二至三回羽状分裂，叶柄基部成囊状膜质鞘。复伞形花序，总苞片缺或1~2，膨大成鞘状；小总苞片5~10或更多；花小，花瓣白色，先端内凹。双悬果长圆形，背棱扁，侧棱翅状，棱槽中有1条油管，合生面有2。分布于黑龙江、吉林、辽宁、河北、山西、内蒙古等地。根（药材名：白芷）能解表散寒，祛风止痛，宣通鼻窍，燥湿止带，消肿排脓。杭白芷*A. dahurica*（Fisch. ex Hoffm.）Benth. et Hook. f. var. *formosana*（Boiss.）Shan et Yuan 植株较矮，根上部近方形或类方形，灰棕色，皮孔突起明显，大而突出，根药用同白芷。

我国当归属植物38种。药用植物还有：重齿毛当归*A. pubescens* Maxim. f. *biserrata* Shan et Yuan 根（药材名：独活）能祛风除湿，通痹止痛。

柴胡*Bupleurum chinense* DC. 多年生草本。主根坚硬，纤维性强，表面黑褐色或浅棕色，根头部膨大，下部多分枝。茎单生或丛生，上部分枝稍成"之"字形弯曲。叶互生，基生叶线状披针形或倒披针形，茎生叶长圆状披针形或倒披针形，全缘，平行脉5~9条。复伞形花序；伞辐3~8；总苞片2~3，狭披针形；花黄色。双悬果长圆形，棱槽中具3条油管，合生面有4条（图9-68）。分布于东北、华北、西北、华东及华中地区。根（药材名：柴胡，习称北柴胡）能疏散退热，疏肝解郁，升举阳气。

同属植物：狭叶柴胡*B. scorzonerifolium* Willd. 根较细，质柔，不具纤维性，表面红棕色或黑棕色，顶端具多数细毛状枯叶纤维，下部分枝少。叶线形或狭线形，边缘呈白色，骨质。根（习称南柴胡）亦作柴胡药用。

柴胡属约100余种，我国有36种，17变种，7变型。其中，近20种在不同地区作柴胡入药，但大叶柴胡*B. longiradiatum* Turcz. 的根有毒，不能药用。

川芎*Ligusticum chuanxiong* Hort. 多年生草本。全草具浓郁香气。根茎呈不规则的结节状拳形团块，具多数须根。茎直立，茎部的节膨大呈盘状（俗称苓子）。叶互生，二至三回羽状复叶；小叶3~5对，羽状全裂。复伞形花序，伞辐10~24，总苞片3~6，小总苞片2~7，线形；花白色，萼齿不明显。双悬果卵形，分果背棱棱槽中有油管3条，侧棱槽中有2~5条，合生面4~6（图9-69）。主要栽培于四川。根茎（药材名：川芎）能活血行气，祛风止痛。

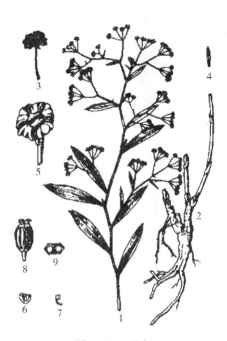

图9-68　柴胡
1. 花枝　2. 根及根茎　3. 小花序　4. 小总苞　5. 花
6. 花瓣　7. 雄蕊　8. 果实　9. 果实横切面

图9-69　川芎
1. 根　2. 叶枝　3. 复伞花序
4. 伞形花序　5. 花　6. 果实　7. 果实横切面

同属植物藁本 *L. sinense* Oliv.、辽藁本 *L. jeholense* Nakai et Kitag. 的根及根茎（藁本）能祛风散寒，除湿止痛。

防风 *Saposhnikovia divaricate*（Turcz.）Schischk.　多年生草本。根粗壮，上部密生纤维状叶柄残基及明显的环纹，淡黄棕色。茎单一，二歧状分枝。叶2~3回羽状分裂，末回裂片狭楔形，三深裂，裂片披针形。复伞形花序多数，顶生，形成聚伞状圆锥花序；无总苞片；小总苞片4~6；花白色。双悬果狭圆形或椭圆形，每棱槽具油管1，合生面2（图9-70）。分布于东北、华北及山东、甘肃、宁夏和陕西等地，黑龙江省产量最大，习称关防风。生于草原、丘陵和多石砾山坡。根（药材名：防风）能祛风解表，胜湿止痛，止痉。

本科尚有多种药用植物：珊瑚菜 *Glehnia littoralis* Fr. Schmidt ex Miq.　根（药材名：北沙参）能养阴清肺，益胃生津。蛇床 *Cnidium monnieri*（L.）Cuss.　果实（药材名：蛇床子）能祛风除湿，杀虫止痒，温肾壮阳。羌活 *Notopterygium incisum* Ting ex H. T. Chang 及宽叶羌活 *N. franchetii* H. de Boiss.　根茎和根入药（药材名：羌活）能解表散寒，祛风除湿，止痛。积雪草 *Centella asiatica*（L.）Urb.　全草入药（药材名：积雪草）可清热利湿，解毒消肿。紫花前胡 *Peucedanum decursivum*（Miq.）Maxim. 及白花前胡 *P. praeruptorum* Dunn.　根（药材名：分别为紫花前胡、前胡）能降气化痰，散风清热。明党参 *Changium smyrnioides* Wolff.　根（药材名：明党参）能润肺化痰，养阴和胃，平肝，解毒。小茴香 *Foeniculum vulgare* Mill.　果实（药材名：小茴香）能散寒止痛，理气和胃。野胡萝卜 *Daucus carota* L.　果实（药材名：南鹤虱）能杀虫消积。

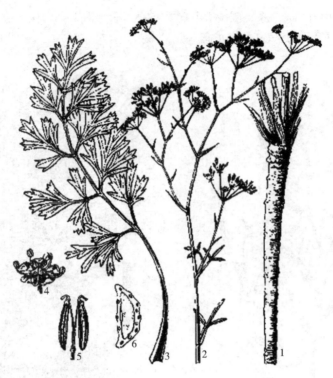

图 9 - 70 防风

1. 根 2. 果枝 3. 基生叶 4. 花 5. 果实 6. 分生果横切面

知识拓展

五加科和伞形科的区别

五加科和伞形科是两个亲缘关系密切的分类群，然而在果实的特征及其散布机制方面，二者之间存在显著的差异。五加科植物的果实为浆果或核果状的肉质果实，种子具有硬质的种皮，或者包被于硬质的果核中。伞形科的果实为干燥的双悬果，常分裂为 2 个分果，果皮一般油性，有光泽；许多种类的分果表面发展出发达的棱翅，或外果皮部分或全部加厚并木栓化；也有一些种类的分果表面发展出钩刺状、刺毛状等结构。

45. 山茱萸科 Cornaceae $\female * K_{4\sim5,0} C_{4\sim5,0} A_{4\sim5} \overline{G}_{(2;1\sim4;1)}$

【形态特征】木本，稀草本。叶对生，稀互生或近于轮生，常无托叶。花两性，稀单性，聚成圆锥、聚伞、伞形或头状花序，常具大形苞片；花萼通常 4 ~ 5 裂或缺；花瓣 4 ~ 5，镊合状或覆瓦状排列；雄蕊与花瓣同数而互生，生于花盘基部；子房下位，2 心皮合生，1 ~ 4 室，每室具倒生胚珠 1 枚。核果或浆果，核骨质，稀木质。种子具胚乳。

【微观特征】常具有草酸钙簇晶和菊糖。染色体：X = 8 ~ 14，19。

【化学特征】本科化学成分主要有三萜类、环烯醚萜苷、鞣质、黄酮类和有机酸等。

【分布】本科有 15 属，约 119 种，分布于热带和温带，东亚地区最多。我国 9 属，约 60 种，除新疆外，其他省区均有分布。药用 7 属，45 种。

【药用植物】

山茱萸 *Cornus officinalis* Sieb. et Zucc. 小乔木或灌木。单叶对生，卵状披针形或长椭圆形，侧脉 6 ~ 8 对，弓形内弯，全缘。先叶开花，20 ~ 30 朵簇生于小枝顶端，呈伞形花序状；花黄色，花萼、花瓣、雄蕊均 4 枚，花盘垫状、肉质；子房下位，1 室，内有 1 胚珠。核果长椭圆

山茱萸科

形，熟时红色（图 9 - 71）。分布于陕西、山西、甘肃、河南、山东、江苏、安徽、浙江、湖南等地，目前已经人工栽培。果实成熟时采摘，烘焙后取下果肉。果肉（药材名：山茱萸，俗称枣皮）能补益肝肾，收涩固脱。

本科常见药用植物还有：青荚叶 *Helwingia japonica* (Thunb.) Dietr. 茎髓（药材名：小通草）能清热，利尿，下乳。其带果叶片（药材名：叶上珠）用于痢疾、便血、痈疖疮毒的治疗。作为叶上珠入药的还有西藏青荚叶 *H. himalaica* Hook. f. et Thoms. ex C. B. Clarke、中华青荚叶 *H. chinensis* Batal. 等。

（二）合瓣花亚纲 Sympetalae

合瓣花亚纲又称后生花被亚纲（Metachlamydeae），主要特征为花瓣多少连合，形成唇形、漏斗状、钟状、管状、舌状等各种类型花冠。花的轮数趋向减少，花冠的连合有利于昆虫授粉，同时对雄蕊和雌蕊起到更好的保护作用。通常无托叶，胚珠具有一层珠被。合瓣花亚纲是较离瓣花亚纲更为进化的类群。

PPT

图 9 - 71　山茱萸
1. 花枝　2. 果枝　3. 花序
4. 花　5. 果实　6. 种子

46. 杜鹃花科 Ericaceae　♀ * K$_{(4\sim5)}$ C$_{(4\sim5)}$ A$_{(8\sim10,4\sim5)}$ $\underline{G}_{(4\sim5:4\sim5:\infty)}$ $\overline{G}_{(4\sim5:4\sim5:\infty)}$

【形态特征】常绿灌木或小乔木。单叶互生，常革质。花两性，辐射对称或略两侧对称；花萼 4 ~ 5 裂，雄蕊多为花冠裂片数的 2 倍，少为同数，着生花盘基部，花药 2 室，多顶孔开裂，部分具尾状或芒状附属物；子房上位或下位，常 4 ~ 5 心皮，合生成 4 ~ 5 室，中轴胎座，胚珠多数。蒴果，少为浆果或核果。

【微观特征】具盾状腺毛和非腺毛。染色体：X = 7，8，11，12，13，24，26，36，44。

【化学特征】主要含酚类化合物、黄酮类化合物、三萜类、香豆素类和挥发油类化学成分。酚类化合物：杜鹃花属（*Rhododendron*）、岩须属（*Cassiope*）、假木荷属（金叶子属 *Craibiodendron*）、白珠属（*Gaultheria*）、越橘属（*Vaccinium*）、杜香属（*Ledum*）等；黄酮类化合物：珍珠花属（*Lyonia*）、杜鹃花属、岩须属、越橘属等；三萜毒素：马醉木属（*Pieris*）、杜鹃花属、假木荷属（金叶子属）等；香豆素：杜鹃花属等；挥发油：杜鹃花属、白珠属、越橘属等。

【分布】本科约 103 属，3350 余种；除沙漠地区外，广布于全球，尤以亚热带地区为多。我国约 15 属，757 种；南北均产，但以西南各省区为多。药用 12 属，127 种。

【药用植物】

羊踯躅 *Rhododendron molle* (Bl.) G. Don　落叶灌木。嫩枝被鳞片、柔毛及刚毛。单叶互生，纸质，长椭圆形或倒披针形，下面密生灰色柔毛。伞形花序顶生，先花后叶或同时开放；花冠宽钟状，黄色，5 裂，反曲，外被短柔毛，雄蕊 5。蒴果长圆形。分布于长江流域及华南；生于山坡、林缘、灌丛、草地。花（药材名：闹羊花）性温，味辛，有毒，有麻醉、镇痛作用；成熟果实（药材名：八厘麻子）能活血散瘀，止痛。

兴安杜鹃 *Rhododendron dahuricum* L.　半常绿灌木。多分枝，小枝具鳞片和柔毛。单叶互生，近革质，矩圆形，下面密被鳞片，常集生小枝上。花生枝端，先花后叶；花为粉红至紫红色，外具柔毛；雄蕊 10。蒴果矩圆形。分布于东北、西北、内蒙古等地；生于干燥山坡、灌丛中。叶（药材名：满山红）味辛、苦，性寒，小毒，能祛痰止咳；根治肠炎痢疾（图 9 - 72）。

常见的药用植物还有：烈香杜鹃 *Rhododendron anthopogonoides* Maxim.　叶能祛痰，止咳，平喘。照白

杜鹃 *R. micranthum* Turcz. ，有大毒；叶、枝能祛风，通络，止痛，化痰止咳。岭南杜鹃 *R. mariae* Hance　全株可止咳，祛痰。杜鹃 *R. simsii* Planch.　根有毒，能活血，止血，祛风，止痛；叶能止血，清热解毒；花，果能活血，调经，祛风湿。云南白珠树 *Gaultheira leucocarpa* Bl. var. *crenulata*（Kurz）T. Z. Hsu　全株能祛风湿，舒筋络，活血止痛，是提取水杨酸甲酯（冬绿油）的原料。乌饭树 *Vaccinium bracteatum* Thunb.　叶、果具益精气、强筋骨、止泻功效；根有消肿止痛功效。

47. 紫金牛科 Myrsinaceae　$\u2640 * K_{(4\sim5)} C_{(4\sim5)} A_{(4\sim5)} \underline{G}_{(4\sim5;1;1\sim\infty)}$

【形态特征】灌木或乔木，稀藤本。单叶互生，常具腺点或腺状条纹。花常两性，稀单性，辐射对称，4～5数；萼宿存，常具腺点；花冠合生，常有腺点或腺状条纹；雄蕊着生于花冠上，与花冠裂片同数且对生；花序多数；子房上位，稀半下位或下位，4～5心皮合生，中轴胎座或特立中央胎座（有时为基生胎座）；胚珠多数，常1枚发育；花柱1，宿存。核果或浆果，稀蒴果。

【微观特征】叶、茎的皮层和髓部常有分泌组织，内含红棕色树脂类物质。染色体：X = 10，12，23。

【化学特征】本科主要含羟基苯醌、二羟基苯衍生物、香豆素类和黄酮类等化学成分。

【分布】35 属，1000 余种；主要分布于热带和亚热带地区。我国6属，129种，18变种；主要分布于长江流域以南各省区。药用5属，72种。

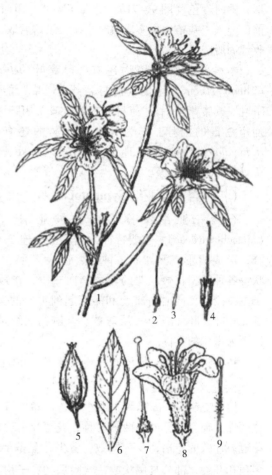

图 9 - 72　兴安杜鹃（1～4）　羊踯躅（5～9）
1. 花枝　2. 雌蕊　3. 雄蕊　4. 果实
5. 蒴果　6. 叶片　7. 雌蕊　8. 花　9. 雄蕊

【药用植物】

紫金牛 *Ardisia japonica*（Thunb.）Bl.　常绿矮小灌木，多不分枝。单叶对生或数叶集生茎顶，坚纸质或革质，椭圆形，具腺点。花序近伞形；花冠粉红色或白色；子房上位，1室。核果近球形，熟时红色（图 9 - 73）。分布于长江流域以南；生于低山林下阴湿处。全株（药材名：矮茶风）能祛痰止咳，利湿退黄，止血止痛。

常见的药用植物还有：朱砂根 *Ardisia crenata* Sims　全株能活血散瘀，消炎止痛，祛风除湿。百两金 *Ardisia crispa*（Thunb.）A. DC.　根、叶能清热利咽，祛痰止咳，舒筋活血。虎舌红 *A. mamillata* Hance　全株用于祛风除湿，活血止血，清热利湿。铁仔 *Myrisine africana* L.　叶、枝能清热利湿，止咳平喘。

48. 报春花科 Primulaceae　$\u2640 * K_{(5),5} C_{(5),0} A_5 \underline{G}_{(5;1;\infty)}$

【形态特征】多草本，稀亚灌木，常有腺点或被白粉。单叶互生、对生、基生或轮生，全缘或具齿，稀羽状分裂，无托叶。花单生或排成多种花序；花两性，辐射对称；萼常 5 裂，宿存；花冠常 5 裂；雄蕊着生在花冠管内，与花冠裂片同数且对生；子房上位，稀半下位，1室，特立中央胎座，胚珠多数；花柱具异常现象，在同种植物中分为长花柱和中花柱。蒴果。

【微观特征】常有具长柄的头状腺毛。染色体：X = 5，8～15，17，19，22。

【化学特征】主要含黄酮类、三萜及其苷类、酚类、挥发油、有机酸和甾醇等化学成分。黄酮类：珍珠菜属（*Lysimachia*）、点地梅属（*Andrasace*）等；苷、三萜皂苷类：琉璃繁缕属（*Anagalis*）、点地梅属、珍珠菜属、报春花属（*Primula*）等；酚性化合物：珍珠菜属等。

【分布】22 属，1000 余种；广布于全世界，主要分布于北半球温带及较寒冷地区。我国13属，534种；全国广布，大部分产于西南和西北地区，少数分布于长江和珠江流域。药用7属，119种。

【药用植物】

过路黄 *Lysimachia christinae* Hance　多年生蔓生草本。茎柔弱，匍匐，节上生根。叶、花萼具点状及条状黑色腺条纹。叶对生，心形或阔卵形，透光可见条形腺点。花腋生，2 朵相对；花冠黄色，先端 5 裂；雄蕊 5，与花冠裂片对生；子房上位，1 室，特立中央胎座，胚珠多数。蒴果球形（图 9 - 74）。分布于长江流域至南部各省区，北至陕西；生于山坡、疏林下、沟边阴湿处。全草作金钱草入药，为利水渗湿药，能清热，利胆，排石，利尿。

图 9 - 73　紫金牛
1. 花枝　2. 花　3. 花冠裂片及雄蕊
4. 雌蕊　5. 果枝

图 9 - 74　过路黄
1. 植株　2. 花　3. 叶片

常见药用植物还有：灵香草 *L. foenum - graecum* Hance　带根全草作灵香草入药，能祛风寒，辟秽浊。点地梅（喉咙草）*Androsace umbellate*（Lour.）Merr.　全草能清热解毒，消肿止痛，治咽喉炎等。聚花过路黄 *Lysimachia congestiflora* Hemsl.　全草治疗风寒感冒。

知识拓展

1. 报春花科和紫金牛科的区别　报春花科与紫金牛科的特征相近，区别点为：报春花科为草本，蒴果；紫金牛科为木本，核果或浆果。

2. 报春花科亲缘关系　关于报春花科的亲缘关系，有两派不同的学术观点。一派以哈钦森为代表，认为报春花科可能由石竹科类型的祖先演化而来，因为二者均为草本植物，都具有特立中央胎座。但报春花科具有合生花冠，雄蕊通常与花冠裂片同数而对生，与石竹科有很大的区别。另一派意见认为，报春花科与紫金牛科在亲缘关系上是两个比较相近的科。这一观点得到植物化学方面的支持，因而为大多数学者所接受。

49. 木犀科 Oleaceae　$\male\female * K_{(4)} C_{(4),0} A_2 \underline{G}_{(2;2;2)}$

【形态特征】灌木或乔木。叶常对生，单叶、三出复叶或羽状复叶，无托叶。圆锥、聚伞花序或花簇生，极少单生；花两性，稀单性异株，辐射对称；花萼、花冠常 4 裂，稀无花瓣；雄蕊常 2 枚；子房上位，2 室，每室常 2 胚珠，花柱 1，柱头 2 裂。核果、蒴果、浆果、翅果。

【微观特征】叶上普遍具盾状毛，叶肉中常具厚壁的异型细胞；具有草酸钙针晶和棱晶。染色体：X=11，13，14，23。

【化学特征】主要含酚类化合物、木脂素类、苦味素类、苷类、香豆素类和挥发油等成分。酚类化合物：连翘属（*Forsythia*）等；木脂素类：连翘属等；苦味素类：素馨属（*Jasminum*）、丁香属（*Syinga*）等；苷类：丁香属等；香豆素类：梣属（*Fraxinus*）等。

【分布】29属，600余种；广布于温带和亚热带地区。我国有12属，200余种；南北均产。药用8属，80余种。

【药用植物】

连翘 *Forsythia suspense*(Thunb.) Vahl. 落叶灌木。茎直立，枝条具4棱，小枝中空。单叶对生，叶片完整或3全裂，卵形或长椭圆状卵形。先花后叶，1~3朵簇生叶腋；花萼上部4深裂；花冠黄色，深4裂，花冠管内有橘红色条纹；雄蕊2；子房上位，2室。蒴果狭卵形，木质，表面有瘤状皮孔。种子多数，具翅（图9-75）。分布于华北、东北等地；生于荒野山坡或栽培。果（药材名：连翘）为清热解毒药，能清热解毒，消痈散结；种子（药材名：连翘心）能清心火，和胃止呕。

女贞 *Ligustrum lucidum* Ait. 常绿乔木，全体无毛。单叶对生，革质，卵形或椭圆形，全缘。花小，密集成顶生圆锥花序；花冠白色，漏斗状，先端4裂；雄蕊2；子房上位。核果矩圆形，微弯曲，熟时紫黑色，被白粉。分布于长江流域以南地区；生于混交林或林缘、谷地。果实（药材名：女贞子）为补阴药，能补肾滋阴，养肝明目；枝、叶、树皮能祛痰止咳。

梣（白蜡树）*Fraxinus chinesis* Roxb. 落叶乔木。叶对生，单数羽状复叶，小叶5~9枚，常7枚，椭圆形或椭圆状卵形。圆锥花序侧生或顶生；花萼钟状，不规则分裂；无花冠。翅果倒披针形。分布于中国南北大部分地区；生于山间向阳坡地湿润处，并有栽培，以养殖白蜡虫生产白蜡。茎皮（药材名：秦皮）为清热燥湿药，能清热燥湿，清肝明目。

50. 马钱科 Loganiaceae $\male\female * K_{(4\sim5)} C_{(4\sim5)}$
$A_{(4\sim5)} \underline{G}_{(2:2:2\sim\infty)}$

【形态特征】乔木、灌木或藤本，稀草本。单叶对生或轮生，稀互生，托叶极度退化。花两性，辐射对称，呈聚伞、总状、头状或穗状花序，少单生；花萼、花冠均4~5裂；雄蕊与花冠裂片同数而互生，着生于花冠管或花冠喉部；子房上位，通常2室，每室胚珠2至多数；花柱单生，柱头头状，2裂。蒴果、浆果或核果。种子有时具翅。

图9-75　连翘
1. 果枝及其茎剖面　2. 花枝　3. 花　4. 雌、雄蕊
5. 展开花冠　6. 果实　7. 种子

【微观特征】常可见具长柄的头状腺毛。染色体：X=8~15，17，28。

【化学特征】本科不少植物有毒，马钱属（*Strychnos*）、钩吻属（*Gelsemium*）和醉鱼草属（*Buddleja*）的植物多有毒，主要化学成分有：吲哚类生物碱，如番木鳖碱（strychnine）、马钱子碱（brucine）、钩吻碱（gelsemine）、可鲁勃林（colubrine）等；黄酮类，如密蒙花苷（linarin）、醉鱼草苷（buddleoside）；环烯醚萜苷类苦味成分，如番木鳖苷（loganin）等。

【分布】本科约35属，750余种，分布于热带、亚热带地区。我国9属，63种。产于西南及东部地区。已知药用7属，27种。

【药用植物】

马钱（番木鳖）*Strychnos nux - vomica* L.　乔木。叶对生，叶片革质。浆果球形，熟时橙色。种子1~4，扁平圆形（图9-76）。原产于印度、泰国、越南、缅甸，我国广东、云南、福建等地有栽培。种子（药材名：马钱子）性温，味苦，有大毒，能祛风止痛，舒筋活络。同属植物我国产10种，2变种，其中：长籽马钱（云南马钱、皮氏马钱）*S. pierriana* A. W. Hill　为木质大藤本，小枝常变态呈螺旋形钩状。叶对生，主脉3条。种子长圆形，也作马钱子药材用。

密蒙花 *Buddleja officinalis* Maxim.　灌木。枝、叶、叶柄及花序均密被白色星状绒毛。花冠紫堇色至白色。蒴果椭圆形。分布于中南及西南地区。花供药用，能清热利湿，明目退翳。

钩吻（断肠草）*Gelsemium elegans*（Gardn. et Champ.）Benth.　全株有大毒。根、茎、叶外用能散瘀止痛，杀虫止痒。

密蒙花原植物特征

51. 龙胆科 Gentianaceae $\male \ast K_{(4\sim5)} C_{(4\sim5)} A_{(4\sim5)} \underline{G}_{(2;1;\infty)}$

【形态特征】 草本，茎直立或斜升，有时缠绕。单叶对生，全缘，无托叶。花常两性，辐射对称，多呈聚伞花序，稀单生；花萼筒状、钟状或辐状，4~5裂；花冠漏斗状、辐状或管状，常4~5裂，多旋转状排列，有时有距；雄蕊与花冠裂片同数而互生，着生花冠管上；子房上位，2心皮合生成1室，侧膜胎座，胚珠多数。蒴果2瓣裂。种子小且多数，具胚乳。

【微观特征】 根的内皮层细胞常因径向和切向分裂，而由多层细胞组成；茎内多具有双韧维管束；常具有草酸钙针晶、砂晶，如龙胆、秦艽。染色体：X = 10，11，12，13。

【化学特征】 本科的特征性化学成分为裂环烯醚萜苷类和山酮类化合物。如龙胆苦苷（gentiopicroside）、獐牙菜苷（sweroside）、当药苦苷（swertiamarin）它们为龙胆科的苦味成分和活性成分，具抗菌消炎、促进胃液分泌等作用。龙胆山酮（gentisin）、当药山酮（swertianin）有抗结核及利胆作用。有些还含生物碱，如龙胆碱（gentianine）能镇静和抗过敏。此外，还含有三萜类和挥发油。

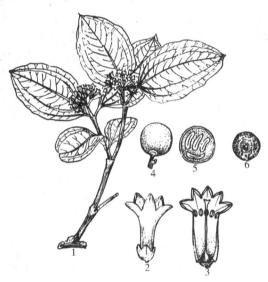

图9-76　马钱
1. 枝条　2. 花　3. 展开的花冠（示雄蕊和雌蕊）
4. 浆果　5. 浆果横切面　6. 种子

【分布】 本科约80属，900余种，广布于世界各地，主产于北半球温带和寒温带。我国22属，427余种，各地有分布，以西南山区种类较多。已知药用15属，109种。

【药用植物】

龙胆 *Gentiana scabra* Bunge　多年生草本。根细长，簇生，黄白色，味苦。茎直立，多带紫褐色。叶对生，全缘，主脉3~5条。花蓝紫色，长钟形。蒴果宽椭圆形。种子有翅。分布于除西北及西藏外的大部分地区。根及根茎入药，性寒、味苦，能清热燥湿，泻肝胆火。

龙胆属（*Gentiana*）植物有400种，我国有247种，药用52种。可作龙胆药材的还有同属植物多种，如：条叶龙胆 *G. manshurica* Kitag.　叶线状披针形至线形，近革质，无柄，叶宽4~14mm。主产于东北、华北、华东等地。三花龙胆 *G. triflora* Pall.　叶条状披针形，叶宽约2cm。主产于东北、华北。

龙胆科植物——红花龙胆

秦艽 *Gentiana macrophylla* Pall.　多年生草本。主根细长、扭曲。叶对生，长圆状披针形，5主脉明显。花冠蓝紫色。蒴果矩圆形。产于东北、西北、华北等地及四川。根入药，性平，味辛、苦，能祛风除湿，退虚热，止痹痛。麻花秦艽 *G. straminea* Maxim.、粗茎秦艽 *G. crassicaulis* Duthie ex Burk. 和小秦艽（达乌里秦艽）*G. dahurica* Fisch. 的根与秦艽同等入药。

龙胆、条叶龙胆、秦艽见图9-77。

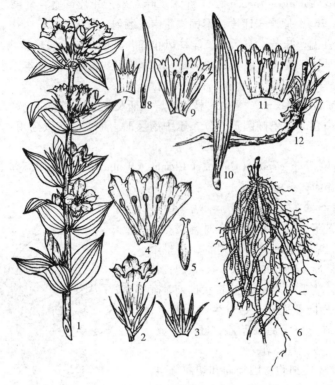

图9-77　龙胆（1~6）　条叶龙胆（7~9）　秦艽（10~12）
1. 花枝　2. 花　3. 展开花萼　4. 展开花冠　5. 雌蕊　6. 根
7. 展开花萼　8. 叶　9. 展开花冠　10. 叶　11. 展开花冠　12. 根

青叶胆 *Swertia mileensis* T. N. Ho et W. L. Shi　全草能利胆除湿，治疗病毒性肝炎有较好疗效。

双蝴蝶 *Tripterospermum chinense*（Migo）H. Smith　全草能清肺止咳，解毒消肿。

知识拓展

植物分类速记口诀——龙胆科

龙胆全科尽草本，

单叶对生蕊冠生，

雌二心皮侧胎座，

房上蒴果二瓣裂。

52. 夹竹桃科　Apocynaceae $\female * K_{(5)} C_{(5)} A_{(5)} \underline{G}_2 , \underline{G}_{(2;1~2;1~\infty)}$

【形态特征】乔木、灌木、藤本或草本，具乳汁或水汁。单叶对生或轮生，稀互生，全缘，常无托叶。花两性，辐射对称，单生或成聚伞花序及圆锥花序；花萼5裂，下部成筒状或钟状，基部内面常有腺体；花冠5裂，高脚碟状、漏斗状、坛状或钟状，裂片旋转状排列，花冠喉部常有鳞片状或毛状附属物，有时具副花冠；雄蕊5枚，着生花冠筒上或花冠喉部，花药长圆形或箭头状；有花盘；

夹竹桃科植物都有毒吗？

子房上位，2心皮离生或合生，1~2室，中轴或侧膜胎座，胚珠一至多数；柱头头状、环状或棍棒状。果实多为2个并生蓇葖果，少为核果、浆果或蒴果。种子一端常具毛或膜翅。

【微观特征】茎常有双韧维管束。染色体：X = 8 ~ 12。

【化学特征】本科植物的特征性活性成分为吲哚类生物碱和强心苷。生物碱类，如利血平（reserpine）、蛇根碱（serpentine）等，具降压作用；长春碱（vinblastine）、长春新碱（leurocristine）等有抗癌作用。强心苷类，如黄夹苷（thevetin）、羊角拗苷（divaricoside）、毒毛花苷（strophanthin）等。此外，还含有 C_{21} 甾苷类、倍半萜类和木脂素。

【分布】本科 250 属，2000 余种，分布于热带、亚热带地区，少数在温带地区。我国 46 属，176 种，主要分布于长江以南各省区。已知药用 35 属，95 种。

【药用植物】

萝芙木 *Rauvolfia verticillata*（Lour.）Baill.　灌木，多分枝，具乳汁。单叶对生或轮生，长椭圆形或披针形。花冠白色。聚伞花序顶生，高脚杯状花冠白色。核果卵圆形或椭圆形，离生，熟时由红变黑色（图 9 – 78）。产于华南、西南及台湾等地区。生于林边、丘陵地带的林中或溪边较潮湿的灌木丛中。全株能镇静，降压，活血止痛，清热解毒，常作提取降压灵和利血平的原料。同属多种植物如蛇根木 *R. serpentine*（L.）Benth. ex Kurz 等也有同样作用。

罗布麻 *Apocynum venetum* L.　半灌木，具乳汁。枝条带红色，光滑无毛。叶对生，叶片椭圆状披针形至卵圆状长圆形。花冠紫红或粉红色。蓇葖果双生，长条形，下垂。产于长江以北地区。生于盐碱荒地和沙漠边缘。全草入药，能清热平肝，安神，强心，利尿，降压，平喘。

长春花 *Catharanthus roseus*（L.）G. Don　多年生草本或半灌木，具水汁。叶对生，倒卵状矩圆形。聚伞花序腋生或顶生，花冠红色，高脚碟状。蓇葖果双生。种子具小瘤状突起（图 9 – 79）。原产于非洲东部，我国西南、中南及华东等地区有栽培。全株能抗癌，抗病毒，利尿，降血糖；为提取长春碱和长春新碱的原料。

图 9 – 78　萝芙木
1. 花　2. 花枝　3. 花冠　4. 雌蕊　5. 雄蕊
6. 果实纵剖（示胚珠着生位置）　7. 果序

图 9 – 79　长春花
1. 植株　2. 花　3. 部分展开花冠（示雄蕊着生状态）
4. 花萼　5. 雄蕊　6. 雌蕊　7. 果实　8. 种子

络石 *Trachelospermum jasminoides*（Lindl.）Lem.　茎叶能祛风通络，活血止痛，用于治疗风湿性关节炎、跌打损伤等。本属植物我国有 10 种。

黄花夹竹桃 *Thevetia peruviana*（Pers.）K. Schum.　全株有毒，有强心、利尿、消肿作用。可提取多种强心苷。

羊角拗 *Strophanthus divaricatus*（Lour.）Hook. et Arn. 种子及叶入药，能强心，消肿，杀虫，止痒。

杜仲藤 *Parabarium micranthum*（A. DC.）Pierre 树皮（药材名：红杜仲）能祛风活络，强筋壮骨。

知识拓展

植物分类速记口诀——夹竹桃科

夹竹桃科多木本，

单叶全缘对或轮，

五瓣卷施药箭形，

果实蓇葖种具毛。

---

53. 萝藦科 Asclepiadaceae $\hat{\male\female} * K_{(5)} C_{(5)} A_{(5)} \underline{G}_{2;1;\infty}$

【形态特征】多年生草本、藤本或灌木，具乳汁。叶对生，少轮生，全缘，叶柄顶端常具丛生的腺体。花两性，辐射对称，5 基数；聚伞花序呈伞状、伞房状或总状排列；花萼筒短，先端 5 裂，内面基部常有腺体；花冠辐状或坛状，稀高脚碟状，顶端 5 裂，裂片旋转状排列，覆瓦状或镊合状排列；常具副花冠，为 5 枚裂片或鳞片组成，着生于合蕊冠或花冠管上；雄蕊 5 枚，与雌蕊合生成合蕊柱；花药黏生成一环而紧贴于柱头基部的膨大处，花丝合生成具蜜腺的筒状，称为合蕊冠，或互相分离；花粉粒常聚合成花粉块，每花药有花粉块 2 个或 4 个（但原始类群的四合花粉粒则成颗粒状），承载于花药内的匙形载粉器上，载粉器下面又各有一载粉器柄，基部又各有一黏盘，黏于柱头上，并与花药相互生；子房上位，2 心皮，离生；花柱 2，顶部合生，柱头膨大，常与花药合生。蓇葖果双生，或因一个不育而单生。种子多数，顶端具白色丝状毛。

本科特征与夹竹桃科相近，主要区别是：本科具花粉块和合蕊柱，叶片基部与叶柄连接处有丛生的腺体，而夹竹桃科的腺体在叶腋内或叶腋间。

【微观特征】本科植物的茎具双韧维管束。染色体：X = 9 ~ 12。

【化学特征】本科含有 C_{21} 甾体苷类、生物碱、强心苷、皂苷、三萜类和黄酮类等多种化学成分。强心苷：如杠柳毒苷（periplocin）、马利筋苷（asclepin）、牛角瓜苷（calotropin）；苦味甾体酯苷：其水解后的苷元为萝藦苷元（metaplexigenin）、肉珊瑚苷元（sarcostin）；皂苷：如杠柳苷（periplocin）；生物碱，如娃儿藤碱（tylocrebrine）；酚类成分：如牡丹酚（paeonol）等。

【分布】本科 180 属，2200 余种，分布于全世界，主产于热带。我国 44 属，245 种，全国分布，以西南、华南种类较多。已知药用 32 属，112 种。

【药用植物】

白薇（直立白薇）*Cynanchum atratum* Bunge 多年生草本，有乳汁，全株被绒毛。根有香气。茎直立，中空。叶对生，叶卵形或卵状长圆形。聚伞花序无梗；花萼 5 裂，内面基部具 5 个小腺体，花冠紫红色，具缘毛；副花冠 5 裂，裂片盾状，圆形；花药顶端具 1 圆形的膜片，花粉块每室 1 个，下垂；柱头扁平。蓇葖果单生，种子一端有长毛（图 9 - 80）。全国多数地区有分布。根及根茎入药，性寒，味苦、咸。能清热凉血，利尿通淋，解毒疗疮。同属植物变色白前（蔓生白薇）*C. versicolor* Bunge 的根和根茎也作白薇用。

柳叶白前 *Cynanchum stauntonii*（Decne.）Schltr. ex Levl. 直立半灌木。根茎细长、匍匐。叶狭长披针形。化冠紫红色，辐状，内面具长柔毛；副花冠裂片盾状；花粉块每室 1 个，长圆形，下垂；柱头微凸。蓇葖果单生。种子顶端有绢毛。分布于长江流域及西南地区。全株清热解毒，根及根茎（药材名：白前）能祛痰止咳，泻肺降气。同属：芫花白前 *C. glaucescens*（Decne.）Hand. - Mazz. 茎具二列柔毛，叶长椭圆形。花冠黄白色。根和根茎也作白前入药。

徐长卿 *C. paniculatum paniculatum*（Bunge）Kitag. 多年生草本。根须状，有香气。茎直立，不分

枝。叶对生，披针形至线形。聚伞花序生于顶部叶腋；花冠黄绿色；副花冠 5，黄色，肉质；雄蕊 5，花粉块每室 1 个，下垂；子房椭圆形；柱头五角形，顶端略为突起。蓇葖果单生（图 9-81）。全国大多数省区均有分布。根与根茎入药，能消肿止痛，通经活络，治风湿疼痛，跌打损伤。

图 9-80　白薇

1. 根　2. 叶背局部　3. 花枝　4. 花粉块
5. 剖开的雄蕊　6. 果实　7. 种子

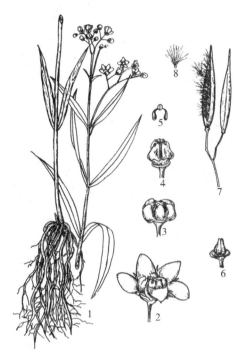

图 9-81　徐长卿

1 植株　2. 花　3. 花（去掉花萼和花冠，示副花冠）
4. 合蕊冠　5. 花粉块　6. 雌蕊　7. 果实　8. 种子

杠柳 *Periploca sepium* Bunge　落叶蔓生灌木，具乳汁。叶卵状长圆形。聚伞花序腋生；花萼 5 深裂，裂片内面基部有 10 个小腺体。花冠紫红色，辐状。副花冠环状，10 裂，其中 5 裂延伸成丝状，被短柔毛；花粉颗粒状，藏于匙形的载粉器内。蓇葖果双生（图 9-82）。分布于长江以北地区及西南各省区。根皮（药材名：北五加皮或香加皮）有香气，能祛风止痛，利水消肿，强心，可治风湿性关节炎。

泰山白首乌（白首乌）*Cynanchum bungei* Decne.　块根（药材名：白首乌）能补肝肾，强筋骨，益精血，健脾消食，解毒疗疮。

耳叶牛皮消（牛皮消）*Cynanchum auriculatum* Royle ex Wight　块根入药，能养阴清热，润肺止咳，可治神经衰弱、胃及十二指肠溃疡、肾炎、水肿等。

萝藦 *Metaplexis japonica*（Thunb.）Makino.　果壳（药材名：天将壳）能止咳化痰，平喘。

娃儿藤（三十六荡）*Tylophora ovata*（Lindl.）Hook. ex Steud.　根及全草能祛风湿，散瘀止痛，止咳定喘，解蛇毒，此外，根和叶中含娃儿藤碱，有抗癌作用。

马利筋 *Asclepias curassavica* L.　全草入药，能清热解毒，活血止血。

图 9-82　杠柳

1. 花枝　2. 花萼裂片　3. 花冠裂片
4. 副花冠和花药　5. 蓇葖果　6. 种子

知识拓展

表 9-16 萝藦科植物分属检索表

1. 四合花粉、承载在匙形载粉器上，载粉器基部有一黏盘；花丝离生 ················· 杠柳属 *Periploca*
1. 花粉粒联合成花粉块，通过花粉块柄系结于着粉腺上，花丝合生成筒状。
   2. 副花冠杯状；花较小，直径在 1cm 以下，柱头不延长 ················· 鹅绒藤属 *Cynanchum*

54. 旋花科 Convolvulaceae $\lightning * K_5 C_{(5)} A_5 \underline{G}_{(2:1\sim4; 1\sim2)}$

【形态特征】多为缠绕性草质藤本，有时含乳状汁液，具双韧维管束。单叶互生，全缘，无托叶；寄生种类无叶或退化成小鳞片。花两性，辐射对称，单生或呈聚伞花序；萼片 5 枚，常宿存；花冠漏斗状、钟状或坛状，全缘或微 5 裂，开花前呈旋转状；雄蕊 5 枚，着生于花冠管上；子房上位，常被花盘包围，2 心皮合生，1~2 室，有时因假隔膜而成 4 室，每室胚珠 1~2 枚。蒴果，稀浆果。

【微观特征】茎具有双韧维管束、乳汁管。花粉 2~4 沟。染色体：X = 7~15。

【化学特征】本科植物含莨菪烷类生物碱：如丁公藤甲素，为治疗青光眼的有效成分；苷类，如牵牛子苷（pharbitin）具泻下作用。某些植物的种子（如菟丝子、牵牛子）还含有赤霉素（gibberellin）。

【分布】本科 56 属，1800 种，广布于全世界，主产于美洲和亚洲热带、亚热带地区。我国 22 属，128 种；已知药用 16 属，54 种。

【药用植物】

牵牛（裂叶牵牛）*Pharbitis nil*（L.）Choisy 一年生缠绕草本，全体被粗毛。单叶互生，叶片近卵状心形、阔卵形或长卵形，常 3 裂。花多单生，或 2~3 朵着生于花序梗顶；萼片狭披针形；花冠漏斗状，蓝紫色或紫红色（图 9-83）。全国大部分地区有分布或栽培。种子（药材名：牵牛子），黑色的称"黑丑"，淡黄白色的称"白丑"，入药多用黑丑，白丑较少用，能泻水通便，消痰涤饮，杀虫攻积。同属植物：圆叶牵牛 *P. purpurea*（L.）Voigt 叶心形。其种子功用同牵牛。

图 9-83 牵牛
1. 花枝 2. 果序 3. 花萼及雌蕊
4. 展开花冠（示雄蕊） 5. 种子

菟丝子 *Cuscuta chinensis* Lam. 一年生寄生草本。茎缠绕，黄色。叶退化呈鳞片状。花序侧生，少花或多花簇生成小伞形或小团伞花序；花冠白色，壶状。蒴果球形（图 10-84）。分布于华北、东北、西北、华东、华中等地区。常寄生在豆科、蒺藜科、菊科等多种草本植物上。种子入药，能补肝肾，益精，安胎。菟丝子属（*Cuscuta*）在我国有 10 种，约一半在各地作药用。如南方菟丝子 *C. australis* R. Br. 和日本菟丝子（金灯藤）*C. japonica* Choisy 亦可作菟丝子入药。

丁公藤 *Erycibe obtusifolia* Benth. 茎藤入药，有小毒，能祛风除湿，消肿，发汗。所含成分丁公藤甲素可用于治疗青光眼。

马蹄金 *Dichondra micrantha* Urb. 全草入药，能清热利湿，消肿解毒。

甘薯（番薯）*Ipomoea batatas*（L.）Lam.　其块根可治疗赤白带下、宫寒、便秘、胃及十二指肠溃疡出血。

55. 紫草科 Boraginaceae ☿ ＊ $K_{5,(5)}$ $C_{(5)}$ $A_5 \underline{G}_{(2:\ 2\sim4:\ 2\sim1)}$

【形态特征】多为草本，常密被粗硬毛。单叶互生，稀对生，常全缘。花两性，辐射对称，稀两侧对称，多呈单歧聚伞花序；萼片5枚，分离或基部合生；花冠5裂，呈管状、辐状或漏斗状，喉部常有附属物；雄蕊与花冠裂片同数而互生，着生于花冠上；子房上位，2心皮合生，2室，每室2胚珠，有时4深裂而成假4室，每室1胚珠；花柱单一，着生于子房顶部或4深裂子房的中央基部。果为4个小坚果或核果。

【微观特征】硬毛基部细胞瘤状，坚硬，有钟乳体类似物。花粉3（2～12）孔沟。染色体：X＝4～10，10～12。

【化学特征】本科植物多含有萘醌类色素如紫草素（shikonin）等，以及吡咯里西啶类生物碱等。

【分布】本科约100属，2000余种，分布于温带与热带地区，以地中海区域较多，我国51属，210种，各地均产，以西北、西南地区种类较多；已知药用22属，62种。

【药用植物】

新疆紫草（软紫草）*Arnebia euchroma*（Royle）Johnst.　多年生草本，高15～40cm。全株密被白色或淡黄色粗毛。花冠紫色，筒状钟形。小坚果具瘤状突起（图9－85）。分布于新疆、西藏、甘肃。根（药材名：软紫草）味甘、咸，性寒。能清热凉血，解毒透疹。

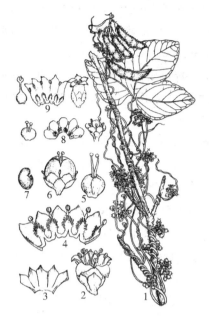

图9－84　菟丝子（1～7）　南方菟丝子（8）　日本菟丝子（9）

1. 植株（寄生在大豆上）　2. 花　3. 展开花萼　4. 展开花冠
5. 雌蕊　6. 蒴果　7. 种子　8. 花及其展开花冠与雌蕊
9. 花及其展开花冠与雌蕊

紫草科分类知识

图9－85　新疆紫草
1. 植株　2. 花　3. 花冠展开　4. 子房　5. 花枝

内蒙紫草（黄花软紫草）*A. guttata* Bge. 多年生草本，高 10 ~ 25cm。全株密被开展的长硬毛和短伏毛。花冠黄色，常有紫色斑点。小坚果具疣状突起。分布于西藏、新疆、甘肃西部、宁夏、内蒙古至河北北部。根也作"软紫草"用。

紫草 *Lithospermum erythrorhizon* Sieb. et Zucc. 多年生草本，高 50 ~ 90cm。全株被白色糙状毛。根紫红色。聚伞花序茎顶集生。花冠白色。小坚果光滑。全国大部分地区有分布。根（药材名：硬紫草）功效同软紫草。

其他药用植物还有：滇紫草 *Onosma panicultatum* Bur. et Franch. 分布于四川、贵州、云南等地，露蕊滇紫草 *O. exsertum* Hemsl.、密花滇紫草 *O. confertum* W. W. Smith. 分布于四川、云南等地，这三种药用植物的根、根皮或根部栓皮，在四川、云南、贵州也作紫草入药。

56. 马鞭草科 Verbenaceae $\male\female\uparrow K_{(4\sim5)}C_{(4\sim5)}A_{4\sim6}\underline{G}_{(2;4;1\sim2)}$

【形态特征】灌木或乔木，有时为藤本，稀草本，常具特殊气味。单叶或复叶，多对生。花两性，常两侧对称，成穗状花序或聚伞花序，或由聚伞花序再集成圆锥状、头状或伞房状花序；花萼 4 ~ 5 裂，宿存，常在果实成熟时增大；花冠 4 ~ 5 裂，常二唇形或不等 4 ~ 5 裂；雄蕊 4，常 2 强，着生于花冠管上；子房上位，2 心皮合生，常因假隔膜而成 4 ~ 10 室，每室胚珠 1 ~ 2，花柱顶生，柱头 2 裂，稀不裂。核果、蒴果或浆果状核果。

【微观特征】气孔为不定式；腺毛与非腺毛各式，毛基部周围或顶端细胞普遍具有钟乳体。花粉 2，3 ~ 5 沟，3 孔沟。染色体：X = 7，8，12，16，17，18。

【化学特征】本科植物所含化学成分多样，主要有二萜类，如海州常山苦素 A、B（clerodendrin A、B）；三萜类：如赪桐酮（clerodone）、马樱丹酸（lantanolic acid）；环烯醚萜苷：如马鞭草苷（verbenalin）、桃叶珊瑚背（aucubin）；生物碱，如臭梧桐碱（trichotomine）、蔓荆子碱（vitricin）；黄酮类成分，如荭草素（orientin）、黄荆素（vitexicarpin）、海常黄苷（clerodendrin）。而牡荆属（*Vitex*）和马樱丹属（*Lantana*）还常含挥发油。其中，环烯醚萜苷类与黄酮类成分具有分类价值。

【分布】本科 80 属，3000 余种，分布于热带、亚热带地区，少数延至温带。我国 21 属，175 种，主产于长江以南各地；已知药用 15 属，100 种。

【药用植物】

马鞭草 *Verbena officinalis* L. 多年生草本。茎四方形。叶对生，卵圆形至倒卵形或长圆状披针形。穗状花序顶生或腋生，如马鞭状。花冠淡紫色至蓝色，二唇形。果长圆形（图 9 - 86）。分布于全国各地。全草入药，能清热解毒，活血散瘀，利尿消肿，截疟。

马鞭草

蔓荆 *Vitex trifolia* L. 果实（药材名：蔓荆子）能疏散风热，清利头目。常用于治疗感冒、头痛、风湿骨痛。其变种单叶蔓荆 *V. trifolia* L. var. *simplicifolia* Cham. 的果实也作蔓荆子药材用（图 9 - 87）。

牡荆 *Vitex negundo* L. var. *cannabifolia*(Sieb. et Zucc.) Hand. – Mazz. 果实（药材名：牡荆子）能祛痰下气，平喘止咳，理气止痛。叶（药材名：牡荆叶）含挥发油 0.1%，入药能祛风解表，止咳平喘，祛痰。牡荆属植物我国有 14 种，多数可供药用。

图 9 - 86　马鞭草

1. 根系　2. 叶枝　3. 花枝　4. 花　5. 花冠展开

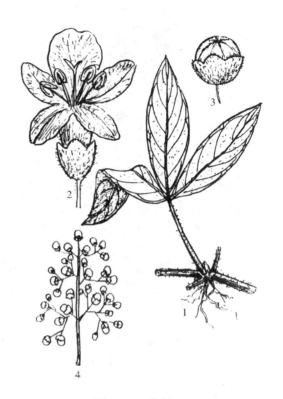

图 9 - 87　蔓荆

1. 植株　2. 花　3. 核果及宿萼　4. 果序

　　海州常山（臭梧桐）*Clerodendrum trichotomum* Thunb.　　根、茎叶能祛风活络，降血压。本属植物我国有 35 种，不少种在各地民间作药用。如臭牡丹 *C. bungei* Steud. 等（图 9 - 88）。

　　华紫珠 *Callicarpa cathayana* H. T. Chang　　茎、叶能止血散瘀，消肿。大青 *Clerodendrum cyrtophyllum* Turcz.　　根、茎叶入药，能清热解毒，消肿止痛，其叶在部分地区作"大青叶"用。

　　兰香草 *Caryopteris incana*（Thunb.）Miq.　　全株入药，能祛风除湿，散瘀止痛。

　　马缨丹 *Lantana camara* L.　　根、叶、花可作药用，能清热解毒，散结止痛，祛风止痒；可治疟疾、肺结核、颈淋巴结核、腮腺炎、胃痛、风湿骨痛等。

　　三花莸 *Caryopteris terniflora* Maxim.　　全草入药，有解表散寒，宣肺之效。治外感头痛、咳嗽、外障目翳、烫伤等症。

57. 唇形科 Labiatae（Lamiaceae）　$\male\female\uparrow K_{(5)} C_{(5)} A_{4,2} \underline{G}_{(2:4:1)}$

　　【形态特征】多为草本，稀灌木，常含挥发油而有香气。茎四棱形。叶对生，单叶，稀复叶。花两性，两侧对称，腋生聚伞花序（轮伞花序），有的再集成穗状、总状、圆锥状或头状的复合花序；花萼合生，通常 5 裂，宿存；花冠 5 裂，多二唇形（上唇 2 裂，下唇 3 裂），少为假单唇形（上唇很短，2 裂、下唇 3 裂）或单唇形（即无上唇，5 个裂片全在下唇）；雄蕊通常 4 枚，2 强，贴生在花冠管上，或上面 2 枚不育，花药 2 室，纵裂，有时药隔伸长成臂；雌蕊子房上位，2 心皮，4 深裂成假 4 室，每室含胚珠 1 枚；花柱着生于子房隙中央的基部。果实由 4 枚小坚果组成（图 9 - 89）。

图 9－88　海州常山

1. 花　2. 花枝

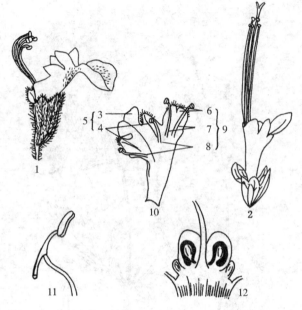

图 9－89　唇形科花的构造

1. 花冠单唇形　2. 花冠假单唇　3. 中裂片　4. 侧裂片
5. 下（前唇）　6. 唇裂片　7. 后对雄蕊　8. 前对雄蕊
9. 上（后唇）　10. 展开花冠　11. 雄蕊（药隔的一边分裂下延）
12. 子房基部与花柱纵切

【微观特征】毛状体各式，有非腺毛、腺毛、腺鳞，偶有间隙腺毛；气孔直轴式；茎角隅处具厚角组织；具油室、油管。染色体：X = 8，9，10，12，16，17，18。

【化学特征】本科植物大多含有挥发油，如薄荷油、荆芥油、广藿香油和紫苏油等，有抗菌、消炎及抗病毒作用。黄酮类成分，如黄芩苷（baicalin）、黄芩素（scutellarein）等，均有抗菌消炎作用。生物碱类，如益母草碱（leonurine）、水苏碱（stachydrine）。本科的特征性活性成分为二萜类，如丹参属植物中所含的丹参酮（tanshinone）、隐丹参酮（cryptotanshinone）、异丹参酮（isotanshinone）等，具抗菌消炎、降血压、促进伤口愈合等作用。香茶菜属植物中的冬凌草素（oridonin）、延命草素（enmein）具抗菌消炎和抗癌作用。

【分布】本科 220，属 3500 余种，广布于全世界。我国 99 属，800 余种，全国各地均有分布；药用 75 属，436 种。

【药用植物】

益母草 L. japonicus Houtt.　一年或二年生草本。基生叶具长柄，近圆形；茎生叶掌状 3 深裂成线形，近无柄。轮伞花序腋生，花冠二唇形，淡红色或紫红色。小坚果长圆状三棱形（图 9－90）。全国各地有分布。地上部分能活血调经，祛瘀生新，利尿消肿等。其制品益母草注射液和益母草膏作子宫收缩药，又可降血压，治胃炎水肿；果实（药材名：茺蔚子）能清肝明目，活血调经。幼苗（药材名：童子益母草）功效同益母草，并有补血作用。我国有益母草属植物 12 种，2 变种，几乎均作药用，其中，分布于华北、东北、西北的细叶益母草 L. sibiricus L. 和分布于新疆北部的突厥益母草 L. turkestanicus V. Krecz et Kupr. 在当地也作益母草药材用。

图 9 – 90 益母草
1. 花枝 2. 基生叶 3. 花 4. 雌蕊 5. 展开花冠 6. 宿存花萼 7. 小坚果

丹参 *S. miltiorrhiza* Bge. 多年生草本。全株被腺毛。根肥壮,外皮朱红色。羽状复叶对生。花冠紫色,二唇形,能育雄蕊 2 枚。小坚果黑色,椭圆形(图 9 – 91)。分布于全国大部分地区。根含丹参酮(tanshinone)及其异构体等,能活血化瘀,调经止痛,养心安神。同属植物我国 84 种,药用 53 种。其中:甘肃丹参(甘西鼠尾草)*S. przewalskii* Maxim.、南丹参 *S. bowleyana* Dunn 等近 10 种在部分地区也作丹参入药。

黄芩(贝加尔黄芩)*S. baicalensis* Georgi 多年生草本,主根粗壮,断面黄绿色。茎多分枝,基部伏地,四棱形。叶披针形,无柄或具短柄。花序在茎及枝上顶生,总状,花偏向一侧,花冠蓝紫色或紫红色(图 9 – 92)。分布于长江以北地区,主产于东北、华北等地。根入药,性寒,味苦,能清热燥湿,解毒,止血和安胎。我国有黄芩属植物 100 余种,药用 48 种,其中:滇黄芩(西南黄芩)*S. amoena* C. H. Wright、粘毛黄芩 *S. viscidula* Bge.、丽江黄芩 *S. likiangensis* Diels、甘肃黄芩 *S. rehderiana* Diels 等在不同地区也作黄芩药材用。

薄荷 *Mentha haplocalyx* Briq. 多年生草本,有强烈香气。茎四棱形。叶对生,叶片长卵形、具腺体。轮伞花序腋生。花冠淡紫色或白色,4 裂。小坚果卵球形,褐色(图 9 – 93)。全国各地均有分布或栽培。全草能疏散风热,清利头目,理气解郁。薄荷属我国有 12 种,全部可作药用,如辣薄荷 *M. piperita* L.、唇萼薄荷 *M. pulegium* L.、留兰香 *M. spicata* L. 等。

图 9 - 91　丹参
1. 植株上部　2. 根　3. 花　4. 花萼
5. 花纵剖面　6. 雄蕊　7. 雌蕊

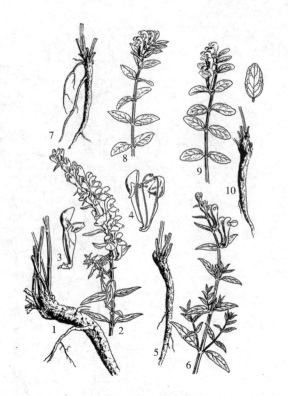

图 9 - 92　黄芩（1～4）　　粘毛黄芩（5～6）
甘肃黄芩（7～8）　丽江黄芩（9～10）
1. 根　2. 植株上部　3. 花　4. 花冠剖开（示雄蕊）　5. 根
6. 植株上部　7. 根　8. 植株上部　9. 植株上部　10. 根

图 9 - 93　薄荷
1. 花枝　2. 根茎和根　3. 花　4. 花萼展开　5. 花剖开（示雄蕊和雌蕊）

夏枯草 *Prunella vulgaris* L.　多年生草本。茎带紫红色。叶长卵形。轮伞花序密集茎顶成穗状花序，花冠唇形，淡紫色或白色（图 9 - 94）。全国大部分地区有分布。全草或花序（药材名：夏枯草）能清肝明目，清热散结，降血压，常被用于治疗高血压、心脏病。本属植物我国产4种，全部入药。

广藿香 *Pogostemon cablin*(Blanco)Benth. 多年生草本或半灌木，全体密被短柔毛。叶片阔卵形，浅裂。原产菲律宾，我国广东、海南、广西有栽培。全草入药，性微温，味辛，能芳香化浊，开胃止呕，发表解暑。

裂叶荆芥 *Schizonepeta tenuifolia*（Benth.）Briq. 一年生草本，全体具柔毛。叶指状3裂。轮伞花序组成顶生穗状花序，间断排列。分布于东北、华北及西南地区。地上部分称"荆芥"，花、果序（药材名：荆芥穗）生用能解表散风，透疹，炒炭能止血。同属植物多裂叶荆芥 *Schizonepeta multifida*（Linn.）Briq. 也作荆芥入药。

紫苏 *Perilla frutescens*(L.)Britt. 叶（药材名：苏叶）、茎（药材名：紫苏梗）、果（药材名：苏子）均药用。苏叶能发表散寒，行气宽中；苏梗能利气宽胸，解郁安胎；苏子能降气定喘，化痰止咳，利膈宽肠。

石香薷（华荠苧、青香薷）*Mosla chinensis* Maxim. 全草入药，治中暑发热、感冒恶寒、胃痛呕吐等。石荠苧属（*Mosla*）植物我国12种，作香薷入药的还有：江香薷 *Mosla chinensis* Maxim. cv. Jiangxiangru 等。

半枝莲 *Scutellaria barbata* D. Don 全草入药，能清热解毒，活血消肿，临床用于治疗癌症。

藿香（土藿香）*Agastache rugosa*（Fisch. et Meyer.）O. Ktze. 茎叶具香气，能发表解暑，健胃止吐，芳香化湿。

连钱草（活血丹）*Glechoma longituba*(Nakai)Kupr. 全草入药，有利尿排石、清热解毒作用。

地瓜儿苗（泽兰、地笋）*Lycopus lucidus* Turcz. 全草入药，能活血通经，利尿。

图9-94 夏枯草
1. 花及苞片 2. 花冠展开 3. 花萼展开
4. 雄蕊 5. 雌蕊 6. 种子

知识拓展

植物分类速记口诀——唇形科

茎四棱形叶对生，轮伞花序唇形冠；
二强雄蕊四坚果，挥发油脂遍全身。

58. 茄科 Solanaceae ♀ * $K_{(5)} C_{(5)} A_{5,4} \underline{G}_{(2:2:\infty)}$

【形态特征】草本或灌木，稀小乔木或藤本。单叶互生，稀复叶，或茎顶部有时呈大小叶对生，无托叶。花两性，辐射对称，单生、簇生或为各式聚伞花序；花萼常5裂（稀4或6）或平截，宿存，常果时增大；花冠5裂，呈辐状、钟状、漏斗状或高脚碟状；雄蕊5枚，着生花冠上，与花冠裂片同数互生；子房上位，2心皮2室，有时因假隔膜而形成不完全4室，中轴胎座，胚珠多数；柱头头状或2浅裂。蒴果或浆果。种子圆盘形或肾形。

【微观特征】茎具双韧维管束，草酸钙砂晶。花粉3~6孔沟。染色体：X = 12，30。

【化学特征】本科成分以生物碱为主，含多种托品类、甾体类和吡啶类生物碱。托品类生物碱，如阿托品（atropine）、东莨菪碱（scopolamine）、颠茄碱（belladonine）为抗胆碱药，能扩瞳、解痉、止痛及抑制腺体分泌，多存在于颠茄属（*Atropa*）、莨菪属（*Scopolia*）、曼陀罗属（*Datura*）等一些植物中；甾体类生物碱，如龙葵碱（solanine）、澳茄碱（solasonine）、蜀羊泉碱（soladulcine）、辣椒胺（solanocapsine）等，多具抗菌消炎和抗霉菌作用，为甾体药物合成的原料，主要存在于茄属（*Solanum*）、酸浆属（*Physalis*）及辣椒属（*Capsicum*）植物中；吡啶类生物碱：如烟碱（nicotine）、葫芦巴碱（trigonelline）、石榴碱（pelletierine）。此外，还含吡咯啶类、吲哚类、嘌呤类生物碱等。

【分布】本科 80 属，3000 余种，广布于温带及热带地区。我国 24 属，115 种，各地均产；已知药用 25 属，84 种。

【药用植物】

洋金花（白花曼陀罗）*Datura metel* L. 一年生草本，半灌木状。叶卵形或广卵形，顶端渐尖，基部不对称圆形、截形或楔形。花单生，花冠白色，漏斗状或喇叭状。雄蕊 5，在重瓣类型中常变态成 15 枚左右；子房疏生短刺毛，呈不完全 4 室。蒴果近球状或扁球形，表面疏生短刺。种子扁平，多数（图 9-95）。分布于长江以南地区，或栽培。全株及种子有毒。花（药材名：洋金花、南洋金花）能平喘镇咳、麻醉止痛。同属多种植物均可作洋金花入药，如：毛曼陀罗 *D. innoxia* Mill. 主产于北方地区，其花称北洋金花。曼陀罗 *D. stramonium* L. 花白色或淡紫色，蒴果直立，有刺或无刺。

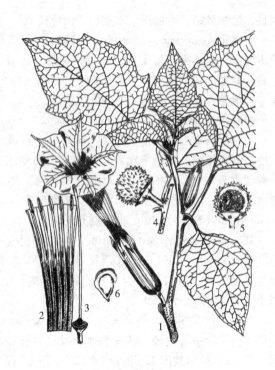

图 9-95 洋金花
1. 花枝 2. 部分花冠（示雄蕊着生情况）
3. 雌蕊 4. 果枝 5. 果实纵剖面 6. 种子

宁夏枸杞 *Lycium barbarum* L. 灌木，具枝刺，果枝常下垂。单叶互生或簇生，披针形或长椭圆状披针形。花单生或数朵簇生于叶腋，花冠粉红色或淡紫色，花冠管长于裂片。雄蕊 5，着生处上部具 1 圈柔毛。浆果椭圆形，长 1～2cm，熟时红色（图 10-96）。产于西北、华北，主产于宁夏。果实（药材名：枸杞子）能补肝益肾，益精明目。根皮（药材名：地骨皮）可凉血，退虚热。同属植物我国 7 种，3 变种，均可药用。其中：枸杞 *L. chinense* Mill. 枝条柔弱。花冠管短于裂片或等于裂片。全国大部分地区均有分布。果实功效同宁夏枸杞，但质稍次。

图 9-96 宁夏枸杞（1～6）枸杞（7～8）
1. 果枝 2. 根 3. 花 4. 雌蕊
5. 雄蕊（示着生于花冠上） 6. 果实 7. 花 8. 果实

颠茄 *Atropa belladonna* L. 全草能松弛平滑肌，抑止腺体分泌，加速心率，扩大瞳孔，又为提取阿托品的原料。

莨菪（天仙子）*Hyoscyamus niger* L. 叶、种子（药材名：天仙子）能解痉镇痛，并作提取莨菪碱的原料。

酸浆（挂金灯）*Physalis alkekengi* L. var. *franchetii*（Mast.）Makino 果实能清热解毒，利咽化痰。

漏斗泡囊草（华山参）*Physochlaina in-*

fundibularis Kuang 根有毒，能安神，补虚，定喘。

龙葵 Solanum nigrum L. 和白英（蜀羊泉）S. lyratum Thunb. 全草有清热解毒作用，中医用于治疗癌症。

山莨菪 Anisodus tanguticus（Maxim.）Pasch. 根入药，有镇痛作用，也作提取莨菪烷类生物碱的原料。

知识拓展

植物分类速记口诀——茄科

叶常为互生，花常为两性。
合瓣花冠筒，雄蕊五枚生。
子房两心皮，位置常偏斜。
花部五基数，浆果或可食。

---

59. 玄参科 Scrophulariaceae $\male \uparrow K_{(4\sim5)} C_{(4\sim5)} A_{4,2} \underline{G}_{(2:2:\infty)}$

【形态特征】草本，灌木或少乔木。叶多对生，少互生或轮生，无托叶。花两性，常两侧对称，呈总状或聚伞花序；花萼 4~5 裂，宿存；花冠合瓣，辐射状、钟状或筒状，上部 4~5 裂，多少呈二唇形；雄蕊多为 4 枚，2 强，少为 2 枚或 5 枚，着生花冠上，花药 2 室，药室分离或顶端相连，有的退化为 1 室；花盘环状或一侧退化；子房上位，2 心皮 2 室，中轴胎座，每室胚珠多数；花柱顶生。蒴果，2~4 裂，稀浆果。种子多而细小。

【微观特征】茎具双韧维管束；花粉 2~7 孔沟，3~4 孔沟，3 孔沟。染色体：X = 6~16，18，20~26，30。

【化学特征】本科植物主要的成分为环烯醚萜苷类，其他有黄酮类，少数含有强心苷及生物碱。环烯醚萜苷类：如桃叶珊瑚苷（aucubin）、玄参苷（harpagoside）、胡黄连苷（picroside）。强心苷：如洋地黄毒苷（digitoxin）、地高辛（digoxin）、毛花洋地黄苷 C（lanatoside C）等，为临床常用强心药。黄酮类：如柳穿鱼苷（pectolinarin）、蒙花苷（linarin）；蒽醌类：如洋地黄蒽醌（digitoquinone）；生物碱：如槐定碱（sophoridine）、骆驼蓬碱（peganine）。

【分布】本科 200 属，3000 余种，广布于全世界。我国 60 属，634 种，全国分布，主产于西南；已知药用 45 属，233 种。

【药用植物】

地黄 Rehmannia glutinosa（Gaertn.）Libosch. ex Fisch et Mey. 多年生草本，全株被长柔毛及腺毛。块根肉质肥大，块状、圆锥形或纺锤形，鲜时黄色。叶多基生成丛，卵形至长椭圆形，先端钝，基部渐窄下延成长叶柄；茎生叶互生，叶面有泡状隆起与皱纹，边缘有钝的锯齿。总状花序顶生；花萼钟状；花冠略呈二唇形，稍向下弯曲，外面紫红色，内面黄色带紫色条纹。雄蕊 4 枚，2 强；子房上位，2 室。蒴果卵形。种子细小，多数（图 9-97）。分布于长江以北大部分省区。药用者多为栽培品，主产于河南等地，故有"怀地黄"之称，块根入药，生地黄能清热凉血，养阴生津；熟地黄有滋阴补肾、补血调经、益精填髓的功效。

玄参（浙玄参）Scrophularia ningpoensis Hemsl. 多年生高大草本。根数条，肥大呈纺锤状，黄褐色，干后变黑。茎方形，有浅槽，常分枝。叶片卵形至披针形，边缘具细锯齿。聚伞花序合成大而疏散的圆锥花序；花萼 5 裂；花冠紫褐色；雄蕊 4，二强，退化雄蕊近于圆形。蒴果卵形（图 9-98）。分布于华东、中南、西南各地。根（药材名：玄参）能滋阴降火，生津，消肿，解毒。玄参属我国 40 种，已知 10 种入药，其中：北玄参 S. buergeriana Miq. 聚伞花序紧缩呈穗状，花冠黄绿色。分布于北方各省区。其根也作玄参药材用。

胡黄连 *Picrorhiza scrophulariiflora* Pennell　多年生矮小草本。根状茎粗壮，长圆锥形。叶基生呈莲座状，匙形或近圆形，基部下延成宽柄状。花密集成穗状聚伞花序；花冠二唇形，暗紫色或浅蓝色；雄蕊4枚，2强。蒴果卵圆形。分布于西藏及云南西北部。根茎味极苦，能退虚热，燥湿，消疳，解毒。

毛地黄 *Digitalis purpurea* L.　叶能兴奋心肌，增强收缩力，增加血液输出量，起到改善血液循环的作用。为提取强心苷的重要原料。同属植物：毛花洋地黄（狭叶洋地黄）*D. lanata* Ehrh.　叶狭长披针形，花淡黄色。功用同紫花洋地黄，但强心苷种类较多，有效成分含量亦较高。

阴行草 *Siphonostegia chinensis* Benth.　全草（药材名：铃茵陈，北刘寄奴）能清热利湿，活血祛瘀。

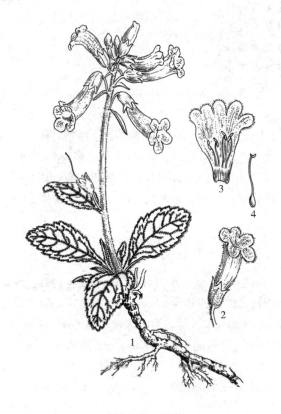

图 9－97　地黄

1. 着花植株　2. 花　3. 花冠展开（示雄蕊）　4. 雌蕊

图 9－98　玄参

1. 植株　2. 花冠展开（示雄蕊）　3. 去花冠（示雌蕊）　4. 果实

知识拓展

植物分类速记口诀——玄参科

草本灌木少乔木，叶常对生少互生。

花两性两侧对称，聚伞花序或总状。

花冠合瓣形种种，雄蕊四枚两枚强。

子房上位两心皮，中轴胎座胚珠多。

常为蒴果稀浆果，种子多多细且小。

60. 紫葳科 Bignoniaceae $\male\female\uparrow K_{(5)} C_{(5)} A_{4,2} \underline{G}_{(2;1\sim2;\infty)}$

【形态特征】乔木、灌木或藤本，稀草本。叶对生，稀互生；单叶或复叶。花序总状或圆锥状，或单生；花大，两性，两侧对称；萼管先端平截或5齿裂；花冠5裂，常2唇形；能育雄蕊常4，退化雄蕊1，或能育雄蕊2，退化雄蕊3；花盘肉质；子房上位，2心皮，2室，稀1室，胚珠多数。蒴果，少浆果状。种子扁平，常具翅或毛。

【微观特征】茎髓部具异型维管束，具内生韧皮部和内生木质部。花粉具3孔沟，2~12沟，无萌发孔。染色体：X = 20。

【化学特征】含有环烯醚萜苷、黄酮、生物碱和萘醌类化合物。生物碱主要是单萜类和大环精胺类；环烯醚萜苷类如梓醇（catalpol）；黄酮类如黄芩素（baicalein）等。

【分布】120属，650余种，分布于热带和亚热带地区。我国22属，49种，大部分种类集中于南方；已知11属，25种药用。

【药用植物】

木蝴蝶 *Oroxylum indicum*(L.)Vent. 乔木，叶痕大而明显。3~4回羽状复叶，对生。总状花序顶生；花冠钟状。蒴果扁平，木质。种子具有白色半透明薄翅（图9-99）。分布于西南和华南地区。种子（药材名：木蝴蝶）能清肺利咽，疏肝和胃，是广东凉茶的主要原料。

紫葳（凌霄）*Campsis grandiflora*(Thunb.) K. Schum. 花（药材名：凌霄花）能活血化瘀，祛风凉血，是凌霄散的原料药材。

梓树 *Catalpa ovata* G. Don 果实（药材名：梓实）能利尿消肿；根皮及茎皮能清热利湿，降逆止呕，杀虫止痒；叶能清热解毒，杀虫止痒。

菜豆树 *Radermachera sinica*(Hance)Hemsl. 根、叶及果实能清热解毒，散瘀止痛。

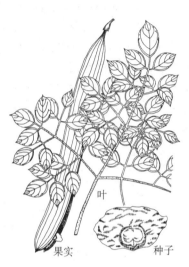

叶

果实

种子

图9-99 木蝴蝶

> **知识拓展**
>
> **植物分类速记口诀——紫葳科**
>
> 乔木灌木稀草本，单叶复叶常对生。
> 花大常为两性花，两侧对称多花序。
> 雄蕊五枚生冠基，裂片互生一不育。
> 子房生于花盘上，一至二室多胚珠。

61. 列当科 Orobanchaceae $\male\female\uparrow K_{(4\sim5)} C_{(5)} A_{2+2} \underline{G}_{(2\sim3;1;\infty)}$

【形态特征】寄生草本，不含或几乎不含叶绿素。叶鳞片状，螺旋状排列，或在茎的基部排列成近覆瓦状。花两性，两侧对称，常集成顶生总状或穗状花序，极少单生；花萼筒状、杯状或钟状，顶端4~5裂；花冠5裂，二唇形（上唇2浅裂，下唇3裂）；雄蕊4，二强，贴生于花冠筒上；子房上位，2（稀3）心皮组成，常1室，有多数倒生胚珠。果实为蒴果，室背开裂。

【微观特征】染色体：X = 12，18，19，20。

【化学特征】本科植物多含苯乙醇苷类、环烯醚萜苷类、木脂素类等成分。

【分布】本科约15属，150余种，主要分布于北温带。我国9属，40种和3变种，主要分布于西部荒漠地区。

【药用植物】

肉苁蓉 *Cistanche deserticola* Ma 多年生寄生草本，高 80 ~ 100cm。茎肉质肥厚，不分枝。鳞叶黄色，肉质，覆瓦状排列，披针形或线状披针形。穗状花序顶生于花茎；花萼钟状，5 浅裂，有缘毛；花冠管状钟形，黄色，顶端 5 裂，裂片蓝紫色；雄蕊 4。蒴果卵形，褐色。种子极多，细小（图 9 - 100）。分布于内蒙、甘肃、新疆、青海。带鳞叶的肉质茎，味甘，咸，性温。能补肾阳，益精血，润肠通便。

肉苁蓉

野菰 *Aeginetia indica* L. 药用根和花，味苦，性凉。能清热解毒，消肿；全草可用于妇科调经。

丁座草 *Boschniakia himalaica* Hook. f. et Thoms. 药用全草，味辛，微苦；性温。能理气止痛，止咳祛痰、消胀健胃。

62. 爵床科 Acanthaceae $\male\female \uparrow K_{(4~5)} C_{(4~5)} A_{4,2} \underline{G}_{(2;2;1~\infty)}$

【形态特征】草本、灌木或藤本。茎节常膨大。单叶对生，无托叶，叶、小枝和花萼常有条形或针形的钟乳体。花两性，两侧对称，每花下常具 1 苞片和 2 小苞片，苞片多具鲜艳色彩；花由聚伞花序再组成各种花序，少总状花序或单生；花萼 5 ~ 4 裂；花冠 5 ~ 4 裂，常为二唇形或为不相等的 5 裂；雄蕊 4 枚，2 强，或仅 2 枚，贴生于花冠筒内或喉部，下部常有花盘；子房上位，2 心皮 2 室，中轴胎座，每室胚珠 2 至多数；花柱单一，柱头 2 裂。蒴果室背开裂；种子通常着生于珠柄演变成的钩状物（种钩）上，成熟后弹出。

【微观特征】茎与叶表皮细胞常含钟乳体；导管端壁简单。花粉 2 至多孔，3 ~ 8 沟或孔沟。染色体：X = 7 ~ 18，20 ~ 21。

【化学特征】本科植物主要活性成分有二萜类内酯化合物，如穿心莲内酯（andrographolide）、去氧穿心莲内酯（de-oxyandrographolide）具抗菌消炎作用。黄酮类，如穿心莲黄酮（andrographin）、榄核莲黄酮（panicolin）。有些种类含有木脂素，如爵床素（justicin）、爵床新素（justicidin）。生物碱，如菘蓝苷（isatan）、靛苷（indican）。

【分布】本科 250，属 2500 余种，广布于热带和亚热带地区。我国 61 属，178 种，多产于长江流域以南各地。已知药用 32 属，71 种。

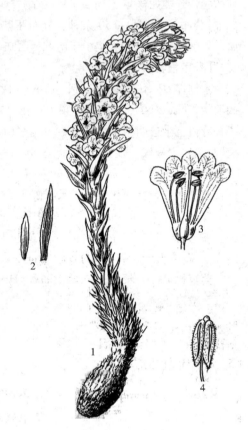

图 9 - 100 肉苁蓉

1. 植株 2. 苞片 3. 花冠展开 4. 雄蕊放大

【药用植物】

穿心莲（一见喜）*Andrographis paniculata*（Burm. f.）Nees 一年生草本。茎直立，四棱形，节膨大。叶对生。花冠白色或淡紫色，二唇形。蒴果长椭圆形，2 瓣裂（图 9 - 101）。原产于东南亚，我国南方有栽培。全草味极苦，能清热解毒，抗菌消炎，消肿止痛。

马蓝（板蓝）*Baphicacanthus cusia*（Nees）Bremek 多年生草本，具根茎。分布于华南、西南地区，当地常将叶作大青叶、根作板蓝根（南板蓝根）药用。叶可加工制成青黛，为中药青黛原料来源之一，能清热解毒，凉血消斑（图 9 - 102）。

爵床 *Rostellularia procumbens*（L.）Nees 全草入药，能清热解毒，消肿利尿，活血止痛，治小儿疳积。

水蓑衣 *Hygrophila salicifolia*（Vahl）Nees 全草入药，有健胃消食、清热消肿之效。

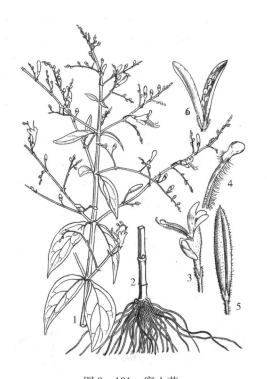

图 9 – 101　穿心莲
1. 花枝　2. 根　3. 花　4. 雄蕊　5. 蒴果　6. 开裂的蒴果

图 9 – 102　马蓝
1. 花枝　2. 花冠及雄蕊　3. 花萼及花柱　4. 雄蕊

白接骨 *Asystasiella neesiana*（Wall.）Lindau　叶和根茎入药，主治外伤出血。

九头狮子草 *Peristrophe japonica*（Thunb.）Bremek　全草入药，能清热解毒，发汗解表，降压。

孩儿草 *Rungia pectinata*（L.）Nees　全草入药，能清肝，明目，消积，止痢。

知识拓展

植物分类速记口诀——爵床科

草本灌木或藤本，茎节膨大叶对生。

花两性两侧对称，聚伞花序少总状。

花冠二唇或五裂，雄蕊 4 枚 2 枚强。

子房上位 2 心皮，中轴胎座胚珠多。

蒴果室背来开裂，种子生于种钩上。

---

63. 茜草科 Rubiaceae　$\oint * K_{(4 \sim 5)} C_{(4 \sim 5)} A_{4 \sim 5} \overline{G}_{(2;2;1 \sim \infty)}$

【形态特征】乔木、灌木或草本，有时攀援状。单叶对生或轮生，常全缘或有锯齿，有托叶，有时托叶呈叶状，稀连合成鞘或退化成托叶痕迹。花常两性，辐射对称，以聚伞花序排成圆锥状或头状，少单生；花萼 4~5 裂，或先端平截，有时个别裂片扩大成花瓣状；花冠 4~6 裂，稀多裂，裂片镊合状、覆瓦状或旋转状排列；雄蕊与花冠裂片同数而互生，贴生于花冠筒上；具各式花盘；子房下位，2 心皮 2 室，每室一至多数胚珠。蒴果、浆果或核果。

【微观特征】常具分泌组织，含砂晶、针晶、簇晶等；花粉 3 至多沟，2~4 孔沟。染色体：X = 6~17，常 11，次为 9 和 12。

【化学特征】本科植物的主要活性成分有生物碱、环烯醚萜苷类和萘醌类。生物碱有多种类型：喹啉类，如奎宁（quinine）、奎尼丁（quinidine），具抗疟活性；吲哚类，如钩藤碱（rhynchophylline）、异钩藤碱（isorhynchophylline），具镇静、降血压作用；嘌呤类，如咖啡碱（caffeine）能强心利尿。萘醌类，如茜草酸（munjistin）、紫黄茜素（purpuroxanthin）等。环烯醚萜苷类，如栀子苷（geniposide）、车叶草苷（asperuloside）能促进胆汁分泌。

【分布】本科约 500 属，6000 余种，广布于热带和亚热带地区，少数分布于温带或北极地区。我国 75 属，477 种，主产于西南及东南部。已知药用 50 属，219 种。

【药用植物】

栀子（山栀子）*Gardenia jasminoides* Ellis 常绿灌木，嫩枝常被短毛，枝圆柱形，灰色。叶对生、革质、全缘，托叶鞘状，膜质。花大，芳香，花冠白色，单生于枝顶；花萼萼筒有翅状直棱，花冠高脚碟状；雄蕊与花冠裂片同数，花丝极短或无毛，花药线形；子房下位，1 室，胚珠多数，侧膜胎座。蒴果熟时橘红色。分布于南方地区，各地有栽培。果实入药，能泻火解毒，清热利湿，凉血散瘀。同属植物我国有 4 种和多个变种（图 9 - 103）。

茜草 *Rubia cordifolia* L. 多年生攀援草本。根入药，能凉血止血，活血祛瘀，镇痛。茜草属我国产 16 种和多个变种，大多可入药（图 9 - 104）。

图 9 - 103 栀子
1. 花枝 2. 果枝 3. 花

图 9 - 104 茜草
1. 根 2. 花序枝 3. 花 4. 浆果

喙叶钩藤（钩藤）*Uncaria rhynchophylla*(Miq.) Miq. ex Havil. 带钩的茎枝（药材名：钩藤）及叶入药，能清热平肝，熄风定惊。同属植物：华钩藤 *U. sinensis*(Oliv.) Havil. 带钩的茎亦作钩藤入药。

巴戟天 *Morinda officinalis* How 根入药，能补肾壮阳，强筋骨。同属植物：海巴戟 *M. citrifolia* L. 果实名萝莉果（Noni），具调节机体免疫的作用，为保健食品常用原料。

红大戟（红芽大戟）*Knoxia valerianoides* Thorel. ex Pitard 块根入药，能逐水通便，消肿散结。同属植物我国有 3 种。

白马骨 *Serissa serissoides*(DC.) Druce 全草入药，能祛风利湿，清热解毒。

咖啡（小粒咖啡）*Coffea arabica* L. 灌木或小乔木。浆果。华南、西南地区有栽培。果实有兴奋、强心、利尿、健胃作用。

金鸡纳树 *Cinchona ledgeriana* Moens 树皮具抗疟、解热镇痛作用，可作提取奎宁的原料。

白花蛇舌草 *Hedyotis diffusa* Willd. 具清热解毒作用，用于治疗毒蛇咬伤及癌症。

鸡矢藤 *Paederia scandens* (Lour.) Meer. 全草能清热解毒，镇痛，止咳。

虎刺 *Damnacanthus indicus* (L.) Gaertn. f. 根肉质，药用可祛风利湿，活血止痛。

知识拓展

植物分类速记口诀——茜草科

乔木灌木或草本，单叶对生或轮生。

花常两性辐射称，四五基数多样式。

雄蕊花冠相互生，子房下位常两室。

蒴果浆果或核果，胚珠一枚至多数。

---

64. 忍冬科 Caprifoliaceae $\male\female * \uparrow K_{(4\sim5)} C_{(4\sim5)} A_{4\sim5} \overline{G}_{(2\sim5;1\sim5;1\sim\infty)}$

【形态特征】灌木或乔木，稀草本和藤本。多单叶，对生，少羽状复叶，通常无托叶。花两性，辐射对称或两侧对称，呈聚伞花序或再组成各种花序，稀数朵簇生或单生；萼4～5裂；花冠管状，多5裂，有时二唇形；雄蕊与花冠裂片同数而互生，贴生花冠上；子房下位，2～5心皮合生成1～5室，常3室，每室常1胚珠。浆果、核果或蒴果。种子1到多数，内含肉质胚乳。

【微观特征】叶具单细胞非腺毛和多细胞非腺毛，腺毛由数十个细胞组成腺头，腺柄1～7个细胞，气孔不定式；草酸钙簇晶、砂晶。染色体：X＝8～12，常8或9。

【化学特征】本科植物主要活性成分以酚类成分和黄酮类为主，如绿原酸（chlorogenic acid）、异绿原酸（isochlorogenic acid）、忍冬苷（lonicerin）、忍冬素（loniceraflavone）等。此二类成分均有抗菌消炎作用。此外，还含三萜类成分（如熊果酸）、皂苷和氰苷等。

【分布】本科15属，450种左右，分布于温带地区。我国12属，约200余种，全国均有分布。已知药用9属，106种。

【药用植物】

忍冬 *Lonicera japonica* Thunb. 多年生半常绿木质藤本。小枝密生柔毛和腺毛。单叶对生，卵形至卵状披针形，全缘，叶柄短。小枝上部叶通常两面均密被短糙毛，下部叶常平滑无毛而下面多少带青灰色。总花梗单生叶腋，与叶柄等长或稍短，花成对，苞片大，叶状，卵形至椭圆形，长达2～3cm，两面均有短柔毛或有时近无毛；花萼5裂，无毛；花冠二唇形，上唇4裂，下唇反卷不裂，白色，3～4天后变为黄色，黄白相间，故称金银花；雄蕊5枚，子房下位。浆果球形，成熟时黑色（图9-105）。全国大部分省区有分布。花蕾或初开的花（药材名：金银花）能清热解毒，凉血止痢，消痈散肿。茎藤（药材名：忍冬藤）有清热解毒、通络作用；茎叶还可治肝炎和高脂血症。

忍冬属植物我国有100余种，已知有44种在各地作药用，其中：灰毡毛忍冬、红腺忍冬（菰腺忍冬）、华南忍冬和黄褐毛忍冬的功效同忍冬，被列为"山银花"。灰

图9-105 忍冬

1. 花枝 2. 花 3. 果实

毡毛忍冬 *L. macranthoides* Hand. – Mazz. 幼枝通常不具开展长糙毛，叶下有由稠密的短糙毛组成的、呈灰白色的毡毛，网脉常隆起呈蜂窝状。红腺忍冬 *L. hypoglauca* Miq. 叶下具短柔毛，并有无柄或具极短柄的蘑菇状腺毛。华南忍冬 *L. confusa*（Sweet）DC. 苞片狭细而非叶状，萼筒密生短柔毛，小枝密生卷曲的短柔毛。黄褐毛忍冬 *L. fulvotomentosa* Hsu et S. C. Cheng 花冠外面密被黄褐色倒伏毛及开展的短腺毛。

陆英（接骨草）*Sambucus chinensis* Lindl. 多年生草本。奇数羽状复叶。全草入药，能祛风活络，消肿止痛，可用于治疗传染性肝炎。

接骨木 *S. williamsii* Hance 落叶灌木或小乔木。作用与陆英相似。茎和叶用于跌打损伤、骨折、风湿痛。

荚蒾 *Viburnum dilatatum* Thunb. 根入药，能祛瘀消肿；枝叶能清热解毒，疏风解表。

案例解析

【案例】某药品生产企业生产的维 C 银翘片，被曝光使用山银花提取物代替金银花用于维 C 银翘片干浸膏的生产。药品说明书中的成分明确标明其为含有金银花、连翘等多味中药的中成药，经检测却含有山银花的成分。

【解析】新版药典规定，金银花来源于忍冬科植物忍冬 *Lonicera japonica* Thunb. 的干燥花蕾或带初开的花。山银花来源于忍冬科植物灰毡毛忍冬 *L. macranthoides* Hand. – Mazz.、红腺忍冬 *L. hypoglauca* Miq.、华南忍冬 *L. confusa* DC. 及黄褐毛忍冬 *L. fulvotomentosa* Hsu et S. C. Cheng 的干燥花蕾或带初开的花。据调查，目前市面上存在金银花药材中掺杂山银花或山银花的非药用部位，或在含金银花的药品、饮品中以山银花代替金银花的现象。两者的原植物形态及药材性状相似，但在显微特征、化学成分及功效等方面存在一定的差异。自 2005 年版药典开始，金银花与山银花已分别列出，且新版药典仍然沿用将两者分列；并且在含量测定中，金银花以木犀草苷作为指标性成分，山银花以绿原酸、灰毡毛忍冬皂苷乙、川续断皂苷乙等作为指标性成分，二者分别以专属性较强的成分的测定为标准，这也有助于两种药材的进一步辨识。

65. 败酱科 Valerianaceae $\male \uparrow K_{5\sim15,0} C_{(3\sim5)} A_{3\sim4} \overline{G}_{(3:3:1)}$

【形态特征】多年生草本，稀为灌木，全体通常具强烈气味。叶对生或基生，多为羽状分裂，无托叶。花小，多为两性，稀杂性或单性，稍两侧对称，呈聚伞花序再排成头状、圆锥状或伞房状；花萼小，不明显；花冠筒状，3～5 裂，基部常有偏突的囊或距；雄蕊 3 枚或 4 枚，有时退化为 1 枚或 2 枚，贴生于花冠筒上；子房上位，3 心皮合生，3 室，仅 1 室发育，胚珠 1。瘦果，有时顶端的宿存花萼呈冠毛状，或与增大的苞片相连而呈翅果状。

【微观特征】有时具有木间木栓组织。花粉 3～4 孔沟。染色体：X＝7，8，9，11；常 9。

【化学特征】本科植物常含有挥发油，油中含多种倍半萜，如甘松醇（nalchinol）、缬草酮（valeranone）等。三萜皂苷，如败酱皂苷（scabioside），能镇静安神。生物碱，如缬草碱（valerianine）、木天蓼碱（actinidine），缬草碱有抗抑郁作用。此外，尚含黄酮类化合物，如槲皮素（quercetin）、山奈酚（kaempferol）等；还含有异戊酸而具有特殊臭气，有镇静作用。

【分布】本科 13 属，400 余种，主产于北温带。我国产 3 属，40 种，各地均有分布。已知药用 3 属，24 种。表 9-17 为败酱科植物分属检索表。

表 9-17 败酱科植物分属检索表

1. 雄蕊 4，极少退化至 1～3；萼齿 5，直立或外展，果时不冠毛状。
　2. 花序通常疏散；花冠黄色或白色；萼齿 5，常不明显；小苞片在果熟时常增大成翅状；根茎有陈腐味 ………… 败酱属 *Patrinia*

2. 花序密集；花冠淡紫红色；萼齿5，明显；小苞片在果时不增大成翅果状；根茎有松香味 ………………… 甘松属 Nardostachys

1. 雄蕊3；花萼多裂，开花时内卷，不明显，果期伸长并外展，成羽毛状冠毛 …………………………… 缬草属 Valeriana

【药用植物】

败酱（黄花龙芽）*Patrinia scabiosaefolia* Fisch.　多年生草本，根茎具特殊的臭酱气。基生叶丛生，长卵形；茎生叶对生，羽状全裂。顶生伞房状聚伞花序，花冠黄色。全国大部分省区有分布。全草（药材名：败酱草）能清热解毒，消痈排脓（图9－106）。同属植物我国有13种，其中：攀倒甑（白花败酱）*P. villosa*（Thunb）Juss.　茎枝被粗白毛，花白色。全草也作败酱草药材使用。另外，斑花败酱 *P. punctiflora* Hsu et H. J. Wang、少蕊败酱（单蕊败酱）*P. monandra* C. B. Clarke、岩败酱 *P. rupestris*（Pall.）Juss. 及糙叶败酱 *P. rupestris* Pall. subsp. *scabra*（Bge.）H. J. Wang.、墓头回（异叶败酱）*P. heterophylla* Bunge、西伯利亚败酱 *P. sibirica*（L.）Juss. 等败酱属植物在地方上也作败酱药材入药。

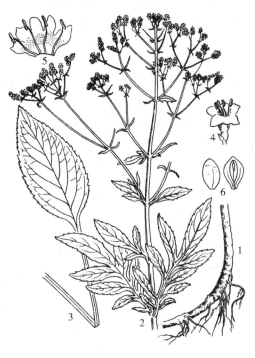

图9－106　败酱
1. 根　2. 植株上部　3. 基生叶　4. 花　5. 花冠展开　6. 瘦果

缬草 *Valeriana officinalis* L.　根及根茎入药，能镇静安神，理气止痛。

匙叶甘松（甘松）*Nardostachys jatamansi* DC.　根及根茎入药，能理气止痛。

知识拓展

植物分类速记口诀——败酱科

常见多年生草本，叶常对生或基生。

花为两性无托叶，花序聚伞圆锥状，

花萼小且不明显，花冠筒状微具距。

雄蕊3枚或4枚，子房下位分3室。

果实常见为瘦果，先端增大形成翅。

66. 川续断科 Dipsacaceae $\male\female * \uparrow K_{(4\sim5)} C_{(4\sim5)} A_{4,2} \overline{G}_{(2:1:1)}$

【形态特征】草本，稀为灌木，被长毛或刺毛。单叶对生，稀羽状复叶。头状花序有总苞或间断的穗状轮伞花序；花小，两性，花4数；萼管与子房合生，边缘具针刺状或羽状刚毛；花冠漏斗状，4～5裂，二唇形；雄蕊4，稀2，冠生；2心皮合生，子房下位，1室，1胚珠。瘦果藏小总苞内，顶端宿存萼裂常呈羽毛状、降落伞状或具钩刺。种子下垂，种皮膜质，具少量肉质胚乳。

【微观特征】含草酸钙簇晶；花粉3孔沟，表面有刺。染色体：X = 7～10。

【化学特征】本科植物主要含有三萜皂苷及其酯苷类、环烯醚萜类、生物碱等，如川续断皂苷Ⅵ（asperosaponin Ⅵ）。环烯醚萜类：林生续断苷Ⅲ（sylvestroside Ⅲ）等。

【分布】本科12属，约300余种，分布于地中海、亚洲及非洲南部。我国5属，约28种，分布于东北、华北、西北、西南和台湾；已知药用5属，18种。

【药用植物】

川续断 Disacus asperoides C. R. Chenp et T. M. Ai 草本，根数条，圆柱形，稍肉质。基生叶和茎中下部叶羽状深裂。头状花序球形，总苞叶状；花小，淡黄色或白色；花冠管基部狭缩成细管。果序球形，外层总苞片长卵形，瘦果包藏于小总苞内（图9-107）。分布于我国中南和西南地区；根（药材名：续断）能行血消肿，生肌止痛，续筋接骨。

大头续断 Dipsacus chinensis Bat. 部分地区习作"续断"入药；果实（药材名：巨胜子）能补肾，活血化瘀，镇痛。

本科药用植物还有：刺续断（刺参）Morina nepalensis D. Don、青海刺参 M. kokonorica Hao 根（药材名：刺参）能补气血，接筋骨。

图9-107 川续断
1. 花 2. 花序枝

知识拓展

植物分类速记口诀——川续断科

草本被毛稀灌木，单叶对生稀复叶。
花小两性4基数，花萼子房常合生，
花冠漏斗二唇形，雄蕊4枚常冠生，
子房下位2心皮，子房1室1胚珠。
瘦果藏于总苞内，种子下垂皮膜质。

---

67. 葫芦科 Cucurbitaceae $\male * K_{(5)} C_{(5)} A_{5,(2)+(2)+1}$；$\female * K_{(5)} C_{(5)} \overline{G}_{(3:1:\infty)}$

【形态特征】草质藤本，具卷须。茎常有纵沟纹。多为单叶互生，常为掌状浅裂及深裂，有时为鸟趾状复叶。花单性，同株或异株，辐射对称，单生、簇生或集成各种花序；花萼及花冠5裂；雄花有雄蕊5枚，分离或各式合生，合生时常为2对合生，1枚分离，药室直或折曲；雌花子房下位，3心皮1室，侧膜胎座，胎座肥大，常在子房中央相遇，胚珠多数；花柱1，柱头膨大，3裂。瓠果，稀蒴果。种子常扁平。

【微观特征】茎内具双韧维管束；花粉具3孔沟、3沟或3孔。染色体：X = 8～14。

【化学特征】本科植物的特征性活性成分为四环三萜葫芦烷型皂苷。如葫芦素（cucurbitacine）：有抗癌活性，并能阻止肝细胞脂肪变性及抑止肝纤维增生；雪胆素甲、乙具抗菌消炎作用；罗汉果苷（mogroside）：其甜度为蔗糖的 300 倍。五环三萜齐墩果烷型皂苷、黄酮及其苷类在本科植物中存在较普遍。绞股蓝属（Gynostemma）植物中含有四环三萜达玛烷型皂苷，如绞股蓝苷（gypenoside）与人参皂苷有人参样的生理活性。此外，某些植物中还含有活性强烈的蛋白质和氨基酸，如天花粉毒蛋白具引产作用，南瓜子氨酸（cucurbitine）有驱虫作用。

【分布】本科 110 属，700 余种，分布于热带、亚热带地区。我国约 30 属，150 种，各地均有分布或栽培，以华南和西南种类最多；已知药用 21 属，90 种。

【药用植物】

栝楼 Trichosanthes kirilowii Maxim.　多年生草质攀援藤本。雌雄异株。雄株块根肥厚，雌株块根瘦长。单叶互生，近心形，掌状 3~9 浅裂至中裂，边缘常再浅裂或有齿。雄花成总状花序，花萼 5 裂，花冠白色，裂片倒卵形，顶端流苏状；雄蕊 3 枚，花丝短，药室"S"形曲折。雌花单生，子房下位，花柱 3 裂。瓠果近球形、黄褐色。种子椭圆形，浅棕色（图 9 - 108）。主产于长江以北及华东地区。成熟果实（药材名：瓜蒌）能清热涤痰，润肠。果皮（药材名：瓜蒌皮）能清热化痰，止咳。根（药材名：天花粉）具生津止渴、降火润燥作用，其蛋白可用于中期引产。种子（药材名：瓜蒌子）能润肺化痰，润肠通便。本属植物我国产 40 种，25 种在各地入药，其中：中华栝楼（双边栝楼）T. rosthornii Herms　叶通常 5 深裂，裂片披针；种子深棕色。功效同栝楼。

罗汉果 Siraitia grosvenorii（Swingle）C. Jeffrey ex A. M. Lu et Z. Y. Zhang　多年生草质攀援藤本。根块状。卷须 2 裂，几达基部。雌雄异株。全株被短柔毛。果实淡黄色，干后呈黑褐色。分布于华南地区。干燥果实入药，味极甜，能清热润肺，利咽开音，润肠通便。

绞股蓝 Gynostemma pentaphyllum（Thunb.）Makino　草质藤本，具鸟趾状复叶。雌雄异株。果实球形、熟时黑色。广布于长江以南地区。全草能消炎解毒，止咳祛痰，并有增强免疫作用。同属植物我国产 7 种，均可药用。已经从绞股蓝中分离鉴定了多种与人参皂苷有类似骨架的达玛烷型绞股蓝皂苷（gypenoside），具多种生理活性（图 9 - 109）。

图 9 - 108　栝楼
1. 着生雄花的植株　2. 着生果实的雄株
3. 雄蕊　4. 种子

图 9 - 109　绞股蓝
1. 果枝　2. 雄花　3. 雄蕊正面观
4. 雌花　5. 柱头　6. 果实　7. 种子

马铜铃 *Hemsleya graciliflora*(Harms)Cogn.　根入药，能清热利湿，消肿止痛。

木鳖 *Momordica cochinchinensis*(Lour.)Spreng.　种子（药材名：木鳖子）能化积利肠；外用可消肿，透毒生肌。同属植物苦瓜 *M. charantia* L. 中所含的多肽具降血糖作用。

丝瓜 *Luffa cylindrica*(L.)Roem.　果实成熟后的维管束网（药材名：丝瓜络）能祛风通络，活血消肿。

冬瓜 *Benincasa hispida*(Thunb.)Cogn.　果皮（药材名：冬瓜皮）能清热利尿，消肿。种子（药材名：冬瓜子）能清热利湿，排脓消肿。

王瓜 *Trichosanthes cucumeroides*(Ser.)Maxim.　果实入药，能清热生津，化瘀，通乳。

知识拓展

植物分类速记口诀——葫芦科

草质藤本具卷须，单叶互生掌状裂。
雌雄异同花单性，花萼五裂花冠合。
雄蕊 5 枚离合生，花药室直或折曲。
子房下位 3 心皮，侧膜胎座胚珠多。
瓠果内含种子多，东南西北瓜水果。

---

68. 桔梗科 Campanulaceae $\male \ast \uparrow K_{(5)} C_{(5)} A_{5,(5)} \overline{G}_{(2\sim5;2\sim5;\infty)} \overline{\overline{G}}_{(2\sim5;2\sim5;\infty)}$

【形态特征】草本，少灌木，或呈攀援状，常具乳汁。单叶互生或对生，稀轮生，无托叶。花两性，辐射对称或两侧对称，单生或成聚伞、总状、圆锥花序；花萼 5 裂，宿存；花冠常钟状、管状、辐状或二唇形，先端 5 裂，裂片镊合状或覆瓦状排列；雄蕊 5，与花冠裂片同数而互生，着生花冠基部或花盘上，花丝分离，花药通常聚合成管状或分离；子房下位或半下位，2～5 心皮合生成 2～5 室，中轴胎座，胚珠多数；花柱圆柱状，柱头 2～5 裂。蒴果，稀浆果。种子扁平，有时有翅。

【微观特征】具乳汁管；含菊糖，不含淀粉。花粉 4～10 沟或 3～6 孔沟。染色体：X = 6～17。

【化学特征】本科植物普遍含有皂苷和多糖，如桔梗皂苷（platycodin）具镇静、镇痛、抗炎作用；党参多糖可增强机体免疫力。而半边莲属（*Lobelia*）植物普遍含生物碱，如山梗菜碱（lobeline）有兴奋呼吸、降压、利尿作用；党参属（*Codonopsis*）含有党参碱（codonopsine）。本科某些种类含有菊糖（inulin），不含淀粉。

【分布】本科 60 属，2000 余种，分布于全世界，主产于温带和亚热带。我国 17 属，约 170 种，全国分布，以西南地区种类最多；已知药用 13 属，111 种。表 9-18 为桔梗科植物分属检索表。

【药用植物】

桔梗 *Platycodon grandiflorum*(Jacq.)A. DC.　多年生草本，具白色乳汁。根肉质、圆柱形。茎直立，有分枝。叶近于无柄，对生、轮生或互生，叶片披针形，边缘有锐锯齿。花单生或数朵集成总状花序，生于枝端；花冠宽钟状，蓝色或蓝紫色，先端 5 裂；雄蕊 5 枚；子房半下位，5 室。蒴果倒卵形。种子多数（图 9-110）。广布于全国各地。根入药，能宣肺、祛痰、利咽、排脓。

桔梗

党参 *Codonopsis pilosula*(Franch.)Nannf.　多年生草质藤本，具乳汁。根肉质、圆柱形。茎缠绕，断面有白色乳汁，长而多分枝，下部有短糙毛，上部光滑；叶对生或互生，有柄，叶片卵形或广卵形，全缘。花单生于叶腋或顶端，花冠广钟形，浅黄绿色，内面有紫色斑点，先端 5 裂，裂片三角形；雄蕊 5 枚；子房半下位，3 室，每室胚珠多数。蒴果圆锥形。种子小，卵形，褐色有光泽（图 9-111）。分布于秦巴山区及华北、东北各地。根入药，能补脾，益气，生津。党参属植物我国有 39 种，多数可药用。其中：素花党参 *C. pilosula* Nannf. var. *modesta*(Nannf.)L. T. Shen、管花党

参 *C. tubulosa* Kom. 等也作党参药材使用。

图 9 – 110　桔梗
1. 根　2. 部分花枝　3. 部分茎生叶

图 9 – 111　党参
1. 根　2. 植株的一部分　3. 蒴果

　　沙参 *Adenophora stricta* Miq.　　多年生草本，具白色乳汁。根肥大，圆锥形。茎直立，不分枝。叶互生，基生叶心形，大而具长柄；茎生叶常 4 叶轮生，无柄，叶片椭圆形或卵形，边缘有锯齿，两面疏被柔毛。圆锥花序；花萼常有毛，萼片披针形；花冠蓝紫色，花柱与花冠等长；雄蕊 5 枚，花盘圆筒状；子房下位，花柱伸出花冠外，柱头 3 裂。蒴果卵圆形。分布于黄河以南大部分省区。根（药材名：南沙参）能养阴清热，润肺化痰，养胃生津。沙参属植物我国有 40 余种，其中：轮叶沙参 *A. tetraphylla* (Thunb.) Fisch. 等大部分种类的根在不同地区也作南沙参药材使用。

　　半边莲 *Lobelia chinensis* Lour.　　多年生湿生小草本，具乳汁。花冠裂片偏向一侧。全草入药，能清热解毒，利尿消肿，可用于治疗蛇咬伤。

　　羊乳（四叶参、土党参）*Codonopsis lanceolata* (Sieb. et Zucc.) Trautv.　　根入药，能养阴润肺，排脓解毒。

　　铜锤玉带草 *Pratia nummularia*（Lam）A. Br. et Aschers.　　全草入药，治风湿，跌打损伤等。

　　蓝花参 *Wahlenbergia marginata*（Thunb.）A. DC.　　根药用，治小儿疳积、痰积和高血压等症。

表 9 – 18　桔梗科植物分属检索表

1. 花冠辐射对称；雄蕊离生。
　　2. 蒴果于顶端整齐裂瓣开裂。
　　　3. 直立草本；叶缘具锯齿；柱头裂片狭长条形 ·· 桔梗属 *Platycodon*
　　　3. 通常为缠绕性草本；叶全缘；柱头裂片宽，卵形或矩圆形 ······························ 党参属 *Codonopsis*
　　2. 蒴果于侧面开裂，花柱基部有圆筒状花盘 ·· 沙参属 *Adenophora*
1. 花冠两侧对称；雄蕊合生 ·· 半边莲属 *Lobelia*

69. 菊科 Compositae （Asteraceae）

管状花亚科 $\male\female * \uparrow K_{0 \sim \infty} C_{(3 \sim 5)} A_{(4 \sim 5)} \overline{G}_{(2;1;1)}$

舌状花亚科 $\male\female \uparrow K_{0 \sim \infty} C_{(3 \sim 5)} A_{(4 \sim 5)} \overline{G}_{(2;1;1)}$

【形态特征】草本，稀木本，有些种类具乳汁或树脂道。叶互生，稀对生，无托叶。多为头状花序，外被1至多层总苞片；花序轴顶端着生多数小花的膨大部分称花序托，小花的基部有时具1小苞片称托片，或成毛状称托毛，或缺，花序托平坦或隆起，有窝孔或无窝孔；花小，两性，稀单性或中性，辐射对称或两侧对称；花同型（全为管状花或全为舌状花），或异型（外围为雌性或无性的舌状、假舌状或漏斗状花，称缘花；中央为两性或无性的管状花，称盘花），稀多型；花萼常变态成冠毛、刺状或鳞片状，或缺，宿存；花冠呈管状、舌状或假舌状（先端3齿，单性），少二唇形或漏斗状，3~5裂；雄蕊5枚，稀4枚，聚药雄蕊（花药合生成筒状环绕花柱，花丝分离），生于花冠管上；子房下位，2心皮1室，胚珠1枚而基生；花柱1，柱头2裂。瘦果，顶端常有刺状、羽状冠毛或鳞片（图9-112）。

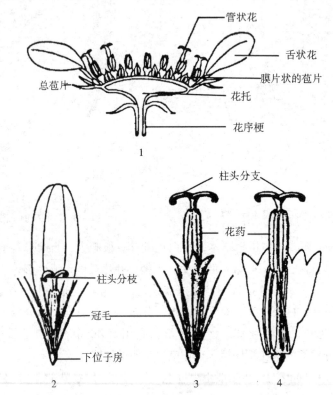

图9-112　菊科花的构造

1. 头状花序　2. 舌状花　3. 管状花　4. 管状花剖开

【微观特征】普遍含菊糖，不含淀粉；舌状花亚科具乳管；管状花亚科可见油室、油管等分泌结构。花粉多型，3孔沟，3沟，3拟孔沟。染色体：$X = 2 \sim 19$ 或更多。

【化学特征】本科植物中常见的活性成分有倍半萜内酯、菊糖、黄酮类、香豆素、挥发油、生物碱、三萜皂苷、倍半萜、多糖和有机酸等，最具特征性的活性成分为倍半萜内酯和菊糖。

【分布】本科约1000属，30000种，占被子植物的1/10，是被子植物第一大科，广布于全球，主产于温带。我国有227属，2300余种，各地均产；已知药用155属，778种。表9-19为菊科植物亚科和部分重要药用属检索表。

表9-19　菊科植物亚科和部分重要药用属检索表

1. 头状花序全部为同型管状花，或异型，中央非舌状花；植株无乳汁 ························· 管状花亚科 Carduoideae

　2. 头状花序全为管状花。

3. 叶对生 ·· 泽兰属 *Eupatorium*

3. 叶互生或基生。

  4. 花序单性 ··· 苍耳属 *Xanthium*

  4. 花序两性。

    5. 总苞片 1~2 层，等长 ·· 千里光属 *Senecio*

    5. 总苞片多层，外层短，向内渐长。

      6. 总苞有刺。

        7. 叶缘无刺，总苞有钩刺 ·· 牛蒡属 *Arctium*

        7. 叶缘有刺，总苞有刺，但无倒钩刺。

          8. 冠毛羽毛状。

            9. 瘦果被丝状密毛；头状花序基部有叶状苞叶包围 ··························· 苍术属 *Atractylodes*

            9. 瘦果无毛；头状花序基部无叶状苞叶 ··· 蓟属 *Cirsium*

          8. 冠毛鳞片状或缺；花橘红色 ·· 红花属 *Carthamus*

      6. 总苞没有刺。

        10. 根具香气 ··· 木香属 *Aucklandia*

        10. 根不具香气。

          11. 头状花序小；总苞片边缘干膜质 ··· 蒿属 *Artemisia*

          11. 头状花序大；总苞片不为干膜质，草质 ····························· 漏芦属 *Stemmacantha*

2. 头状花序有管状花并兼有舌状花。

12. 冠毛存在。

  13. 花全为黄色。

    14. 总苞片 1 层，等长 ··· 千里光属 *Senecio*

    14. 总苞片多层，外层较内层为短。

      15. 头状花序排列成穗状、总状或圆锥状；花药无尾；柱头有三角形附器··········· 一枝黄花属 *Solidago*

      15. 头状花序聚伞形；花药有尾；柱头条形 ·· 旋覆花属 *Inula*

  13. 舌状花不为黄色，为白色、紫色、蓝色或浅红色 ·· 紫菀属 *Aster*

12. 冠毛不存在，或鳞片状、芒状或冠状。

  16. 叶对生。

    17. 外轮总苞片有腺毛；内轮总苞片包围果实 ··· 豨莶属 *Siegesbeckia*

    17. 外轮总苞片无腺毛；内轮总苞片不包围果实 ··· 鳢肠 *Eclipta*

  16. 叶互生 ··· 菊属 *Dendranthema*

1. 头状花序全为舌状花；植物体通常有乳汁 ································· 舌状花亚科 Cichorioideae, liguliflorae

18. 瘦果有长喙，有瘤状或刺状突起；叶基生；头状花序单生于花葶上 ··························· 蒲公英属 *Taraxacum*

18. 瘦果平滑，有茎生叶；头状花序不单生于花葶上 ·· 苦苣菜属 *Sonchus*

【药用植物】

菊花 *Dendranthema morifolium*(Ramat.)Tzvel. 多年生草本，全株被白色绒毛。叶卵形至宽卵形，羽状浅裂或深裂，叶缘有大小不等的圆齿或锯齿。外层总苞片绿色，条形，边缘膜质；缘花舌状、雌性、形色多样；盘花管状、两性、黄色。瘦果无冠毛（图 9 – 113）。全国各地广泛栽培。头状花序（药材名：菊花）为辛凉解表药，味甘、苦，性微寒。能散风清热，平肝明目，清热解毒。

野菊 *Dendranthema indicus*(L.)Des Moul. 药用花序（药材名：野菊花），味苦、辛，性微寒。能清热解毒，泻火平肝。

白术 *Atractylodes macrocephala* Koidz. 多年生草本。根状茎肥大，块状。叶具长柄，3 深裂，裂片椭圆形至披针形，叶缘有锯齿。苞片叶状，羽状分裂，裂片刺状；全为管状花，紫红色；冠毛羽状。瘦果密被柔毛（图 9 – 114）。分布于陕西、湖北、湖南、江西、浙江等省，多为栽培。根状茎（药材名：白术）为补气药，味苦、甘，性温。能健脾益气，燥湿利水，止汗，安胎。

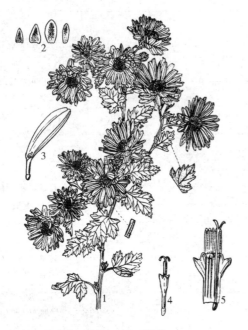

图 9 - 113 菊花

1. 花枝　2. 总苞片　3. 舌状花　4. 管状花　5. 管状花展开

图 9 - 114 白术

1. 花枝　2. 管状花　3. 花冠剖开（示雄蕊）
4. 雌蕊　5. 瘦果　6. 根状茎

（茅）苍术 *Atractylodes lancea*(Thunb.)DC. 多年生草本。根状茎圆柱形，结节状，横切面有红棕色油点，有香气。单叶互生，革质，叶缘有刺状齿；下部叶常 3 裂，中裂片较大，卵形；上部叶无柄，通常不裂，倒卵形至椭圆形。最外 1 轮总苞片为羽状深裂，裂片刺状；冠毛羽状；花冠管状，白色或略紫色（图 9 - 115）。分布于华北及四川、湖北等地区。根状茎（药材名：苍术）为芳香化湿药，味辛、苦，性温。能燥湿健脾，祛风散寒，明目。同属植物北苍术 *A. chinensis*(DC.)Koidz. 或关苍术 *A. japonica* Koidz. ex Kitam. 的根状茎也作苍术药用。

三药三方

红花 *Carthamus tinctorius* L. 一年生草本。叶互生，长椭圆形或卵状披针形，近无柄而稍抱茎，叶缘齿端有尖刺。总苞片数层，外侧 2~3 层叶状总苞片，卵状披针形，绿色，上部边缘有锐刺；内侧数层苞片卵状椭圆形，白色、膜质，无刺；全为管状花，初开时黄色，后转橘红色。瘦果无冠毛（图 9 - 116）。全国各地有栽培。花（药材名：红花）为活血化瘀药，味辛，性温。能活血通经，散瘀止痛。

图 9 - 115 苍术

1. 植株全形　2. 花枝　3. 头状花序（示总苞及羽裂的叶状苞片）　4. 管状花

图 9 - 116 红花

1. 根　2. 花枝　3. 花　4. 雄蕊和雌蕊　5. 果实

云木香 *Aucklandia lappa* Decne.　药用根（药材名：木香），味辛、苦，性温。能行气止痛，健脾消食。

黄花蒿 *Artemisia annua* L.　一年生草本，全株有强烈气味。基生叶有长柄，叶片卵圆形，多三至四回羽状深裂，花期枯萎；中部叶近卵形，二至三回羽状深裂；上部叶小，常一回羽裂，裂片及小裂片倒卵形。头状花序，多数，细小，长与宽约 1.5mm，排成圆锥状；小花黄色，全为管状花（图 9-117）。全国各地均有。地上部分（药材名：青蒿）为清退虚热药，味苦、辛，性寒。能清虚热，除骨蒸，解暑热，截疟，退黄。黄花蒿为提取青蒿素的原料药。

艾 *Artemisia argyi* Lévl. et Vant.　药用叶（药材名：艾叶），味辛、苦，性温。能温经止血，散寒止痛；外用去湿止痒。

漏芦 *Rhaponticum uniflorum*(L.)DC.　药用根，味苦，性寒。能清热解毒，消痈，下乳，舒筋通脉。

苍耳 *Xanthium sibiricum* Patr.　药用带总苞果实（药材名：苍耳子），味辛、苦，性温；有毒。能散风寒，通鼻窍，祛风湿。

牛蒡 *Arctium lappa* L.　二年生草本。根肉质。基生叶丛生，宽卵形，叶缘有稀疏的浅波状凹齿或齿尖，叶柄及叶片下面有稠密的蛛丝状绒毛；茎生叶与基生叶同形但较小。总苞片多层，顶端钩状弯曲；全为管状花，淡紫色。瘦果倒长卵形或偏斜倒长卵形（图 9-118）。全国各地均有分布；广泛栽培。果实（药材名：牛蒡子）为辛凉解表药，味辛、苦，性寒。能疏散风热，宣肺透疹，解毒利咽。

图 9-117　黄花蒿

1. 花期植株上部　2. 叶　3. 头状花序　4. 雌花　5. 两性花
6. 两性花展开（示雄蕊）　7. 两性花的雌蕊

图 9-118　牛蒡

1. 花、果枝　2. 苞片　3. 花　4. 瘦果

豨莶 *Siegesbeckia orientalis* L.　药用地上部分（药材名：豨莶草），味辛、苦，性寒。能祛风湿，利关节，解毒。同属植物腺梗豨莶 *Siegesbeckia pubescens* Makino 和毛梗豨莶草 *Siegesbeckia glabrescens* Makino 功用同豨莶。

茵陈蒿 *Artemisia capillaris* Thunb.　多年生草本。茎圆柱形，多分枝，有纵棱，绿色或老时紫色。下部叶二至三回羽状深裂，裂片条形或细条形，两面密被白色柔毛；茎生叶一至二回羽状全裂，基部抱茎，裂片细丝状。总苞片 3~4 层，卵形，边缘膜质。瘦果长圆形，有纵条纹（图 9-119）。全国各地均有分布。地上部分（药材名：茵陈）为利水渗湿药，味苦、辛，性微寒。能清利湿热，利胆退黄。同属植物

滨蒿 *A. scoparia* Waldst. et Kit. 的干燥地上部分也作"茵陈"入药。

紫菀 *Aster tataricus* L. f.　药用根，味辛、苦，性温。能润肺下气，消痰止咳。

旋覆花 *Inula japonica* Thunb.　药用头状花序，味苦、辛、咸，性微温。能降气，消痰，行水，止呕。

鳢肠 *Eclipta prostrata* L.　药用地上部分，味甘、酸，性寒。能滋补肝肾，凉血止血。

大蓟 *Cirsium japonicum* Fisch. ex DC.　药用地上部分（药材名：墨旱莲），味甘、苦，性凉。能凉血止血，散瘀解毒，消痈。

刺儿菜 *Cirsium setosum*（Willd.）MB.　药用地上部分（药材名：小蓟），味甘、苦，性凉。能凉血止血，散瘀解毒，消痈。

佩兰 *Eupatorium fortunei* Turcz.　药用地上部分，味辛，性平。能芳香化湿，醒脾开胃，发表解暑。

一枝黄花 *Solidago decurrens* Lour.　药用全草，味辛、苦，性凉。能清热解毒，疏散风热。

千里光 *Senecio scandens* Buch. – Ham. ex D. Don　药用地上部分，味苦，性寒。能清热解毒，明目，利湿。

蒲公英 *Taraxacum mongolicum* Hand. – Mazz.　多年生草本植物，全体具白色乳汁。叶基生，排成莲座状，狭倒披针形，大头羽裂或倒向羽裂，裂片三角形，全缘或有数齿，先端稍钝或尖，基部渐狭成柄。花茎上部和草质的总苞片上有白色珠丝状毛；舌状花鲜黄色。瘦果，先端有喙，顶生白色冠毛（图 9 – 120）。全国广布。全草（药材名：蒲公英）为清热解毒药，味苦、甘，性寒。能清热解毒，消肿散结，利尿通淋。

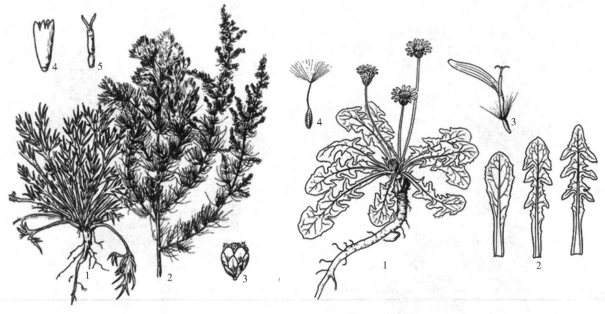

图 9 – 119　茵陈蒿
1. 幼苗　2. 花枝　3. 头状花序　4. 两性花　5. 雌花

图 9 – 120　蒲公英
1. 植株　2. 叶　3. 舌状花　4. 果实

知识拓展

植物分类速记口诀——菊科

此乃被子第一科，分布极广用极多。

头状花序有总苞，舌花管花萼变毛。

五枚雄蕊常合生，紧抱一起称聚药。

下位子房珠室1，瘦果有毛随风跑。

二、单子叶植物纲 Monocotyledonae

70. 香蒲科 Typhaceae　　♂ $* P_0 A_{1 \sim 7,(1 \sim 7)}$；♀ $* P_0 \underline{G}_{1:1:1}$

PPT

【形态特征】多年生沼生、水生或湿生草本。根状茎横走，须根多。地上茎直立，粗壮或细弱。叶二列，线形，互生；鞘状叶很短，基生，先端尖。花单性，雌雄同株，花序穗状；雄花无被，通常由 1~3 枚雄蕊组成，花序生于上部至顶端，花期时比雌花序粗壮，花序轴具柔毛，或无毛；雌性花序位于下部，与雄花序紧密相接，或相互远离；子房上位，1 室，胚珠 1 枚，倒生；花柱狭长，小坚果。

【微观特征】花粉粒类球形，表面有似网状雕纹，单萌发孔不明显。染色体：X = 15。

【化学特征】本科植物的花粉含黄酮类、甾体类、有机酸类、糖类等化学成分。黄酮类，如异鼠李素（isorhamnetin）的糖苷等。糖类，如曲二糖（kojibiose）、松二糖（turanose）、麦白糖（leucrose）等。此外，本科植物还含有多种氨基酸和脂肪油等。

香蒲科

【分布】本科共 1 属，18 种，主要分布于热带和温带地区。我国约有 11 种，主要分布于北部和东北部，几乎全部种可作药用。

【药用植物】

狭叶香蒲（水烛）*Typha angustifolia* L.　多年生沼生草本。根状茎乳黄色、灰黄色，先端白色。叶线形，叶鞘抱茎。雌雄花序不连接，雄花序轴具褐色扁柔毛；雌花序长 15~30cm，基部具 1 枚叶状苞片。雌花具小苞片（图 9-121）。全国各地均有分布。花粉（药材名：蒲黄）能活血，化瘀，通淋。

东方香蒲 *T. orientalis* Presl.　多年生沼生草本。根状茎乳白色。地上茎粗壮。叶鞘抱茎。雌雄花序紧密连接；雄花序长 2.7~9.2cm；雌花序长 4.5~15.2cm；基部具 1 枚叶状苞片；雄花通常由 3 枚雄蕊组成，有时 2 枚，或 4 枚雄蕊合生；雌花无小苞片。

同科植物：宽叶香蒲 *T. latifolia* L.　叶较宽，雌雄花序彼此相连，雄花序长 3.5~15cm。长苞香蒲 *T. angustata* Boryet Chaub.

叶片长 4~15cm，宽 0.3~0.8cm，雄花序长 7~30cm，雌花具小苞片。上述植物花粉在不同地区也作"蒲黄"入药。

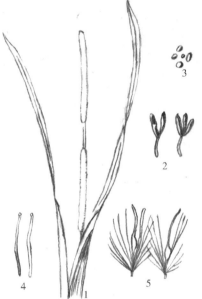

图 9-121　狭叶香蒲
1. 植株上部　2. 雄蕊　3. 花粉粒
4. 雌花苞片　5. 成熟雄花

71. 泽泻科 Alismataceae　　☿ $* P_{3+3} A_{6 \sim \infty} \underline{G}_{6 \sim \infty;1:1}$；♂ $* P_{3+3} A_{6 \sim \infty}$；♀ $* P_{3+3} \underline{G}_{6 \sim \infty;1:1}$

【形态特征】多年生沼生或水生草本，具乳汁或无。具根状茎、葡匐茎、球茎。单叶，常基生，基部具鞘。花序总状、圆锥状或呈圆锥状聚伞花序，稀 1~3 花单生或散生。花两性、单性或杂性，辐射对称；花被片 6 枚，排成 2 轮，覆瓦状，外轮花被片宿存，内轮 3 片花瓣状，脱落；雄蕊 6 枚或多数，花丝分离；心皮多数，轮生，或螺旋状排列，分离，花柱宿存，胚珠通常 1 枚。聚合瘦果两侧压扁，含 1 种子，种子无胚乳。

【微观特征】块茎维管束多为周木型；常具分泌腔。染色体：X = 7，11。

【化学特征】本科植物含糖类、三萜类、挥发油、生物碱等成分。泽泻块茎中含有的泽泻萜醇（alisol）A、B、C 及表泽泻醇（epialisol），能降低血液中的胆固醇含量。

【分布】本科共 13 属，近 100 种，分布于全球各地，主产于北半球温带至热带地区，大洋洲、非洲亦有分布。我国约有 5 属，近 20 种，全国各地均有分布。已知药用 2 属，12 种。

【药用植物】

东方泽泻 *Alisma orientale*（Sam.）Juzep.　多年生水生或沼生草本，具块茎。挺水叶宽披针形、椭圆形，先端渐尖，基部近圆形或浅心形。花两性，外轮花被片卵形，内轮花被片近圆形；雄蕊6，心皮多数，排列不整齐。瘦果椭圆形（图9-122）。广布于全国，福建、四川等地均有栽培。其块茎供药用，能利水渗湿，泄热，化浊降脂。本品为六味地黄丸及桂附地黄丸等的原料药材。泽泻 *A. plantago - aquatica* Linn. 的块茎在有些地区也作为"泽泻"药用。

慈姑

慈姑（华夏慈姑）*Sagittaria trifolia* L. var. *sinensis*（Sims.）Makino　多年生水生草本，匍匐茎末端膨大呈球茎，球茎卵圆形或球形，雄花多轮，生于上部，组成大型圆锥花序，果期常斜卧水中，果期花托扁球形（图9-123）。我国长江以南地区广为栽培。球茎供药用，具有清热止血、行血通淋、消肿散结的功效。

图9-122　东方泽泻

1. 植株　2. 花序　3. 花　4. 聚合瘦果　5. 瘦果

图9-123　慈姑

1. 植株　2. 种子

72. 禾本科 Gramineae　$♀ * P_{2\sim3} A_{3,1\sim6} \underline{G}_{(2\sim3;1;1)}$

微课

【形态特征】多为草本或木本（竹类和某些高大禾草呈木本状）。地下常具根状茎或须状根。茎直立，但亦有匍匐蔓延乃至如藤状，通常在其基部容易生出蘖条，具有明显的节与节间两部分。茎在本科中常特称为"秆"；在竹类中称为"竿"，节间中空，常为圆筒形，或稍扁。叶为单叶互生，一般可分三个部分：①叶鞘抱秆，通常一侧开裂，顶端两侧各有一个附属物，称为叶耳，鞘的基部稍可膨大。②叶片常为窄长的带形，亦有长圆形、卵圆形、卵形或披针形等形状，其基部直接着生在叶鞘顶端，有1条明显的中脉和若干条与之平行的纵长次脉，小横脉有时亦存在。③叶舌位于叶鞘顶端和叶片相连接处的近轴面。花小，两性，常无柄，集成小穗再排成穗状、总状或圆锥状；小穗轴为一极短缩的花序轴，有花1至数朵，基部生有2枚颖片（总苞片），下方的称为外颖，上方的称为内颖。小花外包有外稃和内稃（小苞片），外稃通常呈绿色，厚硬，主脉可伸出乃至成芒；内稃常较短小，质地较薄，有时具有短芒；内外稃之间，子房基部，有2或3枚透明的肉质浆片，也称为"鳞被"，此为轮生的退化内轮花被片。雄蕊常为3枚，少数为1、2或6枚，花丝细长，花药丁字着生；雌蕊子房上位，2~3心皮合生，1室，1胚珠；花柱常为2，柱头常羽毛状。多为颖果。种子含丰富的淀粉质胚乳（图9-124）。

【微观特征】表皮细胞平行排列，细胞中含有硅质体；气孔哑铃形；上表皮常有泡状细胞，具维管束鞘，叶片等面形。染色体：X = 6，7，10，12。

【化学特征】本科植物含有多种化学成分。有杂氮恶嗪酮（benzoxazolinon）类，如薏苡素（coixol）具有解热镇痛，降压的作用。生物碱类，如芦竹碱（gramine）能升压、收缩子宫；大麦芽碱（horde-nine）具有抗菌作用。三萜类，如芦竹萜（arundoin）、白茅萜（cylindrin）、无羁萜（friedelin）等，均具有抗炎镇痛作用。氰苷，如蜀黍苷（dhurrin）。黄酮类，如大麦黄苷（lutonarin）、小麦黄素（tricin）。有些植物还含有挥发油类成分、淀粉、氨基酸、维生素和各种酶类，如香茅属（Cymbopogon）和香根草属（Vetiveria）植物含有挥发油。

【分布】禾本科是被子植物中的大科之一，分7个亚科，约有700属，近10000种，是单子叶植物中仅次于兰科的第二大科，但在分布上则较之更为广泛而且个体远为繁茂，更能适应各种不同类型的生态环境。其在我国各省区均有分布，除引种的外来种类不计外，国产230余属，1500种以上，具有药用价值的为84属，174种。

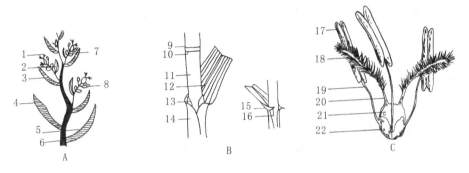

图 9-124　禾本科植物小穗、秆与叶、花的构造图

1. 雌蕊　2. 内稃　3. 外稃　4. 内颖　5. 外颖　6. 小穗柄及小穗轴　7. 浆片　8. 雄蕊　9. 秆节　10. 鞘节　11. 节间　12. 叶片　13. 叶舌　14. 叶鞘　15. 叶颈　16. 叶耳　17. 花药　18. 柱头　19. 花丝　20. 花柱　21. 子房　22. 鳞被

【药用植物】

薏苡（马圆薏苡）*Coix lacryma-jobi* L. var. *ma-yuen*(Roman.)Stapf　一年生草本。叶片宽大，无毛，互生。总状花序腋生，雄花序位于雌花序之上。雌小穗位于花序下部，为甲壳质的总苞所包；总苞椭圆形，有纵长直条纹，质地较薄，易破碎，内含颖果一枚（图9-125）。全国各地均有分布，栽培或野生。种子（药材名：薏苡仁）能利水渗湿，健脾止泻，除痹排脓，解毒散结。

淡竹叶 *Lophatherum gracile* Brongn.　多年生草本，具木质根头，地下具有纺锤状块根，须根中部膨大呈纺锤形小块根。秆直立，叶鞘平滑或外侧边缘具纤毛；叶舌质硬，背有糙毛；叶片披针形，具横脉。圆锥花序，小穗线状披针形；内稃较短；不育外稃顶端具短芒；雄蕊2枚。颖果长椭圆形（图9-126）。茎叶（药材名：淡竹叶）能清热泻火，除烦止渴，利尿通淋。

图 9-125　薏苡

1. 植株　2. 雄花　3. 雌花

图 9-126　淡竹叶

淡竹 Phyllostachys nigra (Lodd.) Munro var. henonis (Mitf.) Stapf ex Rendle 竹亚科乔木。秆绿色至灰绿色，无毛。分枝一侧的节间有明显的沟槽。叶 1～3 片互生于最终小枝上。圆锥花序，小穗有 2～3 花。分布于长江流域以南各省区。其秆的中层刮下以后，称为"竹茹"，能清热化痰，除烦止呕。鲜茎秆经过火烤制后的汁液（药材名：竹沥）能化痰平喘，清热降火，解毒利窍。

同科植物：白茅 Imperata cylindrical Beauv. var. major (Nees) C. E. Hubb. 根状茎（药材名：白茅根）能凉血止血，清热利尿；花能止血。芦苇 Phragmites communis Trin. 根状茎（药材名：芦根）能清热泻火，生津止渴，除烦，止呕，利尿。稻 Oryza sativa L. 其发芽颖果（药材名：谷芽）能消食和中，健脾开胃。大麦 Hordeum vulgare L. 发芽颖果（药材名：麦芽）能行气消食，健脾开胃，回乳消胀。芸香草 Cymbopogon distans (Nees) W. Wats. 全草入药，能止咳平喘，祛风散寒。香茅（柠檬草）Cymbopogon citratus (DC.) Stapf 全草入药，能祛风除湿，消肿止痛。青皮竹 Bambusa textilis Me Clure 秆内被竹黄蜂咬伤后的分泌液干燥后块状物（药材名：天竺黄）能清热祛痰，凉心定惊。

知识拓展

禾本科植物

禾本科植物种类繁多、适应性强，分布遍及全球，极具经济价值、观赏价值和生态价值。禾本科包含很多人和动物赖以生存的粮食作物、饲料，比如水稻、小麦、玉米和多种牧草。同时，其具有重要的生态价值，表现出广泛的生态适应性，从森林到草原、从沼泽到荒漠、从高山到北极都可见其身影。早期的植物分类系统将禾本科分为 6 个亚科，包括竹亚科、早熟禾亚科、假淡竹叶亚科、芦竹亚科、虎尾草亚科和黍亚科等，近年来的分子系统学研究将禾本科划分成 12 个亚科。

---

73. 莎草科 Cyperaceae ♀ * $P_0A_3\underline{G}_{(2\sim3;1;1)}$; ♂ * P_0A_3 ; ♀ * $P_0\underline{G}_{(2\sim3;1;1)}$

【形态特征】多年生草本，较少为一年生，多数具根状茎。大多数具有三棱形的秆。叶基生或茎生，常排成 3 列，一般具闭合的叶鞘和狭长的叶片，或有时仅有鞘而无叶片。花序多种多样，有穗状、总状、圆锥、头状或聚伞状花序；小穗单生，簇生或排列成穗状或头状，其 2 至多数化，或退化仅具 1 花；花两性或单性，雌雄同株，稀雌雄异株；花着生于鳞片（颖片）腋间，鳞片复瓦状螺旋排列或 2 列，无花被或花被退化成下位鳞片或下位刚毛，有时雌花为先出叶所形成的果囊所包裹；雄蕊 3 个，少有 1～2 个；子房 1 室，1 胚珠，花柱单一，柱头 2～3 个。小坚果或瘦果，三棱形，双凸状，平凸状，或球形。

【微观特征】根状茎具内皮层，周木型维管束；含硅质体。染色体：$X = 5\sim60$。

【化学特征】本科植物大多含有挥发油，油中含有多种萜类化合物：如莎草（香附）的干燥块茎含香附醇（cyperol）、香附烯（cyperene）、香附酮（cyperone）、芹子烯（selinerne）、考布松（kobusone）等；此外，还含有齐墩果酸及齐墩果酸苷等多种萜类化合物。另外，本科植物还含有黄酮类、生物碱类、糖类及强心苷类等。

【分布】本科共有 90 属，4000 余种，广泛分布于全球。我国共有 31 属，670 种，全国各地均有分布。

【药用植物】

莎草 Cyperus rotundus L. 多年生草本，根状茎匍匐，块茎具香气。秆平滑，三棱形。叶基部丛生，3 列，叶片短于秆。花序形如小穗，花两性，无被。坚果三棱形（图 9－127）。分布于全国各地。根茎（药材名：香附）能疏肝解郁，理气宽中，调经止痛。莎草属我国有 30 余种，16 种可供药用。

同科植物：荆三棱 Scirpus yagara Ohwi 块茎能破血祛瘀，行气止痛。荸荠 Heleocharis dulcis (Burm. f.) Trin. ex Henschel 球茎能清热生津，开胃解毒（图 9－128）。

图 9 – 127　莎草

1. 植株　2. 穗状花序　3. 鳞片　4. 雌蕊

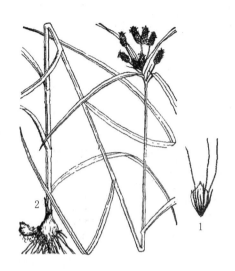

图 9 – 128　荆三棱

1. 小坚果　2. 植株

知识拓展

植物分类速记口诀——莎草科

草本常有根状茎，地上无节三棱形。
叶有 3 列茎实心，或仅叶鞘闭合生。
各种花序或小穗，毛鳞常见花被退。
雄蕊常 3 雌蕊复，子房上位 1 珠室。
坚果三棱凸球形，莎荠香附作药行。

74. 棕榈科 Palmae ♀ * $P_{3+3}A_{3+3}\underline{G}_{(3:1\sim3:1)}$ ；　♂ * $P_{3+3}A_{3+3}$ ；　♀ * $P_{3+3}\underline{G}_{(3:1\sim3:1)}$

【**形态特征**】灌木、藤本或乔木，茎常不分枝。叶大型，互生，常绿；叶片羽状或掌状分裂，革质；叶柄基部通常扩大成具纤维的鞘。花小，单性或两性，雌雄同株或异株，有时杂性，组成分枝或不分枝的佛焰花序（或肉穗花序），花序通常大型多分枝，被 1 个或多个鞘状或管状的佛焰苞所包围；花萼和花瓣各 3 片，离生或合生，覆瓦状或镊合状排列；雄蕊通常 6 枚，2 轮排列，稀多数或更少；子房 1～3 室或 3 个心皮离生或于基部合生，柱头 3 枚，通常无柄；每个心皮内有 1 个胚珠。浆果、核果或坚果。

【**微观特征**】维管束具硬质纤维鞘；含有硅质体；叶肉细胞含有草酸钙针晶，有时为方晶或砂晶。染色体：X = 13～18。

【**化学特征**】本科植物含有黄酮类、生物碱、多酚和缩合鞣质等。生物碱类如槟榔碱（arecoline）、去甲槟榔碱（guvacoline）等。黄酮类如血竭素（dracorhodin）、血竭红素（dracorubin）等。

【**分布**】本科共有 217 属，2500 余种，主要分布于美洲和亚洲的热带、亚热带地区。我国有 22 属，72 种，大多分布于西南至东南部各省区。药用有 16 属，26 种。

【**药用植物**】

棕榈 Trachycarpus fortunei（Hook. f.）H. Wendl.　常绿乔木，叶柄具纤维状叶鞘。叶片近圆形，掌状深裂；叶柄细长。花序粗壮，多次分枝；雄花序具有 2～3 个分枝花序；雄花无梗；雌花序上有 3 个佛焰苞；果实阔肾形，成熟时由黄色变为淡蓝色（图 9 – 129）。分布于长江以南各省区。叶柄及叶鞘纤维

（药材名：棕榈皮；煅后：棕榈炭）、根、果实（药材名：棕榈子）能收敛止血，通淋止泻；髓心（药材名：棕树心）能治疗心悸、头昏。

同科植物：槟榔 *Areca catechu* L. 种子（药材名：槟榔）能杀虫，消积，行气，利水，截疟；果皮（药材名：大腹皮）能行气宽中，行水消肿。麒麟竭（龙血藤）*Daemonorops draco* Bl. 果实内渗出的树脂干（药材名：血竭）能散瘀止痛，活血生肌。椰子 *Cocos nucifera* L. 根能止血止痛；果壳能治癣；胚乳（药材名：椰肉）油能治疗疥癣及冻疮；胚乳内水液（药材名：椰汁）能补虚，生津止渴，利尿（图 9 – 130）。

棕榈科植物资源

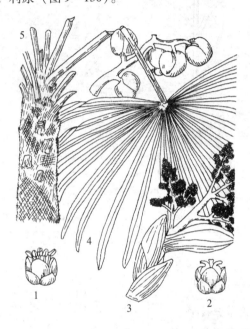

图 9 – 129 棕榈

1. 雄花 2. 雌花 3. 花序 4. 叶 5. 秆顶部

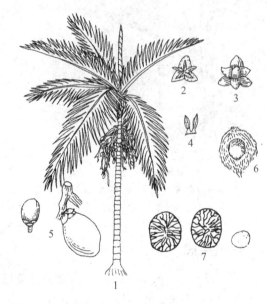

图 9 – 130 槟榔

1. 植株 2. 雄花 3. 雌花 4. 雄蕊
5. 果实 6. 果实剖开 7. 果实横切

75. 天南星科 Araceae $\quad \female \ * \ P_{4\sim6} \ A_{4\sim6} \ \underline{G}_{(1\sim\infty;1\sim\infty;1\sim\infty)}$; $\male \ * \ P_0 \ A_{(1\sim\infty)}$; $\female \ *$ $P_0 \underline{G}_{(1\sim\infty;1\sim\infty)}$

微课

【形态特征】多年生草本植物，稀木质藤本，常具块茎或根状茎，富含苦味水汁或乳汁。叶基生，单数或少数，有时花后出现，叶柄基部常有膜质鞘；叶片全缘或放射状分裂，大都具网状脉，稀具平行脉。肉穗花序，具佛焰苞。花两性或单性。花单性时雌雄同株或异株。雌雄同株者雌花居于花序的下部，雄花居于雌花群之上。两性花，花被有或无。花被如有则为 2 轮，花被片每轮 2 枚或 3 枚，呈整齐或不整齐的覆瓦状排列。雄蕊通常与花被片同数且与之对生、分离；在无花被的花中；雄蕊 2～8 或多数，分离或合生为雄蕊柱；子房上位，1 至多室，基生胎座、顶生胎座、中轴胎座或侧膜胎座，胚珠 1 至多数。浆果或聚合果，种子 1 至多数。

【微观特征】常具黏液细胞及草酸钙针晶。染色体：X ＝ 12，13，14。

【化学特征】本科植物含有聚糖类、生物碱、挥发油、黄酮类、氰苷类、脂肪油等成分。挥发油类：如菖蒲酮（acolamone）；生物碱类：如葫芦巴碱（trigonelline）、秋水仙碱（colchicine）、水苏碱（stachydrine）等；聚糖类：如魔芋属植物块茎中的葡甘露聚糖（glucomannan）和甘露聚糖（calamenene）等。

【分布】本科 115 属，2000 余种。分布于热带和亚热带地区。我国有 35 属，210 余种，其中有 4 属，20 种系引种栽培。多分布于我国的西南、华南各地。已知药用 22 属，106 种。

【药用植物】

天南星 *Arisaema erubescens*（Wall.）Schott 多年生草本，块茎扁球形。叶 1 枚，叶柄具鞘，叶片放射状全裂，裂片披针形。叶柄长，圆柱状。花单性异株，肉穗花序，佛焰苞绿色，喉部不闭合，有横隔膜（图 9 – 131）。全国各地均有分布。块茎（药材名：天南星）具有燥湿化痰、祛风定惊、消肿散结的功效，是追风透骨丸、玉真散、心脑静片等的原料药。本属植物约有 82 种，一半以上可以入药。同属植物异叶天南星 *A. heterophyllum Blume*、东北天南星 *A. amurense Maxim.* 两者的块茎入药，功效同天南星。

半夏 *Pinellia ternate*（Thunb.）Breit 多年生草本，具块茎，扁球形。叶基生，叶柄基部具鞘，鞘内、鞘部以上或叶片基部（叶柄顶头）有珠芽；幼苗叶片卵状心形至戟形，全缘单叶；老株叶片 3 全裂，3 深裂或鸟趾状全裂，裂片绿色，背淡，长圆状椭圆形或披针形，两头锐尖；侧裂片稍短；花单性同株，肉穗花序，佛焰苞绿色或绿白色，管喉部闭合，有横隔膜。浆果（图 9-132）。全国各地均有分布。块茎（药材名：半夏）有毒，一般经过炮制之后，才能入药使用。具有燥湿化痰、降逆止呕、消痞散结的功效，为香砂六君子的原料药。半夏属在我国共有 7 种，均可作药用。

图 9-131 天南星

图 9-132 半夏

同属植物：掌叶半夏（虎掌）*P. pedatisecta* Schott 块茎较大，周围常具有数个小块茎，叶片鸟趾状全裂。主要分布于我国华北、华中及西南部地区。块茎（虎掌南星）亦可作为"天南星"入药。

同科植物：石菖蒲 *Acorus tatarinowii* Schott 多年生草本，全株具有浓烈香气，根状茎入药，能开窍豁痰，醒神益智，化湿开胃（图 9-133）。菖蒲（藏菖蒲）*A. calamus* L. 根状茎（药材名：藏菖蒲、水菖蒲）能开窍化痰，辟秽杀虫。也可消炎止痛，为常用藏药（植物原名：中国植物志中采用"菖蒲"，药典中采用"藏菖蒲"）。独角莲 *Typhonium giganteum* Engl. 块茎（药材名：禹白附）有毒，能祛风痰，定惊镇痉，止痛。因产于河南禹县，故名（图 9-134）。千年健 *Homalomena occulta*（Lour.）Schott 根茎入药，能祛风湿，壮筋骨。

知识拓展

表 9-20 天南星科三个属之间的性状比较

	天南星属 *Arisaema*	半夏属 *Pinellia*	菖蒲属 *Acorus*
地下茎	块茎	块茎	根状茎
叶	叶多分裂或为复叶	叶分裂或为鸟趾状全裂	叶剑状线形
花序	附属体棒状，佛焰苞下部管状，上部开展	附属体细长，佛焰苞内卷成筒状	无附属体，佛焰苞叶状，不包围花序
花	单性雌雄异株，无花被	单性雌雄同株，无花被，雄花位于上部，雌花位于下部	花两性，有花被

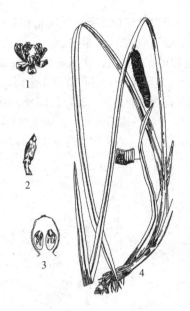

图 9－133　石菖蒲

1. 花　2. 胚珠　3. 子房纵切面　4. 植株

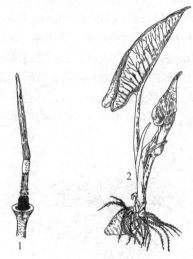

图 9－134　独角莲

1. 已去佛焰苞的肉穗花序　2. 植株全形

76. 灯心草科 Juncaceae $\male \female * P_{3+3} A_{3 \sim 6} \underline{G}_{(3;1 \sim 3;\infty)}$

【**形态特征**】多年生或稀为一年生草本，极少为灌木状。根状茎直立或横走，须根纤维状。茎多丛生，圆柱形或压扁，表面常具纵沟棱，内部具充满或间断的髓心或中空，常不分枝，绿色。叶基生成丛而无茎生叶，或具茎生叶数片，常排成三列，稀为二列；花序圆锥状、聚伞状或头状；花单生或集生成穗状或头状；头状花序下通常有数枚苞片；花小型，两性，稀为单性异株，花梗有或无；花被片 6 枚，排成 2 轮；雄蕊 6 枚，分离，与花被片对生，有时内轮退化而只有 3 枚；雌蕊由 3 心皮结合而成；子房上位，1 室或 3 室；花柱 1，常较短；柱头 3 分叉；胚珠多数，着生于侧膜胎座或中轴胎座上；蒴果。

【**微观特征**】茎髓薄壁组织细胞间隙非常发达。染色体：X＝3～36。

【**化学特征**】本科植物含有多糖类（polysacharides）、多肽类（polypeptides），并含有芹黄素（apigenin）等。

【**分布**】本科共有 8 属，300 余种，广布于温带和寒带地区，热带山地也有。本科最大的灯心草属和地杨梅属，广布于北半球以及世界其他地区，其余几个小属则产于南半球。我国有 2 属，93 种，3 亚种和 13 变种，全国各地均产，以西南地区种类最多。

【**药用植物**】

灯心草 *Juncus effusus* L.　多年生草本，根状茎粗壮横走，具黄褐色稍粗的须根。茎丛生，直立，圆柱状，淡绿色，具纵条纹，茎内充满白色的髓心。聚伞花序假侧生；总苞片圆柱形，生于顶端；雄蕊 3 枚（偶有 6 枚）；雌蕊具 3 室子房；花柱极短。全国大部分地区均有分布。白色茎髓（药材名：灯心草）能清心火，利小便。同科植物：江南灯心草（笄石菖）*J. prismatocarpus* R. Br.　主要分布于长江以南地区，茎髓或全草入药，能清热利尿。小灯心草 *J. bufonius* L.　主要分布于我国的东北、华北、西北、华东及西南地区，全草（药材名：野灯草）能清热止血，利尿通淋。

灯心草

77. 百部科 Setmonaceae $\male \female * P_{2+2} A_{2+2} \underline{G}_{(2;1;2 \sim \infty)}$

【**形态特征**】多年生草本或半灌木，常具肉质块根，较少具横走根状茎。叶互生、对生或轮生。花两性，整齐；花被片 4 枚，2 轮，上位或半上位；雄蕊 4 枚，生于花被片基部；花丝极短，离生或基部合生成环；子房上位或近半下位，1 室；花柱不明显；柱头小，不裂或 2～3 浅裂；胚珠 2 至多数。蒴果。

【**显微特征**】叶表皮细胞形状有无规则形和多边形 2 种，垂周壁式样有波状、平直、弓形 3 种；表皮角质层纹饰微形态多样化，绝大多数物种的叶片表面不具有毛被，仅少数植物叶片表面具单细胞毛；气孔器主要分布在下表皮；气孔形状均为椭圆形，而气孔器类形均为无规则形。染色体：X = 13。

【化学特征】普遍含有生物碱，如百部碱（stemonine）、百部宁碱（paipunine）、百部定碱（stemonidine）、直立百部碱（sessilistemonine）、蔓生百部碱（stemonamine）等。

【分布】本科共有 3 属，约 30 种，分布于亚洲、美洲和大洋洲地区。我国有 2 属，11 种，分布于西南至东南部。已知药用有 2 属，6 种。

百部科

【药用植物】

直立百部 *Stemona sessilifolia* （Miq.）Miq.　直立亚灌木，块根纺锤状。茎分枝，具细纵棱。叶薄革质，通常每 3 ~ 4 枚轮生，卵状椭圆形或卵状披针形。花单朵腋生；花柄向外平展，中上部具关节；花向上斜升或直立；花被片淡绿色；雄蕊紫红色；子房三角状卵形。蒴果（图 9 - 135）。主要分布于我国华东地区，块根（药材名：百部）能润肺下气止咳，杀虫灭虱。同属植物我国有 8 种。蔓生百部 *S. japonica*（Bl.）Miq.　多年生草本，花单生或数朵排成聚伞花序。对叶百部（大百部）*S. tuberose* Lour.　多年生攀援草本，叶对生，花序梗生于叶腋。两者均为块根入药，功效同直立百部。

图 9 - 135　直立百部
1. 带花植株　2. 根　3. 外轮花被片　4. 内轮花被片　5. 雄蕊
6. 雄蕊侧面（花药及药隔附属物）　7. 雄蕊正面　8. 雌蕊　9. 果实

78. 百合科 Liliaceae　$\male \female * P_{3+3, (3+3)} A_{3+3} \underline{G}_{(3;3;\infty)}$

【形态特征】多年生草本，稀灌木或亚灌木，稀木本（如龙血树）或具卷须的藤本。具鳞茎或根状茎。单叶基生或茎生，茎生叶通常互生，少数对生或轮生，极少数种类叶退化成鳞片状（如天冬属）。花序各式，通常为穗状、总状、圆锥状、聚伞状、伞形花序或圆锥花序；花两性，辐射对称，花被片 6（少数 4），排成 2 轮，成花瓣状，分离或合生（如铃兰、玉竹）；雄蕊 6（少数 4 或 8）；子房上位，3 心皮合成 3 室，中轴胎座，每室胚珠多数。蒴果或浆果。

【显微特征】百合科植物的花粉粒大多具远极单沟，左右对称，沟大多为窄沟。染色体：X = 8 ~ 14，17，19。

【化学特征】本科植物化学成分复杂多样。已知有生物碱、强心苷、甾体皂苷、蒽醌类、蜕皮激素、黄酮类等化合物。生物碱：炉贝碱（fritiminine）、贝母素丙（fritimine）、岷贝碱（minpeimine）、青贝碱（chinpeine）、藜芦碱（jevine）、秋水仙碱（colchicine）等。强心苷：如铃兰毒苷（convallatoxin）等。甾体皂苷类：知母皂苷（timosaponine）、麦冬皂苷（ophiopogonin）、薯蓣皂苷元（diosgenin）、七叶一枝花皂苷（pariphyllin）等。蒽醌：萱草根素（hemerocallin）、芦荟大黄素（aloeemodin）等。

【分布】本科 230 属，约 4000 余种。分布于全球，以温带及亚热带地区为主。我国有 60 属，570 余种，全国均有分布，西南地区分布最为丰富。已知药用 46 属，359 种。

【药用植物】

百合 *Lilium brownii* F. E. Brown var. *viridulum* Baker　多年生草本，鳞茎球形。叶倒卵状披针形至倒卵形，上部叶比较小。花大型，喇叭状，顶端向外张开或稍微外卷，有香气，乳白色；花粉粒红褐色，子房长圆柱状，柱头 3 裂。蒴果矩圆形，有棱（图 9 - 136）。分布于华北、华南、中南及西南部地区，陕西及甘肃等地亦有分布。肉质鳞叶（药材名：百合）能养阴润肺，清心安神。同属植物卷丹 *L. lancifoliun* Thunb. 及细叶百合（山丹）*L. pumilum* DC. 的鳞茎也作"百合"药用。

百合科

黄精 *Polygonatum sibiricum* Delar. ex Red. 多年生草本，根茎横走，结节膨大。地上茎单一，叶无柄，轮生，每轮 4~6 枚，条状披针叶，先端卷曲。花序腋生，通常具 2~4 朵花排列成伞状，下垂，苞片膜质，位于花梗基部。花近白色，浆果（图 9－137）。分布于东北、黄河流域至长江中下游地区。根茎（药材名：黄精）能补气养阴，健脾，润肺，益肾。同属植物滇黄精 *P. kingianum* Coll. et Hemsl. 及多花黄精（囊丝黄精）*P. cyrtonema* Hua 的根茎入药，功效同黄精。

图 9－136 百合
1. 植株上部及花　2. 雄蕊　3. 雌蕊　4. 植株下部及鳞茎

图 9－137 黄精
1. 果枝　2. 花被　3. 根茎

玉竹 *P. odoratum*（Mill.）Druce 根状茎扁圆柱形。叶互生，叶片椭圆形，叶柄基部扭曲成二列状，茎上部稍具 4 棱。花白色，下垂。全国大部分地区均有分布或栽培。根状茎（药材名：玉竹）能养阴润燥，生津止渴。

川贝母（卷叶贝母）*Fritillaria cirrhosa* D. Don 多年生草本，鳞茎卵圆形，由 2 枚鳞片组成。叶常对生，少互生或轮生，条形至条状披针形，先端卷曲或不卷曲。花通常单朵，极少 2~3 朵，紫色至黄绿色，通常有小方格，少数仅具斑点或条纹；每花有 3 枚叶状苞片，苞片狭长，蜜腺窝在背面明显凸出；雄蕊长约为花被片的 3/5，花药近基着生。蒴果。主要分布于我国四川、云南、西藏等省区。鳞茎（药材名：川贝母）能清热润肺，化痰止咳。同属植物暗紫贝母 *F. unibracteata* Hsiao et K. C. Hsia、甘肃贝母 *F. przewalskii* Maxim.、梭砂贝母 *F. delavayi* Franch.、太白贝母 *F. taipaiensis* P. Y. Li 及瓦布贝母 *F. unibracteata* Hsiao et K. C. Hsia var. *wabuensis*（S. Y. Tang et S. C. Yue）Z. D. Liu，S. Wang et S. C. Chen 的干燥鳞茎均可入药，为中药"川贝母"的主要来源，与植物川贝母同等入药。药材按性状不同分别习称："松贝""青贝""炉贝""栽培品"四种。其中，"松贝"主要来源于暗紫贝母，药材的鉴定特征为"怀中抱月"；"青贝"主要来源于川贝母（卷叶贝母）和甘肃贝母，药材的鉴定特征为"观音合掌"；"炉贝"主要来源于梭砂贝母，药材的鉴定特征为"虎皮斑"；"栽培品"主要来源于瓦布贝母和太白贝母。

浙贝母 *F. thunbergii* Miq. 多年生草本，鳞茎较大，近球形或扁球形，由 2~3 片肉质鳞片组成。叶片线状披针形，顶端渐尖或成卷须状，茎上部叶顶端更卷曲；通常茎上部和下部的叶对生或散生，近中部轮生。花 2 至数朵，栽培的多达 10 多朵，排列成总状，有时单朵顶生；花被片淡黄绿色，外有绿色条纹，内有紫色斑纹，交织成网状，椭圆形，内轮较外轮宽或几相等；雄蕊约为花被片长的一半。蒴果扁球形，有宽翅（图 9－138）。主产于浙江北部，江苏、湖南、四川等省亦有栽培。鳞茎（药材名：浙贝母）含有多种生物碱，能清热化痰止咳，解毒，散结消痈。同属植物平贝母 *F. ussuriensis* Maxim. 的干燥鳞茎入药，称为"平贝母"；新疆贝母 *F. walujewii* Regel 或伊贝母 *F. pallidiflora* Schrenk 的干燥鳞茎入药，称为"伊贝母"，能清热润肺，化痰止咳。

麦冬 *Ophiopogon japonicus*(L. f.)Ker – Gawl. 块根椭圆形或纺锤形。叶基生成丛，条形；总状花序；花被片稍下垂不展开，白色或淡紫色；子房半下位（图9–139）。全国各地均有分布，产于四川绵阳及三台的称为"川麦冬"，产于浙江杭州的称"杭麦冬"。块根（药材名：麦冬）入药能养阴生津，润肺清心。此外，山麦冬属（*Liriope*）植物湖北麦冬（山麦冬）*L. spicata*(Thunb.)Lour. var *prolifera*. Y. T. Ma 和短葶山麦冬 *L. muscari*(Decne.)Baily 的块根（药材名：山麦冬）的功用与"麦冬"相似。

七叶一枝花（华重楼）*Paris polyphylla* Sm. var. *chinensis*(Franch.)Hara 多年生草本（图9–140）。分布于长江流域。根状茎（药材名：重楼）能清热解毒，消肿止痛，凉肝定惊。

图9–138 浙贝母

图9–139 麦冬

图9–140 七叶一枝花

同科植物：知母 *Anemarrhena asphodeloides* Bge. 根茎入药，能清热泻火，滋阴润燥。天冬 *Asparagus cochinchinensis*(Lour.)Merr. 块根入药，能养阴润燥，清肺生津。光叶菝葜 *Smilax glabra* Roxb. 根茎入药为"土茯苓"，能解毒除湿，通利关节。藜芦 *Veratrum nigrum* L. 根入药，能祛痰，催吐，杀虫。芦荟 *Aloe barbadensis* Miller 叶汁浓缩干燥物（药材名：芦荟）能泻下通便，清肝泻火，杀虫疗疳。剑叶龙血树 *Dracaena cochinchinensis*(Lour.)S. C. Chen 和海南龙血树 *D. cambodiana* Pierre ex Gapnep. 的紫红色树脂（药材名国产血竭）能活血定痛，化瘀止血，生肌敛疮。铃兰 *Convallaria majalis* L. 全草入药，含多种强心苷，有毒，能强心利尿。

知识拓展

表9–21 百合科三个属之间的性状比较

	百合属 *Lilium* L.	黄精属 *Polygonatum* Mill.	贝母属 *Fritillaria* L.
地下茎	无被鳞茎，肉质鳞叶较多	根状茎具黏液	无被鳞茎，肉质鳞叶较少
叶	单叶互生，全缘	叶互生或轮生，全缘	单叶对生、轮生互生或混合叶序
花	花被片分离	花被下部合生成筒状	花被片分离，钟状下垂
果实	蒴果	浆果	蒴果

79. 石蒜科 Amaryllidaceae $\female * P_{3+3,(3+3)} A_{3+3} \overline{G}_{(3;3;\infty)}$

【形态特征】多年生草本或半灌木，通常具肉质块根，较少具横走根状茎。叶互生、对生或轮生。花两性，整齐；花被片4枚，2轮；雄蕊4枚，生于花被片基部；花丝极短，离生或基部多少合生成环；子房下位或近半下位，1室；花柱不明显；柱头小，不裂或2~3浅裂；胚珠2至多数。蒴果。

【显微特征】多数本科植物花粉为远极单沟萌发孔。染色体：X＝7，8，11。

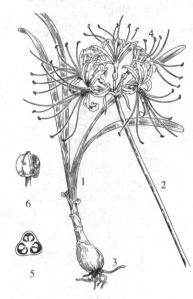

图9-141 石蒜
1. 植株 2. 花株 3. 鳞茎
4. 花 5. 子房横切（示胚珠） 6. 果实

【化学特征】本科植物常含生物碱类物质，如石蒜碱（lycorine）具有抗癌、消炎、解热、镇痛及催吐等作用。二氢石蒜碱（dihydrolycorine）具有镇静作用。氧化石蒜碱（oxylycorine）临床上用于治疗胃癌和肝癌。伪石蒜碱（pseudolycorine）用于治疗白血病，其作用强于长春新碱和环磷酰胺。加兰他敏（galathamine）和石蒜胺碱（lycoramine）可用作中枢神经麻痹治疗药，治疗肌无力症、骨髓灰质炎后遗症及抑郁症等。甾体皂苷及苷元，如海柯皂苷元（hecogenin）和替告皂苷元（tigogenin），是合成口服避孕药及激素药物的原料。

石蒜科植物

【分布】本科共有100余属，1300余种，分布于温带、热带及亚热带地区。我国有17属，140种，分布于南北各地。已知药用有10属，27种。

【药用植物】

石蒜 *Lycoris radiata* Herb. 多年生草本，地下鳞茎肥厚，外皮灰紫色。叶基生，肉质，全缘，深绿色。花红色，单生，伞形花序顶生，花被管极短，上部6裂，花被裂片反卷；雄蕊6；子房下位，3室，每室有多胚珠。蒴果（图9-141）。分布于我国华东、中南及西南地区。鳞茎入药，有小毒，能消肿解毒，催吐，杀虫。同科植物：仙茅 *Curculigo orchioides* Gaertn. 为多年生草本，根状茎肉质，直立地下。分布于我国华南、西南及华东南部地区。根茎入药，有小毒，能补肾阳，强筋骨，祛寒湿。

80. 薯蓣科 Dioscoreaceae $\male * P_{(3+3)} A_{3+3}$；$\female * P_{(3+3)} \overline{G}_{(3;3;2)}$

【形态特征】多年生缠绕草质或木质藤本。具根状茎或块茎，形状多样，横生。单叶或掌状复叶，互生，少对生；茎左旋或右旋，有毛或无毛，有刺或无刺。叶柄扭转，有时基部有关节。花单性或两性，雌雄异株，很少同株。花单生、簇生或排列成穗状、总状或圆锥花序；雄花花被片6，2轮排列，基部合生或离生；雄蕊6枚，有时其中3枚退化；雌花花被片和雄花相似；退化雄蕊3~6枚或无；子房下位，3室，每室通常有胚珠2，少数属多数，胚珠着生于中轴胎座上，花柱3，分离。果实为蒴果、浆果或翅果。

【显微特征】淀粉粒较多，细胞内常含草酸钙结晶。染色体：X＝10，12，13，18。

【化学特征】本科植物主要特征性活性成分为甾体皂苷，如薯蓣皂苷（dioscin）、纤细薯蓣皂苷（gracillin）、山草薢皂苷（tokorouin）、菝葜皂苷（smilahenin）等，均为合成激素类药物的原料。此外，其还含生物碱类成分，如薯蓣碱（dioscorine）、山药碱（batatasine）等。

【分布】本科共有10属，650余种，分布于温带和热带地区。我国有1属，约60种，分布于长江以北及西南至东南各地。已知药用有1属，37种。

【药用植物】

薯蓣 *Dioscorea opposita* Thunb. 多年生草质藤本。根状茎直生，肉质肥厚圆柱形。单叶，三角形至三角状卵形，茎下部叶互生，中部以上对生，叶腋常有珠芽（零余子）。花小，单性异株，穗状花序；雄花花被片6，雄蕊6；雌花花柱3，子房下位，柱头3裂。蒴果（图9-142）。全国大部分地区均有野生分布及栽培。根状茎（药材名：山药）能补脾养胃，生津益肺，补肾涩精。为传统中药六味地黄丸的重要原料。

穿龙薯蓣 *D. nipponica* Makino 多年生草质藤本，根茎横生。单叶互生，宽卵形，3~7浅裂（图9-143）。全国大部分地区均有分布，主要产自于长江以北地区。根状茎（药材名：穿山龙）能祛风除湿，舒筋活络，活血止痛，止咳平喘。

图 9 - 142　薯蓣
1. 块状茎　2. 果实　3. 雄花　4. 雌花　5. 雄枝

图 9 - 143　穿龙薯蓣
1. 根状茎　2. 雄花　3. 雌花　4. 雌枝　5. 果序

同科植物：黄独 *D. bulbifera* L.　叶心形，雌雄异株。块茎（黄独）含呋喃去甲基二萜类化合物及黄药子萜 A、B、C（diosbulbin A,B,C），能解毒消肿，化痰散瘀，凉血止血。粉背薯蓣 *D. colletti* HK. f. var. *hypoglauca*（Palibin）Pei et C. T. Ting　根状茎（药材名：粉萆薢）能利湿去浊，祛风除痹。福州薯蓣 *D. futschauensis* Uline ex R. Kunth　根茎（药材名：绵萆薢）功效与粉萆薢近似。盾叶薯蓣 *D. zingiberensis* C. H. Wright　根状茎入药能消肿解毒。

薯蓣皂苷

81. 鸢尾科 Iridaceae　$\male\female * \uparrow P_{(3+3)} A_3 \overline{G}_{(3;3;\infty)}$

【形态特征】多年生草本，根状茎、球茎或鳞茎。叶多基生，少互生，条形、剑形或丝状，基部成鞘状，具平行脉。花两性，辐射对称，单生、数朵簇生或多花排列成总状、穗状、聚伞及圆锥花序；花被裂片6，两轮排列，花被管通常为丝状或喇叭形；雄蕊3；花柱1，柱头3~6；子房下位，3室，中轴胎座，胚珠多数。蒴果。

【显微特征】花粉粒常单粒存在，两侧对称，萌发沟为远极单沟。染色体：X=7，8，9，12，16。

【化学特征】本科植物主要化学成分为异黄酮类和酮类。异黄酮类，如鸢尾苷（shekanin）、野鸢尾苷（iridin）、洋鸢尾素（irisfloreentin）、鸢尾黄酮新苷（iristectorin）均具有抗菌消炎作用。酮类，如芒果苷（mangiferin）等。另外，还有醌类化合物，如马蔺子甲素（pallason）。类胡萝卜素，如番红花苷（crocins）等。

【分布】本科约有60属，800余种，分布于热带、亚热带和温带地区。我国有11属，81余种。已知药用有8属，97种。

番红花

【药用植物】

番红花（藏红花）*Crocus sativus* L.　多年生草本，具球茎。叶基生，线形。花顶生，淡蓝色、红紫色或白色；花柱细长，橘红色至深红色，三叉分歧；花被管细长；雄蕊3；子房下位，3心皮合生3室（图9-144）。原产于地中海沿岸。我国引种栽培。花柱（药材名：西红花）能活血化瘀，凉血解毒，解郁安神。

射干 *Belamcanda chinensis*（L.）DC.　多年生草本。根状茎横生，断面鲜白色。叶二列，宽剑形。花橙黄色，散生暗红色斑点；雄蕊3；子房下位，3室；柱头3浅裂（图9-145）。全国大部分地区均有分布。根茎入药，能清热解毒，消痰利咽。

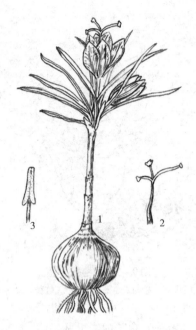

图 9 – 144 番红花

1. 植株 2. 雌蕊 3. 柱头

图 9 – 145 射干

1. 植株下部 2. 花 3. 根状茎

同科植物：马蔺 *Iris lactea* Pall. var. *chinensis*（Fisch.）Koidz. 种子（药材名：马蔺子）能凉血止血，清热利湿。从种皮中提取的马蔺子甲素有抗癌作用，对多种癌细胞有抑制作用。鸢尾 *I. tectorum* Maxim. 根茎入药，能活血化瘀，祛风除湿，解毒，消积。

82. 姜科 Zingiberaceae $\male\female \uparrow K_{(3)} C_{(3)} A_1 \overline{G}_{(3;3;\infty)}$

【形态特征】多年生草本，通常具有芳香，块茎或匍匐的根状茎。叶基生或茎生，通常两行排列，少数螺旋状排列，具有闭合或不闭合的叶鞘，叶鞘的顶端有明显的叶舌。花单生或生于有苞片的穗状、总状或圆锥状花序上；花两性，稀单生，两侧对称，具苞片；花被片6枚，2轮，外轮萼状，内轮花冠状，基部合生成管状，上部具3裂片；退化雄蕊2或4枚，其中外轮的2枚称侧生退化雄蕊，呈花瓣状、齿状或不存在，内轮的2枚联合成一唇瓣；发育雄蕊1枚；子房下位，3室，中轴胎座，或1室，侧膜胎座，稀基生胎座；胚珠通常多数，倒生或弯生；花柱1枚，柱头漏斗状；子房顶部有2枚形状各式的蜜腺，或无蜜腺而代之以陷入子房的隔膜腺。蒴果，稀浆果。种子具假种皮。

【显微特征】花粉粒多数为球形、椭圆球形，少数为长球形。姜亚科种类的花粉壁属于薄壁型，无萌发孔，而闭鞘姜亚科种类的花粉壁属厚壁型，具有螺旋型或散孔型萌发孔。染色体：X = 9，11，12。

【化学特征】本科植物多含挥发油成分，多为单萜和倍半萜类。其中，莪术醇（curcumol）为治疗子宫颈癌的有效成分。另外，还有黄酮类成分，如高良姜素（galangin）、山姜素（alpinetin）、山柰酚（kaempferal）等。甾体皂苷类成分，如薯蓣皂苷元（diosgenin）等。本科植物还含有姜黄素（curcumin）等色素类成分。

姜科植物

【分布】本科约有50属，1500余种，分布于热带、亚热带地区。我国约有20属，近200种，主产于西南、华南至东南部。已知药用有5属，103种。

【药用植物】

阳春砂（砂仁）*Amomum villosum* Lour. 多年生草本。茎散生；根茎匍匐地面。中部叶片长披针形，基部近圆形；叶舌半圆形。穗状花序椭圆形；苞片披针形，膜质；子房下位；3室，每室胚珠多枚。蒴果。种子多角形，具有浓郁香气（图9 – 146）。主要分布于我国广东、广西、云南、福建。果实（药材名：砂仁）能化湿开胃，温脾止泻，理气安胎。同属植物：白豆蔻 *Amomum kravanh* Pierre ex Gagnep. 果实（药材名：豆蔻）能化湿行气，温中止呕，开胃消食。草果 *Amomum tsao – ko* Grevost et Lemaire 果实

（药材名：草果）能燥湿温中，截疟除痰。

姜黄 *Curcuma longa* L. 根茎发达，成丛，分枝很多，椭圆形或圆柱状，橙黄色，极香；根粗壮，末端膨大呈块根。穗状花序圆柱状；苞片卵形或长圆形。分布于我国东南部至西南部。根茎（药材名：姜黄）入药，能破血行气，通经止痛。块根（药材名：黄丝郁金）能活血止痛，行气解郁，清心凉血，利胆退黄。同属植物：温郁金 *Curcuma wenyujin* Y. H. Chen et C. Ling 块根（药材名：郁金、温郁金）功效与黄丝郁金同（图9－147）。莪术（蓬莪术）*C. phaeocaulis* Val. 根茎（药材名：莪术）能行气破血，消积止痛。块根入药，称为"绿丝郁金"，功效同温郁金。广西莪术 *C. kwangsiensis* S. G. Lee et C. F. Liang 根茎（药材名：莪术）功效同莪术。块根入药，称"桂郁金"，功效同温郁金。姜黄、温郁金、莪术、广西莪术的块根入药分别称为"黄丝郁金""温郁金""绿丝郁金""桂郁金"。

图9－146 阳春砂
1. 带果序的植株 2. 花 3. 花纵切 4. 茎叶 5. 花序

图9－147 温郁金
1. 茎及根茎 2. 花 3. 花序

高良姜 *Alpinia officinarum* Hance 根茎圆柱形。叶片线形，无柄；叶舌薄膜质，披针形。总状花序顶生，直立；子房密被绒毛。果球形（图9－148）。主要分布于我国华南地区。根茎（药材名：高良姜）能温胃止呕，散寒止痛。大高良姜（红豆蔻）*A. galangal*（L.）Willd. 根茎（药材名：大高良姜）能散寒，暖胃，止痛。果实（药材名：红豆蔻）能温中散寒，止痛消食。益智 *A. oxyphylla* Miq. 种子（药材名：益智仁）能暖胃，固精缩尿，温脾止泻。

同科植物：姜 *Zingiber officinale* Rosc. 干燥根状茎（药材名：干姜）能温中散寒，回阳通脉，温肺化饮。新鲜根状茎（药材名：生姜）能解表散寒，温中止呕。

83. 兰科 Orchidaceae $\male\female\uparrow P_{3+3} A_{2\sim1} \overline{G}_{(3:1:\infty)}$

微课

【**形态特征**】多年生草本，陆生、附生或腐生。具块茎或肥厚的根状茎。单叶互生，有时退化成鳞片状，常有叶鞘；花两性，两侧对称；穗状、总状或圆锥状花序；花被外轮包括2枚侧萼片和1枚中萼片，内轮包括2枚花瓣和1枚唇瓣，子房180°扭转使唇瓣位于远轴方；雄蕊1枚与雌蕊合生成合蕊柱，花粉通常粘合成花粉块；子房下位，3心皮，1室，侧膜胎座，较少3室而具中轴胎座，胚珠细小，数目极多，柱头不育部分变成1舌状突起，称蕊喙，能育柱头位于蕊喙之下，常凹陷。蒴果，种子极小而多（图9－149）。

图9－148 高良姜
1. 植株 2. 花序 3. 果序

【**显微特征**】根被和发达的皮层组织，皮层细胞内分布有针状结晶和菌根真菌形成的菌丝结。染色体：X = 8 ~ 10，12，13，16。

【化学特征】本科植物主要活性成分有：倍半萜类生物碱，如石斛碱（dendrobine）、石斛次碱（nobilonine）、石斛醚碱（dendroxine）、毒豆碱（laburnine）等。酚苷类，如天麻苷（gastrodin）、香荚兰苷（vanilloside）。此外，还有黄酮及香豆素类等成分。

【分布】本科约有730属，20000余种，广布于全球，主产于热带、亚热带地区。我国约有166属，1000余种，主产于我国南部，以云南、海南、台湾最为丰富。已知药用有76属，289种。

【药用植物】

天麻 *Gastrodia elata* Bl.　多年生腐生草本，无根，与蜜环菌共生，依靠侵入体内的菌丝获得营养，块茎圆柱状，有环节，节上有膜质鳞叶。茎上叶退化为黄褐色膜质鳞片状。

宝岛杓兰

花被合生，唇瓣白色（图9－150）。大部分地区均有分布，主产于西南地区，现多为栽培。块茎（药材名：天麻）能息风止痉，平抑肝阳，祛风通络。

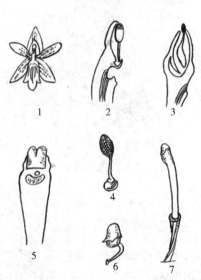

图9－149　兰科花部构造

1. 兰花的花被各部分示意图　2. 兰花的基盘部
3. 兰花的顶盘部　4. 花粉块的构造
5. 合蕊柱　6. 花药　7. 子房和合蕊柱

图9－150　天麻

1 块茎　2. 花轴　3. 花　4. 花的展开

石斛（金钗石斛）*Dendrobium nobile* Lindl.　多年生腐生草本，茎丛生，圆柱形，多节，稍扁。叶互生，无柄，具抱茎的鞘。总状花序；花萼与花瓣均为粉红色；唇瓣中央具紫红色大斑块（图9－151）。主要分布于我国长江以南及西藏等地，现多栽培。茎（药材名：石斛）能益胃生津，滋阴清热。石斛属 *Dendrobium* 在我国有63种，多可以药用。同属植物：铁皮石斛 *D. officinale* Kimura et Migo、束花石斛 *D. chrysanthum* Lindl.、流苏石斛（马鞭石斛）*D. fimbriatum* Hook.、美花石斛（环草石斛）*D. loddigesii* Rolf.、细茎石斛 *D. moniliforme*（L.）Sw.、霍山石斛 *D. huoshanense* C. Z. Tang et S. J. Cheng、鼓槌石斛 *D. chrysotoxum* Lindl. 等同属近似种，均能以茎入药，功效同石斛。

白及 *Bletilla striata*（Thunb.）Reichb. f.　多年生草本，块茎三角状扁球形，总状花序顶生；唇瓣3裂，有5条纵皱折，中裂片顶端微凹。蒴果6纵棱（图9－152）。分布于我国华中、华南及西南地区。陕西南部和甘肃东南部也有分布。块茎（药材名：白及）能收敛止血，消肿生肌。

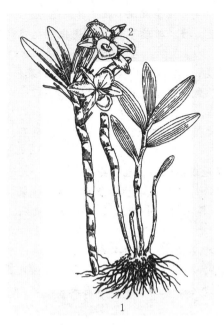

图 9 – 151　石斛

1. 植株　2. 花

图 9 – 152　白及

本科植物：手参（佛手参）*Gymnadenia conopsea*（L.）R. Br.　块根（药材名：手参）能益气补血，生津止渴，为常用藏药。绶草 *Spiranthes sinensis*（Pers.）Ames　全草（药材名：盘龙参）能益阴清热，润肺止咳。石仙桃 *Pholidota chinensis* Lindl.　鳞茎入药，能养阴清肺，化痰止咳。羊耳蒜 *Liparis nervosa*（Thunb.）Lindl.　鳞茎入药，能活血止血，消肿止痛。

本章小结

被子植物孢子体高度发达，具有真正高度特化的花：通常由花被、雄蕊和雌蕊组成，并且多为两性和虫媒花。胚珠（大孢子囊）被心皮（大孢子叶）所包被，不裸露于外，珠被多为两层，传粉时花粉粒落在柱头上，以长形的花粉管输送精子。具有独特的双受精现象，两精子进入胚囊，幼胚以胚乳为营养，使新植物体具更强的生活力。受精后，心皮形成果皮，胚珠形成种子，总称为果实。种子的胚乳由受精的极核（中央细胞）发育而来，为三倍体的新组织。种子具有 1～2 枚子叶。配子体进一步退化，雌雄配子体均无独立生活能力，终生寄生于孢子体上，结构上比裸子植物更简化。有多种类型和多种生活习性，有水生、砂生、石生、盐碱生的植物；有自养，也有腐生、寄生植物；有木本、草本、直立或藤状，常绿或落叶一年生、二年生、多年生。木质部有导管，韧皮部有筛管和伴胞，输导组织完善使体内物质运输畅通，适应性得到加强。

重点科主要识别特征如下。

一、双子叶植物纲

子叶 2 枚，常具中央髓部。

（一）离瓣花亚纲

冠分离，常具托叶。

1. 桑科　木本，具乳汁，托叶早落，单被花，聚花果。

2. 马兜铃科　草本或藤本，无托叶，单被花，下部合生，具腐肉臭气，中轴胎座，蒴果。

3. 蓼科　草本，节常膨大，具膜质托叶鞘，花两性，单被花，宿存，瘦果。

4. 木兰科　木本，花大，单生，托叶早落，花 3 数，雄、雌蕊螺旋状着生在隆起的花托，聚合蓇葖果。

5. **樟科** 木本，有香气，单叶互生，花单被 3 数，子房 1 室，顶生胚珠 1 枚，具果托。

6. **毛茛科** 草本，叶掌状或羽状分裂，无托叶，花 5 数，雌、雄蕊多数，螺旋状着生花托上。聚合果。

7. **芍药科** 叶互生，三出羽状复叶，无托叶，花大，单生，5 数，萼片宿存，聚合蓇葖果。

8. **罂粟科** 木本或草本，具乳汁，无托叶，萼片 2 早落，侧膜胎座，蒴果，瓣裂或孔裂。

9. **十字花科** 草本，单叶，无托叶，十字花冠，4 强雄蕊，角果。

10. **蔷薇科** 木本或草本，具托叶，花两性，5 数，生萼筒或托杯上，瘦果、核果、梨果、聚合蓇葖果。

11. **豆科** 复叶或单叶，具托叶，花两性，5 数，蝶形花冠或假蝶形花冠，荚果。

12. **大戟科** 具乳汁。单叶互生，花单性，聚伞花序或杯状花序，具花盘或腺体，蒴果 3 裂。

13. **芸香科** 木本，具油腺点，无托叶，花 4 或 5 数，具花盘，中轴胎座，柑果、核果、梨果或蒴果。

14. **锦葵科** 草本或灌木，幼枝、叶被星状毛，托叶早落，花 5 数，单体雄蕊，蒴果。

15. **五加科** 木本，少草本，茎常具刺，复叶；伞形花序，花 5 数，花盘上位，浆果或核果。

16. **伞形科** 草本，具芳香味，具叶鞘；复伞形花序，花 5 数，花盘上位，双悬果。

（二）合瓣花亚纲

花冠联合，常无托叶。

17. **葫芦科** 草质藤本，具卷须，雌雄同株或异株，花 5 数，3 心皮，侧膜胎座，瓠果。

18. **夹竹桃科** 具乳汁，花 5 数，花冠裂片常旋转，花粉颗粒状，蓇葖果双生，种子具种毛

19. **萝藦科** 具乳汁，花 5 数，具合蕊柱和合蕊冠，花粉块，蓇葖果双生，种毛丛生。

20. **茄科** 单叶互生，花 5 数，整齐，萼果时常增大；花冠辐状，中轴胎座，蒴果或浆果。

21. **唇形科** 茎方形，叶对生，唇形花冠，2 强雄蕊，花柱基生，4 枚小坚果。

22. **玄参科** 草本，花 5 或 4 数，萼宿存，，花冠多少 2 唇裂，2 强雄蕊，花柱顶生，蒴果。

23. **茜草科** 单叶对生或轮生，全缘，托叶 2 枚，花 4~5 数，2 心皮，子房下位，蒴果、浆果。

24. **桔梗科** 草本，具乳汁；花 5 数，3 心皮，常 3 室，中轴胎座；蒴果，少浆果。

25. **菊科** 草本，有乳汁、树脂道或无；头状花序，花 5 数，聚药雄蕊；连萼瘦果，顶端具冠毛。

二、单子叶植物纲

子叶 1 枚，维管束散生。

26. **百合科** 草本，花被 6，2 轮，雄蕊 6，2 轮，3 心皮 3 室，中轴胎座，蒴果或浆果。

27. **薯蓣科** 草质藤本，基出掌状脉，雌雄异株或同株；花被 6，2 轮，雄蕊 6；蒴果具棱翅。

28. **禾本科** 节与节间明显，节间中空，单叶 2 列，由叶鞘、叶舌和叶片组成，复穗状或圆锥状等；雄蕊 3，稀 6，花药丁字形，子房上位；颖果。

29. **天南星科** 草本，叶柄基部具膜质鞘；肉穗花序具佛焰苞，雌雄同株或异株，子房上位；浆果密集于花序轴上。

30. **姜科** 草本，具芳香味，叶 2 列，有叶鞘、叶片和叶舌；花被 6，2 轮，内轮冠状，后方 1 枚花被与 2 枚退化的雄蕊合成唇瓣，能育雄蕊 1 枚，子房下位；蒴果或浆果状，具假种皮。

31. **兰科** 陆生、腐生或附生草本，花被片 6 枚花瓣状，具唇瓣和合蕊柱，子房下位，常扭转 1800 唇瓣位于下方，蒴果种子小而多数。

题库

思 考 题

1. 被子植物的主要特征是什么？
2. 双子叶植物纲和单子叶植物纲有哪些主要区别？
3. 离瓣花亚纲和合瓣花亚纲有哪些主要区别？
4. 蔷薇科可分为几个亚科？各有何特征与常用药用植物？
5. 哪些特征可用于辨别唇形科植物？有些植物也具有茎方形、叶对生的特征，如何进行区别？
6. 菊科分为几个亚科？试比较各亚科的区别。
7. 菊科的主要特征是什么？请列举该科常用的药用植物。
8. 天南星科的特征及三个亚科的比较？
9. 请比较几种贝母的植物特征？
10. 请比较禾本科与莎草科有哪些异同点？
11. 试述兰科植物的进化特征。
12. 哪些科有乳汁？请分别列举这些科的常用药用植物。

附　录

附录1　被子植物门分科检索表

1. 子叶2个，极稀可为1个或较多；茎具中央髓部；多年生的木本植物中有年轮；叶片常具网状脉；花常为4出或5出数。（次1项见296页） ·· 双子叶植物纲 Dicotyledoneae
  2. 花无真正的花冠（花被片逐渐变化，呈覆瓦状排列成2至数层的，也可在此检查）；有或无花萼，有时类似花冠。（次2项见275页）
    3. 花单性，雌雄同株或异株，其中雄花或雌花和雄花均可成荑黄花序或类似荑黄状的花序。（次3项见267页）
      4. 无花萼，或在雄花中存在。
        5. 雌花的花梗着生于椭圆形膜质苞片的中脉上；心皮1 ·················· 漆树科 Anacardiaceae
                          （九子母属 *Dobinea*）
        5. 雌花情形非如上述；心皮2或更多数。
          6. 多为木质藤本；叶为全缘单叶，具掌状脉；果实为浆果 ·············· 胡椒科 Piperaceae
          6. 乔木或灌木；叶呈各种型式，但常为羽状脉；果实不为浆果。
            7. 旱生性植物，有具节的分枝，和极退化的叶片，后者在节上连合成为具齿的鞘状物 ··············
  ·· 木麻黄科 Casuarinaceae
                          （木麻黄属 *Casuarina*）
            7. 植物体为其他情形者。
              8. 果实为具多数种子的蒴果；种子有丝状毛茸 ·············· 杨柳科 Salicaceae
              8. 果实为仅具1种了的小坚果、核果或核果状的坚果。
                9. 叶为羽状复叶；雄花有花被 ·············· 胡桃科 Juglandaceae
                9. 叶为单叶（有时在杨梅科中可为羽状分裂）。
                  10. 果实为肉质核果；雄花无花被 ·············· 杨梅科 Myricaceae
                  10. 果实为小坚果；雄花有花被 ·············· 桦木科 Betulaceae
      4. 有花萼，或在雄花中不存在。
     11. 子房下位。
       12. 叶对生，叶柄基部互相连合 ·············· 金粟兰科 Chloranthaceae
       12. 叶互生。
         13. 叶为羽状复叶 ·············· 胡桃科 Juglandaceae
         13. 叶为单叶。
           14. 果实为蒴果 ·············· 金缕梅科 Hamamelidaceae
           14. 果实为坚果。
             15. 坚果封藏于一变大呈叶状的总苞中 ·············· 桦木科 Betulaceae
             15. 坚果有一壳斗下托，或封藏在一多刺的果壳中 ·············· 山毛榉科 Fagaceae
     11. 子房上位。
      16. 植物体中具白色乳汁。（次16项见267页）
       17. 子房1室；聚花果 ·············· 桑科 Moraceae

17. 子房 2 ~ 3 室；蒴果 ………………………………………………………… 大戟科 Euphorbiaceae

16. 植物体中无乳汁，或在大戟科的重阳木属 Bischofia 中具红色汁液。

18. 子房为单心皮；雄蕊的花丝在花蕾中向内屈曲 ………………………………… 荨麻科 Unicaceae

18. 子房为 2 枚以上的连合心皮所组成；雄蕊的花丝在花蕾中常直立（在大戟科的重阳木属 Biscnofia 及巴豆属 Croton 中则向前屈曲）。

19. 果实为 3 个（稀可 2 ~ 4 个）离果瓣所成的蒴果；雄蕊 10 至多数，有时少于 10 ……………… ………………………………………………………………………………… 大戟科 Euphorbiaceae

19. 果实为其他情形；雄蕊少数至数个（大戟科的黄桐树属 Endospermum 为 6 ~ 10），或和花萼裂片同数且对生。

20. 雌雄同株的乔木或灌木。

21. 子房 2 室；蒴果 ………………………………………………… 金缕梅科 Hamamelidaceae

21. 子房 1 室；坚果或核果 ………………………………………… 榆科 Ulmaceae

20. 雌雄异株的植物。

22. 草本或草质藤本；叶为掌状分裂或为掌状复叶 ………………………… 桑科 Moraceae

22. 乔木或灌木；叶全缘，或在重阳木属为 3 小叶所成的复叶 …………… 大戟科 Euphorbiaceae

3. 花两性或单性，但不为葇荑花序。

23. 子房或子房室内有数个至多数胚珠。（次 23 项见 269 页）

24. 寄生性草本，无绿色叶片 ……………………………………………… 大花草科 Rafflesiaceae

24. 非寄生性植物，有正常绿叶，或叶退化而以绿色茎代行叶的功用。

25. 子房下位或部分下位。（次 25 项见 268 页）

26. 雌雄同株或异株，如为两性花时，则成肉质穗状花序。

27. 草本。

28. 植物体含多量液汁；单叶常不对称 …………………………… 秋海棠科 Begoniaceae
（秋海棠属 Begonia）

28. 植物体不含多量液汁；羽状复叶 …………………………… 四数木科 Tetramelaceae
（野麻属 Datisca）

27. 木本。

29. 花两性，肉质穗状花序；叶全缘 …………………………… 金缕梅科 Hamamelidaceae
（假马蹄荷属 Chunia）

29. 花单性，成穗状、总状或头状花序；叶缘有锯齿或具裂片。

30. 花成穗状或总状花序；子房 1 室 …………………………… 四数木科 Tetramelaceae
（四数木属 Tetrameles）

30. 花成头状花序；子房 2 室 …………………………… 金缕梅科 Hamamelidaceae
（枫香树亚科 Liquidambaroideae）

26. 花两性，但不成肉质穗状花序。

31. 子房 1 室。

32. 无花被；雄蕊着生在子房上 …………………………………… 三白草科 Saururaceae

32. 有花被；雄蕊着生在花被上。

33. 茎肥厚，绿色，常具棘针；叶常退化；花被片和雄蕊都多数；浆果 ……… 仙人掌科 Cacmceae

33. 茎不成上述形状；叶正常；花被片和雄蕊皆为五出或四出数，或雄蕊数为前者的 2 倍；蒴果 ………………………………………………………………………… 虎耳草科 Saxifragaceae

31. 子房 4 室或更多室。

34. 乔木；雄蕊为不定数 …………………………………………… 海桑科 Sonneratiaceae

34. 草本或灌木。

35. 雄蕊 4 ………………………………………………………… 柳叶菜科 Onagraceae
（丁香蓼属 Ludwigia）

　　　35. 雄蕊 6 或 12 ·· 马兜铃科 Aristolochiaceae
25. 子房上位。
　　36. 雌蕊或子房 2 个，或更多数。
　　　37. 草本。
　　　　38. 复叶或多少有些分裂，稀可为单叶（如驴蹄草属 Caltha），全缘或具齿裂；心皮多数至少数 ···
　　　　　　··· 毛茛科 Ranunculaceae
　　　　38. 单叶，叶缘有锯齿；心皮和花萼裂片同数 ·························· 虎耳草科 Saxifragaceae
　　　　　　　　　　　　　　　　　　　　　　　　　　　　　　　　（扯根菜属 Penthorum）
　　　37. 木本。
　　　　39. 花的各部为整齐的 3 出数 ······································· 木通科 Lardizabalaceae
　　　　39. 花为其他情形。
　　　　　40. 雄蕊数个至多数，连合成单体 ···························· 梧桐科 Sterculiaceae
　　　　　　　　　　　　　　　　　　　　　　　　　　　　　　　（苹婆属 Sterculia）
　　　　　40. 雄蕊多数，离生。
　　　　　　41. 花两性；无花被 ··· 昆栏树科 Trochodendraceae
　　　　　　　　　　　　　　　　　　　　　　　　　　　　　（昆栏树属 Trochodendron）
　　　　　　41. 花雌雄异株，具 4 个小型萼片 ····················· 连香树科 Cercidiphyllaceae
　　　　　　　　　　　　　　　　　　　　　　　　　　　　　（连香树属 Cercidiphyllum）
　　36. 雌蕊或子房单独 1 个。
　　　42. 雌蕊周位，即着生于萼筒或杯状花托上。
　　　　43. 有不育雄蕊，且和 8～12 能育雄蕊互生 ··················· 大风子科 Flacourtiaceae
　　　　　　　　　　　　　　　　　　　　　　　　　　　　　（山羊角树属 Carrierea）
　　　　43. 无不育雄蕊。
　　　　　44. 多汁草本植物；花萼裂片呈覆瓦状排列，成花瓣状，宿存；蒴果盖裂 ········ 番杏科 Aizoaceae
　　　　　　　　　　　　　　　　　　　　　　　　　　　　　（海马齿属 Sesuvium）
　　　　　44. 植物体为其他情形；花萼裂片不成花瓣状。
　　　　　　45. 叶为双数羽状复叶，互生；花萼裂片呈覆瓦状排列；荚果；常绿乔木 ····· 豆科 Leguminosae
　　　　　　　　　　　　　　　　　　　　　　　　　　　　　（云实亚科 Caesalpinoideae）
　　　　　　45. 叶为对生或轮生单叶；花萼裂片呈镊合状排列；非荚果。
　　　　　　　46. 雄蕊为不定数；子房 10 室或更多室；果实浆果状 ················ 海桑科 Sonneratiaceae
　　　　　　　46. 雄蕊 4～12（不超过花萼裂片的 2 倍）；子房 1 室至数室；果实蒴果状。
　　　　　　　　47. 花杂性或雌雄异株，微小，成穗状花序，再成总状或圆锥状排列 ····· 隐翼科 Crypteroniaceae
　　　　　　　　　　　　　　　　　　　　　　　　　　　　　（隐翼属 Crypteronia）
　　　　　　　　47. 花两性，中型，单生至排列成圆锥花序 ··················· 千屈菜科 Lythraceae
　　　42. 雄蕊下位，即着生于扁平或凸起的花托上。
　　　　48. 木本；叶为单叶。
　　　　　49. 乔木或灌木；雄蕊常多数，离生；胚珠生于侧膜胎座或隔膜上 ············· 大风子科 Flacourtiaceae
　　　　　49. 木质藤本；雄蕊 4 或 5，基部连合成杯状或环状；胚珠基生 ·················· 苋科 Amaranthaceae
　　　　　　　　　　　　　　　　　　　　　　　　　　　　　（浆果苋属 Cladostachys）
　　　　48. 草本或亚灌木。
　　　　　50. 植物体沉没水中，常为具背腹面呈原叶体状的构造，像苔藓 ············· 川苔草科 Podostemaceae
　　　　　50. 植物体非如上述情形。
　　　　　　51. 子房 3～5 室。（次 51 项见 269 页）
　　　　　　　52. 食虫植物；叶互生；雌雄异株 ····························· 猪笼草科 Nepenthaceae
　　　　　　　　　　　　　　　　　　　　　　　　　　　　　（猪笼草属 Nepenthes）

52. 非为食虫植物；叶对生或轮生；花两性 ……………………………… 番杏科 Aizoaceae

（粟米草属 *Mollugo*）

51. 子房 1 ~ 2 室。

53. 叶为复叶或多少有些分裂 …………………………………………… 毛茛科 Ranunculaceae

53. 叶为单叶。

54. 侧膜胎座。

55. 花无花被 …………………………………………………………… 三白草科 Saururaceae

55. 花具 4 个离生萼片 ………………………………………………… 十字花科 Cruciferae

54. 特立中央胎座。

56. 花序呈穗状、头状或圆锥状；萼片多少为干膜质 ………… 苋科 Amaranthaceae

56. 花序呈聚伞状；萼片草质 ……………………………………… 石竹科 Caryophyllaceae

23. 子房或其子房室内有 1 至数个胚珠。

57. 叶片中常有透明微点。

58. 叶为羽状复叶 ……………………………………………………………… 芸香科 Rutaceae

58. 叶为单叶，全缘或有锯齿。

59. 草本植物或在金粟兰科为木本植物；花无花被，常成简单或复合的穗状花序，但在胡椒科齐头绒属 *Zippelia* 成疏松总状花序。

60. 子房下位，1 室 1 胚珠；叶对生，叶柄在基部连合 ………… 金粟兰科 Chloranthaceae

60. 子房上位；叶如为对生时，叶柄不在基部连合。

61. 雌蕊由 3 ~ 6 近于离生心皮组成，每心皮各有 2 ~ 4 胚珠 ………………… 三白草科 Saururaceae

（三白草属 *Saururus*）

61. 雌蕊由 1 ~ 4 合生心皮组成，仅 1 室，有 1 胚珠 …………… 胡椒科 Piperaceae

（齐头绒属 *Zippelia*，草胡椒属 *Peperomia*）

59. 乔木或灌木；花具一层花被；花序有各种类型，但不为穗状。

62. 花萼裂片常 3 片，镊合状排列；子房为 1 心皮，成熟时肉质，常以 2 瓣裂开；雌雄异株 …………
……………………………………………………………………………… 肉豆蔻科 Myristicaceae

62. 花萼裂片 4 ~ 6 片，覆瓦状排列；子房为 2 ~ 4 合生心皮构成。

63. 花两性；果实仅 1 室，蒴果状，2 ~ 3 瓣裂开 …………………… 大风子科 Flacourtiaceae

（脚骨脆属 *Casearia*）

63. 花单性，雌雄异株；果实 2 ~ 4 室，肉质或革质，很晚才裂开 ………… 大戟科 Euphorbiaceae

（白树属 *Suregada*）

57. 叶片中无透明微点。

64. 雄蕊连为单体，至少在雄花中有这现象，花丝互相连合成筒状或成一中柱。（次 64 项见 270 页）

65. 肉质寄生草本植物，具退化呈鳞片状的叶片，无叶绿素 ………… 蛇菰科 Balanophoraceae

65. 植物体非为寄生性，有绿叶。

66. 雌雄同株，雄花成球形头状花序，雌花以 2 个同生于 1 个有 2 室而具钩状芒刺的果壳中 ………
……………………………………………………………………………… 菊科 Compositae

（苍耳属 *Xanthium*）

66. 花两性，如为单性时，雄花及雌花也无上述情形。

67. 草本植物；花两性。

68. 叶互生 ………………………………………………………………… 藜科 Chenopodiaceae

68. 叶对生。

69. 花显著，有连合成花萼状的总苞 ………………………………… 紫茉莉科 Nyctaginaceae

69. 花微小，无上述情形的总苞 ……………………………………… 苋科 Amaranthaceae

67. 乔木或灌木，稀可为草本；花单性或杂性；叶互生。

70. 萼片呈覆瓦状排列，至少在雄花中如此 ………………………… 大戟科 Euphorbiaceae

70. 萼片呈镊合状排列。

  71. 雌雄异株；花萼常具 3 裂片；雌蕊 1 心皮，成熟时肉质，且常以 2 瓣开裂 ……………………
………………………………………………………………………… 肉豆蔻科 Myristicaceae

  71. 花单性或雄花和两性花同株；花萼具 4 ~ 5 裂片或裂齿；雌蕊为 3 ~ 6 近于离生的心皮构成，
各心皮于成熟时为革质或木质，呈蓇葖状而不裂开 ……………… 梧桐科 Sterculiaceae
苹婆族（Sterculia）

64. 雄蕊各自分离，有时仅为 1 个，或花丝成为分枝的簇丛（如大戟科的蓖麻属 Ricinus）。

  72. 每花有雌蕊 2 个至多数，近于或完全离生；或花的界限不明显时，则雌蕊多数，成球形头状花序。

    73. 花托下陷，呈杯状或坛状。

      74. 灌木；叶对生；花被片在坛状花托的外侧排列成数层 ………… 蜡梅科 Calycanthaceae

      74. 草本或灌木；叶互生；花被片在杯状或坛状花托的边缘排列成一轮 ………… 蔷薇科 Rosaceae

    73. 花托扁平或隆起，有时可延长。

      75. 乔木、灌木或木质藤本。

        76. 花有花被 ……………………………………………………… 木兰科 Magnoliaceae

        76. 花无花被。

          77. 落叶灌木或小乔木；叶卵形，具羽状脉和锯齿缘；无托叶；花两性或杂性，在叶腋中丛生；
翅果无毛，有柄…………………………………………… 昆栏树科 Trochodendraceae
（领春木科 Eupteleaceae）

          77. 落叶乔木；叶广阔，掌状分裂，叶缘有缺刻或大锯齿；托叶围茎成鞘，易脱落；花单性，
雌雄同株分别聚成球形头状花序；小坚果，围以长柔毛，无柄 ……… 悬铃木科 Platanaceae
（悬铃木属 Platanus）

      75. 草本或稀为亚灌木，有时为攀援性。

        78. 胚珠倒生或直生。

          79. 叶片多少有些分裂或为复叶；无托叶或极微小；有花被（花萼）；胚珠倒生；花单生或成各
种类型的花序 ………………………………………………… 毛茛科 Ranunculaceae

          79. 叶为全缘单叶；有托叶；无花被；胚珠直生；花成穗形总状花序 …… 三白草科 Saururaceae

        78. 胚珠常弯生；叶为全缘单叶。

          80. 直立草本；叶互生，非肉质 ……………………………… 商陆科 Phytolaccaceea

          80. 平卧草本；叶对生或近轮生，肉质 ……………………………… 番杏科 Aizoaceae
（针晶粟草属 Gisekia）

72. 每花仅有 1 个复合或单雌蕊，心皮有时于成熟后各自分离。

  81. 子房下位或半下位。（次 81 项见 271 页）

    82. 草本。（次 82 项见 271 页）

      83. 水生或小型沼泽植物。

        84. 花柱 2 个或更多；叶片（尤其沉没水中的）常成羽状细裂或为复叶 ……………………
………………………………………………………………… 小二仙草科 Haloragidaceae

        84. 花柱 1 个；叶为线形全缘单叶 ………………………… 杉叶藻科 Hippuridaceae

      83. 陆生草本。

        85. 寄生性肉质草本，无绿叶。

          86. 花单性，雌花常无花被；无珠被及种皮 ………………… 蛇菰科 Balanophoraceae

          86. 花杂性，有一层花被，两性花有 1 雄蕊；有珠被及种皮 …………… 锁阳科 Cynomoriaceae
（锁阳属 Cynomorium）

        85. 非寄生性植物，或于百蕊草属 Thesium 为半寄生性，但均有绿叶。

          87. 叶对生，其形宽广而有锯齿缘 ………………………… 金粟兰科 Chloranthaceae

          87. 叶互生。

            88. 平铺草本（限我国植物）；叶片宽，三角形，多少有些肉质 ………… 番杏科 Aizoaceae
（番杏属 Tetragonia）

　　　　　　88. 直立草本；叶片窄而细长 ……………………………………… 檀香科 Santalaceae

　　　　　　　　　　　　　　　　　　　　　　　　　　　　　　　　（百蕊草属 *Thesium*）

　　82. 灌木或乔木

　　　　89. 子房 3～10 室。

　　　　　　90. 坚果 1～2 个；同生在一个木质且可裂为 4 瓣的壳斗里……………… 壳斗科 Fagaceae

　　　　　　　　　　　　　　　　　　　　　　　　　　　　　　　　（水青冈属 *Fagus*）

　　　　　　90. 核果，不生在壳斗里。

　　　　　　　　91. 雌雄异株，成顶生的圆锥花序，并不为叶状苞片所托……………… 蓝果树科 Cornaceae

　　　　　　　　　　　　　　　　　　　　　　　　　　　　　　　　（鞘柄木属 *Toricellia*）

　　　　　　　　91. 花杂性，形成球形的头状花序，后者为 2～3 白色叶状苞片所托 ……… 珙桐科 Nyssaceae

　　　　　　　　　　　　　　　　　　　　　　　　　　　　　　　　（珙桐属 *Davidia*）

　　　　89. 子房 1 或 2 室，或在铁青树科的青皮木属 *Schoepfia* 中，子房的基部可为 3 室。

　　　　　　92. 花柱 2 个。

　　　　　　　　93. 蒴果，2 瓣裂开 ………………………………………………… 金缕梅科 Hamamelidaceae

　　　　　　　　93. 果实呈核果状，或为蒴果状的瘦果，不裂开…………………… 鼠李科 Rhamnaceae

　　　　　　92. 花柱 1 个或无花柱。

　　　　　　　　94. 叶片下面多少有些具皮屑状或鳞片状的附属物 …………………… 胡颓子科 Elaeagnaceae

　　　　　　　　94. 叶片下面无皮屑状或鳞片状的附属物。

　　　　　　　　　　95. 叶缘有锯齿或圆锯齿，稀可在荨麻科的紫麻属 *Oreocnide* 中有全缘者。

　　　　　　　　　　　　96. 叶对生，具羽状脉；雄花裸露，有雄蕊 1～3 个 ………… 金粟兰科 Chloranthaceae

　　　　　　　　　　　　96. 叶互生，大都于叶基具三出脉；雄花具花被及雄蕊 4 个（稀可 3 或 5 个）

　　　　　　　　　　　　　　……………………………………………………………… 荨麻科 Urticaceae

　　　　　　　　　　95. 叶全缘，互生或对生。

　　　　　　　　　　　　97. 植物体寄生在乔木的树干或枝条上；果实呈浆果状 ………… 桑寄生科 Loranthaceae

　　　　　　　　　　　　97. 植物体大都陆生，或有时可为寄生性；果实呈坚果状或核果状；胚珠 1～5 个。

　　　　　　　　　　　　　　98. 花多为单性；胚珠垂悬于基底胎座上 …………………… 檀香科 Santalaceae

　　　　　　　　　　　　　　98. 花两性或单性；胚珠垂悬于子房室的顶端或中央胎座的顶端。

　　　　　　　　　　　　　　　　99. 雄蕊 10 个，为花萼裂片的 2 倍数 ………………… 使君子科 Combretaceae

　　　　　　　　　　　　　　　　　　　　　　　　　　　　　　　　（诃子属 *Terminalia*）

　　　　　　　　　　　　　　　　99. 雄蕊 4 或 5 个，和花萼裂片同数且对生 …………… 铁青树科 Olacaceae

81. 子房上位，如有花萼时，和它相分离；或在紫茉莉科及胡颓子科中，当果实成熟时，子房为宿存
　　萼筒所包围。

　　100. 托叶鞘围抱茎的各节；草本，稀可为灌木 …………………………………… 蓼科 Polygonaceae

　　100. 无托叶鞘（在悬铃木科有托叶鞘但易脱落）。

　　　　101. 草本，或有时在藜科及紫茉莉科中为亚灌木。（次 101 项见 273 页）

　　　　　　102. 无花被。（次 102 项见 272 页）

　　　　　　　　103. 花两性或单性；子房 1 室，内仅有 1 个基生胚珠。

　　　　　　　　　　104. 叶基生，3 小叶组成；穗状花序在一个细长基生无叶的花梗上 … 小檗科 Berberidaceae

　　　　　　　　　　　　　　　　　　　　　　　　　　　　　　　　（裸花草属 *Achlys*）

　　　　　　　　　　104. 叶茎生，单叶；穗状花序顶生或腋生，但常和叶相对生 ………… 胡椒科 Piperaceae

　　　　　　　　　　　　　　　　　　　　　　　　　　　　　　　　（胡椒属 *Piper*）

　　　　　　　　103. 花单性；子房 3 或 2 室。

　　　　　　　　　　105. 水生或微小的沼泽植物；无乳汁；子房 2 室，每室内含 2 个胚珠 ………………

　　　　　　　　　　　　………………………………………………………………… 水马齿科 Callitrichaceae

　　　　　　　　　　　　　　　　　　　　　　　　　　　　　　　　（水马齿属 *Callitriche*）

105. 陆生植物；有乳汁；子房 3 室，每室仅含 1 个胚珠 ················· 大戟科 Euphorbiaceae
102. 有花被，当花为单性时，特别是雄花时有花被。

  106. 花萼呈花瓣状，且呈管状。

    107. 花有总苞，有时总苞类似花萼 ·············· 紫茉莉科 Nyctaginaceae
    107. 花无总苞。

      108. 胚珠 1 个，在子房的近顶端处 ·············· 瑞香科 Thymelaeaccae
      108. 胚珠多数，生在特立中央胎座上 ·············· 报春花科 Primulaceae

                (海乳草属 *Glaux*)

  106. 花萼非如上述情形。

    109. 雄蕊周位，即位于花被上。

      110. 叶互生，羽状复叶；有草质的托叶；花无膜质苞片；瘦果 ·········· 蔷薇科 Rosaceae

                (地榆属 *Sanguisorba*)

      110. 叶对生，或在蓼科的冰岛蓼属 *Koenigia* 为互生，单叶；无草质托叶；花有膜质苞片。

        111. 花被片和雄蕊各为 5 或 4 个，对生；囊果；托叶膜质 ····· 石竹科 Caryophyllaceae
        111. 花被片和雄蕊各为 3 个，互生；坚果；无托叶 ·············· 蓼科 Polygonaceae

                (冰岛蓼属 *Koenigia*)

    109. 雄蕊下位，即位于子房下。

      112. 花柱或其分枝为 2 或数个，内侧常为柱头面。

        113. 子房常为 1 个至多数心皮连合而成 ·············· 商陆科 Phytolaccaceae
        113. 子房常为 2 或 3（或 5）心皮连合而成。

          114. 子房 3 室，稀可 2 或 4 室 ·············· 大戟科 Euphorbiaceae
          114. 子房 1 或 2 室。

            115. 叶为掌状复叶或具掌状脉而有宿存托叶 ·············· 桑科 Moraceae

                (大麻亚科 Cannabioideae)

            115. 叶具羽状脉，稀为掌状脉而无托叶，也可在藜科中叶退化成鳞片或为肉质而
                形如圆筒。

              116. 花有草质而带绿色或灰绿色的花被及苞片 ············· 藜科 Chenopodiaceae
              116. 花有干膜质而常有色泽的花被及苞片 ················· 苋科 Amaranthaceae
      112. 花柱 1 个，常顶端有柱头，也可无花柱。

        117. 花两性。

          118. 雌蕊为单心皮；花萼由 2 膜质且宿存的萼片而成；雄蕊 2 个 ·············
          ·············· 毛茛科 Ranunculaceae

                (星叶草属 *Circaeaster*)

          118. 雌蕊由 2 合生心皮而成。

            119. 萼片 2 片；雄蕊多数 ················· 罂粟科 Papaveraceae

                (博落回属 *Macleaya*)

            119. 萼片 4 片；雄蕊 2 或 4 ·············· 十字花科 Cruciferae

                (独行菜属 *Lepidium*)

        117. 花单性。

          120. 沉于淡水中的水生植物；叶裂成丝状 ·············· 金鱼藻科 Ceratophyllaceae

                (金鱼藻属 *Ceratophyllum*)

          120. 陆生植物；叶为其他情形。

            121. 叶含多量水分；托叶连接叶柄的基部；雄花的花被 2 片；雄蕊多数 ···········
            ·············· 假牛繁缕科 Theligonaceae

                (假牛繁缕属 *Theligonum*)

            121. 叶不含多量水分；如有托叶时，也不连接叶柄的基部；雄花的花被片和雄蕊
            均各为 4 或 5 个，二者相对 ·············· 荨麻科 Urticaceae

101. 木本植物或亚灌木。

 122. 耐寒旱性的灌木，或在藜科的梭梭属 *Halaxylon* 为乔木；叶微小，细长或呈鳞片状，有时（如藜科）为肉质而成圆筒形或半圆筒形。

  123. 雌雄异株或花杂性；花萼为 3 出数，萼片微呈花瓣状，和雄蕊同数且互生；花柱 1，极短，常有 6~9 放射状且有齿裂的柱头；核果；胚体劲直；常绿而基部偃卧的灌木；叶互生，无托叶 ··· 岩高兰科 Empetraceae
   （岩高兰属 *Empetrum*）

  123. 花两性或单性；花萼为 5 出数，稀可 3 出或 4 出数，萼片或花萼裂片草质或革质，和雄蕊同数且对生，或在藜科中雄蕊由于退化而数较少，甚或 1 个；花柱或花柱分枝 2 或 3 个，内侧常为柱头面；胞果或坚果；胚体弯曲如环或弯曲成螺旋形。

   124. 花无膜质苞片；雄蕊下位；叶互生或对生；无托叶；枝条常具关节 ··· 藜科 Chenopodiaceae

   124. 花有膜质苞片；雄蕊周位；叶对生，基部常互相连合；有膜质托叶；枝条不具关节
     ··· 石竹科 Caryophyllaceae

 122. 不是上述的植物；叶片矩圆形或披针形或宽广至圆形。

  125. 果实及子房均为 2 至数室，或在大风子科中为不完全的 2 至数室。

   126. 花常为两性。

    127. 萼片 4 或 5，稀可 3 片，呈覆瓦状排列。

     128. 雄蕊 4 个；4 室的蒴果 ····················· 木兰科 Magnoliaceae
      （水青树科 Tetracentraceae）

     128. 雄蕊多数；浆果状的核果 ················· 大风子科 Flacouritiaceae

    127. 萼片多 5 片，呈镊合状排列。

     129. 雄蕊为不定数；具刺的蒴果 ················· 杜英科 Elaeocarpaceae
      （猴欢喜属 *Sloanea*）

     129. 雄蕊和萼片同数；核果或坚果。

      130. 雄蕊和萼片对生，各为 3~6 ················· 铁青树科 Olacaceae
      130. 雄蕊和萼片互生，各为 4 或 5 ················· 鼠李科 Rhamnaceae

   126. 花单性（雌雄同株或异株）或杂性。

    131. 果实各种；种子无胚乳或有少量胚乳。

     132. 雄蕊常 8 个；果实坚果状或为有翅的蒴果；羽状复叶或单叶 ····· 无患子科 Sapindaceae
     132. 雄蕊 5 或 4，和萼片互生；核果有 2~4 个小核；单叶 ··········· 鼠李科 Rhamnaceae
      （鼠李属 *Rhamnus*）

    131. 果实多呈蒴果状，无翅；种子常有胚乳。

     133. 果实为具 2 室的蒴果，有木质或革质的外种皮及角质的内果皮 ······················
       ··· 金缕梅科 Hamamelidaceae

     133. 果实纵为蒴果时，也不像上述情形。

      134. 胚珠具腹脊；果实有各种类型，但多为胞间裂开的蒴果 ········ 大戟科 Euphorbiaceae
      134. 胚珠具背脊；果实为胞背裂开的蒴果，或有时呈核果状 ········ 黄杨科 Buxaceae

  125. 果实及子房均为 1 或 2 室，稀在无患子科的荔枝属 *Litchi* 及韶子属 *Nephedium* 中为 3 室，或在卫矛科的十齿花属 *Dipentodon* 及铁青树科的铁青树属 *Olax* 中，子房下部为 3 室，上部为 1 室。

   135. 花萼具显著的萼筒，且常呈花瓣状。

    136. 叶无毛或下面有柔毛；萼筒整个脱落 ················· 瑞香科 Thymelaeaceae

    136. 叶下面具银白色或棕色的鳞片；萼筒或其下部永久宿存，当果实成熟时，变为肉质而紧密 ··· 胡颓子科 Elaeagnaceae

   135. 花萼不是像上述情形，或无花被。

137. 花药以 2 或 4 舌瓣裂开 ·· 樟科 Lauraceae
137. 花药不以舌裂瓣开。
  138. 叶对生。
    139. 果实为有双翅或呈圆形的翅果 ·· 槭树科 Aceraceae
    139. 果实为有单翅而呈细长形兼矩圆形的翅果 ·························· 木犀科 Oleaceae
  138. 叶互生。
    140. 叶为羽状复叶。
      141. 叶为二回羽状复叶，或退化仅具叶状柄（特称为叶状叶柄 phyllodia）·········
      ··· 豆科 Leguminosae
      （金合欢属 *Acacia*）
      141. 叶为一回羽状复叶。
        142. 小叶边缘有锯齿；果实有翅 ································ 马尾树科 Rhoipteleaceae
        （马尾树属 *Rhoiptelea*）
        142. 小叶全缘；果实无翅。
          143. 花两性或杂性 ································ 无患子科 Sapindaceae
          143. 雌雄异株 ······································ 漆树科 Anacardiaceae
          （黄连木属 *Pistacia*）
    140. 叶为单叶。
      144. 花均无花被。
        145. 多为木质藤本；叶全缘；花两性或杂性，成紧密的穗状花序
        ·· 胡椒科 Piperaceae
        （胡椒属 *Piper*）
        145. 乔木；叶缘有锯齿或缺刻；花单性。
          146. 叶宽广，具掌状脉及掌状分裂，叶缘具缺刻或大锯齿；有托叶，围茎成
          鞘，但易脱落；雌雄同株，雌花和雄花分别成球形的头状花序；雌蕊为
          单心皮；小坚果为倒圆锥形而有棱角，无翅也无梗，但围以长柔毛 ······
          ·· 悬铃木科 Platanaceae
          （悬铃木属 *Platanus*）
          146. 叶椭圆形至卵形，具羽状脉及锯齿缘；无托叶；雌雄异株，雄花聚成疏
          松有苞片的簇丛，雌花单生于苞片的腋内；雌蕊 2 心皮；小坚果扁平，
          具翅且有柄，但无毛 ································ 杜仲科 Eucommiaceae
          （杜仲属 *Eucommia*）
      144. 花常有花萼，尤其雄花。
        147. 植物体内有乳汁 ····································· 桑科 Moraceae
        147. 植物体内无乳汁。
          148. 花柱或其分枝 2 或数个，但在大戟科的核果木属 *Drypetes* 中则柱头几无
          柄，呈盾状或肾脏形。（次 148 项见 275 页）
          149. 雌雄异株或有时为同株；叶全缘或具波状齿。
            150. 矮小灌木或亚灌木；果实干燥，包藏于具有长柔毛而互相连合成双
            角状的 2 苞片中；胚体弯曲如环 ················ 藜科 Chenopodiaceae
            （驼绒藜属 *Ceratoides*）
            150. 乔木或灌木；果实呈核果状，常为 1 室含 1 种子，不包藏于苞片内；
            胚体劲直 ··································· 大戟科 Euphorbiaceae
          149. 花两性或单性；叶缘多有锯齿或具齿裂，稀可全缘。
            151. 雄蕊多数 ································ 大风子科 Flacourtiaceae
            151. 雄蕊 10 个或较少。

152. 子房 2 室，每室有 1 个至数个胚珠；果实为木质蒴果
　　　　　　　　　　………………………………………… 金缕梅科 Hamamelidaceae

152. 子房 1 室，仅含 1 胚珠；果实不是木质蒴果 ……… 榆科 Ulmaceae

148. 花柱 1 个，也可有时（如荨麻属 *Urtica*）不存，而柱头呈画笔状。

153. 叶缘有锯齿；子房为 1 心皮而成。

154. 花两性　………………………………………… 山龙眼科 Proteaceae

154. 雌雄异株或同株。

155. 花生于当年新枝上；雄蕊多数 ………………… 蔷薇科 Rosaceae
　　　　　　　　　　　　　　　　　　　　　　（假稠李属 *Maddenia*）

155. 花生于老枝上；雄蕊和萼片同数………………… 荨麻科 Urticaceae

153. 叶全缘或边缘有锯齿；子房为 2 个以上连合心皮所成。

156. 果实呈核果状或坚果状，内有 1 种子；无托叶。

157. 子房具 2 或 2 个胚珠；果实成熟后由萼筒包围 …………
　　　　　　………………………………………… 铁青树科 Olacaceae

157. 子房仅具 1 个胚珠；果实和花萼分离，或仅果实基部由花萼衬托
　　　之………………………………………… 山柚子科 Opiliaceae

156. 果实呈蒴果状或浆果状，内含数个至 1 个种子。

158. 花下位，雌雄异株，稀可杂性；雄蕊多数；果实呈浆果状；无托
　　叶 ………………………………………… 大风子科 Flacourtiaceae
　　　　　　　　　　　　　　　　　　　　　　（柞木属 *Xylosma*）

158. 花周位，两性；雄蕊 5 ~ 12 个；果实呈蒴果状；有托叶，但易
　　脱落。

159. 花为腋生的簇丛或头状花序；萼片 4 ~6 片 …………………
　　　　………………………………………… 大风子科 Flacourtiaceae
　　　　　　　　　　　　　　　　　　　　　　（山羊角树属 *Casearia*）

159. 花为腋生的伞形花序；萼片 10 ~ 14 片 …… 卫矛科 Celastraceae
　　　　　　　　　　　　　　　　　　　　　　（十齿花属 *Dipentodon*）

2. 花具花萼也具花冠，或有两层以上的花被片，有时花冠可为蜜腺叶所代替。

160. 花冠常为离生的花瓣所组成。（次 160 项见 290 页）

161. 成熟雄蕊（或单体雄蕊的花药）多在 10 个以上，通常多数，或其数超过花瓣的 2 倍。（次 161 项见 280 页）

162. 花萼和 1 个或更多的雌蕊多少有些互相愈合，即子房下位或半下位。（次 162 项见 276 页）

163. 水生草本植物；子房多室 ……………………………… 睡莲科 Nymphaeaceae

163. 陆生植物；子房 1 至数室，也可心皮为 1 至数个，或在海桑科中为多室。

164. 植物体具肥厚的肉质茎，多有刺，常无真正叶片 ……………………… 仙人掌科 Cactaceae

164. 植物体为普通形态，不呈仙人掌状，有真正的叶片。

165. 草本植物或稀为亚灌木。（次 165 项见 276 页）

166. 花单性。

167. 雌雄同株；花鲜艳，多成腋生聚伞花序；子房 2 ~4 室 ………… 秋海棠科 Begoniaceae
　　　　　　　　　　　　　　　　　　　　　　（秋海棠属 *Begonia*）

167. 雌雄异株；花小而不显著，成腋生穗状或总状花序 ………… 四数木科 Tetramelaceae

166. 花常两性。

168. 叶基生或茎生，呈心形，或在阿柏麻属 *Apama* 为长形，不为肉质；花为 3 出数 …………
　　　………………………………………… 马兜铃科 Aristolochiaceae
　　　　　　　　　　　　　　　　　　　　　　（细辛族 Asareae）

168. 叶茎生，不呈心形，多少有些肉质，或为圆柱形；花不是 3 出数。

169. 花萼裂片常为 5，叶状；蒴果 5 室或更多室，在顶端呈放射状裂开 ……… 番杏科 Aizoaceae

169. 花萼裂片 2；蒴果 1 室，盖裂 ·· 马齿苋科 Portulacaceae

（马齿苋属 Portulaca）

165. 乔木或灌木（但在虎耳草科的叉叶蓝属 Deinanthe 及草绣球属 Cardiandra 为亚灌木，黄山梅属 Kirengeshoma 为多年生高大草本），有时有气生小根而攀援。

170. 叶通常对生（虎耳草科的草绣球属 Cardiandra 例外），或在石榴科的石榴属 Punica 中有时互生。

171. 叶缘常有锯齿或全缘；花序（除山梅花属 Philadelphus 外）常有不孕的边缘花 ··················
··· 虎耳草科 Saxifragaceae

171. 叶全缘；花序无不孕花。

172. 叶为脱落性；花萼呈朱红色 ···························· 石榴科 Punicaceae

（石榴属 Punica）

172. 叶为常绿性；花萼不呈朱红色。

173. 叶片中有腺体微点；胚珠常多数 ··························· 桃金娘科 Myrtaceae

173. 叶片中无微点。

174. 胚珠在每子房室中为多数 ························· 海桑科 Sonneratiaceae

174. 胚珠在每子房室中仅 2 个，稀可较多 ············ 红树科 Rhizophoraceae

170. 叶互生。

175. 花瓣细长形兼长方形，最后向外翻转 ················· 八角枫科 Alangiaceae

（八角枫属 Alangium）

175. 花瓣不成细长形，或纵为细长形时，也不向外翻转。

176. 叶无托叶。

177. 叶全缘；果实肉质或木质 ··························· 玉蕊科 Lecythidaceae

（玉蕊属 Barringtonia）

177. 叶缘多少有些锯齿或齿裂；果实呈核果状，其形歪斜 ·············· 山矾科 Symplocaceae

（山矾属 Symplocos）

176. 叶有托叶。

178. 花瓣呈旋转状排列；花药隔向上延伸；花萼裂片中 2 个或更多个在果实上变大而呈翅状
··· 龙脑香科 Dipterocarpaceae

178. 花瓣呈覆瓦状或旋转状排列（如蔷薇科火棘属 Pyracantha）；花药隔并不向上延伸；花萼裂片也无上述变大情形。

179. 子房 1 室，内具 2~6 侧膜胎座，各有 1 个至多数胚珠；果实为革质蒴果，自顶端以 2~6 瓣裂开 ·· 大风子科 Flacourtiaceae

（天料木属 Homalium）

179. 子房 2~5 室，内具中轴胎座，或其心皮在腹面互相分离而具边缘胎座。

180. 花成伞房、圆锥、伞形或总状等花序，稀可单生；子房 2~5 室，或心皮 2~5 个，下位，每室或每心皮有胚珠 1~2 个，稀有时为 3~10 个或为多数；果实为肉质或木质假果；种子无翅 ·· 蔷薇科 Rosaceae

（梨亚科 Pomoideae）

180. 花成头状或肉穗花序；子房 2 室，半下位，每室有胚珠 2~6 个；果为木质蒴果；种子有或无翅 ·································· 金缕梅科 Hamamelidaceae

（马蹄荷亚科 Exbucklandioideae）

162. 花萼和 1 个或更多的雌蕊互相分离，即子房上位。

181. 花为周位花。（次 181 项见 277 页）

182. 萼片和花瓣相似，覆瓦状排列成数层，着生于坛状花托的外侧 ·················· 蜡梅科 Calycanthaceae

（夏蜡梅属 Calycanthus）

182. 萼片和花瓣有分化，在萼筒或花托的边缘排列成 2 层。

183. 叶对生或轮生，有时上部互生，但均为全缘单叶；花瓣常于蕾中呈皱折状。（次 183 项见 277 页）

184. 花瓣无爪，形小，或细长；浆果 ································· 海桑科 Sonneratiaceae

184. 花瓣有细爪，边缘具腐蚀状的波纹或具流苏；蒴果 ·················· 千屈菜科 Lythraceae

183. 叶互生，单叶或复叶；花瓣不呈皱折状。

185. 花瓣宿存；雄蕊的下部连成一管 ······························· 亚麻科 Linaceae

185. 花瓣脱落性；雄蕊互相分离。

186. 草本植物；具 2 出数的花；萼片 2 片，早落；花瓣 4 个 ················· 罂粟科 Papaveraceae

（花菱草属 Eschscholtzia）

186. 木本或草本植物，具 5 出或 4 出数的花朵。

187. 花瓣镊合状排列；果实为荚果；叶多为 2 回羽状复叶，有时叶片退化，而叶柄发育为叶状柄；心皮 1 个 ················ 豆科 Leguminosae

（含羞草亚科 Mimosoideae）

187. 花瓣覆瓦状排列；果实为核果、蓇葖果或瘦果；叶为单叶或复叶；心皮 1 个至多数 ·········
································· 蔷薇科 Rosaceae

181. 花为下位花，或至少在果实时花托扁平或隆起。

188. 雌蕊少数至多数，互相分离或微有连合。（次 188 项见 278 页）

189. 水生植物。

190. 叶片呈盾状，全缘 ··· 睡莲科 Nymphaeaceae

190. 叶片不呈盾状，多少有些分裂或为复叶 ························· 毛茛科 Ranunculaceae

189. 陆生植物。

191. 茎为攀援性。

192. 草质藤本。

193. 花显著，为两性花 ····································· 毛茛科 Ranunculaceae

193. 花小形，为单性，雌雄异株 ······························· 防己科 Menispermaceae

192. 木质藤本或为蔓生灌木。

194. 叶对生，复叶由 3 小叶所成，或顶端小叶形成卷须 ··············· 毛茛科 Ranunculaceae

（锡兰莲属 Naravelia）

194. 叶互生，单叶。

195. 花单性。

196. 心皮多数，结果时聚生成一球状的肉质体或散于极延长的花托上 ·················
································· 木兰科 Magnoliaceae

（五味子属 Schisandra）

196. 心皮 3～6，果为核果或核果状 ···················· 防己科 Menispermaceae

195. 花两性或杂性；心皮数个；果为蓇葖果 ················ 五桠果科 Dilleniaceae

（锡叶藤属 Tetracera）

191. 茎直立，不为攀援性。

197. 雄蕊的花丝连成单体 ··································· 锦葵科 Malvaceae

197. 雄蕊的花丝互相分离。

198. 草本植物，稀可为亚灌木；叶片多少有些分裂或为复叶。

199. 叶无托叶；种子有胚乳 ······························· 毛茛科 Ranunculaceae

199. 叶多有托叶；种子无胚乳 ······························· 蔷薇科 Rosaceae

198. 木本植物；叶片全缘或边缘有锯齿，也稀有分裂者。

200. 萼片及花瓣均为镊合状排列；胚乳具嚼痕 ············· 番荔枝科 Annonaceae

200. 萼片及花瓣均为覆瓦状排列；胚乳无嚼痕。

201. 萼片及花瓣相同，3 出数，排列成 3 层或多层，均可脱落 ······ 木兰科 Magnoliaceae

201. 萼片及花瓣甚有分化，多为 5 出数，排列成 2 层，萼片宿存。

202. 心皮 3 个至多数；花柱互相分离；胚珠为不定数 ········· 五桠果科 Dilleniaceae

202. 心皮 3 ~ 10 个；花柱完全合生；胚珠单生 ·············· 金莲木科 Ochnaceae

（金莲木属 *Ochna*）

188. 雌蕊 1 个，但花柱或柱头为 1 至多数。

203. 叶片中具透明微点。

204. 叶互生，羽状复叶或退化为仅有 1 顶生小叶 ·············· 芸香科 Rutaceae

204. 叶对生，单叶 ··· 藤黄科 Guttiferae

203. 叶片中无透明微点。

205. 子房单纯，具 1 子房室。

206. 乔木或灌木；花瓣呈镊合状排列；果实为荚果·············· 豆科 Leguminosae

（含羞草亚科 *Mimosoideae*）

206. 草本植物；花瓣呈覆瓦状排列；果实不是荚果。

207. 花为 5 出数；蓇葖果 ······································· 毛茛科 Ranunculaceae

207. 花为 3 出数；浆果 ··· 小檗科 Berberidaceae

205. 子房为复合性。

208. 子房 1 室，或在马齿苋科的土人参属 *Talinum* 中子房基部为 3 室。

209. 特立中央胎座。

210. 草本；叶互生或对生；子房的基部 3 室，有多数胚珠 ·········· 马齿苋科 Portulacaceae

（土人参属 *Talinum*）

210. 灌木；叶对生；子房 1 室，内有 3 对 6 个胚珠·············· 红树科 Rhizophoraceae

（秋茄树属 *Kandelia*）

209. 侧膜胎座。

211. 灌木或小乔木（在半日花科中常为亚灌木或草本植物）；子房柄不存在或极短；果实为蒴果或浆果。

212. 叶对生；萼片不相等，外面 2 片较小，或有时退化，内面 3 片呈旋转状排列 ··········· ··· 半日花科 Cistaceae

（半日花属 *Helianthemum*）

212. 叶常互生；萼片相等，呈覆瓦状或镊合状排列。

213. 植物体内含有色泽的汁液；叶具掌状脉，全缘；萼片 5 片，互相分离，基部有腺体；种皮肉质，红色 ······························· 红木科 Bixaceae

（红木属 *Bixa*）

213. 植物体内不含有色泽的汁液；叶具羽状脉或掌状脉，叶缘有锯齿或全缘；萼片 3 ~ 8 片，离生或合生；种皮坚硬，干燥 ··············· 大风子科 Flacourtiaceae

211. 草本植物，如为木本植物时，则具有显著的子房柄；果实为浆果或核果。

214. 植物体内含乳汁；萼片 2 ~ 3 ························· 罂粟科 Papaveraceae

214. 植物体内不含乳汁；萼片 4 ~ 8。

215. 叶为单叶或掌状复叶；花瓣完整；长角果 ············· 山柑科 Capparidaceae

215. 叶为单叶，或为羽状复叶或分裂；花瓣具缺刻或细裂；蒴果仅于顶端裂开 ··········· ··· 木犀草科 Resedaceae

208. 子房 2 室至多室，或为不完全的 2 至多室。

216. 草本植物，具多少有些呈花瓣状的萼片。（次 216 项见 279 页）

217. 水生植物；花瓣为多数雄蕊或鳞片状的蜜腺叶所代替·············· 睡莲科 Nymphaeaceae

（萍蓬草属 *Nuphar*）

217. 陆生植物；花瓣不为蜜腺叶所代替。

218. 一年生草本植物；叶呈羽状细裂；花两性 ·············· 毛茛科 Ranunculaceae

（黑种草属 *Nigella*）

218. 多年生草本植物；叶全缘而呈掌状分裂；雌雄同株 ·············· 大戟科 Euphorbiaceae

（麻疯树属 *Jatropha*）

216. 木本植物，或陆生草本植物，常不具呈花瓣状的萼片。

　219. 萼片在花蕾时呈镊合状排列。

　　220. 雄蕊互相分离或连成数束。

　　　221. 花药1室或数室；叶为掌状复叶或单叶，全缘，具羽状脉 ………… 木棉科 Bombacaceae

　　　221. 花药2室；叶为单叶，叶缘有锯齿或全缘。

　　　　222. 花药以顶端2孔裂开 ……………………………………… 杜英科 Elaeocarpaceae

　　　　222. 花药纵长裂开 ……………………………………………… 椴树科 Tiliaceae

　　220. 雄蕊连为单体，至少内层者为单体，并且多少有些连成管状。

　　　223. 花单性；萼片2或3片 ……………………………………… 大戟科 Euphorbiaceae

　　　　　　　　　　　　　　　　　　　　　　　　　　　　　　（石栗属 Aleurites）

　　　223. 花常两性；萼片多5片，稀可较少。

　　　　224. 花药2室或更多室。

　　　　　225. 无副萼；多有不育雄蕊；花药2室；叶为单叶或掌状分裂 …………

　　　　　　　　……………………………………………………… 梧桐科 Sterculiaceae

　　　　　225. 有副萼；无不育雄蕊；花药数室；叶为单叶，全缘且具羽状脉 …………

　　　　　　　　……………………………………………………… 木棉科 Bombacaceae

　　　　　　　　　　　　　　　　　　　　　　　　　　　　　　（榴莲属 Durio）

　　　　224. 花药1室。

　　　　　226. 花粉粒表面平滑；叶为掌状复叶 …………………………… 木棉科 Bombacaceae

　　　　　　　　　　　　　　　　　　　　　　　　　　　　　　（木棉属 Bombax）

　　　　　226. 花粉粒表面有刺；叶有各种情形 …………………………… 锦葵科 Malvaceae

　219. 萼片在花蕾时呈覆瓦状或旋转状排列，或有时近于呈镊合状排列（如大戟科的巴豆属 *Croton*）。

　　227. 雌雄同株或稀异株；果实为蒴果，由2~4个各自裂为2片的离果所组成 …………

　　　　……………………………………………………………………… 大戟科 Euphorbiaceae

　　227. 花常两性，或在猕猴桃科的猕猴桃属 *Actinidia* 中为杂性或雌雄异株；果实为其他情形。

　　　228. 萼片在果实时增大且成翅状；雄蕊具伸长的花药隔………… 龙脑香科 Dipterocarpaceae

　　　228. 萼片及雄蕊二者不为上述情形。

　　　　229. 雄蕊排列成二层，外层10个和花瓣对生，内层5个和萼片对生 …………

　　　　　　………………………………………………………………… 蒺藜科 Zygophyllaceae

　　　　　　　　　　　　　　　　　　　　　　　　　　　　　　（骆驼蓬属 Peganum）

　　　　229. 雄蕊的排列为其他情形。

　　　　　230. 食虫的草本植物；叶基生，呈管状，其上再具有小叶片 …………

　　　　　　………………………………………………………………… 瓶子草科 Sarraceniaceae

　　　　　230. 不是食虫植物；叶茎生或基生，但不呈管状。

　　　　　　231. 植物体呈耐寒旱状；叶为全缘单叶。

　　　　　　　232. 叶对生或上部互生；萼片5片，互不相等，外面2片较小或有时退化，内面3片较大，成旋转状排列，宿存；花瓣早落 ………… 半日花科 Cistaceae

　　　　　　　232. 叶互生；萼片5片，大小相等；花瓣宿存；在内侧基部各有2舌状物 ……

　　　　　　　　……………………………………………………………… 柽柳科 Tamaricaceae

　　　　　　　　　　　　　　　　　　　　　　　　　　　　　　（红砂属 Reaumuria）

　　　　　　231. 植物体不是耐寒旱状；叶常互生；萼片2~5片，彼此相等；呈覆瓦状或稀呈镊合状排列。

　　　　　　　233. 草本或木本植物；花为4出数，或其萼片多为2片且早落。（次232项见280页）

　　　　　　　234. 植物体内含乳汁；无或有极短子房柄；种子有丰富胚乳 …………

· 罂粟科 Papaveraceae

234. 植物体内不含乳汁；有细长的子房柄；种子无或有少量胚乳 · 山柑科 Capparidaceae

233. 木本植物；花常为 5 出数，萼片宿存或脱落。

235. 果实为具 5 个棱角的蒴果，分成 5 个骨质并各含 1 或 2 种子的心皮后，再各沿其缝线而 2 瓣裂开 · 蔷薇科 Rosaceae

（白鹃梅属 *Exochorda*）

235. 果实不为蒴果，如为蒴果时则为胞背裂开。

236. 蔓生或攀援的灌木；雄蕊互相分离；子房 5 室或更多室；浆果，常可食 · 猕猴桃科 Actinidiaceae

236. 直立乔木或灌木；雄蕊至少在外层连为单体，或连成 3～5 束而着生于花瓣的基部；子房 3～5 室。

237. 花药能转动，以顶端孔裂开；浆果；胚乳颇丰富 · 猕猴桃科 Actinidiaceae

（水冬哥属 *Saurauia*）

237. 花药能或不能转动，常纵长裂开；果实有各种情形；胚乳通常量微小 · 山茶科 Theaceae

161. 成熟雄蕊 10 个或较少，如多于 10 个，其数不超过花瓣的 2 倍。

238. 成熟雄蕊和花瓣同数，且和花瓣对生。（次 238 项见 281 页）

239. 雌蕊 3 个至多数，离生。

240. 直立草本或亚灌木；花两性，5 出数 · 蔷薇科 Rosaceae

（地蔷薇属 *Chamaerhodos*）

240. 木质或草质藤本；花单性，常为 3 出数。

241. 叶常为单叶；花小型；核果；心皮 3～6 个，呈星状排列，各含 1 胚珠 · · · · · · · · · 防己科 Menispermaceae

241. 叶为掌状复叶或由 3 小叶组成；花中型；浆果；心皮 3 至多数，轮状或螺旋状排列，各含 1 个或多数胚珠 · 木通科 Lardizabalaceae

239. 雌蕊 1 个。

242. 子房 2 至数室。

243. 花萼裂齿不明显或微小；以卷须缠绕他物的灌木或草本植物 · · · · · · · · · · · · · · · · · · 葡萄科 Vitaceae

243. 花萼具 4～5 裂片；乔木、灌木或草本植物，有时虽为缠绕性，但无卷须。

244. 雄蕊连成单体。

245. 叶为单叶；每子房室含胚珠 2～6 个（或在可可树亚族 *Theobromineae* 中为多数） · 梧桐科 Sterculiaceae

245. 叶为掌状复叶；每子房室含胚珠多数 · · · · · · · · · · · · · · 木棉科 Bombacaceae

（吉贝属 *Ceiba*）

244. 雄蕊互相分离，或稀可在其下部连成一管。

246. 叶无托叶；萼片各不相等，呈覆瓦状排列；花瓣不相等，在内层的 2 片常很小 · 清风藤科 Sabiaceae

246. 叶常有托叶；萼片同大，呈镊合状排列；花瓣均大小同形。

247. 叶为单叶 · 鼠李科 Rhamnaceae

247. 叶为 1～3 回羽状复叶 · 葡萄科 Vitaceae

（火筒树属 *Leea*）

242. 子房 1 室（在马齿苋科的土人参属 *Talinum* 及铁青树科的铁青树属 *Olax* 中子房的下部多少有些成为 3 室）。

248. 子房下位或半下位。（次 248 项见 281 页）

249. 叶互生，边缘常有锯齿；蒴果 · 大风子科 Flacourtiaceae

（天料木属 *Homalium*）

249. 叶多对生或轮生，全缘；浆果或核果 ………………………………… 桑寄生科 Loranthaceae

248. 子房上位。

250. 花药以舌瓣裂开 ……………………………………………………… 小檗科 Berberidaceae

250. 花药不以舌瓣裂开。

251. 缠绕草本；胚珠 1 个；叶肥厚，肉质 …………………………… 落葵科 Basellaceae

（落葵属 *Basella*）

251. 直立草本，或有时为木本；胚珠 1 个至多数。

252. 雄蕊连成单体；胚珠 2 个 …………………………………… 梧桐科 Sterculiaceae

（蛇婆子属 *Waltheria*）

252. 雄蕊互相分离；胚珠 1 个至多数。

253. 花瓣 6~9 片；雌蕊单纯 ………………………………… 小檗科 Berberidaceae

253. 花瓣 4~8 片；雌蕊复合。

254. 常为草本；花萼有 2 个分离萼片。

255. 花瓣 4 片；侧膜胎座 ……………………………… 罂粟科 Papaveraceae

（角茴香属 *Hypecoum*）

255. 花瓣常 5 片；基底胎座 …………………………… 马齿苋科 Portulacaceae

254. 乔木或灌木，常蔓生；花萼呈倒圆锥形或杯状。

256. 通常雌雄同株；花萼裂片 4~5；花瓣呈覆瓦状排列；无不育雄蕊；胚珠有 2 层珠被

…………………………………………………… 紫金牛科 Myrsinaceae

（酸藤子属 *Embelia*）

256. 花两性；花萼于开花时微小，而具不明显的齿裂；花瓣多为镊合状排列；有不育雄

蕊（有时为蜜腺）；胚珠无珠被。

257. 花萼于果时增大；子房下部为 3 室，上部为 1 室，内含 3 个胚珠 …………………

…………………………………………………… 铁青树科 Olacaceae

（铁青树属 *Olax*）

257. 花萼于果时不增大；子房 1 室，内仅含 1 个胚珠……………… 山柚子科 Opiliaceae

238. 成熟雄蕊和花瓣不同数，如同数则雄蕊和花瓣互生。

258. 雌雄异株；雄蕊 8 个，其中 5 个较长，有伸出花外的花丝，且和花瓣相互生，另 3 个则较短而藏于花

内；灌木或灌木状草本；互生或对生单叶；心皮单生；雌花无花被，无梗，贴生于宽圆形的叶状苞片

上 ……………………………………………………………………… 漆树科 Anacardiaceae

（九子母属 *Dobinea*）

258. 花两性或单性，为雌雄异株时，其雄花中也无上述情形的雄蕊。

259. 花萼或其筒部和子房多少有些相连合。（次 259 项见 283 页）

260. 每子房室内含胚珠或种子 2 个至多数。（次 260 项见 282 页）

261. 花药为顶端孔裂；草本或木本植物；叶对生或轮生，多于叶片基部具 3~9 脉 …………………

……………………………………………………………………… 野牡丹科 Melastomataceae

261. 花药纵长裂开。

262. 草本或亚灌木；有时为攀援性。（次 262 项见 282 页）

263. 具卷须的攀援草本；花单性 ………………………………… 葫芦科 Cucurbitaceae

263. 无卷须的植物；花常两性。

264. 萼片或花萼裂片 2 片；植物体多少肉质而多水分 ………… 马齿苋科 Portulacaceae

（马齿苋属 *Portulaca*）

264. 萼片或花萼裂片 4~5 片；植物体常不为肉质。

265. 花萼裂片呈覆瓦状或镊合状排列；花柱 2 个或更多；种子具胚乳 …………

………………………………………………………… 虎耳草科 Saxifragaceae

265. 花萼裂片呈镊合状排列；花柱1个，具2~4裂，或为1呈头状的柱头；种子无胚乳 ……
……………………………………………………… 柳叶菜科 Onagraceae
262. 乔木或灌木，有时为攀援性。
 266. 叶互生。
  267. 花数朵至多数成头状花序；常绿乔木；叶革质，全缘或具浅裂 …… 金缕梅科 Hamamelidaceae
  267. 花成总状或圆锥花序。
   268. 灌木；叶为掌状分裂，基部具3~5脉；子房1室，有多数胚珠；浆果 ………
   ………………………………………………… 虎耳草科 Saxifragaceae
   （茶藨子属 *Ribes*）
   268. 乔木或灌木；叶缘有锯齿或细锯齿，有时全缘，具羽状脉；子房3~5室，每室内含2
   至数个胚珠，或在山茉莉属 *Huodendron* 为多数；干燥或木质核果，或蒴果，有时具棱
   角或有翅 ………………………………………… 安息香科 Styracaceae
 266. 叶常对生（使君子科的榄李属 *Lumnitzera* 例外，同科的风车子属 *Combretum* 也有时互生，或
  互生和对生共存于一枝上）。
  269. 胚珠多数，除冠盖藤属 *Pileostegia* 自子房室顶端垂悬外，均位于侧膜或中轴胎座上；浆果
  或蒴果；叶缘有锯齿或为全缘，但均无托叶；种子含胚乳 …… 虎耳草科 Saxifragaceae
  269. 胚珠2个至数个，近于子房室顶端垂悬；叶全缘或有圆锯齿；果实多不裂开，内有种子1
  至数个。
   270. 乔木或灌木，常为蔓生，无托叶，不为形成海岸林的组成分子（榄李属 *Lumnitzera* 例
   外）；种子无胚乳，落地后始萌芽………………………… 使君子科 Combretaceae
   270. 常绿灌木或小乔木，具托叶；多为形成海岸林的主要组成分子；种子常有胚乳，在落
   地前即萌芽（胎生）………………………… 红树科 Rhizophoraceae
260. 每子房室内仅含胚珠或种子1个。
 271. 果实裂开为2个干燥的离果，并同悬于一果梗上；花序常为伞形花序（在变豆菜属 *Sanicula* 及鸭
  儿芹属 *Cryptotaenia* 中为不规则的花序，在刺芹属 *Eryngium* 中则为头状花序）………………
  ………………………………………………… 伞形科 Umbelliferae
 271. 果实不裂开或裂开而不是上述情形的；花序可为各种型式。
  272. 草本植物。
   273. 花柱或柱头2~4个；种子具胚乳；果实为小坚果或核果，具棱角或有翅 …………………
   ………………………………………………… 小二仙草科 Haloragidaceae
   273. 花柱1个，具有1头状或呈2裂的柱头；种子无胚乳。
    274. 陆生草本植物，具对生叶；花为2出数；果实为一具钩状刺毛的坚果 …………………
    ………………………………………………… 柳叶菜科 Onagraceae
    （露珠草属 *Circaea*）
    274. 水生草本植物，有聚生而漂浮水面的叶片；花为4出数；果实为具2~4刺的坚果（栽培
    种果实可无显著的刺）………………………… 菱科 Trapaceae
    （菱属 *Trapa*）
  272. 木本植物。
   275. 果实干燥或为蒴果状。
    276. 子房2室；花柱2个 …………………………… 金缕梅科 Hamamelidaceae
    276. 子房1室；花柱1个。
     277. 花序伞房状或圆锥状 …………………………… 莲叶桐科 Hernandiaceae
     277. 花序头状 …………………………………………… 珙桐科 Nyssaceae
     （喜树属 *Camptotheca*）
   275. 果实核果状或浆果状。
    278. 叶互生或对生；花瓣呈镊合状排列；花序有各种型式，但稀为伞形或头状，有时且可生
    于叶片上。（次278项见283页）

279. 花瓣 3～5 片，卵形至披针形；花药短 ································· 山茱萸科 Cornaceae

279. 花瓣 4～10 片，狭窄形并向外翻转；花药细长 ······················ 八角枫科 Alangiaceae

（八角枫属 *Alangium*）

278. 叶互生；花瓣呈覆瓦状或镊合状排列；花序常为伞形或呈头状。

280. 子房 1 室；花柱 1 个；花杂性兼雌雄异株，雌花单生或以少数至数朵聚生，雌花多数，腋生为有花梗的簇丛 ······················· 蓝果树科 Nyssaceae

（蓝果树属 *Nyssa*）

280. 子房 2 室或更多室；花柱 2～5 个；如子房为 1 室而具 1 花柱时（例如马蹄参属 *Diplopanax*），则花两性，形成顶生类似穗状的花序 ······················ 五加科 Araliaceae

259. 花萼和子房相分离。

281. 叶片中有透明微点。

282. 花整齐，稀可两侧对称；果实不为荚果 ······················· 芸香科 Rutaceae

282. 花整齐或不整齐；果实为荚果 ······························· 豆科 Leguminosae

281. 叶片中无透明微点。

283. 雌蕊 2 个或更多，互相分离或仅有局部的连合；也可子房分离而花柱连合成 1 个。（次 283 项见 284 页）

284. 多水分的草本，具肉质的茎及叶 ························· 景天科 Crassulaceae

284. 植物体为其他情形。

285. 花为周位花。

286. 花的各部分呈螺旋状排列，萼片逐渐变为花瓣；雄蕊 5 或 6 个；雌蕊多数 ····················
 ···················· 蜡梅科 Calycanthaceae

（蜡梅属 *Chimonanthus*）

286. 花的各部分呈轮状排列，萼片和花瓣甚有分化。

287. 雌蕊 2～4 个，各有多数胚珠；种子有胚乳；无托叶 ············ 虎耳草科 Saxifragaceae

287. 雌蕊 2 个至多数，各有 1 至数个胚珠；种子无胚乳；有或无托叶 ······ 蔷薇科 Rosaceae

285. 花为下位花，或在悬铃木科中微呈周位。

288. 草本或亚灌木。

289. 各子房的花柱互相分离。

290. 叶常互生或基生，多少有些分裂；花瓣脱落性，较萼片大，或在天葵属 *Semiaquilegia* 中稍小于呈花瓣状的萼片 ······················· 毛茛科 Ranunculaceae

290. 叶对生或轮生，为全缘单叶；花瓣宿存性，较萼片小 ············· 马桑科 Coriariaceae

（马桑属 *Coriaria*）

289. 各子房合具 1 共同的花柱或柱头；叶为羽状复叶；花为 5 出数；花萼宿存；花中有和花瓣互生的腺体；雄蕊 10 个 ······················ 牻牛儿苗科 Geraniaceae

（熏倒牛属 *Biebersteinia*）

288. 乔木、灌木或木本的攀援植物。

291. 叶为单叶。（次 291 项见 284 页）

292. 叶对生或轮生 ······························· 马桑科 Coriariaceae

（马桑属 *Coriaria*）

292. 叶互生。

293. 叶为脱落性，具掌状脉；叶柄基部扩张成帽状以覆盖腋芽 ······· 悬铃木科 Platanaceae

（悬铃木属 *Platanus*）

293. 叶为常绿性或脱落性，具羽状脉。

294. 雌蕊 7 个至多数（稀可少至 5 个）；直立或缠绕灌木；花两性或单性 ···················
 ···················· 木兰科 Magnoliaceae

294. 雌蕊 4~6 个；乔木或灌木；花两性。

　　295. 子房 5 或 6 个，以 1 共同的花柱而连合，各子房均成熟为核果 ……………

　　……………………………………………………………………… 金莲木科 Ochnaceae

　　　　　　　　　　　　　　　　　　　　　　　　　　　　（赛金莲木属 *Ouratea*）

　　295. 子房 4~6 个，各具 1 花柱，仅有 1 子房可成熟为核果 …… 漆树科 Anacardiaceae

　　　　　　　　　　　　　　　　　　　　　　　　　　　　（山檬仔属 *Buchanania*）

291. 叶为复叶。

296. 叶对生 ……………………………………………………… 省沽油科 Staphyleaceae

296. 叶互生。

　　297. 木质藤本；叶为掌状复叶或三出复叶 …………………… 木通科 Lardizabalaceae

　　297. 乔木或灌木（有时在牛栓藤科 Connaraceae 中有缠绕性者）；叶为羽状复叶。

　　　　298. 果实为 1 含多数种子的浆果，状似猫屎（圆柱形略弯曲）………………

　　　　…………………………………………………………… 木通科 Lardizabalaceae

　　　　　　　　　　　　　　　　　　　　　　　　　　　　（猫儿屎属 *Decaisnea*）

　　　　298. 果实为其他情形。

　　　　　　299. 果实为蓇葖果 ………………………………… 牛栓藤科 Connaraceae

　　　　　　299. 果实为离果，或在臭椿属 *Ailanthus* 中为翅果 ………… 苦木科 Simaroubaceae

283. 雌蕊 1 个，或至少其子房为 1 个。

300. 雌蕊或子房是单纯的，仅 1 室。

301. 果实为核果或浆果。

　　302. 花为 3 出数，稀 2 出数；花药以舌瓣裂开 ………………………… 樟科 Lauraceae

　　302. 花为 5 出或 4 出数；花药纵长裂开。

　　　　303. 落叶具刺灌木；雄蕊 10 个，周位，均可发育………………… 蔷薇科 Rosaceae

　　　　　　　　　　　　　　　　　　　　　　　　　　　　（扁核木属 *Prinsepia*）

　　　　303. 常绿乔木；雄蕊 1~5 个，下位，常仅其中 1 或 2 个发育 ……… 漆树科 Anacardiaceae

　　　　　　　　　　　　　　　　　　　　　　　　　　　　（芒果属 *Mangifera*）

301. 果实为蓇葖果或荚果。

304. 果实为蓇葖果。

　　305. 落叶灌木；叶为单叶；蓇葖果内含 2 至数个种子 ………………………… 蔷薇科 Rosaceae

　　　　　　　　　　　　　　　　　　　　　　　　　　（绣线菊亚科 Spiraeoideae）

　　305. 常为木质藤本；叶多为单数复叶或具 3 小叶，有时因退化而只有 1 小叶；蓇葖果内仅含

　　　　1 个种子 ……………………………………………………… 牛栓藤科 Connaraceae

304. 果实为荚果 ………………………………………………………… 豆科 Leguminosae

300. 雌蕊或子房并非单纯者，有 1 个以上的子房室或花柱、柱头、胎座等部分。

306. 子房 1 室或因有 1 假隔膜的发育而成 2 室，有时下部 2~5 室，上部 1 室。（次 306 项见 286
页）

307. 花下位，花瓣 4 片，稀可更多。（次 307 项见 285 页）

308. 萼片 2 片 ………………………………………………………… 罂粟科 Papaveraceae

308. 萼片 4~8 片。

　　309. 子房柄常细长，呈线状 ………………………………… 白花菜科 Capparidaceae

　　309. 子房柄极短或不存在。

　　　　310. 子房为 2 个心皮连合组成，常具 2 子房室及 1 假隔膜………… 十字花科 Cruciferae

　　　　310. 子房 3~6 个心皮连合组成，仅 1 子房室。

　　　　　　311. 叶对生，微小，为耐寒旱性；花为辐射对称；花瓣完整，具瓣爪，其内侧有舌
　　　　　　状的鳞片附属物 ………………………………………… 瓣鳞花科 Frankeniaceae

　　　　　　　　　　　　　　　　　　　　　　　　　　　　（瓣鳞花属 *Frankenia*）

311. 叶互生，显著，非为耐寒旱性；花瓣两侧对称；花瓣常分裂，但其内侧并无鳞片状的附属物 ……………………………………………… 木犀草科 Resedaceae

307. 花周位或下位，花瓣 3~5 片，稀可 2 片或更多。

312. 每子房室内仅有胚珠 1 个。

313. 乔木，或稀为灌木；叶常为羽状复叶。

314. 叶常为羽状复叶，具托叶及小托叶 ………………………… 省沽油科 Staphyleaceae

（瘿椒树属 Tapiscia）

314. 叶为羽状复叶或单叶，无托叶及小托叶 ……………… 漆树科 Anacardiaceae

313. 木本或草本；叶为单叶。

315. 通常均为木本，稀在樟科的无根藤属 Cassytha 为缠绕性寄生草本；叶常互生，无膜质托叶。

316. 乔木或灌木；无托叶；花为 3 出或 2 出数；萼片和花瓣同形，稀可花瓣较大。花药以舌瓣裂开；浆果或核果 ……………………………… 樟科 Lauraceae

316. 蔓生性的灌木，茎为合轴型，具钩状的分枝；托叶小而早落；花为 5 出数，萼片和花瓣不同形，前者于结实时增大成翅状；花药纵长裂开；坚果 …………………

……………………………………………… 钩枝藤科 Ancistrocladaceae

（钩枝藤属 Ancistrocladus）

315. 草本或亚灌木；叶互生或对生，具膜质托叶鞘 ………………… 蓼科 Polygonaceae

312. 每子房室内有胚珠 2 个至多数。

317. 乔木、灌木或木质藤本。（次 317 项见 286 页）

318. 花瓣雄蕊均着生于花萼上 ……………………………… 千屈菜科 Lythraceae

318. 花瓣雄蕊均着生于花托上（或于西番莲科中雄蕊着生于子房柄上）

319. 核果或翅果，仅有 1 种子。

320. 花萼具显著的 4 或 5 裂片或裂齿，微小而不能长大 ……… 茶茱萸科 Icacinaceae

320. 花萼呈截平头或具不明显的萼齿，微小，但能在果实上增大 …………………

……………………………………………… 铁青树科 Olacaceae

（铁青树属 Olax）

319. 蒴果或浆果，内有 2 个至多数种子。

321. 花两侧对称。

322. 叶为 2~3 回羽状复叶；雄蕊 5 个 ………………………… 辣木科 Moringaceae

（辣木属 Moringa）

322. 叶为全缘的单叶；雄蕊 8 个 ………………… 远志科 Polygalaceae

321. 花辐射对称；叶为单叶或掌状分裂。

323. 花瓣有直立而常彼此衔接的瓣爪 …………………… 海桐花科 Pittosporaceae

（海桐花属 Pittosporum）

323. 花瓣不具细长的瓣爪。

324. 植物体为耐寒旱性；有鳞片状或细长形的叶片；花无小苞片 ……………

……………………………………………… 柽柳科 Tamariceae

324. 植物体非为耐寒旱性，具有较宽大的叶片。

325. 花两性。

326. 花萼和花瓣不甚分化，且前者较大 ………… 大风子科 Flacourtiaceae

（红子木属 Erythrospermurn）

326. 花萼和花瓣有分化，前者很小 ………………… 堇菜科 Violaceae

（三角车属 Rinorea）

325. 雌雄异株或花杂性。

327. 乔木；花的每一花瓣基部各具位于内方的一鳞片；无子房柄 ………

.... 大风子科 Flacourtiaceae

（大风子属 *Hydnocarpus*）

327. 多为具卷须而攀援的灌木；花常具由 5 鳞片所组成的副冠，各鳞片和萼片相对生；有子房柄 .... 西番莲科 Passifloraceae

（蒴莲属 *Adenia*）

317. 草本或亚灌木。

328. 胎座位于子房室的中央或基底。

329. 花瓣着生于花萼的喉部 .... 千屈菜科 Lythraceae

329. 花瓣着生于花托上。

330. 萼片 2 片；叶互生，稀可对生 .... 马齿苋科 Portulacaceae

330. 萼片 5 或 4 片；叶对生 .... 石竹科 Caryophyllaceae

328. 胎座为侧膜胎座。

331. 食虫植物，具生有腺体刚毛的叶片 .... 茅膏菜科 Droseraceae

331. 非为食虫植物，也无生有腺体毛茸的叶片。

332. 花两侧对称。

333. 花有一位于前方的距状物；蒴果 3 瓣裂开 .... 堇菜科 Violaceae

333. 花有一位于后方的大型花盘；蒴果仅于顶端裂开 ..... 木犀草科 Resedaceae

332. 花整齐或近于整齐。

334. 植物体为耐寒旱性；花瓣内侧各有 1 舌状的鳞片........ 瓣鳞花科 Frankeniaceae

（瓣鳞花属 *Frankenia*）

334. 植物体非为耐寒旱性；花瓣内侧无鳞片的舌状附属物。

335. 花中有副冠及子房柄 .... 西番莲科 Passifloraceae

（西番莲属 *Passifiora*）

335. 花中无副冠及子房柄 .... 虎耳草科 Saxifragaceae

306. 子房 2 室或更多室。

336. 花瓣形状彼此极不相等。

337. 每子房室内有数个至多数胚珠。

338. 子房 2 室 .... 虎耳草科 Saxifragaceae

338. 子房 5 室 .... 凤仙花科 Balsaminaceae

337. 每子房室内仅有 1 个胚珠。

339. 子房 3 室；雄蕊离生；叶盾状，叶缘具棱角或波纹 .... 旱金莲科 Tropaeolaceae

（旱金莲属 *Tropaeolum*）

339. 子房 2 室（稀可 1 或 3 室）；雄蕊连合为一单体；叶不呈盾状，全缘 .... 远志科 Polygalaceae

336. 花瓣形状彼此相等或微有不等，且有时花也可为两侧对称。

340. 雄蕊数和花瓣数既不相等，也不是它的倍数。（次 340 项见 287 页）

341. 叶对生。

342. 雄蕊 4 ～ 10 个，常 8 个。

343. 蒴果 .... 七叶树科 Hippocastanaceae

343. 翅果 .... 槭树科 Aceraceae

342. 雄蕊 2 或 3 个，也稀为 4 或 5 个。

344. 萼片及花瓣均为 5 出数；雄蕊多为 3 个 .... 翅子藤科 Hippocrateaceae

344. 萼片及花瓣均为 4 出数；雄蕊 2 个，稀可 3 个 .... 木犀科 Oleaceae

341. 叶互生。

345. 叶为单叶，多全缘，或在油桐属 *Aleurites* 中具 3 ～ 7 裂片；花单性 ....

.... 大戟科 Euphorbiaceae

345. 叶为单叶或复叶；花两性或杂性。

 346. 萼片为镊合状排列；雄蕊连成单体 ··············· 梧桐科 Sterculiaceae

 346. 萼片为覆瓦状排列；雄蕊离生。

  347. 子房 4 或 5 室，每子房室内有 8~12 胚珠；种子具翅 ········· 楝科 Meliaceae

                    （香椿属 *Toona*）

  347. 子房常 3 室，每子房室内有 1 至数个胚珠；种子无翅。

   348. 花小型或中型，下位，萼片互相分离或微有连合 ········ 无患子科 Sapindaceae

   348. 花大型，美丽，周位，萼片互相连合成一钟形的花萼 ··············

           ············· 伯乐树科 Bretschneideraceae

                 （伯乐树属 *Bretschneidera*）

340. 雄蕊和花瓣数相等，或是花瓣数的倍数。

 349. 每子房室内有胚珠或种子 3 至多数。（次 349 项见 288 页）

  350. 叶为复叶。

   351. 雄蕊连合成为单体 ············· 酢浆草科 Oxalidaceae

   351. 雄蕊彼此相互分离。

    352. 叶互生。

     353. 叶为 2~3 回的三出叶，或为掌状叶 ············· 虎耳草科 Saxifragaceae

                   （落新妇属 *Astilbe*）

     353. 叶为 1 回羽状复叶 ············· 楝科 Meliaceae（香椿属 *Toona*）

    352. 叶对生。

     354. 叶为双数羽状复叶 ············· 蒺藜科 Zygophyllaceae

     354. 叶为单数羽状复叶 ············· 省沽油科 Staphyleaceae

  350. 叶为单叶。

   355. 草本或亚灌木。

    356. 花周位；花托多少有些中空。

     357. 雄蕊着生于杯状花托的边缘 ············· 虎耳草科 Saxifragaceae

     357. 雄蕊着生于杯状或管状花萼（或花托）的内侧 ········ 千屈菜科 Lythraceae

    356. 花下位；花托常扁平。

     358. 叶对生或轮生，常全缘。

      359. 水生或沼泽草本，有时（例如田繁缕属 *Bergia*）为亚灌木；有托叶 ·········

               ············· 沟繁缕科 Elatinaceae

      359. 陆生草本；无托叶 ············· 石竹科 Caryophyllaceae

     358. 叶互生或基生，稀可对生，边缘有锯齿，或退化为无绿色组织的鳞片。

      360. 草本或亚灌木；有托叶；萼片呈镊合状排列，脱落性 ··············

               ············· 椴树科 Tiliaceae

          （黄麻属 *Corchorus*，田麻属 *Corchoropsis*）

      360. 多年生常绿草本，或为死物寄生植物而无绿色组织；无托叶；萼片呈覆

        瓦状排列，宿存 ············· 鹿蹄草科 Pyrolaceae

   355. 木本植物。

    361. 花瓣常有彼此衔接或其边缘互相依附的柄状瓣爪 ····· 海桐花科 Pittosporaceae

                 （海桐花属 *Pittosporum*）

    361. 花瓣无瓣爪，或仅具互相分离的细长柄状瓣爪。

     362. 花托空凹；萼片呈镊合状或覆瓦状排列。（次 362 项见 288 页）

      363. 叶互生，边缘有锯齿，常绿性 ············· 虎耳草科 Saxifragaceae

                   （鼠刺属 *Itea*）

      363. 叶对生或互生，全缘，脱落性。

       364. 子房 2~6 室，仅具 1 花柱；胚珠多数，着生于中轴胎座上 ··········

·· 千屈菜科 Lythraceae

364. 子房2室，具2花柱；胚珠数个，垂悬于中轴胎座上 ····················

··· 金缕梅科 Hamamelidaceae

（双花木属 *Disanthus*）

362. 花托扁平或微凸起；萼片呈覆瓦状或在杜英科中呈镊合状排列。

365. 花为4出数；果实呈浆果状或核果状；花药纵长裂开或顶端舌瓣裂开。

366. 穗状花序腋生于当年新枝上；花瓣先端具齿裂 ····· 杜英科 Elaeocarpaceae

（杜英属 *Elaeocarpus*）

366. 穗状花序腋生于昔年老枝上；花瓣完整 ········ 旌节花科 Stachyuraceae

（旌节花属 *Stachyurus*）

365. 花为5出数；果实呈蒴果状；花药顶端孔裂。

367. 花粉粒单纯；子房3室 ······························· 桤叶树科 Clethraceae

（桤叶树属 *Clethra*）

367. 花粉粒复合，成为四合体；子房5室 ··············· 杜鹃花科 Ericaceae

349. 每子房室内有胚珠或种子1或2个。

368. 草本植物，有时基部呈灌木状。

369. 花单性、杂性，或雌雄异株。

370. 具卷须的藤本；叶为2回三出复叶 ················ 无患子科 Sapindaceae

（倒地铃属 *Cardiospermum*）

370. 直立草本或亚灌木；叶为单叶 ···················· 大戟科 Euphorbiaceae

369. 花两性。

371. 萼片呈镊合状排列；果实有刺 ······················· 椴树科 Tiliaceae

（刺蒴麻属 *Triumfetta*）

371. 萼片呈覆瓦状排列；果实无刺。

372. 雄蕊彼此分离；花柱互相连合 ···················· 牻牛儿苗科 Geraniaceae

372. 雄蕊互相连合；花柱彼此分离 ···················· 亚麻科 Linaceae

368. 木本植物。

373. 叶肉质，通常仅为1对小叶所组成的复叶 ················ 蒺藜科 Zygophyllaceae

373. 叶为其他情形。

374. 叶对生；果实为1、2或3个翅果所组成。

375. 花瓣细裂或具齿裂；每果实有3个翅果 ·········· 金虎尾科 Malpighiaceae

375. 花瓣全缘；每果实具2个或连合为1个的翅果 ············· 槭树科 Aceraceae

374. 叶互生，如为对生时，则果实不为翅果。

376. 叶为复叶，或稀可为单叶而有具翅的果实。（次376项见289页）

377. 雄蕊连为单体。

378. 萼片及花瓣均为3出数；花药6个，花丝生于雄蕊管的口部 ············

··· 橄榄科 Burseraceae

378. 萼片及花瓣均为4至6出数；花药8~12个，无花丝，直接着生于雄蕊

管的喉部或裂齿之间 ·· 楝科 Meliaceae

377. 雄蕊各自分离。

379. 叶为单叶；果实为一具3翅而其内仅有1个种子的小坚果 ··············

··· 卫矛科 Celastraceae

（雷公藤属 *Tripterygium*）

379. 叶为复叶；果实无翅。

380. 花柱 3~5 个；叶常互生，脱落性 ············· 漆树科 Anacardiaceae

380. 花柱 1 个；叶互生或对生。

381. 叶为羽状复叶，互生，常绿性或脱落性；果实有各种类型 ········
·· 无患子科 Sapindaceae

381. 叶为掌状复叶，对生，脱落性；果实为蒴果 ···················
·· 七叶树科 Hippocastanaceae

376. 叶为单叶；果实无翅。

382. 雄蕊连成单体，或如为 2 轮时，至少其内轮者如此，有时其花药无花丝
（例如大戟科的三宝木属 *Trigonostemon*）。

383. 花单性；萼片或花萼裂片 2~6 片，呈镊合状或覆瓦状排列 ··········
·· 大戟科 Euphorbiaceae

383. 花两性；萼片 5 片，呈覆瓦状排列。

384. 果实呈蒴果状；子房 3~5 室，各室均可成熟 ········ 亚麻科 Linaceae

384. 果实呈核果状；子房 3 室，其中的 2 室多为不孕性，仅 1 室可成熟，而
有 1 或 2 个胚珠 ·················· 古柯科 Erythroxylaceae
（古柯属 *Erythroxylum*）

382. 雄蕊各自分离，有时在毒鼠子科中可和花瓣相连合而形成 1 管状物。

385. 果呈蒴果状。

386. 叶互生或稀对生；花下位。

387. 叶脱落性或常绿性；花单性或两性；子房 3 室，稀 2 或 4 室，有时
可多至 15 室（例如算盘子属 *Glochidion*）··················
·· 大戟科 Euphorbiaceae

387. 叶常绿性；花两性；子房 5 室 ·········· 五列木科 Pentaphylacaceae
（五列木属 *Pentaphylax*）

386. 叶对生或互生；花周位 ·················· 卫矛科 Celastraceae

385. 果呈核果状，有时木质化，或呈浆果状。

388. 种子无胚乳，胚体肥大而多肉质。

389. 雄蕊 10 个 ························· 蒺藜科 Zygophyllaceae

389. 雄蕊 4 或 5 个。

390. 叶互生；花瓣 5 片，各 2 裂或成 2 部分 ·················
·· 毒鼠子科 Dichapetalaceae
（毒鼠子属 *Dichapetalum*）

390. 叶对生；花瓣 4 片，均完整 ············· 刺茉莉科 Salvadoraceae
（刺茉莉属 *Azima*）

388. 种子有胚乳，胚体有时很小。

391. 植物体为耐寒旱性；花单性，3 出或 2 出数 ··················
·· 岩高兰科 Empetraceae
（岩高兰属 *Empetrum*）

391. 植物体为普通形状；花两性或单性，5 出或 4 出数。

392. 花瓣呈镊合状排列。（次 392 项见 290 页）

393. 雄蕊和花瓣同数 ·············· 茶茱萸科 Icacinaceae

393. 雄蕊为花瓣的倍数。

394. 枝条无刺，而有对生的叶片·········· 红树科 Rhizophoraceae
（红树族 Gynotrocheae）

394. 枝条有刺，而有互生的叶片 ············· 铁青树科 Olacaceae
（海檀木属 *Ximenia*）

392. 花瓣呈覆瓦状排列，或在攀打科的小盘木属 *Microdesmis* 中为扭转兼覆瓦状排列。

    395. 花单性，雌雄异株；花瓣较小于萼片……… 攀打科 Pandaceae

        （小盘木属 *Microdesmis*）

    395. 花两性或单性；花瓣常较大于萼片。

      396. 落叶攀援灌木；雄蕊 10 个；子房 5 室，每室内有胚珠 2 个

        …………………………… 猕猴桃科 Actinidiaceae

        （藤山柳属 *Clematoclethra*）

      396. 多为常绿乔木或灌木；雄蕊 4 或 5 个。

        397. 花下位，雌雄异株或杂性；无花盘 …………………………

        …………………………… 冬青科 Aquifoliaceae

        （冬青属 *Iler*）

        397. 花周位，两性或杂性；有花盘 ……… 卫矛科 Celastraceae

        （福木亚科 Cassinoideae）

160. 花冠为多少有些连合的花瓣所组成。

  398. 成熟雄蕊或单体雄蕊的花药数多于花冠裂片。（次 398 项见 291 页）

  399. 心皮 1 个至数个，互相分离或大致分离。

    400. 叶为单叶或有时为羽状分裂，对生，肉质 ………………………………… 景天科 Crassulaceae

    400. 叶为 2 回羽状复叶，互生，不呈肉质 ………………………………… 豆科 Leguminosae

    （含羞草亚科 Mimosoideae）

  399. 心皮 2 个或更多，连合成一复合性子房。

    401. 雌雄同株或异株，有时为杂性。

      402. 子房 1 室；无分枝而呈棕榈状的小乔木 ………………………………… 番木瓜科 Caricacea

      （番木瓜属 *Carica*）

      402. 子房 2 室至多室；具分枝的乔木或灌木。

        403. 雄蕊连成单体，或至少内层者如此；蒴果 ………………………… 大戟科 Euphorbiaceae

        （麻疯树属 *Jatropha*）

        403. 雄蕊各自分离；浆果 ………………………………………………… 柿科 Ebenaceae

  401. 花两性。

    404. 花瓣连成一盖状物，或花萼裂片及花瓣均可合成为 1 或 2 层的盖状物。

      405. 叶为单叶，具有透明微点 ………………………………… 桃金娘科 Myrtaceae

      405. 叶为掌状复叶，无透明微点 ………………………………… 五加科 Araliaceae

      （多蕊木属 *Tupidanthus*）

    404. 花瓣及花萼裂片均不连成盖状物。

    406. 每子房室中有 3 个至多数胚珠。（次 406 项见 291 页）

      407. 雄蕊 5~10 个或其数不超过花冠裂片的 2 倍，稀在野茉莉科的银钟花属 *Halesia* 其数可达 16 个，而为花冠裂片的 4 倍。

      408. 雄蕊连成单体或其花丝于基部互相连合；花药纵裂；花粉粒单生。

        409. 叶为复叶；子房上位；花柱 5 个 ………………………………… 酢浆草科 Oxalidaceae

        409. 叶为单叶；子房下位或半下位；花柱 1 个；乔木或灌木，常有星状毛 …………………

        …………………………… 安息香科 Styracaceae

      408. 雄蕊各自分离；花药顶端孔裂；花粉粒为四合型 ………………… 杜鹃花科 Ericaceae

    407. 雄蕊为不定数。

      410. 萼片和花瓣常各为多数，而无显著的区分；子房下位；植物体肉质，绿色，常具棘针，而其叶退化 ………………………………… 仙人掌科 Cactaceae

410. 萼片和花瓣常各为 5 片，而有显著的区分；子房上位。

　　411. 萼片呈镊合状排列；雄蕊连成单体 ······························· 锦葵科 Malvaceae

　　411. 萼片呈显著的覆瓦状排列。

　　　　412. 雄蕊连成 5 束，且每束着生于 1 花瓣的基部；花药顶端孔裂；浆果 ·······················

　　　　　　 ··· 猕猴桃科 Actinidiaceae

　　　　　　　　　　　　　　　　　　　　　　　　　　　　（水东哥属 *Saurauia*）

　　　　412. 雄蕊的基部连成单体；花药纵长裂开；蒴果 ················· 山茶科 Theaceae

　　　　　　　　　　　　　　　　　　　　　　　　　　　　（紫茎属 *Stewartia*）

406. 每子房室中常仅有 1 或 2 个胚珠。

　　413. 花萼中的 2 片或更多片于结实时能长大成翅状 ················· 龙脑香科 Dipterocarpaceae

　　413. 花萼裂片无上述变大的情形。

　　　　414. 植物体常有星状毛茸 ······························· 安息香科 Styracaceae

　　　　414. 植物体无星状毛茸。

　　　　　　415. 子房下位或半下位；果实歪斜 ················· 山矾科 Symplocaceae

　　　　　　　　　　　　　　　　　　　　　　　　　　（山矾属 *Symplocos*）

　　　　　　415. 子房上位。

　　　　　　　　416. 雄蕊相互连合为单体；果实成熟时分裂为离果 ········· 锦葵科 Malvaceae

　　　　　　　　416. 雄蕊各自分离；果实不是离果。

　　　　　　　　　　417. 子房 1 或 2 室；蒴果 ················· 瑞香科 Thymelaeaceae

　　　　　　　　　　　　　　　　　　　　　　　　　　（沉香属 *Aquilaria*）

　　　　　　　　　　417. 子房 6 ~ 8 室；浆果 ················· 山榄科 Sapotaceae

　　　　　　　　　　　　　　　　　　　　　　　　　　（紫荆木属 *Madhuca*）

398. 成熟雄蕊并不多于花冠裂片或有时因花丝的分裂则可多于。

418. 雄蕊和花冠裂片为同数且对生。

　419. 植物体内有乳汁 ······································· 山榄科 Sapotaceae

　419. 植物体内不含乳汁。

　　420. 果实内有数个至多数种子。

　　　421. 乔木或灌木；果实呈浆果状或核果状 ················· 紫金牛科 Myrsinaceae

　　　421. 草本；果实呈蒴果状 ····························· 报春花科 Primulaceae

　　420. 果实内仅有 1 个种子。

　　　422. 子房下位或半下位。

　　　　423. 乔木或攀援性灌木；叶互生 ················· 铁青树科 Olacaceae

　　　　423. 常为半寄生性灌木；叶对生 ················· 桑寄生科 Loranthaceae

　　　422. 子房上位。

　　　　424. 花两性。

　　　　　425. 攀援性草本；萼片 2；果为肉质宿存花萼所包围 ········· 落葵科 Basellaceae

　　　　　　　　　　　　　　　　　　　　　　　　　　　（落葵属 *Basella*）

　　　　　425. 直立草本或亚灌木，有时为攀援性；萼片或萼裂片 5；果为蒴果或瘦果，不为花萼所包围

　　　　　　　 ··· 白花丹科 Plumbaginaceae

　　　　424. 花单性，雌雄异株；攀援性灌木。

　　　　　426. 雄蕊连合成单体；雌蕊单纯性 ················· 防己科 Menispermaceae

　　　　　　　　　　　　　　　　　　　　　　　　（锡生藤亚族 Cissampelinae）

　　　　　426. 雄蕊各自分离；雌蕊复合性 ················· 茶茱萸科 Icacinaceae

　　　　　　　　　　　　　　　　　　　　　　　　　　　（微花藤属 *Iodes*）

418. 雄蕊和花冠裂片为同数且互生，或雄蕊数较花冠裂片为少。

　427. 子房下位。（次 427 项见 292 页）

428. 植物体常以卷须而攀援或蔓生；胚珠及种子皆为水平生长于侧膜胎座上 ……… 葫芦科 Cucurbitaceae

428. 植物体直立，如为攀援时也无卷须；胚珠及种子并不为水平生长。

 429. 雄蕊互相连合。

  430. 花整齐或两侧对称，成头状花序，或在苍耳属 Xanthium 中，雌花序为一仅含 2 花的果壳，其外生有钩状刺毛；子房 1 室，内仅有 1 个胚珠 …………… 菊科 Compositae

  430. 花多两侧对称，单生或成总状或伞房花序；子房 2 或 3 室，内有多数胚珠。

   431. 花冠裂片呈镊合状排列；雄蕊 5 个，具分离的花丝及连合的花药 ……… 桔梗科 Campanulaceae

     （半边莲亚科 Lobelioideae）

   431. 花冠裂片呈覆瓦状排列；雄蕊 2 个，具连合的花丝及分离的花药 ……… 花柱草科 Stylidiaceae

     （花柱草属 Stylidium ）

 429. 雄蕊各自分离。

  432. 雄蕊和花冠相分离或近于分离。

   433. 花药顶端孔裂；花粉粒连合成四合体；灌木或亚灌木 ………………… 杜鹃花科 Ericaceae

     （越桔亚科 Vaccinioideae）

   433. 花药纵长裂开，花粉粒单纯；多为草本。

    434. 花冠整齐；子房 2~5 室，内有多数胚珠 ………………… 桔梗科 Campanulaceae

    434. 花冠不整齐；子房 1~2 室，每子房室内仅有 1 或 2 个胚珠 ……… 草海桐科 Goodeniaceae

  432. 雄蕊着生于花冠上。

   435. 雄蕊 4 或 5 个，和花冠裂片同数。

    436. 叶互生；每子房室内有多数胚珠 ………………… 桔梗科 Campanulaceae

    436. 叶对生或轮生；每子房室内有 1 个至多数胚珠。

     437. 叶轮生，如为对生时，则有托叶存在 ………………… 茜草科 Rubiaceae

     437. 叶对生，无托叶或稀有明显的托叶。

      438. 花序多为聚伞花序 ………………… 忍冬科 Caprifoliaceae

      438. 花序为头状花序 ………………… 川续断科 Dipsacaceae

   435. 雄蕊 1~4 个，其数较花冠裂片为少。

    439. 子房 1 室。

     440. 胚珠多数，生于侧膜胎座上 ………………… 苦苣苔科 Gesneriaceae

     440. 胚珠 1 个，垂悬于子房的顶端 ………………… 川续断科 Dipsacaceae

    439. 子房 2 室或更多室，具中轴胎座。

     441. 子房 2~4 室，所有的子房室均可成熟；水生草本 ………………… 胡麻科 Pedaliaceae

       （茶菱属 Trapella）

     441. 子房 3 或 4 室，仅其中 1 或 2 室可成熟。

      442. 落叶或常绿的灌木；叶片常全缘或边缘有锯齿 ………………… 忍冬科 Caprifoliaceae

      442. 陆生草本；叶片常有很多的分裂 ………………… 败酱科 Valerianaceae

427. 子房上位。

443. 子房深裂为 2~4 部分；花柱或数花柱均自子房裂片之间伸出。

 444. 花冠两侧对称或稀可整齐；叶对生 ………………… 唇形科 Labiatae

 444. 花冠整齐；叶互生。

  445. 花柱 2 个；多年生匍匐性小草本；叶片呈圆肾形 ………………… 旋花科 Convolvulaceae

    （马蹄金属 Dichondra）

  445. 花柱 1 个 ………………… 紫草科 Boraginaceae

443. 子房完整或微有分割，或为 2 个分离的心皮所组成；花柱自子房的顶端伸出。

 446. 雄蕊的花丝分裂。（次 446 项见 293 页）

  447. 雄蕊 2 个，各分为 3 裂 ………………… 罂粟科 Papaveraceae

    （荷包牡丹亚科 Fumarioideae）

447. 雄蕊 5 个，各分为 2 裂 ·· 五福花科 Adoxaceae
（五福花属 *Adoxa*）

446. 雄蕊的花丝单纯。

448. 花冠不整齐，常多少有些呈二唇状。

449. 成熟雄蕊 5 个。

450. 雄蕊和花冠离生 ·································· 杜鹃花科 Ericaceae

450. 雄蕊着生于花冠上 ······························ 紫草科 Boraginaceae

449. 成熟雄蕊 2 或 4 个，退化雄蕊有时也可存在。

451. 每子房室内仅含 1 或 2 个胚珠（如为后一情形时，也可在次 451 项检索之）。

452. 叶对生或轮生；雄蕊 4 个，稀 2 个；胚珠直立，稀垂悬。

453. 子房 2~4 室，共有 2 个或更多的胚珠 ·········· 马鞭草科 Verbenaceae

453. 子房 1 室，仅含 1 个胚珠 ···················· 透骨草科 Phrymaceae
（透骨草属 *Phryma*）

452. 叶互生或基生；雄蕊 2 或 4 个，胚珠垂悬；子房 2 室，每子房室内仅有 1 个胚珠 ··········
··· 玄参科 Scrophulariaceae

451. 每子房室内有 2 个至多数胚珠。

454. 子房 1 室具侧膜胎座或中央胎座（有时可因侧膜胎座的深入而为 2 室）。

455. 草本或木本植物，不为寄生性，也非食虫性。

456. 多为乔木或木质藤本；叶为单叶或复叶，对生或轮生，稀可互生，种子有一翅，但无胚乳 ···································· 紫葳科 Bignoniaceae

456. 多为草本；叶为单叶，基生或对生；种子无翅，有或无胚乳 ················
··· 苦苣苔科 Gesneriaceae

455. 草本植物，为寄生性或食虫性。

457. 植物体寄生于其他植物的根部，无绿叶存在；雄蕊 4 个；侧膜胎座 ············
·· 列当科 Orobanchaceae

457. 植物体为食虫性，有绿叶存在；雄蕊 2 个；特立中央胎座；多为水生或沼泽植物，
且有具距的花冠 ································ 狸藻科 Lentibulariaceae

454. 子房 2~4 室，具中轴胎座，或于角胡麻科中为子房 1 室而具侧膜胎座。

458. 植物体常具分泌黏液的腺毛；种子无胚乳或具一薄层胚乳。

459. 子房最后成为 4 室；蒴果的果皮质薄而不延伸为长喙；油料植物 ············
·· 胡麻科 Pedaliaceae
（胡麻属 *Sesamum*）

459. 子房 1 室；蒴果的内皮坚硬而呈木质，延伸为钩状长喙；栽培花卉 ············
·· 角胡麻科 Martyniaceae
（角胡麻属 *Martynia*）

458. 植物体不具上述的腺毛；子房 2 室。

460. 叶对生；种子无胚乳，位于胎座的钩状突起上 ·············· 爵床科 Acanthaceae

460. 叶互生或对生；种子有胚乳，位于中轴胎座上。

461. 花冠裂片具深缺刻；成熟雄蕊 2 个 ·············· 茄科 Solanaceae
（蝴蝶花属 *Schizanthus*）

461. 花冠裂片全缘或仅其先端具一凹陷；成熟雄蕊 2 或 4 个 ········ 玄参科 Scrophulariaceae

448. 花冠整齐；或近于整齐。

462. 雄蕊数较花冠裂片为少。（次 462 项见 294 页）

463. 子房 2~4 室，每室内仅含 1 或 2 个胚珠。（次 463 项见 294 页）

464. 雄蕊 2 个 ·· 木犀科 Oleaceae

464. 雄蕊 4 个。

   465. 叶互生，有透明腺体微点存在 ···················· 苦槛蓝科 Myoporaceae

   465. 叶对生，无透明微点 ···························· 马鞭草科 Verbenaceae

463. 子房 1 或 2 室，每室内有数个至多数胚珠。

  466. 雄蕊 2 个；每子房室内有 4～10 个胚珠垂悬于室的顶端 ·············· 木犀科 Oleaceae

            （连翘属 *Forsythia*）

  466. 雄蕊 4 或 2 个；每子房室内有多数胚珠着生于中轴或侧膜胎座上。

   467. 子房 1 室，内具分歧的侧膜胎座，或因胎座深入而使子房成 2 室········ 苦苣苔科 Gesneriaceae

   467. 子房为完全的 2 室，内具中轴胎座。

    468. 花冠于蕾中常折叠；子房 2 心皮的位置偏斜 ················ 茄科 Solanaceae

    468. 花冠于蕾中不折叠，而呈覆瓦状排列；子房的 2 心皮位于前 ·············

         ······················· 玄参科 Scrophulariaceae

462. 雄蕊和花冠裂片同数。

469. 子房 2 个，或为 1 个而成熟后呈双角状。

  470. 雄蕊各自分离；花粉粒也彼此分离 ················ 夹竹桃科 Apocynaceae

  470. 雄蕊互相连合；花粉粒连成花粉块 ················ 萝藦科 Asclepiadaceae

469. 子房 1 个，不呈双角状。

  471. 子房 1 室或因 2 侧膜胎座的深入而成 2 室。

   472. 子房为 1 心皮所成。

    473. 花显著，呈漏斗形而簇生；果实为 1 瘦果，有棱或有翅 ····· 紫茉莉科 Nyctaginaceae

            （紫茉莉属 *Mirabilis*）

    473. 花小型而形成球形的头状花序；果实为 1 荚果，成熟后则裂为仅含 1 种子的节荚果

         ··· 豆科 Leguminosae

            （含羞草属 *Mimosa*）

   472. 子房为 2 个以上连合心皮所成。

    474. 乔木或攀援性灌木，稀为攀援性草本，而体内具有乳汁（例如心翼果属 *Peripterygium*）；果实呈核果状心翼果属为干燥的翅果，内有 1 个种子 ··· 茶茱萸科 Icacinaceae

    474. 草本或亚灌木，或于旋花科的丁公藤属 *Erycibe* 中为攀援灌木；果实呈蒴果状（或于丁公藤属中呈浆果状），内有 2 个或更多的种子。

     475. 花冠裂片呈覆瓦状排列。

     476. 叶茎生，羽状分裂或为羽状复叶（限我国植物）··········· 田基麻科 Hydrophyllaceae

            （水叶族 Hydrophylleae）

     476. 叶基生，单叶，边缘具齿裂 ················ 苦苣苔科 Gesneriaceae

         （苦苣苔属 *Conandron*，世纬苣苔属 *Tengia*）

     475. 花冠裂片常呈旋转状或内折的镊合状排列。

     477. 攀援性灌木；果实呈浆果状，内有少数种子·············· 旋花科 Convolvulaceae

            （丁公藤属 *Erycibe*）

     477. 直立陆生或漂浮水面的草本；果实呈蒴果状，内有少数至多数种子 ·············

         ·· 龙胆科 Gentianaceae

  471. 子房 2～10 室。

   478. 无绿叶而为缠绕性的寄生植物·················· 旋花科 Convolvulaceae

           （菟丝子亚科 Cuscutoideae）

   478. 不是上述的无叶寄生植物。

    479. 叶常对生，且多在两叶之间具有托叶所成的连接线或附属物 ······ 马钱科 Loganiaceae

    479. 叶常互生，或有时基生，如为对生时，其两叶之间也无托叶所成的连系物，有时其叶也可轮生。

480. 雄蕊和花冠离生或近于离生。

  481. 灌木或亚灌木；花药顶端孔裂；花粉粒为四合体；子房常 5 室 ……………… …………………………………………………………… 杜鹃花科 Ericaceae

  481. 一年或多年生草本，常为缠绕性；花药纵长裂开；花粉粒单纯；子房常 3 ~ 5 室 …………………………………………………………… 桔梗科 Campanulaceae

480. 雄蕊着生于花冠的筒部。

  482. 雄蕊 4 个，稀可在冬青科为 5 个或更多。

    483. 无主茎的草本，具由少数至多数花朵所形成的穗状花序生于一基生花葶上 …………………………………………………………… 车前科 Plantaginaceae

（车前属 *Plantago*）

    483. 乔木、灌木，或具有主茎的草本。

      484. 叶互生，多常绿 ……………………………… 冬青科 Aquifoliaceae

（冬青属 *Ilex*）

      484. 叶对生或轮生。

        485. 子房 2 室，每室内有多数胚珠 ……………… 玄参科 Scrophulariaceae

        485. 子房 2 室至多室，每室内有 1 或 2 个胚珠 ………… 马鞭草科 Verbenaceae

  482. 雄蕊常 5 个，稀可更多。

    486. 每子房室内仅有 1 或 2 个胚珠。

      487. 子房 2 或 3 室；胚珠自子房室近顶端垂悬；木本植物；叶全缘。

        488. 每花瓣 2 裂或 2 分；花柱 1 个；子房无柄，2 或 3 室，每室内各有 2 个胚珠；核果；有托叶 ……………………… 毒鼠子科 Dichapetalaceae

（毒鼠子属 *Dichapetalum*）

        488. 每花瓣均完整；花柱 2 个；子房具柄，2 室，每室内仅有 1 个胚珠；翅果；无托叶 ……………………………… 茶茱萸科 Icacinaceae

      487. 子房 1 ~ 4 室；胚珠在子房室基底或中轴的基部直立或上举；无托叶；花柱 1 个，稀 2 个，有时在紫草科的破布木属 *Cordia* 中其先端可成两次的 2 分。

        489. 果实为核果；花冠有明显的裂片，并在蕾中呈覆瓦状或旋转状排列；叶全缘或有锯齿；通常均为直立木本或草本，多粗壮或具刺毛 ……………… ………………………………………………………… 紫草科 Boraginaceae

        489. 果实为蒴果；花瓣完整或具裂片；叶全缘或具裂片，但无锯齿缘。

          490. 通常为缠绕性稀为直立草本，或为半木质的攀援植物至大型木质藤本（例如盾苞藤属 *Neuropeltis*）；萼片多互相分离；花冠常完整而几无裂片，于蕾中呈旋转状排列，也可有时深裂而其裂片成内折的镊合状排列（例如盾苞藤属） ……………… 旋花科 Convolvulaceae

          490. 通常均为直立草本；萼片连合成钟形或筒状；花冠有明显的裂片，唯在蕾中也呈旋转状排列 ……………………… 花荵科 Polemomaceae

    486. 每子房室内有多数胚珠，或在花荵科中有时为 1 至数个；多无托叶。

      491. 高山区生长的耐寒旱性低矮多年生草本或丛生亚灌木；叶多小型，常绿，紧密排列成覆瓦状或莲座式；花无花盘；花单生至聚集成几为头状花序；花冠裂片呈覆瓦状排列；子房 3 室；花柱 1 个；柱头 3 裂；蒴果室背开裂 ……………………………………………………… 岩梅科 Diapensiaceae

      491. 草本或木本，不为耐寒旱性；叶常为大型或中型，脱落性，疏松排列而各自展开；花多有位于子房下方的花盘。

        492. 花冠不于蕾中折叠，其裂片呈旋转状排列，或在田基麻科中为覆瓦状排列。（次 492 项见 296 页）

493. 叶为单叶，或在花葱属 *Polemonium* 为羽状分裂或为羽状复叶；子房 3 室（稀 2 室）；花柱 1 个；柱头 3 裂；蒴果多室背开裂 ……………………………………………………………………………… 花葱科 Polemoniaceae

493. 叶为单叶，且在田基麻属 *Hydrolea* 为全缘；子房 2 室；花柱 2 个；柱头呈头状；蒴果室间开裂 …………… 田基麻科 Hydrophyllaceae

（田基麻族 Hydroleeae）

492. 花冠裂片呈镊合状或覆瓦状排列，或其花冠于蕾中折叠，且呈旋转状排列；花萼常宿存；子房 2 室；或在茄科中为假 3 室至假 5 室；花柱 1 个；柱头完整或 2 裂。

494. 花冠多于蕾中折叠，其裂片呈覆瓦状排列；或在曼陀罗属 *Datura* 呈旋转状排列，稀在枸杞属 *Lycium* 和颠茄属 *Atropa* 等属中，并不于蕾中折叠，而呈覆瓦状排列，雄蕊的花丝无毛；浆果，或为纵裂或横裂的蒴果 ……………………………………………………… 茄科 Solanaceae

494. 花冠不于蕾中折叠，其裂片呈覆瓦状排列；雄蕊的花丝具毛茸（尤以后方的 3 个如此）。

495. 室间开裂的蒴果 ………………… 玄参科 Scrophulariaceae

（毛蕊花属 *Verbascum*）

495. 浆果，有刺灌木 …………………… 茄科 Solanaceae

（枸杞属 *Lycium*）

1. 子叶 1 个；茎无中央髓部，也不呈年轮状的生长；叶多具平行叶脉；花为 3 出数，有时为 4 出数，但极少为 5 出数 …………………………………………………… 单子叶植物纲 Monocotyledoneae

496. 木本植物，或其叶于芽中呈折叠状。

497. 灌木或乔木；叶细长或呈剑状，在芽中不呈折叠状 ………………… 露兜树科 Pandanaceae

497. 木本或草本；叶甚宽，常为羽状或扇形的分裂，在芽中呈折叠状而有强韧的平行脉或射出脉。

498. 植物体多很高大，呈棕榈状，具简单或分枝少的主干；花为圆锥或穗状花序，托以佛焰状苞片 …………………………………………………………………… 棕榈科 Palmae

498. 植物体常为无主茎的多年生草本，具常深裂为 2 片的叶片；花为紧密的穗状花序 …… 环花科 Cyclanthaceae

（巴拿马草属 *Carludovica*）

496. 草本植物或稀叶为木质茎，但其叶于芽中从不呈折叠状。

499. 无花被或在眼子菜科中很小。（次 499 项见 297 页）

500. 花包藏于或附托以呈覆瓦状排列的壳状鳞片（特称为颖）中，由多花至 1 花形成小穗（自形态学观点而言，此小穗即为简单的穗状花序）。

501. 秆多少有些呈三棱形，实心；茎生叶呈 3 行排列；叶鞘封闭；花药以基底附着花丝；果实为瘦果或囊果 ……………………………………………………………………………… 莎草科 Cyperaceae

501. 秆常呈圆筒形；中空；茎生叶呈 2 行排列；叶鞘常在一侧纵裂开；花药以其中部附着花丝；果实通常为颖果 ………………………………………………………………………… 禾本科 Poaceae

500. 花虽有时排列为具总苞的头状花序，但并不包藏于呈壳状的鳞片中。

502. 植物体微小，无真正的叶片，仅具无茎而漂浮水面或沉没水中的叶状体 …………… 浮萍科 Lemnaceae

502. 植物体常具茎，也具叶，其叶有时可呈鳞片状。

503. 水生植物，具沉没水中或漂浮水面的叶片。（次 503 项见 297 页）

504. 花单性，不排列成穗状花序。（次 504 项见 297 页）

505. 叶互生；花成球形的头状花序 ………………… 黑三棱科 Sparganiaceae

（黑三棱属 *Sparganium*）

505. 叶多对生或轮生；花单生，或在叶腋间形成聚伞花序。

506. 多年生草本；雌蕊为 1 个或更多而互相分离的心皮组成；胚珠自子房室顶端垂悬 …………………

………………………………………………………………… 眼子菜科 Potamogetonaceae

（角果藻族 Zannichellieae）

506. 一年生草本；雌蕊 1 个，具 2~4 柱头；胚珠直立于子房室的基底 ………………… 茨藻科 Najadaceae

（茨藻属 *Najas*）

504. 花两性或单性，排列成简单或分歧的穗状花序。

507. 花排列于 1 扁平穗轴的一侧。

508. 海水植物；穗状花序不分歧，具雌雄同株或异株的单性花；雄蕊 1 个，具无花丝而为 1 室的花药；雌蕊 1 个，2 柱头；胚珠 1 个，垂悬于子房室顶端 ……………… 眼子菜科 Potamogetonaceae

（大叶藻属 *Zostera*）

508. 淡水植物；穗状花序常分为二歧而具两性花；雄蕊 6 个或更多，具极细长的花丝和 2 室的花药；雌蕊为 3~6 个离生心皮组成；胚珠在每室内 2 个或更多，基生 ……… 水蕹科 Aponogetonaceae

（水蕹属 *Aponogeton*）

507. 花排列于穗轴的周围，多为两性花；胚珠常仅 1 个 ………………… 眼子菜科 Potamogetonaceae

503. 陆生或沼泽植物，常有位于空气中的叶片。

509. 叶有柄，全缘或有各种形状的分裂，具网状脉；花形成一肉穗花序，后者常有一大型而常具色彩的佛焰苞片 …………………………………………………………… 天南星科 Araceae

509. 叶无柄，细长形、剑形，或退化为鳞片状，其叶片常具平行脉。

510. 花形成紧密的穗状花序，或在帚灯草科为疏松的圆锥花序。

511. 陆生或沼泽植物；花序为由位于苞腋间的小穗所组成的疏散圆锥花序；雌雄异株；叶多呈鞘状 …………………………………………………………………… 帚灯草科 Restionaceae

（薄果草属 *Leptocarpus*）

511. 水生或沼泽植物；花序为紧密的穗状花序。

512. 穗状花序位于一呈二棱形的基生花葶的一侧，而另一侧则延伸为叶状的佛焰苞片；花两性 …………………………………………………………………………… 天南星科 Araceae

（石菖蒲属 *Acorus*）

512. 穗状花序位于一圆柱形花梗的顶端，形如蜡烛而无佛焰苞；雌雄同株 ………… 香蒲科 Typhaceae

510. 花序有各种型式。

513. 花单性，成头状花序。

514. 头状花序单生于基生无叶的花葶顶端；叶狭窄，呈禾草状，有时叶为膜质 …………… 谷精草科 Eriocaulaceae

（谷精草属 *Eriocaulon*）

514. 头状花序散生于具叶的主茎或枝条的上部，雄性者在上，雌性者在下；叶细长，呈扁三棱形，直立或漂浮水面，基部呈鞘状 ……………………………………… 黑三棱科 Sparganiaceae

（黑三棱属 *Sparganium*）

513. 花常两性。

515. 花序呈穗状或头状，包藏于 2 个互生的叶状苞片中；无花被；叶小，细长形或呈丝状；雄蕊 1 或 2 个；子房上位，1~3 室，每子房室内仅有 1 个垂悬胚珠 ……… 刺鳞草科 Centrolepidaceae

515. 花序不包藏于叶状的苞片中；有花被。

516. 子房 3~6 个，至少在成熟时互相分离 …………………………………… 水麦冬科 Juncaginaceae

（水麦冬属 *Triglochin*）

516. 子房 1 个，由 3 心皮连合所组成 ……………………………………… 灯心草科 Juncaceae

499. 有花被，常显著，且呈花瓣状。

517. 雌蕊 3 个至多数，互相分离。（次 517 项见 298 页）

518. 死物寄生性植物，具呈鳞片状叶片而无绿色叶片。（次 518 项见 298 页）

519. 花两性，具 2 层花被片；心皮 3 个，各有多数胚珠 …………………………… 百合科 Liliaceae

（无叶莲属 *Petrosavia*）

519. 花单性或稀可杂性，具一层花被片；心皮数个，各仅有 1 个胚珠 ················· 霉草科 Triuridaceae

（喜阴草属 *Sciaphila*）

518. 不是死物寄生性植物，常为水生或沼泽植物，具有发育正常的绿叶。

520. 花被裂片彼此相同；叶细长，基部具鞘 ························· 水麦冬科 Juncaginaceae

（冰沼草属 *Scheuchzeria*）

520. 花被裂片分化为萼片和花瓣 2 轮。

521. 叶（限于我国植物）呈细长形，直立；花单生或成伞形花序；蓇葖果 ········· 花蔺科 Butomaceae

（花蔺属 *Butomus*）

521. 叶呈细长兼披针形至卵圆形，常为箭状而具长柄；花常轮生，成总状或圆锥花序；瘦果 ···········
·· 泽泻科 Alismataceae

517. 雌蕊 1 个，复合性或于百合科的岩菖蒲属 *Tofieldia* 中其心皮近于分离。

522. 子房上位，或花被和子房相分离。

523. 花两侧对称；雄蕊 1 个，位于前方，即着生于远轴的 1 个花被片基部 ·············· 田葱科 Philydraceae

（田葱属 *Philydrum*）

523. 花辐射对称，稀可两侧对称；雄蕊 3 个或更多。

524. 花被分化为花萼和花冠 2 轮，后者于百合科的重楼族中，有时为细长形或线形的花瓣所组成，稀可缺如。

525. 花形成紧密而具鳞片的头状花序；雄蕊 3 个；子房 1 室 ··············· 黄眼草科 Xyridaceae

（黄眼草属 *Xyris*）

525. 花不形成头状花序；雄蕊数在 3 个以上。

526. 叶互生，基部具鞘，平行脉；花为腋生或顶生的聚伞花序；雄蕊 6 个，或因退化而数较少 ·········
·· 鸭跖草科 Commelinaceae

526. 叶以 3 个或更多个生于茎的顶端而成一轮，网状脉而于基部具 3 ~ 5 脉；花单独顶生；雄蕊 6 个、8 个或 10 个 ····························· 百合科 Liliaceae

（重楼族 Parideae）

524. 花被裂片彼此相同或近于相同，或于百合科的白丝草属 *Chionographis* 中则极不相同，又在同科的油点草属 *Tricyrtis* 中其外层 3 个花被裂片的基部呈囊状。

527. 花小型，花被裂片绿色或棕色。

528. 花位于一穗形总状花序上；蒴果自一宿存的中轴上裂为 3 ~ 6 瓣，每果瓣内仅有 1 个种子···········
·· 水麦冬科 Juncaginaceae

（水麦冬属 *Triglochin*）

528. 花位于各种型式的花序上；蒴果室背开裂为 3 瓣，内有 3 至多数个种子 ········ 灯心草科 Juncaceae

527. 花大型或中型，或有时为小型，花被裂片多少有些具鲜明的色彩。

529. 叶（限我国植物）的顶端变为卷须，并有闭合的叶鞘；胚珠在每室内仅为 1 个；花排列为顶生的圆锥花序 ································· 须叶藤科 Flagellariaceae

（须叶藤属 *Flagellaria*）

529. 叶的顶端不变为卷须；胚珠在每子房室内为多数，稀可仅为 1 个或 2 个。

530. 直立或漂浮的水生植物；雄蕊 6 个，彼此不相同，或有时有不育者 ······ 雨久花科 Pontederiaceae

530. 陆生植物；雄蕊 6 个、4 个或 2 个，彼此相同。

531. 花为 4 出数，叶（限我国植物）对生或轮生，具有显著纵脉及密生的横脉 ···········
·· 百部科 Stemonaceae

（百部属 *Stemona*）

531. 花为 3 出或 4 出数；叶常基生或互生 ················· 百合科 Liliaceae

522. 子房下位，或花被多少有些和子房相愈合。

532. 花两侧对称或为不对称形。（次 532 项见 299 页）

533. 花被片均成花瓣状；雄蕊和花柱多少有些互相连合 ················· 兰科 Orchidaceae

533. 花被片并不是均成花瓣状，其外层者形如萼片；雄蕊和花柱相分离。

  534. 后方的 1 个雄蕊常为不育性，其余 5 个则均发育而具有花药。

    535. 叶和苞片排列成螺旋状；花常因退化而为单性；浆果；花管呈管状，其一侧不久即裂开 ……

…………………………………………………………………………………… 芭蕉科 Musaceae

（芭蕉属 *Musa*）

    535. 叶和苞片排列成 2 行；花两性，蒴果。

      536. 萼片互相分离或至多可和花冠相连合；后中的 1 花瓣并不成为唇瓣 ……… 芭蕉科 Musaceae

（鹤望兰属 *Strelitzia*）

      536. 萼片互相连合成管状；居中（位于远轴方向）的 1 花瓣为大型而成唇瓣 … 芭蕉科 Musaceae

（兰花蕉属 Orchidantha）

  534. 后方的 1 个雄蕊发育而具有花药，其余 5 个则退化，或变形为花瓣状。

    537. 花药 2 室；萼片互相连合为一萼筒，有时呈佛焰苞状 ………………………… 姜科 Zingiberaceae

    537. 花药 1 室；萼片互相分离或至多彼此相衔接。

      538. 子房 3 室，每子房室内有多数胚珠位于中轴胎座上；各不育雄蕊呈花瓣状，互相于基部简

短连合 ……………………………………………………………………… 美人蕉科 Cannaceae

（美人蕉属 *Canna*）

      538. 子房 3 室或因退化而成 1 室，每子房室内仅含 1 个基生胚珠；各不育雄蕊也呈花瓣状，唯多

少有些互相连合 …………………………………………………………… 竹芋科 Marantaceae

532. 花常辐射对称，也即花整齐或近于整齐。

  539. 水生草本，植物体部分或全部沉没水中 ……………………………… 水鳖科 Hydrocharitaceae

  539. 陆生草本。

    540. 植物体为攀援性；叶片宽广，具网状脉（还有数主脉）和叶柄 ………… 薯蓣科 Dioscoreaceae

    540. 植物体不为攀援性；叶具平行脉。

      541. 雄蕊 3 个。

        542. 叶 2 行排列，两侧扁平而无背腹面之分，由下向上互相套叠；雄蕊和花被的外层裂片相对

生 …………………………………………………………………………… 鸢尾科 Iridaceae

        542. 叶不为 2 行排列；茎生叶呈鳞片状；雄蕊和花被的内层裂片相对生 ………………………

………………………………………………………………………… 水玉簪科 Burmanniaceae

      541. 雄蕊 6 个。

        543. 果实为浆果或蒴果，而花被残留物多少和它相合生，或果实为一聚花果；花被的内层裂片

各于其基部有 2 舌状物；叶呈带形，边缘有刺齿或全缘 ………………… 凤梨科 Bromeliaceae

        543. 果实为蒴果或浆果，仅为 1 花所成；花被裂片无附属物。

          544. 子房 1 室，内有多数胚珠位于侧膜胎座上；花序为伞形，具长丝状的总苞片 ……………

………………………………………………………………………… 蒟蒻薯科 Taccaceae

          544. 子房 3 室，内有多数至少数胚珠位于中轴胎座上。

            545. 子房部分下位 ……………………………………………………… 百合科 Liliaceae

（粉条儿菜属 *Aletris*，沿阶草属 *Ophiopogon*，球子草属 *Peliosanthes*）

            545. 子房完全下位 ………………………………………………… 石蒜科 Amaryllidaceae

附录 2　重点植物科识别特征

1. 苏铁科　常绿木本；茎常单一；叶二形；鳞叶小；被褐色毛；营养叶大；羽状深裂；集生于茎顶。

2. 银杏科　落叶乔木；叶片扇形，二叉状脉序。

3. 松科　木本；叶针形或钻形，螺旋状排列，单生或簇生；球果的种鳞与苞鳞半合生或合生。

4. 杉科　乔木；叶披针形或钻形，叶、种鳞均为交互对生或轮生；球果的种鳞与苞鳞合生。

5. **木兰科**　木本，单叶，花被 3 基数，雄雌蕊多数，螺旋状排列在花托上，聚合蓇葖果。

6. **毛茛科**　草本，裂叶或复叶，萼瓣 5，雄雌蕊多数，螺旋状排列在花托上，聚合瘦果或蓇葖果。

7. **罂粟科**　草本，常有汁液，萼片 2，早落，花瓣 4，离生雄蕊多数，侧膜胎座，蒴果孔裂或瓣裂。

8. **石竹科**　草本，节膨大，单叶对生，无托叶，二歧聚伞花序，重被花 5 数，特立中央胎座，蒴果。

9. **蓼科**　草本，少灌木，茎节膨大，有膜质托叶鞘，花两性，单花被，常宿存，瘦果藏于增大花被中。

10. **藜科**　草本或灌木，单叶互生或对生，无托叶，花小，单花被，干膜质，常宿存，胞果，胚环形。

11. **苋科**　草本，单叶互生或对生，无托叶，花小，单花被，干膜质，宿存，胞果，盖裂。

12. **十字花科**　草本，单叶互生，常异形，总状花序，十字形花冠，四强雄蕊，角果，具假隔膜。

13. **葫芦科**　草质藤本，具卷须，叶常掌状分裂，花单性同株，重被花 5 裂，三体雄蕊或聚药雄蕊，子房下位，瓠果。

14. **锦葵科**　草本或灌木，单叶互生，花单生或簇生，具副萼，单体雄蕊，花药 1 室，蒴果或分果。

15. **大戟科**　常具乳汁，单叶互生，花单性，聚伞或杯状花序，具花盘或腺体，蒴果 3 室 3 裂。

16. **蔷薇科**　草本或木本，花被 5 数，雄蕊 5 倍数，生萼筒或托杯上，核果、梨果、聚合蓇葖果或瘦果。

17. **豆科**　羽状或三出复叶，常具托叶，总状花序，花冠多蝶形，雄蕊二体或分离，单雌蕊，荚果。

18. **杨柳科**　木本，单叶互生；花雌雄异株，荑葇花序，无花被，侧膜胎座，蒴果，种子小，具长毛。

19. **壳斗科**　木本，单叶，花雌雄同株，单花被，荑葇雄花序，雌花生总苞中，子房下位，坚果外被壳斗。

20. **葡萄科**　藤本，常具与叶对生的卷须，花小，两性，4~5 基数，雄蕊与花瓣同数对生，有花盘，浆果。

21. **芸香科**　木本，具油腺点，复叶，无托叶，花 4~5 基数，花盘明显，中轴胎座，苷果、核果或蒴果。

22. **木犀科**　木本，叶对生，花被 4 裂，多有香味，整齐，雄蕊 2，子房 2 室，蒴果、核果或翅果。

23. **忍冬科**　常木本，叶对生，花 5 基数，子房下位，蒴果或浆果。

24. **山茶科**　常绿木本，单叶互生，叶革质，花两性或单性，整齐，5 基数，雄蕊多数，中轴胎座，蒴果或浆果。

25. **伞形科**　草本，有挥发油，裂叶或复叶，叶柄基部膨大，伞形花序，花 5 数，子房下位，双悬果。

26. **茄科**　草本或灌木，聚伞花序，花 5 基数，萼宿存，花冠辐射状、钟状，花药孔裂或纵裂，浆果或蒴果。

27. **茜草科**　草本或木本，单叶对生或轮生，花 4~5 基数，冠生雄蕊，子房下位，蒴果、浆果或核果。

28. **旋花科**　缠绕或匍匐草本，常具乳汁，单叶互生，花 5 基数，萼宿存，花冠漏斗形，常具花盘，蒴果。

29. **玄参科**　草本，稀木本，单叶常对生，重被花 4~5 裂，萼宿存，花冠常二唇裂，二强雄蕊，蒴果。

30. **唇形科**　草本，茎四棱，单叶对生，轮伞花序，唇形花冠，二强雄蕊，4 小坚果。

31. **紫草科**　草本，被硬毛，单叶互生，聚伞花序，花 5 基数，整齐，花冠喉部具附属物，4 小坚果。

32. **菊科**　多草本，头状花序，具总苞，花冠筒状、舌状，聚药雄蕊，子房下位，冠毛宿存，瘦果。

33. 泽泻科　水生沼生草本，叶基生，花在花序轴上轮生，花被 6 片，多花被萼片状，宿存，聚合瘦果。

34. 棕榈科　木本，茎常覆盖不脱落的叶基，叶簇生茎顶，肉穗花序有佛焰苞，花 3 基数，浆果或核果，外果皮常多纤维。

35. 天南星科　常草本，具根状茎或块茎，叶有长柄，肉穗花序有佛焰苞，雄花生于花序上部，雌花生下部，浆果。

36. 百合科　草本，常具根茎、鳞茎或块茎，单叶，花被片 6，与雄蕊对生，子房 3 室，蒴果或浆果。

37. 鸢尾科　草本，具根茎、球茎或鳞茎，叶 2 列套折，花被片 6，雄蕊 3，花柱 3 裂，子房下位，蒴果。

38. 石蒜科　草本，具鳞茎或根茎，叶 2 列基生，伞形花序，花被片 6，雄蕊 6，子房下位 3 室，蒴果。

39. 莎草科　草本，茎常三棱，实心，节不明显，叶 3 列，叶鞘闭合，小穗组成各式花序，小坚果。

40. 禾本科　草本或灌木，秆圆，中空，节明显，叶 2 列，叶鞘开裂，小穗组成各式花序，颖果。

41. 兰科　陆生或腐生草本，花被片 6，不整齐，有唇瓣，合蕊柱，子房下位，蒴果。

参 考 文 献

[1] 严铸云，郭庆梅. 药用植物学 [M]. 北京：中国医药科技出版社，2015.

[2] 蔡少青. 生药学 [M].6 版. 北京：人民卫生出版社，2011.

[3] 中科院《中国植物志》编辑委员会. 中国植物志第二十九卷（29 卷）[M]. 北京：科学出版社，2012.

[4] 尹兴斌，翟玉静，曹飒丽，等. 贯叶金丝桃药理作用研究进展 [J]. 中华中医药学刊，2013，31（8）：1634 - 1637.

[5] 熊耀康，严铸云. 药用植物学 [M]. 北京：人民卫生出版社，2012.

[6] 刘春生. 药用植物学 [M].4 版. 北京：中国中医药出版社，2016.

[7] 董诚明，王丽红. 药用植物学 [M]. 北京：中国医药科技出版社，2016.

[8] W Yan, H Song, F Song, et al. Endoperoxide formation by an α - ketoglutarate - dependent mononuclear non - haem iron enzyme [J]. Nature, 2015, 527 (7579): 539.

[9] 何冬梅，王海，陈金龙，等. 中药微生态与中药道地性 [J]. 中国中药杂志，2020，45（2）：290 - 302.

[10] 何冬梅，赖长江生，严铸云，等. 中药微生态研究与展望 [J]. 中国中药杂志，2018，43（17）：3417 - 3430.

[11] 周嘉惠，祝天添，胡锴婕，等. 基于"环境 - 成分 - 药性"关系解析西南区中药材分布特点 [J]. 中医药导报，2019，25（4）：47 - 51.

[12] 秦燕，王跃华，孙卫邦，等. 百部科植物叶表皮特征及其分类学意义 [J]. 植物科学学报，2018，36（4）：487 - 500.

[13] 苏立娟. 百合科（Liliaceae）植物花粉形态及花粉发育的研究 [D]. 首都师范大学，2006.

[14] 梁元徽. 中国姜科植物花粉形态研究——花粉类型与该科植物分类 [J]. 中国科学院大学学报，1988，26（4）：265 - 281.

[15] 范黎，郭顺星. 兰科植物菌根真菌的研究进展 [J]. 微生物学通报，1998，04：227 - 230.

药用植物彩图

蕺菜 *Houttuynia cordata* Thunb.（三白草科）

胡椒 *Piper nigrum* L.（胡椒科）

草珊瑚 *Sarcandra glabra*（Thunb.）Nakai（金粟兰科）

桑 *Morus alba* L.（桑科）

檀香 *Santalum album* L.（檀香科）

桑寄生 *Taxillus chinensis*（DC.）Danser（桑寄生科）

马兜铃 *Aristolochia debilis* Sieb. et Zucc. （马兜铃科）

何首乌 *P. multiflorum* Thunb. （蓼科）

牛膝 *Achyranthes bidentata* Bl. （苋科）

商陆 *Phytolacca acinosa* Roxb. （商陆科）

石竹 *D. chinensis* L. （石竹科）

莲 *Nelumbo nucifera* Gaertn. （睡莲科）

白头翁 *Pulsatilla chinensis*（Bge.）Regel（毛茛科）

牡丹 *P. suffruticosa* Andr.（芍药科）

阔叶十大功劳 *Mahonia bealei*（Fort）Carr.（小檗科）

蝙蝠葛 *Menispermum dauricum* DC.（防己科）

三叶木通 *Akebia trifoliata*（Thunb.）Koidz（木通科）

凹叶厚朴 *M. officinalis subsp. biloba*（Rehd. et Wils.）Law（木兰科）

肉桂 *Cinnamomum cassia* Presl（樟科）

湖南连翘 *Hypericum ascyron* L.（藤黄科）

延胡索 *Corydalis yanhusuo* W. T. Wang（罂粟科）

菘蓝 *Isatis indigotica* Fort.（十字花科）

垂盆草 *Sedum sarmentosum* Bunge（景天科）

虎耳草 *Saxifraga stolonifera* Curt.（虎耳草科）

杜仲 *Eucommia ulmoides* Oliv（杜仲科）

龙牙草 *Agrimonia pilosa* Ledeb.（蔷薇科）

黄芪

膜荚黄芪 *Astragalus membranaceus*（Fisch.）Bunge

蒙古黄芪 *Astragalus membranaceus*（Fisch.）

Bunge. var. *mongholicus*（Bunge.）Hsiao

（豆科）

花椒 *Zanthoxylum bungeanum* Maxim.（芸香科）

川楝 *Melia toosendan* Sieb. et Zucc.（楝科）

远志 *Polygala tenuifolia* Willd.（远志科）

大戟 *Euphorbia pekinensis* Rupr.（大戟科）

枸骨 *Ilex cornuta* Lindl.（冬青科）

卫矛 *Euonymus alatus*（Thunb.）Sieb.（卫矛科）

桂圆 *Dimocarpus longan* Lour.（无患子科）

拐枣 *Hovenia dulcis* Thunb.（鼠李科）

三叶崖爬藤 *Tetrastigma hemsleyanum*
Diels. et Gilg（葡萄科）

木芙蓉 *Hibiscus mutabilis* L. （锦葵科）

长萼堇菜 *V. inconspicua* Bl. （堇菜科）

芫花 *Daphne genkwa Sieb*. et Zucc. （瑞香科）

胡颓子 *E. pungens* Thunb. （胡颓子科）

使君子 *Quisqualis indica* L.（使君子科）

丁香 *Eugenia caryophyllata* Thunb.（桃金娘科）

刺五加 *Acanthopanax senticosus*
（Rupr. et Maxim.）Harms（五加科）

当归 *Angelica sinensis*（Oliv.）Diels（伞形科）

山茱萸 *Cornus officinalis* Sieb. et Zucc.（山茱萸科）

杜鹃 *R. simsii* Planch.（杜鹃花科）

朱砂根 *Ardisia crenata* Sims（紫金牛科）

过路黄 *Lysimachia christinae* Hance（报春花科）

女贞 *Ligustrum lucidum* Ait.（木犀科）

马钱 *Strychnos nux - vomica* L.（马钱科）

秦艽 *Gentiana macrophylla* Pall. （龙胆科）

长春花 *Catharanthus roseus* （L.） G. Don（夹竹桃科）

萝藦 *Metaplexis japonica* （Thunb.） Makino. （萝藦科）

田旋花 *Convolvulus arvensis* L. （旋花科）

紫草 *Lithospermum erythrorhizon* Sieb. et Zucc. （紫草科）

蔓荆子 *Vitex trifolia* L. （马鞭草科）

黄芩 *S. baicalensis* Georgi （唇形科）

宁夏枸杞 *Lycium barbarum* L. （茄科）

地黄 *Rehmannia glutinosa* （Gaertn.） Libosch. （玄参科）

木蝴蝶 *Oroxylum indicum* （L.） Vent. （紫葳科）

肉苁蓉 *Cistanche deserticola* Y. C. Ma（列当科）

穿心莲 *Andrographis paniculata*（Burm. f.）Nees（爵床科）

栀子 *Gardenia jasminoides* Ellis（茜草科）

忍冬 *Lonicera japonica* Thunb.（忍冬科）

败酱 *Patrinia scabiosaefolia* Fisch.（败酱科）

川续断 *Dipsacus asper* Wall. ex Henry（川续断科）

栝楼 *Trichosanthes kirilowii* Maxim. （葫芦科）

桔梗 *Platycodon grandiflorum* （Jacq.） A. DC. （桔梗科）

红花 *Carthamus tinctorius* L. （菊科）

东方香蒲 *T. orientalis* Presl. （香蒲科）

慈姑 *Sagittaria trifolia* L. var.
sinensis （Sims.） Makino （泽泻科）

白茅 *Imperata cylindrical* Beauv. var. *major*
（Nees） C. E. Hubb. （禾本科）

薹草 *Care caespitosa*（莎草科）

棕榈 *Trachycarpus fortunei*（Hook. f.）
H. Wendl.（棕榈科）

天南星 *Arisaema erubescens*（Wall.）Schott（天南星科）

灯心草 *Juncus effusus* L.（灯心草科）

直立百部 *Stemona sessilifolia*
（Miq.）Miq.（百部科）

百合 *Lilium brownii* F. E. Brown var.
viridulum Baker（百合科）

仙茅 *Curculigo orchioides* Gaertn.（石蒜科）

薯蓣 *Dioscorea opposita* Thunb.（薯蓣科）

射干 *Belamcanda chinensis*（L.）DC.（鸢尾科）

广西莪术 *C. kwangsiensis* S. G. Lee et C. F. Liang（姜科）

铁皮石斛 *D. officinale* Kimura et Migo（兰科）